DOMINO 2019

기능사, 합격의 Do!

도미노는 예문사 국가기술자격 수험서의 새 브랜드입니다.
하나의 블록을 넘어뜨리면 마지막 블록까지 모두 넘어가는 도미노처럼
25년간 국가기술자격서를 다뤄온 예문사의 노하우와 차별된 구성으로
기능사/산업기사/기사/기능장/기술사 시험의 합격까지 안내하겠습니다

용접(특수용접) 기능사 필기
단기완성

유기섭 · 정치환 공저

예문사

2019 | DOMINO
용접(특수용접)기능사 필기
단기완성

발행일 | 2017. 2. 10 초판 발행
2019. 1. 20 개정 1판 1쇄
저　자 | 유기섭·정치환
발행인 | 정용수
발행처 | 예문사
주　소 | 경기도 파주시 직지길 460(출판도시) 도서출판 예문사
T E L | 031) 955-0550
F A X | 031) 955-0660
등록번호 | 11-76호

정가 : 16,000원

- 이 책의 어느 부분도 저작권자나 발행인의 승인 없이 무단 복제하여 이용할 수 없습니다.
- 파본 및 낙장은 구입하신 서점에서 교환하여 드립니다.

http://www.yeamoonsa.com
ISBN 978-89-274-2856-5　13550

이 도서의 국립중앙도서관 출판예정도서목록(CIP)은 서지정보유통지원시스템 홈페이지(http://seoji.nl.go.kr)와 국가자료공동목록시스템(http://www.nl.go.kr/kolisnet)에서 이용하실 수 있습니다.(CIP제어번호 : CIP2018036214)

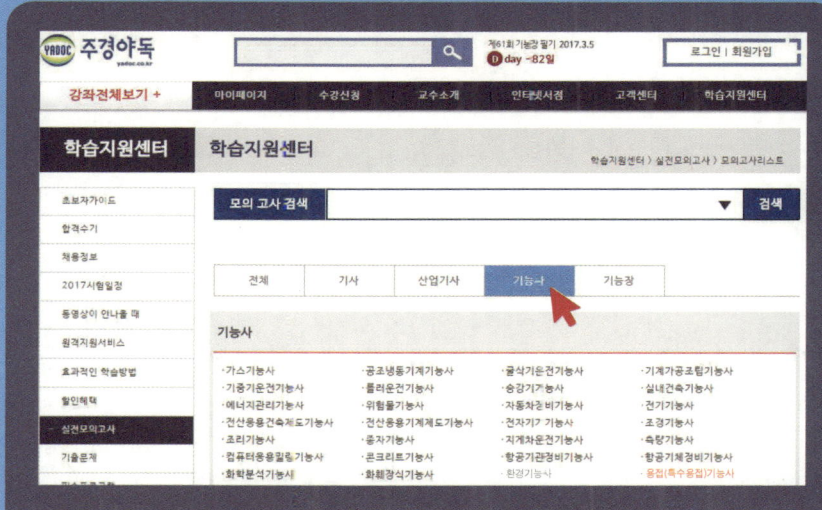

기술자격시험의 "Do! mino" DO

도미노는 국가기술자격 전문출판사인 **예문사의 새 브랜드**입니다.
하나의 블록을 넘어뜨리면 그 다음 블록이 연이어 넘어가는 도미노처럼,
기능사에서 시작하여 산업기사 – 기사 – 기능장/기술사 자격에 이르기까지
빠르고 정확한 내용으로 여러분을 합격으로 안내해 줄 것입니다.

PREFACE

Do! mino 용접(특수용접)기능사

포인트 용접기능사 교재에 이어 기술서적 분야에 새로운 변화를 이끌 도미노 시리즈에 저의 두 번째 교재가 포함되어 이렇게 또 여러분께 인사의 글을 올리게 된 것을 큰 영광으로 생각한다. 최근 첨단산업 및 중화학공업의 발전과 더불어 우리나라의 뿌리산업으로 자리 잡고 있는 용접이라는 학문의 중요성이 더욱 크게 부각되고 있다.

용접분야 자격증은 조선, 플랜트 및 발전소 각종 건설현장과 인테리어, 금속 관련 제조업 등에서 꼭 필요로 하는 자격 요건임에도 실상 현장에서는 중요성이 부각되지 못하고 있었던 것이 사실이다. 누구나 응시할 수 있는 기초적인 기술자격증이기에 앞서 실무에서 반드시 숙지하여야 하는 내용들을 다루고 있기에 요즘은 삼성과 같은 대기업을 시작으로 실무자들에게 필수적으로 용접기능사 자격증을 요구하고 있는 분위기가 확산되고 있다.

이 책을 통해 다양한 용접의 종류와 그 쓰임, 그리고 여러 가지 재질의 금속과 제도의 기초이론, 무엇보다 작업안전 등을 학습하며 지식을 쌓아가다 보면 스스로 느끼는 만족감과 자신감으로 자격증 취득이라는 목표를 더욱 빠르게 달성할 수 있을 것이다.

이 책은 국가직무능력표준(NCS)에서 규정하는 모듈의 내용과 단위 요소들을 고려하고 조합하여 "단기간 합격"이라는 목표에 맞추어 내용을 구성하였다.

첫째, 기능사 필기시험이 CBT(Computer-Based Training) 방식으로 시행됨에 따라 기존의 통식에서 벗어나 CBT 맞춤식으로 구성하여 수험자가 새로운 방식에 쉽게 적응하도록 하였다.
둘째, 핵심테마 36선을 선정하여 최소한의 시간 투자로 최고의 효과를 볼 수 있게 정리하였다.
셋째, 시험장 핵심노트를 준비하여 시험 보기 직전 최종적으로 기출문제 중 핵심이 되는 문제와 이론을 다시 한 번 학습할 수 있도록 하였다.

이 책으로 공부하는 수험생 모두 (특수)용접기능사 시험에 합격하기를 기원하며 출판을 위해 애써주신 (도서출판) 예문사 임직원 분들께 깊은 감사를 드린다. 아울러 집필에 도움을 준 서울현대직업전문학교 플랜트설비과정의 성기황, 김현수, 신창훈, 김찬국, 김진성, 김보성 님께도 감사의 인사를 전한다.

유 기 섭

Do! mino 용접(특수용접)기능사
INFORMATION

📝 시험정보
- **자격명** : 용접기능사(Craftsman Welding)
  특수용접기능사(Craftsman Inert Gas Arc Welding)
- **직무내용**
  - 용접기능사 : 각종 기계나 금속구조물 및 압력용기 등을 제작하기 위하여 전기, 가스 등의 열원을 이용하거나 기계적 힘을 이용하는 방법으로 다양한 용접장비 및 기기를 조작하여 금속과 비금속 재료를 필요한 형태로 융접, 압접, 납땜을 수행
  - 특수용접기능사 : 용접에 관한 설계도상의 작업절차에 따라 마찰압접기, 초음파용접기 등 특수용접장비를 이용하여 금속부품들을 용접하는 업무를 수행

📝 출제경향
- 용접기능사 : 용접도면을 해독하여 용접방법, 용접자세 등을 토대로 문제에서 요구하는 과제의 용접 능력 평가
- 특수용접기능사 : CO_2 용접과 TIG 용접을 하되 용접시험편 외관의 폭, 파형, 높이 단락의 일정성, 결함, 용접자세에 유의할 것

※ 2016년 제5회 기능사 필기시험부터 CBT(Computer-Based Training) 방식으로 시행되어, 수험생 개인별로 상이한 문제를 풀게 되며, 시험문제는 비공개입니다. 본 도서의 최신기출문제 일부는 수험생의 기억에 의해 출제된 문제 중 같거나 유사한 문제로 재구성한 것입니다.

📝 시험일정

구 분	필기원서 접수	필기시험	필기합격자 발표	실기원서 접수	실기시험	최종합격자 발표
정기 1회	1.5~1.11	1.20~1.28	2.2	2.5~2.8	3.10~3.25	3.30
정기 2회	3.16~3.22	3.31~4.8	4.13	4.16~4.19	5.26~6.13	6.15
	산업수요 맞춤형 및 특성화고등학교 등 필기시험 면제자 검정 ※ 일반인 필기시험 면제자 응시 불가			5.14~5.17	6.16~6.29	7.6
정기 3회	6.22~6.28	7.7~7.15	7.20	7.23~7.26	8.25~9.11	9.14
정기 4회	8.17~8.23	9.8~9.16	9.21	9.3~9.4 / 10.22~10.25	11.24~12.12	12.14

※ 2019년 시험 일정은 출간일 당시 공고가 나지 않았으므로 추후 www.q-net.or.kr 참고

검정방법(필기)

- 객관식 4지 택일형 60문항
- **시험시간** : 1시간
- **합격기준** : 절대평가, 60점 이상 득점 시 합격

출제기준(필기)

주요 항목	세부 항목	세세 항목		
용접일반	❶ 용접 개요	1. 용접의 원리	2. 용접의 장·단점	3. 용접의 종류 및 용도
	❷ 피복아크 용접	1. 피복아크용접기기 4. 피복아크용접기법	2. 피복아크용접용 설비	3. 피복아크용접봉
	❸ 가스용접	1. 가스 및 불꽃	2. 가스용접 설비 및 기구	3. 산소, 아세틸렌 용접기법
	❹ 절단 및 가공	1. 가스절단 장치 및 방법 4. 스카핑 및 가우징	2. 플라스마, 레이저 절단	3. 특수가스절단 및 아크절단
	❺ 특수용접 및 기타 용접	1. 서브머지드 용접 4. 플럭스 코어드 용접 7. 전자빔 용접 10. 기타 용접	2. TIG 용접, MIG 용접 5. 플라스마 용접 8. 레이저 용접	3. 이산화탄소가스 아크용접 6. 일렉트로슬랙, 테르밋 용접 9. 저항 용접
용접 시공 및 검사	❶ 용접시공	1. 용접 시공계획 4. 열영향부 조직의 특징과 기계적 성질 6. 용접 결함, 변형 및 방지대책	2. 용접 준비	3. 본 용접 5. 용접 전·후처리(예열, 후열 등)
	❷ 용접의 자동화	1. 자동화 절단 및 용접	2. 로봇 용접	
	❸ 파괴, 비파괴 및 기타검사(시험)	1. 인장시험 4. 경도시험 7. 자분탐상시험 및 침투탐상시험	2. 굽힘시험 5. 방사선투과시험	3. 충격시험 6. 초음파탐상시험 8. 현미경 조직시험 및 기타 시험
작업안전	❶ 작업 및 용접안전	1. 작업안전, 용접 안전관리 및 위생	2. 용접 화재방지 1) 연소이론 2) 용접 화재방지 및 안전	
용접재료	❶ 용접재료 및 각종 금속 용접	1. 탄소강·저합금강의 용접 및 재료 3. 스테인리스강의 용접 및 재료 5. 구리와 그 합금의 용접 및 재료	2. 주철·주강의 용접 및 재료 4. 알루미늄과 그 합금의 용접 및 재료 6. 기타 철금속, 비철금속과 그 합금의 용접 및 재료	
	❷ 용접재료 열처리 등	1. 열처리	2. 표면경화 및 처리법	
기계제도 (절삭 부분) ※ 용접기능사	❶ 제도통칙 등	1. 일반사항(양식, 척도, 문자 등) 3. 투상법 및 도형의 표시방법 5. 부품번호, 도면의 변경 등	2. 선의 종류 및 도형의 표시법 4. 치수의 표시방법 6. 체결용 기계요소 표시방법	
	❷ 도면해독	1. 재료기호 4. 용접도면	2. 용접기호	3. 투상도면해독
기계제도 (절삭 부분) ※ 특수용접 기능사	❶ 제도통칙 등	1. 일반사항(도면, 척도, 문자 등) 3. 투상법 및 도형의 표시방법	2. 선의 종류 및 용도와 표시법	
	❷ KS 도시기호	1. 재료기호	2. 용접기호	
	❸ 도면해독	1. 투상도면 해독 3. 제관(철골구조물)도면 해독 5. 기타 관련 도면	2. 투상 및 배관, 용접도면 해독 4. 판금도면 해독	

📝 최근 4년간 용접(특수용접)기능사 출제빈도

시험 과목	소계	단원(제목) 구성	세부 구성
용접 일반	58.3% (35문항)	1 용접의 원리와 종류	① 용접의 원리 ② 용접의 분류 ③ 용접이음의 장점과 단점 ④ 용접 자세의 종류와 기호
		2 피복금속아크용접법	① 피복금속아크용접의 원리 ② 아크(Arc)의 성질과 원리 ③ 피복 아크 용접봉의 특징과 종류 ④ 직류 아크용접의 극성 및 교류용접 ⑤ 직류(DC) 용접 시 극성효과 ⑥ 아크 용접에 사용되는 전기의 특성 ⑦ 아크 쏠림 현상 ⑧ 피복아크 용접기의 종류 및 특성 ⑨ 피복금속아크 용접용 기구 ⑩ 전기 피복 금속 아크 용접봉
		3 가스용접 및 절단법	① 가스용접법의 이해 ② 가스의 종류와 특성 ③ 가스와 불꽃의 종류와 특성 ④ 가스 용기의 특징과 취급방법 ⑤ 가스 용접 토치 ⑥ 가스용접 시 재해 ⑦ 용제(Flux)와 용접봉 및 기구 ⑧ 전진법과 후진법 ⑨ 가스 절단법의 이해 ⑩ 가스 절단팁의 종류 ⑪ 기타 절단 가공법
		4 금속의 절단법과 특수 용접법	① 특수 절단 및 가공법 ② 특수 아크 용접법 ③ 저항 용접법의 개요 ④ 점 용접법 ⑤ 심 용접법 ⑥ 기타 저항 용접법의 종류와 특징 ⑦ 납땜법의 종류와 특징
		5 용접 설계 및 시공법	① 용접 이음의 종류와 형태 ② 용접 이음 설계와 강도 계산 ③ 용접 홈 형상의 종류 ④ 용접 준비작업과 용착법 ⑤ 용접작업의 원칙 ⑥ 용접의 후처리 방법 ⑦ 용접 결함의 종류와 보수방법
		6 용접 검사 및 시험법	① 파괴시험법의 종류와 특성 ② 비파괴시험법의 종류
		7 용접안전 및 환경관리	① 용접 시 감전의 위험과 예방대책 ② 용접 안전용구 및 환경관리
용접 (기계) 재료	25% (15문항)	1 금속의 특징과 종류	① 금속의 성질 ② 금속의 변태와 가공
		2 철강의 분류	① 선철 ② 강괴의 종류 ③ 탄소강
		3 금속의 열처리 및 경화법	① 강의 열처리 ② 강의 표면 경화법
		4 철강 재료	① 스테인리스강(불수강, 내식강) ② 스테인리스강의 용접 ③ 불변강의 종류 ④ 주철의 종류와 특성 ⑤ 주강의 특징
		5 비철 금속 재료	① 구리의 특징과 구리합금의 종류 ② 알루미늄(Al)과 그 합금 ③ 기타 비철합금의 특징 ④ 고장력강의 용접
기계 제도	16.6% (10문항)	1 제도의 기본 이해	① 제도의 개요 ② 도면에 사용되는 선의 종류 ③ 도면 작도의 기본
		2 도면에 사용되는 도형의 표시법	① 투상도법 ② 단면의 도시법 및 해칭법
		3 도면의 치수기입법	① 도면의 치수기입 ② 치수에 사용하는 기호 및 각종 표시법 ③ 재료의 기호 표기법
		4 기계 요소의 표시 및 스케치 방법	① 나사의 호칭 ② 볼트와 너트의 호칭 ③ 가공법의 약호와 스케치도
		5 도면 판독의 이해	① 용접부의 기호 판독 ② 용접부의 도면기호
합계			100%(60문항)

CBT 전면시행에 따른
CBT PREVIEW

※ 한국산업인력공단에서는 자격검정 CBT 웹 체험을 제공하고 있습니다. (큐넷 http://www.q-net.or.kr 참고)

🖥 수험자 정보 확인
시험장 감독위원이 컴퓨터에 나온 수험자 정보와 신분증이 일치하는지를 확인하는 단계입니다.
수험번호, 성명, 주민등록번호, 응시종목, 좌석번호를 확인합니다.

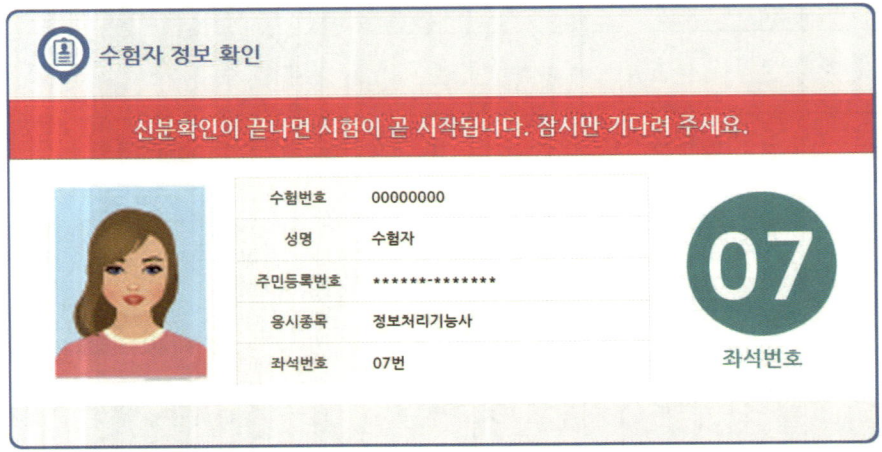

🖥 안내사항
시험에 관련된 안내사항이므로 꼼꼼히 읽어보시기 바랍니다.

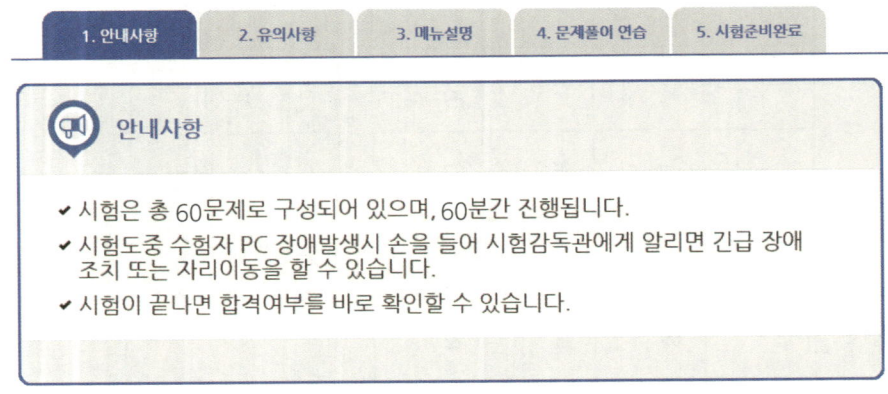

유의사항

부정행위는 절대 안 된다는 점, 잊지 마세요!

> **유의사항 - [1/3]**
>
> - 다음과 같은 부정행위가 발각될 경우 감독관의 지시에 따라 퇴실 조치되고, 시험은 무효로 처리되며, 3년간 국가기술자격검정에 응시할 자격이 정지됩니다.
>
>   ✔ 시험 중 다른 수험자와 시험에 관련한 대화를 하는 행위
>   ✔ 시험 중에 다른 수험자의 문제 및 답안을 엿보고 답안지를 작성하는 행위
>   ✔ 다른 수험자를 위하여 답안을 알려주거나, 엿보게 하는 행위
>   ✔ 시험 중 시험문제 내용과 관련된 물건을 휴대하여 사용하거나 이를 주고받는 행위
>
> (다음 유의사항 보기 ▶)

문제풀이 메뉴 설명

문제풀이 메뉴에 대한 주요 설명입니다. CBT에 익숙하지 않다면 꼼꼼한 확인이 필요합니다. (글자크기/화면배치, 전체/안 푼 문제 수 조회, 남은 시간 표시, 답안 표기 영역, 계산기 도구, 페이지 이동, 안 푼 문제 번호 보기/답안 제출)

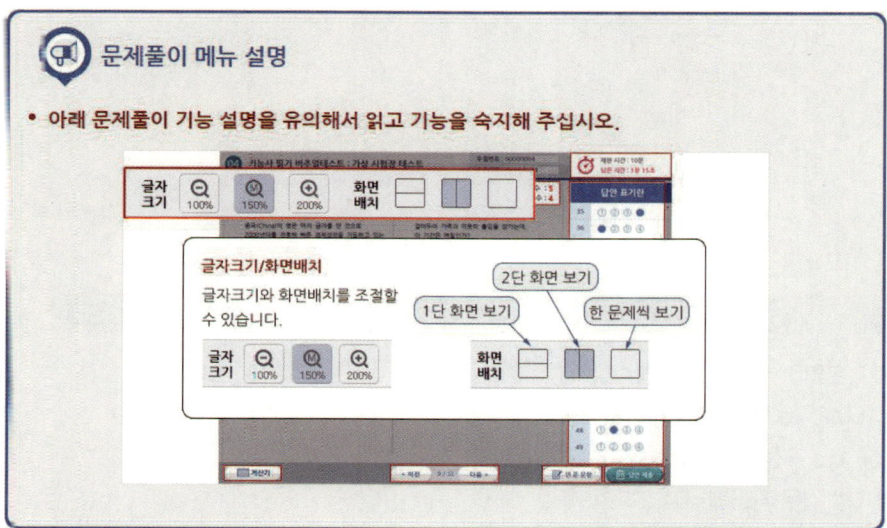

🖥️ 시험준비 완료!

이제 시험에 응시할 준비를 완료합니다.

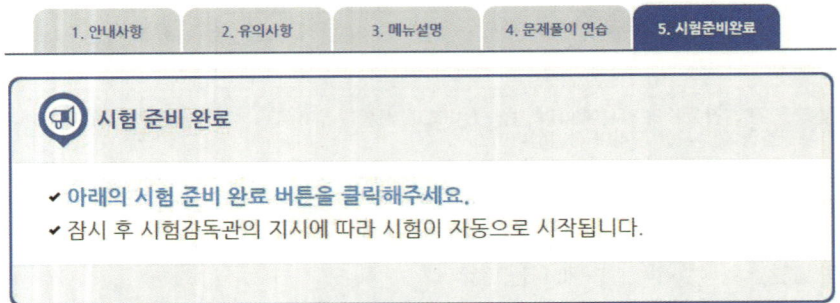

🖥️ 시험화면

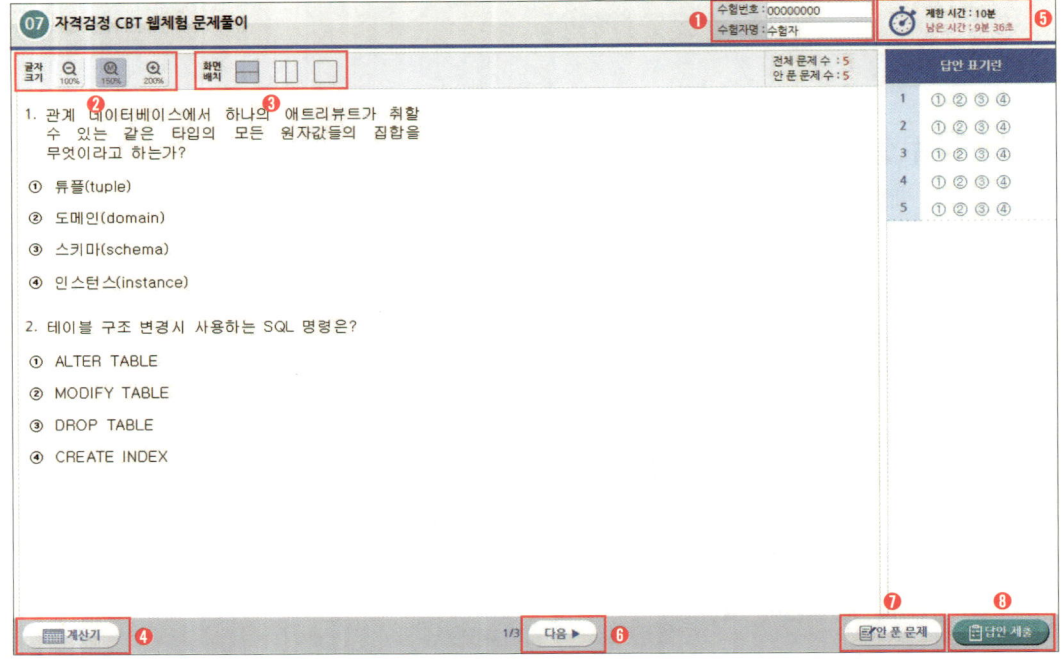

❶ **수험번호, 수험자명** : 본인이 맞는지 확인합니다.
❷ **글자크기** : 100%, 150%, 200%로 조정 가능합니다.
❸ **화면배치** : 2단 구성, 1단 구성으로 변경합니다.
❹ **계산기** : 계산이 필요할 경우 사용합니다.
❺ **제한 시간, 남은 시간** : 시험시간을 표시합니다.
❻ **다음** : 다음 페이지로 넘어갑니다.
❼ **안 푼 문제** : 답안 표기가 되지 않은 문제를 확인합니다.
❽ **답안 제출** : 최종답안을 제출합니다.

답안 제출

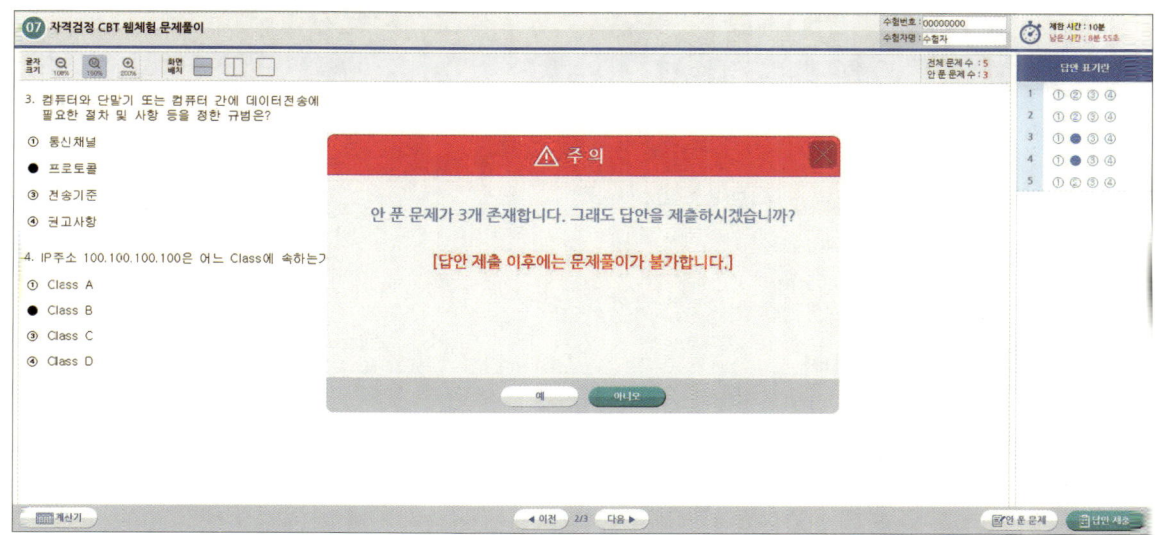

문제를 다 푼 후 답안 제출을 클릭하면 위와 같은 메시지가 출력됩니다.
여기서 '예'를 누르면 답안 제출이 완료되며 시험을 마칩니다.

알고 가면 쉬운 CBT 4가지 팁

1. **시험에 집중하자.**
   기존 시험과 달리 CBT 시험에서는 같은 고사장이라도 각기 다른 시험에 응시할 수 있습니다. 옆 사람은 다른 시험을 응시하고 있으니, 자신의 시험에 집중하면 됩니다.

2. **필요하면 연습지를 요청하자.**
   응시자의 요청에 한해 시험장에서는 연습지를 제공하고 있습니다. 연습지는 시험이 종료되면 회수되므로 필요에 따라 요청하시기 바랍니다.

3. **이상이 있으면 주저하지 말고 손을 들자.**
   갑작스럽게 프로그램 문제가 발생할 수 있습니다. 이때는 주저하며 시간을 허비하지 말고, 즉시 손을 들어 감독관에게 문제점을 알려주시기 바랍니다.

4. **제출 전에 한 번 더 확인하자.**
   시험 종료 이전에는 언제든지 제출할 수 있지만, 한 번 제출하고 나면 수정할 수 없습니다. 맞게 표기하였는지 다시 확인해보시기 바랍니다.

CONTENTS

Do! mino 용접(특수용접)기능사

단기독기 시험장 핵심노트
- 01 핵심테마 36선 ... 014
- 02 합격 페이퍼 ... 070

PART 01 용접일반
- **CHAPTER 01** 용접의 원리와 종류 ... 090
- **CHAPTER 02** 피복금속아크용접법 ... 096
- **CHAPTER 03** 가스용접 및 절단법 ... 111
- **CHAPTER 04** 금속의 절단법과 특수 용접법 ... 126
- **CHAPTER 05** 용접 설계 및 시공법 ... 143
- **CHAPTER 06** 용접 검사 및 시험법 ... 154
- **CHAPTER 07** 용접안전 및 환경관리 ... 159
- **CHAPTER 08** 계산문제정리 ... 162

PART 02 용접(기계) 재료
- **CHAPTER 01** 금속의 특징과 종류 ... 172
- **CHAPTER 02** 철강의 분류 ... 176
- **CHAPTER 03** 금속의 열처리 및 경화법 ... 180
- **CHAPTER 04** 철강 재료 ... 183
- **CHAPTER 05** 비철 금속 재료 ... 188

PART 03 기계 제도
- **CHAPTER 01** 제도의 기본 이해 ... 196
- **CHAPTER 02** 도면에 사용되는 도형의 표시법 ... 199
- **CHAPTER 03** 도면의 치수기입법 ... 207
- **CHAPTER 04** 기계 요소의 표시 및 스케치 방법 ... 214
- **CHAPTER 05** 도면 판독의 이해 ... 218

부록 최신기출문제 & CBT 실전모의고사
- 01 최신기출문제 ... 224
- 02 CBT 실전모의고사 ... 282

단기 기능사 합격 **독**하게 **기**출만 보자!

단기독기

시험장 핵심노트

❶ 맞춤 합격! 기출만 푸는 [핵심테마 36선]
❷ 시험 10분 전 외우는 [합격 페이퍼]

단기독기 01 맞춤합격! 기출만 푸는 핵심테마 36선

THEMA 1 용접의 개요 및 원리

01 야금적 접합법의 종류에 속하는 것은?
① 납땜 이음 ② 볼트 이음
③ 코터 이음 ④ 리벳 이음

> 금속의 접합에는 기계적인 접합과 야금적인 접합이 있으며, 열원 등의 에너지를 가하여 접합하는 것이 야금적 접합이다.

02 금속 간의 원자가 접합되는 인력 범위는?
① 10^{-4}cm ② 10^{-6}cm
③ 10^{-8}cm ④ 10^{-10}cm

> 금속은 10^{-8}cm(1Å, 옹스트롬)에서 원자 간의 인력으로 접합하게 된다.

03 직류발전형 아크 용접기의 특징을 올바르게 나타낸 것은?
① 완전한 직류 전원을 얻는다.
② 직류를 얻는 데 소음이 없다.
③ 고장이 비교적 적다.
④ 보수와 점검이 용이하다.

> 발전기로 직류전기를 얻기 때문에 완전한 직류전원을 얻을 수 있는 장점이 있으나 고가이고 보수와 점검이 어려운 단점이 있다.

04 기계적 이음과 비교한 용접 이음의 장점으로 틀린 것은?
① 기밀성이 우수하다. ② 재료의 변형이 없다.
③ 이음 효율이 높다. ④ 재료두께의 제한이 없다.

> 용접시 발생되는 열로 인해 재료가 변형된다는 것은 용접의 단점 중 하나이다.

05 용접법의 분류에서 초음파 용접은 다음 중 어디에 속하는가?
① 융접 ② 아크융접
③ 납땜 ④ 압접

> 용접은 크게 융접, 압접, 납땜으로 분류하며, 초음파 용접은 진동자를 진동시켜 압력을 가해 접합하는 방식으로 압접에 해당된다.

정답 01 ① 02 ③ 03 ① 04 ② 05 ④

06 용접봉의 종류에서 용융금속의 이행 형식에 따른 분류가 아닌 것은?
① 단락형
② 글로뷸러형
③ 스프레이형
④ 직렬식 노즐형

용융금속(용적)의 이행형식에 따른 용접봉의 종류
- 스프레이형
- 단락형
- 글로뷸러형(입상이행형, 핀치효과형)

07 용접기 설치 시 1차 입력이 10kVA이고 전원 전압이 200V이면 퓨즈 용량은?
① 50A
② 100A
③ 150A
④ 200A

10kVA = 10,000VA이므로
$$\frac{10,000}{200} = 50A$$

08 일반적으로 중금속과 경금속을 구분하는 비중은?
① 1.0
② 3.0
③ 5.0
④ 7.0

책마다 약간의 차이는 있으나 비중 약 4.5를 기준으로 중금속과 경금속을 구분한다.

09 하중의 방향에 따른 필릿 용접의 종류가 아닌 것은?
① 전면필릿
② 측면필릿
③ 연속필릿
④ 경사필릿

하중의 방향에 따른 필릿 용접의 종류
- 전면필릿용접(수직)
- 측면필릿용접(수평)
- 경사필릿용접

10 정격 2차 전류 200A, 정격 사용률 40%, 아크 용접기로 150A의 용접전류 사용 시 허용 사용률은 약 얼마인가?
① 51%
② 61%
③ 71%
④ 81%

허용사용률 = $\frac{(\text{정격 2차 전류})^2}{(\text{실제 사용전류})^2} \times$ 정격사용률

이므로 $\frac{(200)^2}{(150)^2} \times 40 =$ 약 71%

정답 06 ④ 07 ① 08 ③ 09 ③ 10 ③

THEMA 2 피복아크용접법

01 교류 아크용접기는 무부하 전압이 높아 전격의 위험이 있으므로 안전을 위하여 전격방지기를 설치한다. 이때 전격방지기의 2차 무부하 전압은 몇 V 이하로 하는 것이 적당한가?
① 80~90V ② 60~70V
③ 40~50V ④ 20~30V

> 무부하 전압을 개로전압이라고도 하며 아크를 발생시키지 않을 때의 전압을 말한다.(전격 = 감전)

02 일반 피복금속 아크 용접에서 용접봉의 용융 속도와 관계가 있는 것은?
① 용접 속도 ② 아크 길이
③ 아크 전류 ④ 용접봉 길이

> 피복금속 아크 용접에서는 아크 전류로 용융속도를 조절한다.

03 피복금속 아크 용접에서 아크 안정제에 속하는 피복제는?
① 산화티탄 ② 탄산마그네슘
③ 페로망간 ④ 알루미늄

04 피복 아크 용접에서 용접성이 가장 우수한 용접 재료로 적당한 것은?
① 주철 ② 저탄소강
③ 고탄소강 ④ 니켈강

> 탄소의 함유량이 적은 저탄소강은 용접성이 뛰어나다.

05 다음 보기와 같은 용착법은?

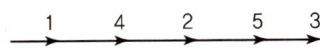

① 대칭법 ② 전진법
③ 후진법 ④ 비석법

> 일명 건너뛰기 용접기라고 하며 비석법 또는 스킵법으로 불린다.

정답 01 ④ 02 ③ 03 ① 04 ② 05 ④

06 피복 아크 용접에서 용접봉의 용융속도로 맞는 것은?
① 무부하 전압×아크저항
② 아크전류×용접봉 쪽 전압강하
③ 아크전류×아크저항
④ 아크전류×무부하 전압

07 피복 아크 용접에서 용접의 단위 길이 1cm당 발생하는 전기적 열에너지 H (J/cm)를 구하는 식은?

① $H=\dfrac{V}{60EI}$
② $H=\dfrac{60V}{EI}$
③ $H=\dfrac{60E}{VI}$
④ $H=\dfrac{60EI}{V}$

> 용접입열(H)은 용접속도(V)와 반비례하며 전압(E)과 전류(I)는 비례하는 공식이다. 60은 시간의 단위(1분=60초)를 맞추기 위해 곱한다.

08 용접봉에 아크가 한쪽으로 쏠리는 아크 쏠림 방지책이 아닌 것은?
① 짧은 아크를 사용할 것
② 접지점을 용접부로부터 멀리할 것
③ 긴 용접에는 전진법으로 용접할 것
④ 직류용접을 하지 말고 교류용접을 사용할 것

> 일명 자기불림법이라고도 하며 전진법보다는 후진법이 아크 쏠림 방지 효과가 크며 교류용접기 사용 시 방지가 가능하다.

09 용접 중에 아크를 중단시키면 중단된 부분이 오목하거나 납작하게 파진 모습으로 남게 되는 것은?
① 언더컷
② 크레이터
③ 피트
④ 오버랩

> 용접 종점 부근에서는 크레이터(Crater, 화산분화구)가 생기며 이 부분에서 균열이 발생한다.

10 가스 용접을 피복금속 아크 용접과 비교할 때 단점으로 옳은 것은?
① 가열할 때 열량 조절이 비교적 어렵다.
② 아크 용접에 비해 유해광선의 발생이 많다.
③ 전원 설비가 없는 곳에서는 쉽게 설치 할 수 없다.
④ 폭발의 위험이 크고 금속이 탄화 및 산화될 가능성이 많다.

정답 06 ② 07 ④ 08 ③ 09 ② 10 ④

THEMA 3 전기피복아크 용접봉

01 저수소계 용접봉은 사용하기 전 몇 ℃에서 몇 시간 정도 건조시켜 사용해야 하는가?
① 100~150℃, 30시간
② 150~250℃, 1시간
③ 300~350℃, 1~2시간
④ 450~550℃, 3시간

> 저수소계 용접봉(E 4316)은 염기도가 높아 내균열성이 우수한 용접봉으로 고장력강의 용접에 사용된다.

02 연강용 피복 아크 용접봉의 E 4316에 대한 설명 중 틀린 것은?
① E : 피복금속 아크용접봉
② 43 : 전 용착금속의 최대인장강도
③ 16 : 피복제의 계통
④ E 4316 : 저수소계 용접봉

> 43은 전 용착금속의 최저인장력도를 의미한다.
> 43kgf/mm²

03 피복 아크 용접봉 중 고산화티탄계를 나타내는 용접봉은?
① E 4301   ② E 4311
③ E 4313   ④ E 4316

> ① E 4301(일미나이트계)
> ② E 4311(고셀룰로오스계)
> ③ E 4316(저수소계)

04 연강용 아크 용접봉의 특성에 대한 설명 중 틀린 것은?
① 고산화티탄계는 아크 안정성이 좋다.
② 일미나이트계는 슬래그 생성계이다.
③ 저수소계는 기계적 성질이 우수하다.
④ 고셀룰로오스계는 슬래그 생성식이다.

> 고셀룰로오스계(E 4311) 용접봉은 대표적인 가스실드계 용접봉이다.(위보기 용접에 탁월함)

05 피복 아크 용접봉은 피복제가 연소한 후 생성된 물질이 용접부를 보호한다. 용접부의 보호방식에 따른 분류가 아닌 것은?
① 가스 발생식   ② 스프레이형
③ 반가스 발생식   ④ 슬래그 생성식

> 피복 아크 용접봉의 피복제가 용접부를 보호하는 방식 : 가스발생식, 반가스발생식, 슬래그 생성식(스프레이형은 용적의 이행형식 중 하나이다.)

정답 01 ③ 02 ② 03 ③ 04 ④ 05 ②

THEMA 4 가스용접일반

01 가스용접봉 표시 GA46에서 46의 의미는?
① 용접봉의 재질
② 용접봉의 규격
③ 용접봉의 종류
④ 용착금속의 최소 인장강도

02 35℃에서 120kgf/cm² 로 압축하여 충전한 용기 속의 산소량이 5,604리터라면 내부 용적은 몇 리터로 계산되는가?
① 0.02
② 58.84
③ 67.25
④ 46.7

> 용기 속의 산소량 = 내부용적×충전압력

03 가스 용접에서 전진법과 비교한 후진법의 특징에 대한 설명으로 옳은 것은?
① 용접속도가 느리다.
② 홈 각도가 크다.
③ 용접가능 판 두께가 두껍다.
④ 용접변형이 크다.

> 후진법은 비드의 모양을 제외하고는 전진법보다 거의 모든 면에서 작업성이 우수하다. 즉, 용접속도가 빠르고 홈의 각도를 작게 만들어도 되며 후판 용접이 가능하고 변형이 전진법에 비해 적다.

04 가스용접에서 역화가 생기는 주요 원인이 아닌 것은?
① 팁의 막힘
② 팁의 과열
③ 가스용기의 형태와 크기
④ 가스압력의 부적절

> 역화란 토치의 취급이 불량할 때에 불꽃이 순간적으로 토치의 팁 끝에서 터지는 소리를 내면서 꺼지는가 하면 또 켜지고, 또는 완전히 꺼지는 현상을 말한다.

05 가스용접 불꽃에서 아세틸렌 과잉 불꽃이라 하며 속불꽃과 겉불꽃 사이에 아세틸렌 페더가 있는 것은?
① 바깥불꽃
② 중성불꽃
③ 산화불꽃
④ 탄화불꽃

> 탄화불꽃은 아세틸렌의 압력을 산소보다 과잉 분출시킨 것으로 제3의 불꽃 즉 아세틸렌 페더 깃가 발생한다.

06 일반적으로 모재의 두께가 6mm인 경우 사용할 가스용접봉의 지름은 몇 mm인가?
① 1.0
② 1.6
③ 2.6
④ 4.0

> 가스용접봉의 지름$(D) = \dfrac{T}{2} + 1$
> 여기서, T : 모재의 두께
> 이므로 가스용접봉의 지름은 $\dfrac{6}{2} + 1 = 4mm$

정답 01 ④ 02 ④ 03 ③ 04 ③ 05 ④ 06 ④

07 가스용접으로 연강 용접 시 사용하는 용제는?
   ① 염화리튬   ② 붕사
   ③ 염화나트륨   ④ 사용하지 않는다.

연강의 용접 시에는 용제를 사용하지 않는다.(용제 : 금속산화막 제거용 재료)

08 산소 용기의 윗부분에 각인되어 있지 않은 것은?
   ① 용기의 중량   ② 최저 충전압력
   ③ 내압시험 압력   ④ 충전가스의 내용적

용기를 충전시키는 데 있어 최고 충전압력은 용기의 폭발을 방지하기 위해 반드시 각인이 되어 있으나 최저 충전압력은 각인이 되어 있지 않다.

09 연강용 가스 용접봉의 시험편 처리 표시 기호 중 NSR의 의미는?
   ① 625±25℃로써 용착금속의 응력을 제거한 것
   ② 용착금속의 인장강도를 나타낸 것
   ③ 용착금속의 응력을 제거하지 않은 것
   ④ 연신율을 나타낸 것

- NSR(Non Stress Relief : 응력 제거하지 않음)
- SR(Stress Relief : 응력 제거)

10 가스 용접에 대한 설명 중 옳은 것은?
   ① 열집중성이 좋아 효율적인 용접이 가능하다.
   ② 아크 용접에 비해 불꽃의 온도가 높다.
   ③ 전원 설비가 있는 곳에서만 설치가 가능하다.
   ④ 가열할 때 열량 조절이 비교적 자유롭기 때문에 박판 용접에 적합하다.

11 가스 용접에서 압력 조정기의 압력 전달 순서가 바르게 된 것은?
   ① 부르동관 → 링크 → 섹터기어 → 피니언
   ② 부르동관 → 피니언 → 링크 → 섹터기어
   ③ 부르동관 → 링크 → 피니언 → 섹터기어
   ④ 부르동관 → 피니언 → 섹터기어 → 링크

압력조정기에서 압력이 전달되는 계통의 순서이다.

정답 07 ④ 08 ② 09 ③ 10 ④ 11 ①

THEMA 5 가스절단과 절단에 사용되는 가스

01 가스 절단에서 고속 분출을 얻는 데 가장 적합한 다이버전트 노즐은 보통의 팁에 비하여 산소소비량이 같을 때 절단 속도를 몇 % 정도 증가시킬 수 있는가?
① 5~10%
② 10~15%
③ 20~25%
④ 30~35%

> 다이버전트 노즐은 보통 팁에 비해 약 20~25% 정도 절단속도를 증가시킬 수 있다.

02 가스절단장치에 관한 설명으로 틀린 것은?
① 프랑스식 절단 토치의 팁은 동심형이다.
② 중압식 절단 토치는 아세틸렌가스 압력이 보통 $0.07kgf/cm^2$ 이하에서 사용된다.
③ 독일식 절단 토치의 팁은 이심형이다.
④ 산소나 아세틸렌 용기 내의 압력이 고압이므로 그 조정을 위해 압력 조정기가 필요하다.

> $0.07kgf/cm^2$ 이하는 저압식, 0.07~$1.3kgf/cm^2$는 중압식 토치이다.

03 가스절단에서 표준 드래그는 보통 판 두께의 얼마 정도인가?
① 1/4
② 1/5
③ 1/10
④ 1/100

> 표준 드래그 길이 = 1/5(20%)

04 다음 중 가연성 가스로 스파크 등에 의한 화재에 대하여 가장 주의해야 할 가스는?
① LPG
② CO_2
③ He
④ O_2

> 보기 중 LPG(프로판 가스)는 유일한 가연성 가스이다.

05 산소에 대한 설명으로 틀린 것은?
① 무색, 무취, 무미이다.
② 물의 전기 분해로도 제조한다.
③ 가연성 가스이다.
④ 액체 산소는 보통 연한 청색을 띤다.

> 산소는 지연성, 조연성 가스이다.

정답 01 ③ 02 ② 03 ② 04 ① 05 ③

06 가스 에너지 중 스스로 연소할 수 없으나 다른 가연성 물질을 연소시킬 수 있는 지연성 가스는?

① 수소　　　　　　② 프로판
③ 산소　　　　　　④ 메탄

> 산소는 지연성(조연성) 가스라고 하며 공기보다 무겁고 무색, 무취, 무미하다.(용기 : 녹색)

07 가연성 가스의 종류 중 불꽃의 온도가 가장 높은 것은?

① 아세틸렌　　　　② 수소
③ 프로판　　　　　④ 메탄

> - 아세틸렌 : 3,430℃
> - 수소 : 2,900℃
> - 프로판 : 2,820℃
> - 메탄 : 2,700℃

08 내용적 33.7L의 산소병에 150kgf/cm²의 압력이 게이지에 표시되었다면 산소병에 들어 있는 산소량은 몇 L인가?

① 3,400　　　　　② 5,055
③ 4,700　　　　　④ 4,800

> 산소의 양 = 내용적 × 충전압력
> 　　　　 = 33.7 × 150 = 5,055L

09 아세틸렌은 각종 액체에 잘 용해된다. 그러면 1기압 아세톤 2L에는 몇 L의 아세틸렌이 용해되는가?

① 2　　　　　　　② 10
③ 25　　　　　　　④ 50

> 아세틸렌의 용해
> - 물 : 1배
> - 석유 : 2배
> - 벤젠 : 4배
> - 알코올 : 6배
> - 아세톤 : 25배

10 침몰선의 해체나 교량의 개조 시 사용되는 수중 절단법에서 가장 많이 사용되는 연료 가스는?

① 아세톤　　　　　② 에틸렌
③ 수소　　　　　　④ 질소

정답 06 ③　07 ①　08 ②　09 ④　10 ③

THEMA 6 금속의 절단 및 가공법

01 주철이나 비철금속은 가스절단이 용이하지 않으므로 철분 또는 용제를 연속적으로 절단용 산소에 공급하여 그 산화열 또는 용제의 화학작용을 이용한 절단 방법은?

① 분말 절단　　② 산소창 절단
③ 탄소아크 절단　　④ 스카핑

> ② 산소창 절단 : 가늘고 긴 강관에 산소를 흘려 절단
> ③ 탄소아크절단 : 탄소전극봉을 이용하여 절단
> ④ 스카핑 : 금속표면을 얇게 깎아낼 때 사용

02 고속분출을 얻는 데 적합하고 보통의 팁에 비하여 산소의 소비량이 같을 때, 절단 속도를 20~25% 증가시킬 수 있는 절단 팁은?

① 다이버전트형 팁　　② 직선형 팁
③ 산소-LP용 팁　　④ 보통형 팁

03 아크에어 가우징의 작업 능률은 치핑이나 그라인딩 또는 가스 가우징보다 몇 배 정도 높은가?

① 10~12배　　② 8~9배
③ 5~6배　　④ 2~3배

04 가스 가우징에 대한 설명 중 옳은 것은?

① 드릴 작업의 일종이다.
② 용접부의 결함, 가접의 제거 등에 사용된다.
③ 저압식 토치의 압력조절방법의 일종이다.
④ 가스의 순도를 조절하기 위한 방법이다.

> 가스가우징은 용접 부분의 뒷면을 따내거나 U형, H형의 용접홈 가공을 위해 깊은 홈을 파내는 가공법이다.

05 중공의 피복 용접봉과 모재 사이에 아크를 발생시키고 중심에서 산소를 분출시키면서 절단하는 방법은?

① 아크에어 가우징(Arc Air Gouging)
② 금속 아크 절단(Metal Arc Cutting)
③ 탄소 아크 절단(Carbon Arc Cutting)
④ 산소 아크 절단(Oxygen Arc Cutting)

> 중공이라는 말은 가운데가 비었으며 그곳으로 고압의 절단 산소가 나온다는 것으로 산소 아크 절단을 말한다.

정답 01 ①　02 ①　03 ④　04 ②　05 ④

06 특수 절단 및 가스 가공 방법이 아닌 것은?
① 수중 절단　　　　② 스카핑
③ 치핑　　　　　　④ 가스 가우징

> 치핑은 끝이 둥근 해머를 이용해 금속을 두들겨 응력을 제거하는 방법이다.

07 가스절단에서 절단용 산소 중에 불순물이 증가하면 나타나는 결과가 아닌 것은?
① 절단면이 거칠어진다.
② 절단속도가 늦어진다.
③ 슬래그의 이탈성이 나빠진다.
④ 산소의 소비량이 적어진다.

> 불순물이 증가하면 산소의 소비량이 많아진다.

정답　06 ③　07 ④

THEMA 7 특수용접법

01 볼트나 환봉을 강판에 용접할 때 가장 적합한 것은?
① 스터드 용접
② 테르밋 용접
③ 서브머지드 아크 용접
④ 불활성 가스 용접

> 볼트, 환봉 용접은 스터드 용접을 사용하며 스터드 주변에 페룰이라는 세라믹 재질의 부속을 사용하여 용착부분을 외기로부터 보호한다.

02 금속산화물이 알루미늄에 의하여 산소를 빼앗기는 반응에 의해 생성되는 열을 이용하여 금속을 용접하는 것은?
① 일렉트로 슬래그 용접
② 서브머지드 아크 용접
③ 테르밋 용접
④ 마찰 용접

> 테르밋 용접법은 금속산화물과 알루미늄 분말을 약 3 : 1의 비율로 혼합하는(화학적 반응열을 이용) 용접법이며 전기가 필요 없고 용접시간이 짧으며 변형이 잘 생기지 않기 때문에 기차의 레일 용접에 사용된다.

03 용접열원으로 전기가 필요 없는 용접법은?
① 테르밋 용접
② 원자 수소 용접
③ 일렉트로 슬래그 용접
④ 일렉트로 가스 아크용접

> 테르밋 용접법은 전기가 필요 없으며 금속산화물과 알루미늄 분말의 혼합 시 생기는 화학적인 열에너지로 용접한다.

04 탄산가스 아크 용접법을 주로 사용하는 금속은?
① 알루미늄
② 구리와 동합금
③ 스테인레스강
④ 연강

> 탄산가스 아크용접(CO_2 용접)은 연강의 용접 시 사용되며, MIG용접은 구리, 알루미늄 등 비철금속 재료의 용접에 사용된다.

05 CO_2 아크 용접에서 가장 두꺼운 판에 사용되는 용접 홈은?
① I형
② V형
③ H형
④ J형

> H형 홈의 경우 용착량이 많아 양면용접의 가장 두꺼운 판의 용접 시 사용된다.

정답 01 ① 02 ③ 03 ① 04 ④ 05 ③

06 CO_2 가스 아크 용접 시 이산화탄소의 농도가 3~4%일 때 인체에 미치는 영향으로 가장 적합한 것은?

① 위험상태가 된다.
② 두통, 뇌빈혈을 일으킨다.
③ 치사(致死)량이 된다.
④ 아무렇지도 않다.

이산화탄소의 농도
• 3~4% : 두통, 뇌빈혈
• 15% 이상 : 위험
• 30% 이상 : 치사량

07 CO_2 가스(탄산가스) 아크 용접 시 저전류 영역에서 가스유량은 약 몇 L/min 정도가 가장 적당한가?

① 1~5
② 6~10
③ 10~15
④ 16~20

08 두께가 3.2mm인 박판을 탄산가스 아크 용접법으로 맞대기 용접을 하고자 한다. 용접전류 100A를 사용할 때 이에 적합한 아크 전압[V]의 조정 범위는 어느 정도인가?

① 10~13[V]
② 18~21[V]
③ 23~26[V]
④ 28~31[V]

• 6T 이하의 박판인 경우 : 0.04×사용전류 +14~17 = 최소전압, 최대전압
• 9T 이상의 후판인 경우 : 0.04×사용전류 +18~22 = 최소전압, 최대전압
그러므로
0.04×100+14 = 18V이며
0.04×100+17 = 21V

09 CO_2 가스 아크 용접에서 용접 전류를 높게 할 때의 사항을 열거한 것 중 옳은 것은?

① 용착률과 용입이 감소한다.
② 와이어의 녹아내림이 빨라진다.
③ 용접 입열이 작아진다.
④ 와이어 송급 속도가 늦어진다.

용접 전류를 높게 하면 와이어의 녹아내림이 빨라지며 용접 전압을 높게 하면 비드의 폭이 넓어진다.

정답 06 ② 07 ③ 08 ② 09 ②

THEMA 8 일렉트로 슬래그 용접

01 두꺼운 판의 양쪽에 수냉동판을 대고 용융 슬래그 속에서 아크를 발생시킨 후 용융 슬래그의 전기 저항열을 이용하여 용접하는 방법은?
① 서브머지드 아크용접
② 불활성 가스 아크용접
③ 일렉트로 슬래그 용접
④ 전자빔 용접

02 다음 중 가장 두꺼운 판을 용접할 수 있는 용접법은?
① 일렉트로 슬래그 용접
② 불활성 가스 아크 용접
③ 산소-아세틸렌 용접
④ 이산화탄소 아크 용접

GUIDE

일렉트로 슬래그 용접은 가장 두꺼운 판(약 1m)의 용접이 가능하며 용융슬래그 속의 와이어가 전기의 저항열을 이용해 용접하는 방식이며 반드시 양쪽에 수냉동판을 사용하여 용융금속의 흘러내림을 방지한다.

일렉트로 슬래그 용접은 와이어에 통전된 전류의 저항열을 이용한 용접법으로 두께가 약 1m인 후판재의 용접이 가능하다.

정답 01 ③ 02 ①

THEMA 9 불활성 가스(Inert Gas) 아크용접

01 TIG 용접에서 토치는 수냉식, 공랭식 2종류가 있다. 이 중 공랭식 토치에 사용되는 용접전류의 크기는?
① 200A 이하
② 300A 이하
③ 400A 이하
④ 500A 이하

> 용접작업 시 토치헤드의 과열로 이를 냉각시키는 방법에는 공랭식과 수냉식의 방법이 있다.

02 불활성 가스 금속 아크(MIG) 용접에서 주로 사용되는 가스는?
① CO
② Ar
③ O_2
④ H

> 불활성 가스 금속 아크(MIG) 용접과 불활성 가스 텅스텐 아크(TIG) 용접에는 Ar(아르곤) 가스를 사용한다.

03 불활성 가스 금속 아크 용접(MIG)법에서 가장 많이 사용되는 것으로 용가재가 고속으로 용융되어 미입자의 용적으로 분사되어 모재로 옮겨가는 이행 방식은?
① 단락 이행
② 입상 이행
③ 펄스아크 이행
④ 스프레이 이행

> 용적(용융금속)의 이행 형식에는 입상 이행형(글로블러형), 단락형, 스프레이형이 있으며 MIG 용접은 스프레이형에 해당한다.

04 불활성 가스 텅스텐 아크 용접에 주로 사용되는 가스는?
① He, Ar
② Ne, Lo
③ Rn, Lu
④ CO, Xe

> 불활성 가스
> Ar(아르곤), He(헬륨), Ne(네온)

05 불활성 가스 텅스텐 아크 용접의 직류 정극성에 관한 설명으로 맞는 것은?
① 직류 역극성보다 청정작용의 효과가 가장 크다.
② 직류 역극성보다 용입이 깊다.
③ 직류 역극성보다 비드폭이 넓다.
④ 직류 역극성에 비하여 지름이 큰 전극이 필요하다.

> 용입이 깊은 정도
> 직류 정극성(DCSP) > 교류(AC) > 직류 역극성(DCRP)

정답 01 ① 02 ② 03 ④ 04 ① 05 ②

THEMA 10 서브머지드(Submerged) 아크 용접(잠호용접)

01 서브머지드 아크 용접의 특징 설명으로 틀린 것은?
① 개선각을 작게 하여 용접 패스 수를 줄일 수 있다.
② 용접 중 아크가 안 보이므로 용접부의 확인이 곤란하다.
③ 용접선이 구부러지거나 짧아도 능률적이다.
④ 용접설비비가 고가이다.

> 서브머지드 아크 용접은 자동용접으로 아래보기, 수평필릿자세 용접만 가능하며 용접선이 너무 짧거나 구부러진 것은 사용하지 않는다.

02 서브머지드 아크 용접기에서 다전극 방식에 의한 분류에 속하지 않는 것은?
① 푸시 풀식
② 텐덤식
③ 횡병렬식
④ 횡직렬식

> 푸시 풀식은 와이어 송급방식의 하나로 푸시식, 풀식, 푸시 풀식이 있다.

03 서브머지드 아크 용접 시, 받침쇠를 사용하지 않을 경우 루트 간격을 몇 mm 이하로 하여야 하는가?
① 0.2
② 0.4
③ 0.6
④ 0.8

> 서브머지드 아크 용접은 자동용접의 일종으로 루트 간격과 같은 작업조건을 정밀하게 준비해야만 한다.

04 서브머지드 아크 용접용 재료 중 와이어의 표면에 구리를 도금한 이유에 해당되지 않는 것은?
① 콘택트 팁과의 전기적 접촉을 좋게 한다.
② 와이어에 녹이 발생하는 것을 방지한다.
③ 전류의 통전 효과를 높게 한다.
④ 용착금속의 강도를 높게 한다.

> 구리는 전기전도도가 우수한 금속이기 때문에 모재와 통전이 잘 일어나도록 와이어 표면에 도금을 한다.

05 서브머지드 아크 용접의 장점에 해당되지 않는 것은?
① 용접속도가 수동용접보다 빠르고 능률이 높다.
② 개선각을 작게 하여 용접 패스 수를 줄일 수 있다.
③ 콘택트 팁에서 통전되므로 와이어 중에 저항열이 적게 발생되어 고전류 사용이 가능하다.
④ 용접진행상태의 좋고 나쁨을 육안으로 확인할 수 있다.

> 서브머지드 아크 용접은 와이어가 입상의 용제 속에서 아크를 일으키기 때문에 육안으로 아크를 확인할 수가 없다는 단점이 있다. 때문에 불가시 용접, 잠호용접으로 불리기도 한다.

정답 01 ③ 02 ① 03 ④ 04 ④ 05 ④

THEMA 11 저항 용접

01 전기저항용접의 3대요소가 아닌 것은?
① 도전율　　　　② 가압력
③ 용접 전류　　　④ 통전 시간

> 전기저항용접의 3대요소는 용접 전류, 통전 시간, 가압력이다.

02 다음 중 플래시버트 용접의 3단계는?
① 예열, 플래시, 업셋　　② 업셋, 플래시, 후열
③ 예열, 플래시, 검사　　④ 업셋, 예열, 후열

03 다음 전기 저항용접법 중 주로 기밀, 수밀, 유밀성을 필요로 하는 탱크의 용접 등에 가장 적합한 용접법은?
① 점 용접법　　　　② 심 용접법
③ 프로젝션 용접법　④ 플래시 용접법

> 심 용접법에 사용되는 전극은 롤러의 형태로 주로 박판의 용접에 사용된다.

04 다음 중 점(Spot) 용접의 종류가 아닌 것은?
① 가동식　　② 맥동식
③ 단극식　　④ 직렬식

> 점용접의 종류에는 단극식, 다전극식, 직렬식, 맥동식(전류를 단속 통전), 인터렉트 점 용접법 등이 있다.

05 다음 중 심(Seam) 용접의 종류가 아닌 것은?
① 매시 심 용접　　　② 맞대기 심 용접
③ 포일 심 용접　　　④ 인터렉트 심 용접

> 심 용접의 종류에는 매시 심, 포일 심(박판 용접용), 맞대기 심 용접 등이 있다.

정답 01 ①　02 ①　03 ②　04 ①　05 ④

06 맞대기 저항용접이 아닌 것은?
① 업셋 용접　　　　② 플래시 용접
③ 퍼커션 용접　　　④ 프로젝션 용접

> 프로젝션 용접은 일명 돌기용접이라고도 불리며 겹치기 저항용접에 속한다.

07 다음 중 점 용접의 전극의 재질로 쓰이는 것은?
① 텅스텐　　　　　② 마그네슘
③ 구리합금, 순구리　④ 알루미늄

> 전기와 열의 전도도가 우수하며 고온에서 기계적인 성질이 저하되지 않아야 하기 때문에 구리합금과 순구리가 일반적으로 사용된다.

08 다음 중 피용접물이 상호 충돌되는 상태에서 용접되며, 극히 짧은 용접물을 용접하는 데 사용하는 용접법은?
① 퍼커션 용접　　　② 맥동 용접
③ EH 용접　　　　 ④ 레이저 빔 용접

> 퍼커션 용접을 흔히 충동용접이라 하며 여기서 퍼커션(Percussion)이란 충돌 또는 두드리다 라는 의미를 내포하고 있다.

09 심(Seam) 용접법에서 용접전류의 통전 방법이 아닌 것은?
① 직·병렬 통전법　　② 단속 통전법
③ 연속 통전법　　　④ 맥동 통전법

> 심 용접법에서 병렬 통전법은 사용하지 않으며 이 용접법은 전기저항용접의 일종으로 기밀, 수밀을 요하는 제품의 용접에 사용된다.

10 전기저항 점 용접법에 대한 설명으로 틀린 것은?
① 인터렉트 점 용접이란 용접점의 부분에 직접 2개의 전극을 물리지 않고 용접전류가 피용접물의 일부를 통하여 다른 곳으로 전달되는 방식이다.
② 단극식 점 용접이란 전극이 1쌍으로 1개의 점 용접부를 만드는 것이다.
③ 맥동 점 용접은 사이클 단위를 몇 번이고 전류를 연속하여 통전하며 용접 속도 향상 및 용접 변형 방지에 좋다.
④ 직렬식 점 용접이란 1개의 전류 회로에 2개 이상의 용접점을 만드는 방법으로 전류 손실이 많아 전류를 증가시켜야 한다.

> 맥동 점 용접은 마치 맥박이 뛰듯 불연속적(단속)으로 전류를 통전시키는 방식이다.

정답　06 ④　07 ③　08 ①　09 ①　10 ③

THEMA 12 납땜법

01 납땜에서 경납용 용제가 아닌 것은?
① 붕사   ② 붕산
③ 염산   ④ 알칼리

> 경납에 사용되는 용제에는 붕사, 붕산, 불화염, 알칼리 등이 있으며 주로 "ㅂ"이 들어가는 경우가 많다.

02 저융점 땜납은 일반적으로 그 용융점이 몇 ℃ 미만인 합금 땜납을 말하는가?
① 50℃   ② 70℃
③ 90℃   ④ 100℃

> 저융점 땜납은 일반적으로 그 용융점이 100℃ 미만인 합금 땜납을 말한다.

03 땜납은 연납과 경납으로 구분된다. KS에서 구분되는 온도는?
① 350℃   ② 450℃
③ 550℃   ④ 650℃

> 납땜법은 약 450℃를 기준으로 하여 연납과 경납으로 구분한다.

04 다음 중 모재를 녹이지 않고 접합시키는 것은?
① 가스용접   ② 심용접
③ 납땜   ④ 전자 빔 용접

> 용접은 융접과 압접 그리고 납땜으로 구분되며, 여기서 납땜은 모재를 녹이지 않고 접합시키는 접합법이다.

05 다음의 용제(Flux) 중 부식성이 없는 것은?
① 염산   ② 송진
③ 염화아연   ④ 염화암모니아

> 송진은 소나무과의 나무가 손상을 입었을 때 분비되는 천연수지의 하나이다.

06 다음 중 구리 및 구리합금의 납땜 시 적당한 용제는?
① 붕사, 규산나트륨   ② 염화리튬, 염산
③ 염화아연   ④ 송진

> 보일러에 사용되는 동관의 경우 구리합금으로 이루어져 있으며 주로 붕사를 용제로 사용한다.

정답 01 ③ 02 ④ 03 ② 04 ③ 05 ② 06 ①

THEMA 13 탄소강

01 다음 중 탄소강의 표준 조직이 아닌 것은?
① 페라이트　　　　② 펄라이트
③ 시멘타이트　　　④ 마텐자이트

> **탄소강의 표준조직**
> 페라이트, 시멘타이트, 펄라이트

02 탄소강 중에 함유된 규소의 일반적인 영향 중 틀린 것은?
① 경도의 상승　　　② 연신율의 감소
③ 용접성의 저하　　④ 충격값의 증가

> 규소(Si)는 경도, 탄성한도, 인장강도를 증가시키나 연신율, 충격치를 감소시킨다.

03 탄소 함유량이 증가하면 일반적으로 일어나는 현상이다. 틀린 설명은?
① 급랭 경화가 심해진다.
② 단층 용접에서 열 영향부가 담금질 조직이 된다.
③ 2층 용접에서 열 영향부가 풀림 효과를 받는다.
④ 3층 이상에서 용접부의 경화가 아주 심하다.

04 탄소 공구강의 용접에 관한 설명이다. 틀린 것은?
① 용접 결함이 적고 비교적 용접이 쉽다.
② 가스 용접은 비교적 용접이 쉽고 탄화 불꽃을 사용하는 쪽이 좋다.
③ 예열하여 오스테나이트강 용접봉으로 용접한다.
④ 이음 양면에 피복봉으로 버터링하며 희석된 덧붙이 부분끼리 용접한다.

> 탄소 공구강(STC)은 0.6~1.5%C의 탄소강으로 가공이 용이하며, 간단히 담금질하여 높은 경도를 얻을 수 있으나 연강에 비해 높은 탄소 함유량으로 인해 용접성은 다소 떨어진다.

정답 01 ④　02 ④　03 ④　04 ①

THEMA 14 스테인리스강의 용접

01 스테인리스강 중 내식성이 가장 높고 비자성체인 것은?
① 마텐자이트계　　② 페라이트계
③ 펄라이트계　　　④ 오스테나이트계

> 스테인리스강의 종류에는 오스테나이트계, 페라이트계, 마텐자이트계, 석출경화형이 있으며 이 중 비자성체인 것은 오스테나이트계 스테인리스로, 흔히 18-8강이라고도 한다.

02 오스테나이트 스테인리스강 용접 시 유의사항으로 틀린 것은?
① 아크를 중단하기 전에 크레이터 처리를 한다.
② 용접하기 전에 예열을 하여야 한다.
③ 낮은 전류값으로 용접하여 용접 입열을 억제한다.
④ 짧은 아크 길이를 유지한다.

> 오스테나이트계 스테인리스강은 예열 시 입계부식이 생겨 탄화물이 석출될 수 있다.

03 18-8 스테인리스강에서 18-8이 의미하는 것은 무엇인가?
① 몰리브덴이 18%, 크롬이 8% 함유되어 있다.
② 크롬이 18%, 몰리브덴이 8% 함유되어 있다.
③ 크롬이 18%, 니켈이 8% 함유되어 있다.
④ 니켈이 18%, 크롬이 8% 함유되어 있다.

> 스테인리스의 종류 중 18-8 스테인리스강은 오스테나이트계열의 스테인리스를 말한다.

04 오스테나이트계 스테인리스강을 용접하여 사용 중에 용접부에서 녹이 발생하였다. 이를 방지하기 위한 방법이 아닌 것은?
① Ti, V, Nb 등이 첨가된 재료를 사용한다.
② 저탄소의 재료를 선택한다.
③ 용체화 처리 후 사용한다.
④ 크롬탄화물을 형성토록 시효처리한다.

> 크롬탄화물이 형성된다는 것은 이미 녹이 발생했다는 의미와 같다.

05 다음은 스테인리스강 용접에 대한 사항이다. 틀린 것은?
① 용융점이 높은 산화 크롬의 생성을 피해야 한다.
② 불활성 가스, 비산화성 가스 또는 용제 등으로 용융금속을 보호하여야 한다.
③ 저항 용접을 할 때는 가열 시간을 매우 길게 해야 한다.
④ 열팽창계수의 차에서 오는 열응력에 의하여 균열을 발생시키므로 주의해야 한다.

> 스테인리스의 용접 시 필요 이상의 열을 가하면 탄화물이 석출될 수 있으므로 주의해야 한다.

정답 01 ④　02 ②　03 ③　04 ④　05 ③

06 TIG 용접에서 직류 정극성을 사용하였을 때 용접효율을 올릴 수 있는 재료는?
① 알루미늄 ② 마그네슘
③ 마그네슘 주물 ④ 스테인리스강

> 스테인리스강은 직류 정극성(DCSP)에서 용접 효율을 올릴 수 있다.

07 다음 중 스테인리스강의 분류에 해당하지 않는 것은?
① 페라이트계 ② 오스테나이트계
③ 석출경화계 ④ 레데뷰라이트계

> 스테인리스강의 종류
> 오스테나이트계, 페라이트계, 마텐자이트계, 석출경화계

08 오스테나이트계 스테인리스강 용접 시 유의해야 할 사항이 아닌 것은?
① 아크를 중단하기 전에 크레이터 처리를 한다.
② 아크 길이를 길게 유지한다.
③ 낮은 전류로 용접하여 용접 입열을 억제한다.
④ 용접봉은 가급적 모재의 재질과 동일한 것을 사용한다.

> 스테인리스강 용접 시 아크 길이는 반드시 짧게 유지하도록 한다.

09 TIG 용접으로 스테인리스강을 용접하려고 한다. 가장 적합한 전원 극성으로 맞는 것은?
① 교류 전원 ② 직류 역극성
③ 직류 정극성 ④ 고주파 교류 전원

> TIG 스테인리스 용접에는 직류 정극성이 사용된다.

10 탄소강에 니켈이나 크롬 등을 첨가하여 대기 중이나 수중 또는 산에 잘 견디는 내식성을 부여한 합금강으로 불수강이라고도 하는 것은?
① 고속도강 ② 주강
③ 스테인리스강 ④ 탄소 공구강

> 스테인리스강은 녹이 슬지 않는다 하여 불수강(내식강)이라고도 한다.

정답 06 ④ 07 ④ 08 ② 09 ③ 10 ③

THEMA 15 구리와 구리합금의 용접

01 구리와 구리합금이 다른 금속에 비하여 우수한 점이 아닌 것은?
① 전기 및 열전도율이 높다.
② 연하고 전연성이 좋아 가공하기 쉽다.
③ 철강보다 비중이 낮아 가볍다.
④ 철강에 비해 내식성이 좋다.

> • 구리의 비중 : 약 8.9
> • 철의 비중 : 약 7.86

02 3~4% Ni, 1% Si를 첨가한 구리합금으로 강도와 전기 전도율이 좋은 것은?
① 켈밋(kelmet)   ② 암즈(arms)
③ 네이벌(naval)황동   ④ 코슨(corson)합금

> 코슨합금은 전화 등 통신용 전선으로 사용된다.

03 다음은 구리 및 구리합금의 용접성에 관한 설명이다. 틀린 것은?
① 용접 후 응고 수축 시 변형이 생기기 쉽다.
② 충분한 용입을 얻기 위해서는 예열을 해야 한다.
③ 구리는 연강에 비해 열전도도와 열팽창계수가 낮다.
④ 구리합금은 과열에 의한 아연 증발로 중독을 일으키기 쉽다.

> 열전도도와 전기전도도가 높은 순서
> Ag(은)>Cu(구리)>Au(금)>Al(알루미늄)>Mg(마그네슘)>Zn(아연)>Ni(니켈)>Fe(철)

04 구리에 5~20% Zn을 첨가한 황동으로, 강도는 낮으나 전연성이 좋고 색깔이 금색에 가까워, 모조금이나 판 및 선 등에 사용되는 것은?
① 톰백   ② 켈밋
③ 포금   ④ 문츠메탈

> 구리합금에는 황동(Cu-Zn)과 청동(Cu-Sn)이 있으며 구리에 아연이 20% 함유된 황동을 톰백이라고 한다. 이는 메달 등 금 대용 장식품으로 사용된다.

05 7 : 3 황동에 1% 내외의 Sn을 첨가하여 열교환기, 증발기 등에 사용되는 합금은?
① 코슨 황동   ② 네이벌 황동
③ 애드미럴티 황동   ④ 에버듀어 메탈

> 7 : 3 황동에 1% 내외의 Sn을 첨가한 것을 애드미럴티라고 하며 6 : 4 황동에 첨가한 것을 네이벌 황동이라 한다.

정답 01 ③ 02 ④ 03 ③ 04 ① 05 ③

THEMA 16 알루미늄과 알루미늄 합금의 용접

01 내열성 알루미늄 합금으로 실린더 헤드, 피스톤 등에 사용되는 것은?
① 알민 ② Y-합금
③ 하이드로날 ④ 알드레이

> 내열용 알루미늄 합금에는 Y-합금과 Lo-Ex합금이 있다.

02 고강도 Al 합금으로 조성이 Al-Cu-Mg-Mn인 합금은?
① 라우탈 ② Y-합금
③ 두랄루민 ④ 하이드로날륨

> 두랄루민은 가공용 알루미늄의 대표적인 합금으로 조성을 묻는 출제가 자주되는 편이니 반드시 암기해 두자.

03 알루미늄을 TIG 용접법으로 접합하고자 하는 경우 필요한 전원과 극성으로 가장 적합한 것은?
① 직류 정극성 ② 직류 역극성
③ 교류 저주파 ④ 교류 고주파

> 알루미늄(Al) 용접에는 고주파 교류(ACHF) 용접 또는 직류 역극성이 사용되나 고주파 교류의 경우 용접의 효율성이 더욱 높다.

04 두랄루민(Duralumin)의 성분 재료로 맞는 것은?
① Al, Cu, Mg, Mn ② Al, Cu, Fe, Si
③ Al, Fe, Si, Mg ④ Al, Cu, Mn, Pb

> 두랄루민은 대표적인 가공용 알루미늄 합금이며 비행기 부품의 재료로도 사용된다.

정답 01 ② 02 ③ 03 ④ 04 ①

THEMA 17 아크의 전기적 성질 및 전류의 극성

01 일반적인 전기회로는 옴의 법칙에 의해 동일한 저항에 흐르는 전류는 그 전압에 비례하지만 낮은 전류에서 아크의 경우는 반대로 전류가 커지면 저항이 작아져서 전압도 낮아지는데 이러한 현상을 아크의 무슨 특성이라 하는가?
① 전압회복특성 ② 절연회복특성
③ 부저항특성 ④ 자기제어특성

> 일반적인 전기회로의 원리와 반대로 나타나는 현상이기에 부(不)저항 특성이라 함을 기억하자.

02 양극 전압 강하를 V_A, 음극 전압 강하를 V_k, 아크기둥 전압강하를 V_p라고 할 때 아크 전압 V_a의 올바른 관계식은?
① $V_a = V_A + V_k - V_p$
② $V_a = V_k + V_p - V_A$
③ $V_a = V_A - V_k - V_p$
④ $V_a = V_k + V_p + V_A$

> 상당히 복잡한 공식처럼 보이나 결국 아크의 길이는 전압과 비례한다는 공식으로 모든 값을 더한 보기를 찾으면 간단하다.

03 직류 및 교류 아크 용접에서 용입의 깊이를 바른 순서로 나타낸 것은?
① 직류 정극성 > 교류 > 직류 역극성
② 직류 역극성 > 교류 > 직류 정극성
③ 직류 정극성 > 직류 역극성 > 교류
④ 직류 역극성 > 직류 정극성 > 교류

> 상대적으로 열의 발생이 많은 +극이 어느 쪽(용접봉 또는 모재)에 접속되는지 파악하면 된다. 직류 정극성(DCSP)은 용접봉에 −극을, 모재에 +극을 연결하며 용입이 깊어 후판용접에 사용되고 일반적으로 많이 사용되는 극성이다. 직류 역극성(DCRP)은 용접봉 쪽에 +가 접속되기 때문에 용접봉의 녹음이 빠르고 −극이 접속된 모재 쪽은 열전달이 +극에 비해 적어 용입이 얕고 넓어져 주로 박판용접에 사용된다.

04 정전압 특성에 관한 내용이 맞는 것은?
① 전류가 증가할 때 전압이 높아지는 것
② 전압이 증가할 때 전류가 높아지는 것
③ 전류가 증가하여도 전압이 일정하게 되는 것
④ 전압이 증가하여도 전류가 일정하게 되는 것

> 정전압(전압이 정지 : 변하지 않고 일정하다.)

정답 01 ③ 02 ④ 03 ① 04 ③

THEMA 18 용접이음부 설계시 고려사항 및 용접시공준비

01 용접에서 예열하는 목적이 아닌 것은?
① 수소의 방출을 용이하게 하여 저온균열을 방지한다.
② 열영향부와 용착 금속의 연성을 방지하고 경화를 증가시킨다.
③ 용접부의 기계적 성질을 향상시키고 경화 조직의 석출을 방지시킨다.
④ 온도 분포가 완만하게 되어 열응력의 감소로 변형과 잔류응력의 발생을 적게 한다.

> **GUIDE**
> 재료에 연성을 부여하여 경화를 방지하기 위해 예열을 실시한다.

02 여러 용접자세 중에서 용접능률이 가장 좋은 아래보기자세로 용접할 수 있도록 위치조정이 가능한 기구는?
① 포지셔너
② C-클램프
③ 역변형용 지그
④ 용접 게이지

> **용접 포지셔너**
> 용접물을 붙여 자유로이 회전하여 용접부를 항상 용접하기 쉬운 위치에 두는 작업대의 일종이다.

03 용접 시공 시 발생하는 용접 변형이나 잔류응력의 발생을 줄이기 위해 용접 시공 순서를 정한다. 다음 중 용접 시공 순서에 대한 사항으로 틀린 것은?
① 제품의 중심에 대하여 대칭으로 용접을 진행시킨다.
② 같은 평면 안에 이음이 있을 때에는 수축은 가능한 자유단으로 보낸다.
③ 수축이 적은 이음을 가능한 먼저 용접하고 수축이 큰 이음을 나중에 용접한다.
④ 리벳 작업과 용접을 같이 할 때는 용접을 먼저 실시하여 용접열에 의해서 리벳의 구멍이 늘어남을 방지한다.

> 수축이 큰 이음을 먼저 하고 수축이 작은 이음을 나중에 한다.(응력 발생 방지)

정답 01 ② 02 ① 03 ③

THEMA 19 용접 구조설계 및 시공과 검사

01 용접할 때 발생하는 변형과 잔류응력을 경감하는 데 사용되는 방법 중 틀린 것은?
① 용접 전 변형 방지책으로는 억제법, 역변형법을 쓴다.
② 모재의 열전도를 억제하여 변형을 방지하는 방법으로는 전진법을 쓴다.
③ 용접 금속부의 변형과 응력을 경감하는 방법으로는 피닝법을 쓴다.
④ 용접 시공에 의한 경감법으로는 대칭법, 후진법, 스킵법 등을 쓴다.

> 후진법은 전진법에 비해 변형이 생기는 정도가 적다.

02 용접 순서를 결정하는 기준이 잘못 설명된 것은?
① 용접구조물이 조립되어 감에 따라 용접 작업이 불가능한 곳이 발생하지 않도록 한다.
② 용접물 중심에 대하여 항상 대칭적으로 용접한다.
③ 수축이 작은 이음을 먼저 용접한 후 수축이 큰 이음을 뒤에 한다.
④ 용접구조물의 중립축에 대한 수축모멘트의 합이 0이 되도록 한다.

> 수축이 큰 맞대기 이음을 먼저하고 수축이 작은 필릿 이음을 나중에 해야 응력 발생을 줄일 수 있음

03 용접작업에서 소재의 예열온도에 관한 설명 중 옳은 것은?
① 주철, 고급내열합금은 용접균열을 방지하기 위하여 예열을 하지 않는다.
② 연강을 0℃ 이하에서 용접할 경우, 이음의 양쪽 폭 100mm 정도를 80~140℃로 예열한다.
③ 고장력강, 저합금강, 스테인리스강의 경우 용접부를 50~350℃로 예열한다.
④ 열전도가 좋은 알루미늄합금, 구리합금은 500~600℃로 예열한다.

> 알루미늄합금, 구리합금은 약 200~400℃로 예열한다.

04 강구조물 용접에서 맞대기 이음의 루트 간격의 차이에 따라 보수용접을 하는 데 보수방법으로 틀린 것은?
① 맞대기 루트 간격이 6mm 이하일 때에는 이음부의 한쪽 또는 양쪽을 덧붙임 용접한 후 절삭하여 규정 간격으로 개선 홈을 만들어 용접한다.
② 맞대기 루트 간격이 15mm 이상일 때에는 판의 전부 또는 일부(대략 300mm 이상의 폭)를 바꾼다.
③ 맞대기 루트 간격이 6~15mm일 때에는 이음부에 두께 6mm 정도의 뒷댐판을 대고 용접한다.
④ 맞대기 루트 간격이 15mm 이상일 때에는 스크랩을 넣어서 용접한다.

> 맞대기 루트 간격이 15mm 이상일 때는 판 전부 또는 일부를 바꿔 용접한다.

정답 01 ② 02 ③ 03 ③ 04 ④

05 모재 두께 9mm, 용접 길이 150mm인 맞대기 용접의 최대 인장 하중(kg)은 얼마인가?(단, 용착금속의 인장 강도는 43kg/mm²이다.)

① 716kg
② 4,450kg
③ 40,635kg
④ 58,050kg

G·U·I·D·E

인장강도 = $\dfrac{\text{하중}}{\text{단면적}}$

단면적 = 모재의 두께 × 용접선의 길이

$43 = \dfrac{\text{하중}}{(9 \times 150)}$ 을 수식으로 풀면

하중의 값은 58,050kg

06 용접 시험편에서 P = 하중, D = 재료의 지름, A = 재료의 최초 단면적일 때 인장강도를 구하는 식으로 옳은 것은?

① $\dfrac{P}{\pi D}$
② $\dfrac{P}{A}$
③ $\dfrac{P}{A_2}$
④ $\dfrac{A}{P}$

인장강도(극한 강도)
= 하중을 단면적으로 나눈 값이다.
[계산문제로 출제되고 있음]

07 단면적이 10cm²인 평판을 완전 용입 맞대기 용접한 경우의 하중은 얼마인가?(단, 재료의 허용응력을 1,600kgf/cm²로 한다.)

① 160kgf
② 1,600kgf
③ 16,000kgf
④ 16kgf

허용응력 = $\dfrac{\text{하중}}{\text{단면적}}$ 이므로

$1,600 = \dfrac{\text{하중}}{10}$

그러므로 하중의 값은 16,000kgf

정답 05 ④ 06 ② 07 ③

THEMA 20 용접의 결함

01 용접에서 오버랩이 생기는 원인이 아닌 것은?
① 모재의 재질이 불량할 때
② 용접전류가 너무 적을 때
③ 용접봉의 유지각도가 불량할 때
④ 용접봉의 선택이 불량할 때

> 전류가 과소한 경우 및 용접 각도와 용접봉의 선택이 불량한 경우 생기는 결함이며 결함 발생 부위를 잘 갈아내고 재용접을 해야 한다.

02 용접 변형이 발생하는 중요 요인과 가장 거리가 먼 것은?
① 판두께
② 피용접 재질
③ 용접봉의 건조 상태
④ 이음부 형상

> 용접봉의 건조 상태가 좋지 않으면 기공이 생기며 스패터 발생이 심해진다.

03 용접 결함에서 치수상 결함에 속하는 것은?
① 기공
② 언더컷
③ 변형
④ 균열

> **치수상 결함의 종류**
> 변형, 치수 불량, 형상 불량

04 용접금속의 구조상의 결함이 아닌 것은?
① 변형
② 기공
③ 언더컷
④ 균열

> • 구조상 결함 : 기공, 슬래그 섞임, 융합 불량 용입 불량, 언더컷, 균열 등
> • 치수상 결함 : 변형, 치수 불량, 형상 불량
> • 성질상 결함 : 기계적·화학적·물리적 성질 부족

05 용접균열에서 저온균열은 일반적으로 몇 ℃ 이하에서 발생하는 균열을 말하는가?
① 200~300℃ 이하
② 300~400℃ 이하
③ 400~500℃ 이하
④ 500~600℃ 이하

정답 01 ① 02 ③ 03 ③ 04 ① 05 ①

06 다음 그림과 같이 용접부의 비드 끝과 모재 표면 경계부에서 균열이 발생하였다. A는 무슨 균열이라고 하는가?

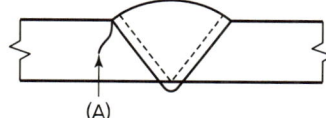

① 토 균열　　　② 라멜라 티어
③ 비드 밑 균열　④ 비드 종균열

GUIDE

토 균열(Toe Crack)은 비드면과 모재부 경계에서 발생하며 주로 저온균열로 담금경화성이 큰 고탄소강, 저합금강에서 주로 나타난다.

07 용접봉의 습기가 원인이 되어 발생하는 결함으로 가장 적절한 것은?
① 선상조직　　② 기공
③ 용입 불량　　④ 슬래그 섞임

습기는 결국 물(H_2O)이기 때문에 물의 구성원소인 수소와 산소로 인한 기공이 생기게 된다.

정답　06 ①　07 ②

THEMA 21 용접 결함의 방지대책 및 보수방법

01 용접결함이 오버랩일 경우 그 보수방법으로 가장 적당한 것은?
① 정지구멍을 뚫고 재용접한다.
② 일부분을 깎아내고 재용접한다.
③ 가는 용접봉을 사용하여 재용접한다.
④ 결함부분을 절단하여 재용접한다.

> **GUIDE**
> 오버랩은 전류의 과소로 인해 비드가 볼록한 형태로 나타나는 것으로 일부분을 깎아내고 재용접한다.

02 다음 중 용접 결함의 보수 용접에 관한 사항으로 가장 적절하지 않은 것은?
① 재료의 표면에 얕은 결함은 덧붙임 용접으로 보수한다.
② 덧붙임 용접으로 보수할 수 있는 한도를 초과할 때에는 결함부분을 잘라내어 맞대기 용접으로 보수한다.
③ 결함이 제거된 모재 두께가 필요한 치수보다 얇게 되었을 때에는 덧붙임 용접으로 보수한다.
④ 언더컷이나 오버랩 등은 그대로 보수 용접을 하거나 정으로 따내기 작업을 한다.

> 재료 표면의 얕은 결함은 반드시 잘 갈아낸 후 재용접해야 한다.

03 다음 중 정지구멍(Stop Hole)을 뚫어 결함부분을 깎아내고 재용접해야 하는 결함은?
① 균열
② 언더컷
③ 오버랩
④ 용입부족

> 강재의 균열 발생 시 균열이 더 커지는 것을 막기 위해 균열의 양 끝단에 구멍을 뚫는다.

04 용접부에 오버랩의 결함이 생겼을 때, 가장 올바른 보수방법은?
① 작은 지름의 용접봉을 사용하여 용접한다.
② 결함 부분을 깎아내고 재용접한다.
③ 드릴로 정지구멍을 뚫고 재용접한다.
④ 결함부분을 절단한 후 덧붙임 용접을 한다.

> 오버랩은 용접 전류가 약하면 생기는 결함이며 깎아내고 재용접함으로써 보수한다.

정답 01 ② 02 ① 03 ① 04 ②

05 용접변형과 잔류응력을 경감시키는 방법을 틀리게 설명한 것은?

① 용접 전 변형 방지책으로는 역변형법을 쓴다.
② 용접시공에 의한 잔류응력 경감법으로는 대칭법, 후진법, 스킵법 등이 쓰인다.
③ 모재의 열전도를 억제하여 변형을 방지하는 방법으로는 도열법을 쓴다.
④ 용접 금속부의 변형과 응력을 제거하는 방법으로는 담금질을 한다.

G·U·I·D·E

담금질은 응력(Stress) 제거가 아닌 재료의 경도(단단한 정도)를 높이는 데 활용된다.

정답 05 ④

THEMA 22 파괴시험 및 검사

01 재료의 인장 시험방법으로 알 수 없는 것은?
① 인장강도
② 단면수축률
③ 피로강도
④ 연신율

> 피로강도 시험법은 피로시험으로 검사한다.

02 다음 중 파괴 시험 검사법에 속하는 것은?
① 부식시험
② 침투시험
③ 음향시험
④ 와류시험

> 부식시험은 재료를 부식액으로 부식시키는 시험법으로 재료를 파괴시키는 시험법이다.

03 샤르피식 시험기를 사용하는 시험 방법은?
① 경도시험
② 충격시험
③ 인장시험
④ 피로시험

> 충격시험은 재료의 인성과 취성을 시험하는 것으로 샤르피식과 아이조드식이 있다.

04 금속재료의 미세조직을 금속현미경을 사용하여 광학적으로 관찰하고 분석하는 현미경시험의 진행 순서로 맞는 것은?
① 시료 채취 → 연마 → 세척 및 건조 → 부식 → 현미경 관찰
② 시료 채취 → 연마 → 부식 → 세척 및 건조 → 현미경 관찰
③ 시료 채취 → 세척 및 건조 → 연마 → 부식 → 현미경 관찰
④ 시료 채취 → 세척 및 건조 → 부식 → 연마 → 현미경 관찰

> 현미경 조직시험은 파괴시험의 일종으로 금속의 일부를 채취하여(파괴 발생) 연마(잘 갈아냄 후 세척하고 부식시켜(조직이 잘 보이도록 하기 위해) 현미경으로 관찰하게 된다.

05 용접부의 연성 결함 유무를 조사하기 위하여 실시하는 시험법은?
① 경도 시험
② 인장 시험
③ 초음파 시험
④ 굽힘 시험

> 용접부의 연성(구부러지거나 늘어나는 성질) 유무를 시험하는 시험은 굽힘 시험이다.

정답 01 ③ 02 ① 03 ② 04 ① 05 ④

06 용접부의 시험 및 검사의 분류에서 충격 시험은 무슨 시험에 속하는가?
　① 기계적 시험　　　② 낙하 시험
　③ 화학적 시험　　　④ 압력 시험

> G·U·I·D·E
> 충격 시험은 기계적(외력만을 사용) 시험에 속한다.

07 형틀 굽힘(굴곡) 시험을 할 때 시험편을 보통 몇 도까지 굽히는가?
　① 120°　　　② 180°
　③ 240°　　　④ 300°

> 시험편을 180°까지 굽히는 시험이다.

정답　06 ①　07 ②

THEMA 23 비파괴 시험법

01 초음파 탐상법에 속하지 않는 것은?
① 투과법　　　　　② 펄스반사법
③ 공진법　　　　　④ 맥동법

> **초음파 탐상법의 종류**
> 펄스반사법, 투과법, 공진법

02 방사선 투과검사에 따른 결함 중 원형 지시 형태인 것은?
① 기공　　　　　② 언더컷
③ 용입불량　　　④ 균열

> 기공은 필름의 판독 시 검은색 점의 형태로 나타난다.

03 다음 중 비파괴 시험에 해당하는 시험법은?
① 굽힘 시험　　　② 현미경 조직 시험
③ 파면 시험　　　④ 초음파 시험

> 초음파 시험(UT)은 비파괴 시험에 해당한다.

04 방사선 투과검사의 특징 설명으로 틀린 것은?
① 모든 용접 재질에 적용할 수 있다.
② 모재가 두꺼워지면 검사가 곤란하다.
③ 내부 결함 검출에 용이하다.
④ 검사의 신뢰성이 높다.

05 용접부의 완성검사에 사용되는 비파괴 시험이 아닌 것은?
① 방사선 투과시험　　② 형광 침투시험
③ 자기 탐상법　　　　④ 현미경 조직시험

> 현미경 조직시험은 육안 조직검사법과 마찬가지로 재료의 부식/연마 단계를 거쳐 파괴가 되는 시험이다.

06 다음 중 침투탐상검사(PT)의 장점이 아닌 것은?
① 시험 방법이 간단하다.
② 제품의 크기, 형상 등에 크게 구애를 받지 않는다.
③ 검사원의 경험과 지식에 따라 크게 좌우된다.
④ 미세한 균열도 탐상이 가능하다.

> 침투탐상검사(PT)는 강재의 표면에 염료(도면기호 : PT-D) 또는 형광물질(도면기호 : PT-F)을 뿌려 표면의 균열을 검출하는 시험으로, 검사원의 특별한 경험과 지식을 요하지 않는다.

정답 01 ④　02 ①　03 ④　04 ②　05 ④　06 ③

THEMA 24 아크용접의 안전

01 헬멧이나 핸드실드의 차광유리 앞에 보호유리를 끼우는 가장 타당한 이유는?
① 시력을 보호하기 위하여
② 가시광선을 차단하기 위하여
③ 적외선을 차단하기 위하여
④ 차광유리를 보호하기 위하여

> 차광유리를 보호하기 위해 앞에 보호유리(백유리)를 끼운다.(차광유리의 가격이 보호유리보다 높다.)

02 전기용접기의 취급관리에 대한 안전사항으로서 잘못된 것은?
① 용접기는 통풍이 잘 되고 그늘진 곳에 설치한다.
② 용접 전류 조정은 용접을 진행하면서 실시한다.
③ 용접기는 항상 건조한 곳에 설치 후 작업한다.
④ 용접전류는 용접봉 심선의 굵기에 따라 적정 전류를 정한다.

> 용접 전류의 조정은 반드시 작업을 중단한 후 실시한다.

03 용접 작업 시 주의사항으로 거리가 가장 먼 것은?
① 좁은 장소 및 탱크 내에서의 용접은 충분히 환기한 후에 작업한다.
② 훼손된 케이블은 용접 작업 종료 후에 절연 테이프로 보수한다.
③ 전격방지기가 설치된 용접기를 사용하여 작업한다.
④ 안전모, 안전화 등 보호장구를 착용한 후 작업한다.

> 훼손된 케이블은 반드시 용접 작업 전 보수하도록 한다.

04 용접 작업 시의 전격에 대한 방지대책으로 올바르지 않은 것은?
① TIG 용접 시 텅스텐 전극봉을 교체할 때는 전원 스위치를 차단하지 않고 해야 한다.
② 습한 장갑이나 작업복을 입고 용접하면 감전의 위험이 있으므로 주의한다.
③ 절연홀더의 절연 부분이 균열이나 파손되었으면 곧바로 보수하거나 교체한다.
④ 용접 작업이 끝났을 때나 장시간 중지할 때에는 반드시 스위치를 차단시킨다.

정답 01 ④ 02 ② 03 ② 04 ①

05 감전의 위험으로부터 용접 작업자를 보호하기 위해 교류용접기에 설치하는 것은?
① 고주파 발생 장치 ② 전격 방지 장치
③ 원격 제어 장치 ④ 시간 제어장치

06 아크 용접 작업 중 허용전류가 20~50mA일 때 인체에 미치는 영향으로 맞는 것은?
① 고통을 느끼고 가까운 근육이 저려서 움직이지 않는다.
② 고통을 느끼고 강한 근육 수축이 일어나며 호흡이 곤란하다.
③ 고통을 수반한 쇼크를 느낀다.
④ 순간적으로 사망할 위험이 있다.

- 5mA : 상당한 고통
- 10mA : 견디기 힘든 심한 고통
- 20mA : 근육 수축
- 50mA : 사망위험
- 100mA : 치명적인 영향

07 아크 용접의 재해라 볼 수 없는 것은?
① 아크 광선에 의한 전안염 ② 스패터 비산으로 인한 화상
③ 역화로 인한 화재 ④ 전격에 의한 감전

역화는 가스용접에서 일어나는 현상이다.

정답 05 ② 06 ② 07 ③

THEMA 25 일반안전

01 용접용 산소용기의 취급상 주의사항으로 틀린 것은?
① 용기 운반시 충격을 주어서는 안 된다.
② 통풍이 잘 되고 직사광선이 잘 드는 곳에 보관한다.
③ 밸브의 개폐는 조용히 해야 한다.
④ 가연성 물질이 있는 곳에는 용기를 보관하지 말아야 한다.

02 높은 곳에서 용접 작업 시 지켜야 할 사항으로 틀린 것은?
① 족장이나 발판이 견고하게 조립되어 있는지 확인한다.
② 고소작업 시 착용하는 안전모의 내부 수직거리는 10mm 이내로 한다.
③ 주변에 낙하물건 및 작업위치 아래에 인화성 물질이 없는지 확인한다.
④ 고소작업장에서 용접 작업 시 안전벨트 착용 후 안전로프를 핸드레일에 고정시킨다.

> 안전모의 내부 수직거리는 25mm 이상이 되도록 한다.

03 안전 보건표지의 색채, 색도기준 및 용도에서 지시의 용도 색채는?
① 검은색　　② 노란색
③ 빨간색　　④ 파란색

> • 검은색(보조용 : 다른 색의 보조)
> • 노란색(조심, 주의)
> • 빨간색(방화, 정지, 금지, 위험)

04 응급처치의 3대 요소가 아닌 것은?
① 상처 보호　　② 쇼크 방지
③ 기도 유지　　④ 응급후송

> 응급처치란 전혀 생각지도 못한 장소나 때에 발생한 외상에 대해서 응급적으로 간단하게 치료하는 것을 말한다.

05 다음 중 목재, 섬유류, 종이 등에 의한 화재의 급수에 해당하는 것은?
① A급　　② B급
③ C급　　④ D급

> • A급 : 일반화재
> • B급 : 유류화재
> • C급 : 전기화재
> • D급 : 금속화재

정답 01 ②　02 ②　03 ④　04 ④　05 ①

06 화재의 폭발 및 방지조치 중 틀린 것은?

① 필요한 곳의 화재를 진화하기 위한 발화설비를 설치할 것
② 용접 작업장 부근에 점화원을 두지 않도록 할 것
③ 대기 중에 가연성 가스를 누설 또는 방출시키지 말 것
④ 배관 또는 기기에서 가연성 증기가 누출되지 않도록 할 것

> 발화설비란 불이 타기 쉬운 설비를 말한다.

07 안전모의 내부수직거리로 가장 적당한 것은?

① 25mm 이상 50mm 미만일 것
② 15mm 이상 40mm 미만일 것
③ 10mm 미만일 것
④ 25mm 미만일 것

> 안전모는 내부에 25mm 이상의 충격을 완화할 수 있는 공간이 남아 있어야 하며, 안전모는 공용으로 사용하면 절대 안 된다.

정답 06 ① 07 ①

THEMA 26 금속과 합금

01 해드필드(Hadfield)강은 상온에서 오스테나이트 조직을 가지고 있다. Fe 및 C 이외의 주요 성분은?
① Ni
② Mn
③ Cr
④ Mo

> 해드필드강은 Mn(망간)이 약 10~14% 함유된 고망간강이며 내마멸성이 뛰어나 불도저 광산기계, 기차레일의 교차점 등에 사용된다.

02 조밀육방격자의 결정구조로 옳게 나타낸 것은?
① FCC
② BCC
③ FOB
④ HCP

> • FCC : 면심입방격자
> • BCC : 체심입방격자
> • HCP : 조밀육방격자

03 게이지용 강이 갖추어야 할 성질로 틀린 것은?
① 담금질에 의한 변형이 없어야 한다.
② HRC 55 이상의 경도를 가져야 한다.
③ 열팽창계수가 보통 강보다 커야 한다.
④ 시간에 따른 치수 변화가 없어야 한다.

> 열팽창계수가 커지면 쉽게 변형이 발생하므로 게이지용 강으로 사용할 수 없다.

04 소성변형이 일어나면 금속이 경화하는 현상을 무엇이라 하는가?
① 탄성경화
② 가공경화
③ 취성경화
④ 자연경화

> 금속을 가공하면 소성변형이 일어나며 이때 가공경화가 일어난다.

05 납황동은 황동에 납을 첨가하여 어떤 성질을 개선한 것인가?
① 강도
② 절삭성
③ 내식성
④ 전기전도도

> 납황동은 황동에 절삭성(쾌삭성)을 개선시키기 위해 납을 첨가한다.

정답 01 ② 02 ④ 03 ③ 04 ② 05 ②

06 주로 전자기 재료로 사용되는 Ni-Fe 합금이 아닌 것은?
① 인바
② 슈퍼인바
③ 콘스탄탄
④ 플라티나이트

> 콘스탄탄은 Cu-Ni 합금이며 전기 저항선으로 사용된다.

07 Cu-Ni-Si계 합금으로 강도와 전기 전도율이 좋아 주로 통신선, 전화선 등에 쓰이는 것은?
① 코로손(Corson) 합금
② 알드레이(Aldrey) 합금
③ 네이벌(Naval) 합금
④ 두랄루민(Duralumin) 합금

정답 06 ③ 07 ①

THEMA 27 금속의 변태

01 그림에서 마텐자이트 변태가 가장 빠른 것은?

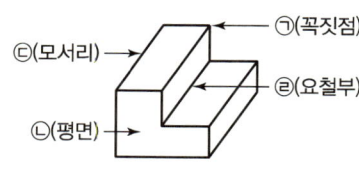

① ㉠ ② ㉡
③ ㉢ ④ ㉣

㉠ 부위는 냉각속도가 가장 빠른 지점이다.

02 금속의 변태에서 온도의 변화에 따라 원자배열의 변화, 즉 결정 격자만이 바뀌는 것은?

① 자기변태 ② 동소변태
③ 동소변화 ④ 자기변화

금속의 변태에는 동소변태(원자배열의 변화)와 자기변태(자성의 변화)가 있다.

03 퀴리점이란?

① 자기변태점 ② 동소변태점
③ 공정점 ④ 공석점

정답 01 ① 02 ② 03 ①

THEMA 28 철강의 제조법

01 제강법 중 쇳물 속으로 공기 또는 산소(O_2)를 불어넣어 불순물을 제거하는 방법으로 연료를 사용하지 않는 것은?
① 평로 제강법 ② 아크 전기로 제강법
③ 전로 제강법 ④ 유도 전기로 제강법

> 전로 제강법은 공기를 불어넣어 불순물을 산화시켜 강을 만드는 방법이다.

02 킬드강을 제조할 때 사용하는 탈산제는?
① C, Fe-Mn ② C, Al
③ Fe-Mn, Si ④ Fe-Si, Al

> 탈산제란 용융철 속에 함유되어 있는 산소를 제거하고, 건전한 용융금속을 만드는 작용을 하는 용제를 말한다. 강은 크게 림드강, 킬드강, 세미킬드강으로 나눠진다.

03 림드강에 대한 설명으로 옳지 않은 것은?
① 내부에 기공이 많다. ② 표면 부근의 순도가 높다.
③ 조성이 불균일하다. ④ 탈산제로 완전 탈산시킨 것이다.

> 림드강은 용접봉 심선의 재료로 사용된다.(저탄소 림드강)

04 노 안에서 충분히 탈산시킨 강으로 기포, 편석은 없으나 표면에 헤어크랙(Hair Crack)과 수축관이 생기는 강괴는?
① 세미킬드강 ② 림드강
③ 킬드강 ④ 붕소강

> 강의 종류로는 림드강, 킬드강, 세미킬드강이 있으며 노 안에서 충분히 탈산시킨 강을 킬드강이라고 한다.

05 철광석을 용해할 때, 사용되는 용제에 대한 설명 중 틀린 것은?
① 철과 불순물이 잘 분리되도록 하기 위해서 첨가
② 용제로 석회석 또는 형석이 쓰인다.
③ 탈산제로 사용한다.
④ 용제는 제철할 때 염기성 슬래그가 되도록 한 성분 조성이다.

06 도가니로의 규격(크기)을 바르게 설명한 것은?
① 1시간에 용해할 수 있는 구리의 무게(kg)
② 1시간에 용해할 수 있는 선철의 무게(kg)
③ 1회에 용해할 수 있는 구리의 무게(kg)
④ 1회에 용해할 수 있는 선철의 무게(kg)

정답 01 ③ 02 ④ 03 ④ 04 ③ 05 ③ 06 ③

THEMA 29 탄소강

01 순철에 대한 설명 중 맞는 것은?
① 순철은 동소체가 없다.
② 순철에는 전해철, 탄화철, 쾌삭강 등이 있다.
③ 강도가 높아 기계 구조용으로 적합하다.
④ 전기 재료 변압기 철심에 많이 사용된다.

> 순철은 탄소의 함유량이 약 0.03% 이하이며 전연성이 풍부하여 기계재료로는 부적당하고, 전기재료로 사용된다.

02 탄소강의 기계적 성질 변화에서 탄소량이 증가하면 어떠한 현상이 생기는가?
① 강도와 경도는 감소하나 인성 및 충격값, 연신율, 단면 수축률은 증가한다.
② 강도와 경도가 감소하고 인성 및 충격값, 연신율, 단면 수축률도 감소한다.
③ 강도와 경도가 증가하고 인성 및 충격값, 연신율, 단면 수축률도 증가한다.
④ 강도와 경도는 증가하나 인성 및 충격값, 연신율, 단면 수축률은 감소한다.

> 탄소량 증가 시 강도와 경도는 증가하고 연신율, 단면 수축률은 감소한다.

03 탄소강에서 자성이 있으며 전성과 연성이 크고 연하며 거의 순철에 가까운 조직은?
① 마르텐사이트   ② 페라이트
③ 오스테나이트   ④ 시멘타이트

> 순철은 탄소의 함유량이 약 0.03% 이하인 강이며 순철에 가까운 조직은 페라이트이다.

04 탄소 공구강 및 일반 공구재료의 구비조건 중 틀린 것은?
① 상온 및 고온 경도가 클 것
② 내마모성이 클 것
③ 강인성 및 내충격성이 작을 것
④ 가공 및 열처리성이 양호할 것

> 내충격성(충격에 견디는 성질)이 커야만 일반 공구의 재료로 사용이 가능하다.

정답 01 ④ 02 ④ 03 ② 04 ③

THEMA 30 열처리의 종류와 방법

01 경도와 강도를 높이기 위한 열처리 방법은?
① 뜨임 ② 담금질
③ 풀림 ④ 불림

> 담금질(퀜칭)은 강을 단단하게(경하게) 하기 위한 열처리이다.

02 다음 중 담금질과 가장 관계가 깊은 것은?
① 변태점 ② 금속 간 화합물
③ 열전대 ④ 고용체

> 금속은 일정 온도에서 원자의 배열이 변하는데 이것을 동소변태라고 하며 그 온도를 변태점이라고 한다.

03 재료의 잔류 응력을 제거하기 위해 적당한 온도와 시간을 유지한 후 냉각하는 방식으로 일명 저온 풀림이라고 하는 것은?
① 재결정 풀림 ② 확산 풀림
③ 응력 제거 풀림 ④ 중간 풀림

> 응력을 제거하기 위한 열처리법은 응력 제거 풀림이다.

04 풀림 열처리의 목적으로 틀린 것은?
① 내부 응력 증가 ② 조직의 균일화
③ 가스 및 불순물 방출 ④ 조직의 미세화

> 풀림 열처리는 금속 내부의 응력 제거와 연화의 목적으로 실시된다.

05 기본열처리 방법의 목적을 설명한 것으로 틀린 것은?
① 담금질 – 급랭시켜 재질을 경화시킨다.
② 풀림 – 재질을 연하고 균일화시킨다.
③ 뜨임 – 담금질된 것에 취성을 부여한다.
④ 불림 – 소재를 일정 온도에서 가열 후, 공랭시켜 표준화한다.

> 뜨임이란 강에 인성을 부여하는 열처리이다.(취성 : 깨지는 성질, 인성 : 외부 충격에 견디는 성질)

정답 01 ② 02 ① 03 ③ 04 ① 05 ③

THEMA 31 강의 표면경화

01 철강 표면에 Al을 침투시키는 금속 침투법은?
① 세라다이징   ② 칼로라이징
③ 실리코나이징   ④ 크로마이징

> ① 세라다이징(Zn : 아연)
> ② 칼로라이징(Al : 알루미늄)
> ③ 실리코나이징(Si : 규소)
> ④ 크로마이징(Cr : 크롬)

02 침탄법의 종류에 속하지 않는 것은?
① 고체 침탄법   ② 증기 침탄법
③ 가스 침탄법   ④ 액체 침탄법

> **침탄법의 종류**
> 고체, 가스, 액체 침탄법

03 산소 – 아세틸렌 가스를 사용하여 담금질성이 있는 강제의 표면만을 경화시키는 방법은?
① 화염 경화법   ② 질화법
③ 고주파 경화법   ④ 가스 침탄법

> 화염 경화법은 복잡하고 큰 형상의 금속을 표면 경화하는 데 사용된다.

정답 01 ② 02 ② 03 ①

THEMA 32 주철과 주강

01 일반적인 주강의 특성에 대한 설명으로 틀린 것은?
① 주철에 비하여 기계적 성질이 월등하게 좋다.
② 용접에 의한 보수가 용이하다.
③ 주철에 비하여 용융점이 1,600℃ 전후의 고온이며, 수축률도 적기 때문에 주조하는 데 어려움이 없다.
④ 주강품은 압연재나 단조품과 같은 수준의 기계적 성질을 가지고 있다.

> 주강은 주철에 비해 용융점이 높아 주조하기 어렵다.

02 가단주철은 주조성이 우수한 백선주물을 만들고 열처리함으로써 강인한 조직과 단조를 가능케 한 주철인데 그 종류가 아닌 것은?
① 백심가단주철
② 펄라이트 가단주철
③ 특수가단주철
④ 오스테나이트 가단주철

03 철계 주조재의 기계적 성질 중 인장강도가 가장 높은 주철은?
① 보통주철
② 백심가단주철
③ 고급주철
④ 구상흑연주철

> 구상흑연주철은 보통의 주철 조직에 나타나는 납작한 모양의 흑연을 본래의 둥근 모양으로 변화시켜 더욱 단단하게 만든 주철이다.

04 마우러 조직도에 대한 설명으로 옳은 것은?
① 주철에서 C와 P 양에 따른 주철의 조직관계를 표시한 것이다.
② 주철에서 C와 Mn 양에 따른 주철의 조직관계를 표시한 것이다.
③ 주철에서 C와 Si 양에 따른 주철의 조직관계를 표시한 것이다.
④ 주철에서 C와 S 양에 따른 주철의 조직관계를 표시한 것이다.

> 마우러 조직도는 C와 Si의 조직관계를 나타낸 것이다.

05 고급 주철의 바탕 조직으로 맞는 것은?
① 페라이트 조직
② 펄라이트 조직
③ 오스테나이트 조직
④ 공정 조직

> 주철은 탄소 함유량이 많아 균열에 취약한데 이에 강인성을 부여한 주철의 한 종류이다.

정답 01 ③ 02 ④ 03 ④ 04 ③ 05 ②

06 각종 금속의 가스 용접 시 사용하는 용제들 중 주철 용접에 사용하는 용제로만 짝지어진 것은?

① 붕사 – 염화리듐
② 탄산나트륨 – 붕사 – 중탄산나트륨
③ 염화리듐 – 중탄산나트륨
④ 규산칼륨 – 붕사 – 중탄산나트륨

G·U·I·D·E

용제는 금속 표면의 산화막을 제거하는 역할을 한다.

정답 06 ②

THEMA 33 기계 제도 일반

01 한 변이 100mm인 정사각형을 2 : 1로 도시하려고 한다. 실제 정사각형 면적을 L이라고 하면 도면 도형의 정사각형 면적은 얼마인가?
① 4L ② 2L
③ (1/2)L ④ (1/4)L

> 한 변의 길이를 2배로 하였을 때 면적은 4배로 증가한다.

02 용접부의 보조기호에서 제거 가능한 이면 판재를 사용하는 경우의 표면 기호는?
① ▢M ② ▢P
③ ▢MR ④ ▢PR

> • MR : 제거 가능한 판재 사용
> • M : 영구적인 판재 사용

03 3개의 좌표축의 투상이 서로 120°가 되는 추측 투상으로 평면, 측면, 정면을 하나의 투상면 위에서 동시에 볼 수 있도록 그려진 투상법은?
① 등각 투상법 ② 국부 투상법
③ 정 투상법 ④ 경사 투상법

04 도면에서 표제란의 투상법란에 그림과 같은 투상법 기호로 표시되는 경우는 몇 각법 기호인가?

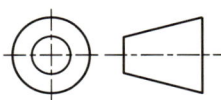

① 1각법 ② 2각법
③ 3각법 ④ 4각법

> 그림은 단순히 3각법의 기호이나 이해를 쉽게 하자면 오른쪽의 마름모가 정면도라고 생각하고 왼쪽의 원이 좌측에서 본 좌측면도가 맞다면 3각도법이다.

정답 01 ① 02 ③ 03 ① 04 ③

THEMA 34 제도에 사용되는 선의 종류

01 기계제도에서 사용하는 선의 종류와 그 용도의 연결이 틀린 것은?
① 외형선 : 가는 실선
② 피치선 : 가는 1점 쇄선
③ 중심선 : 가는 1점 쇄선
④ 숨은선 : 가는 파선 또는 굵은 파선

> 외형선은 굵은 실선으로 나타낸다.

02 기계제도에서 선의 굵기가 가는 실선이 아닌 것은?
① 지시선 ② 치수선
③ 특수지정선 ④ 수준면선

> 특수지정선은 굵은 1점 쇄선으로 나타낸다.

03 단면임을 나타내기 위하여 단면부분의 주된 중심선에 대해 45° 경사지게 나타내는 선들을 의미하는 것은?
① 호핑 ② 해칭
③ 코킹 ④ 스머징

> 재료의 절단한 면을 단면이라고 하며 이는 해칭선으로 표현하고 반드시 45°의 사선으로 나타낼 필요는 없다.

04 무게 중심선과 같은 모양을 가진 선은?
① 가상선 ② 기준선
③ 중심선 ④ 피치선

> 무게 중심선은 가는 2점 쇄선(가상선)으로 나타낸다.

05 제1각법에서 좌측면도는 정면도를 기준으로 어느 쪽에 배치되는가?
① 좌측 ② 우측
③ 위 ④ 아래

> 제1각법은 정면도와 배면도를 제외하고 보이는 부분의 반대쪽에 도시한다.

정답 01 ① 02 ③ 03 ② 04 ① 05 ②

THEMA 35 투상도법, 단면도시법, 전개도법

01 다음 입체도에서 화살표 방향 투상도로 적합한 것은?

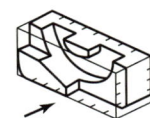

02 그림과 같은 입체도에서 화살표 방향이 정면일 때 3각법으로 올바르게 투상한 것은?

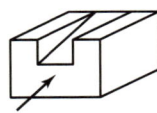

03 다음 중 대상물을 한쪽 단면도로 올바르게 나타낸 것은?

정답 01 ③ 02 ④ 03 ③

04 그림과 같은 원통을 경사지게 절단한 제품을 제작할 때, 다음 중 어떤 전개법이 가장 적합한가?

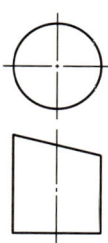

① 혼합형법 ② 평행선법
③ 삼각형법 ④ 방사선법

GUIDE

원통의 전개에는 평행선법을 사용하고, 원뿔·각뿔 등은 방사선 전개도법을 사용한다.

정답 04 ②

THEMA 36 치수의 기입 및 도면기호 표기법

01 구의 반지름을 나타내는 치수 보조 기호는?
① Sφ　　　　　② R
③ SR　　　　　④ φ

> Sφ(구의 지름), R(반지름), φ(지름)

02 다음 도면의 ( ) 안에 들어갈 치수로 가장 적합한 것은?

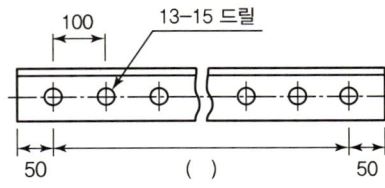

① 1,400mm　　② 1,300mm
③ 1,200mm　　④ 1,100mm

> ( ) 안의 치수는 드릴구멍의 수(13개)에서 1을 뺀 수(12)에서 피치(100)을 곱한 값으로 나타낸다.

03 기계제도 치수 기입법에서 참고 치수를 의미하는 것은?
① 50　　　　　② 50
③ (50)　　　　④ ≪50≫

04 다음 그림에서 현의 치수기입이 올바르게 된 것은?

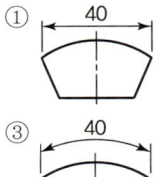
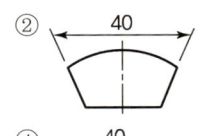

> ③ 호의 길이
> ④ 각도

정답　01 ③　02 ③　03 ③　04 ①

05 그림과 같은 KS 용접 보조기호의 설명으로 옳은 것은?

① 필릿 용접부 토를 매끄럽게 함
② 필릿 용접 끝단부를 볼록하게 다듬질
③ 필릿 용접 끝단부에 영구적인 덮개 판을 사용
④ 필릿 용접 중앙부에 제거 가능한 덮개 판을 사용

06 도면에서 척도의 표시가 "NS"로 표시된 것은 무엇을 의미하는가?

① 배척
② 나사의 척도
③ 축척
④ 비례척이 아닌 것

NS(Non Scale : 비례척 아님)

07 그림과 같이 용접을 하고자 할 때 용접 도시 기호를 올바르게 나타낸 것은?

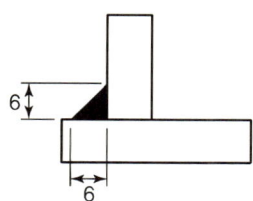

보기의 숫자 6은 각 장(목길이, 다리길이)을 mm로 나타낸 치수이며, 도면상에서 z로 표시한다. (목두께=a)

①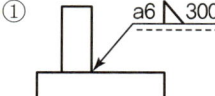
②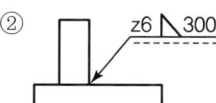
③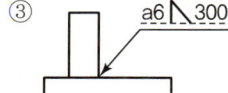
④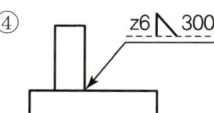

정답 05 ① 06 ④ 07 ④

08 그림과 같은 용접도시기호를 올바르게 해석한 것은?

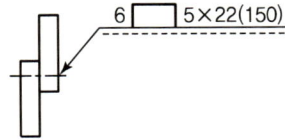

① 슬롯 용접의 용접 수 22
② 슬롯의 너비 6mm, 용접길이 22mm
③ 슬롯 용접 루트간격 6mm, 폭 150mm
④ 슬롯의 너비 5mm, 피치 22mm

GUIDE

슬롯 용접의 수는 5개이며, 피치(슬롯용접의 간격)는 150mm이다.

정답 08 ②

 **MEMO**

TOPIC 01 용접일반

1 용접의 원리와 종류

1) 용접의 개요
    - 접합하고자 하는 금속을 원자 간의 인력으로 접합하는 것이며, 약 1Å(옹스트롬 ; 10^{-8}cm)의 거리에서 접합이 이루어짐
    - 종류 : 기계적 접합(볼트, 너트, 리벳, 확관 이음 등), 야금적 접합(용접)
        ※ 인위적으로 불가능하며 열을 가해야만 1Å의 거리로 근접이 가능함
    - 용접의 분류 : 융접(모재를 용융), 압접(초음파용접이 대표적), 납땜(모재 용융 X)

2) 납땜의 종류
    - 경납땜(450℃ 이상)
    - 연납땜(450℃ 이하)

3) 용접 에너지원에 의한 분류
    - 기계적 에너지(외력만 이용)를 이용한 용접 : 압접, 단접, 초음파용접, 마찰용접
    - 전기적 에너지를 이용한 용접 : 아크용접, 스폿용접, 플래시 버트 용접, 플라스마 용접, 전자빔 용접
    - 화학에너지를 이용한 용접 : 가스용접, 테르밋 용접, 폭발압접
    - 광에너지를 이용한 용접 : 레이저 빔 용접

4) 시공 방법에 의한 분류
    - 수동용접(전기피복아크용접)
    - 반자동용접(CO_2 용접)
    - 자동용접(서브머지드아크용접)

5) 용접 이음의 장점과 단점

장점	• 재료 절약　• 제품 성능과 수명 향상 • 이음 효율 높음　• 구조 간단 • 재료 절약, 공정 수 감소　• 제작 원가 절감 • 수밀, 기밀, 유밀성 우수　• 자동화 용이 • 이음 효율 우수　• 두께 제한 거의 없음
단점	• 용접부 재질 변화 • 수축 변형, 잔류 응력 발생 • 결함의 검사 어려움 • 용접부 응력 집중 • 용접사의 기술에 의해 이음부의 강도가 좌우 • 취성 및 균열 발생

6) 용접 자세의 종류와 기호(영문 약자 암기)
    - 아래보기 자세(F ; Flat Position)
    - 수직 자세(V ; Vertical Position)
    - 수평 자세(H ; Horizontal Position)
    - 위보기 자세(OH ; Over Head Position)
    - 전자세(AP ; All Position)

2 피복금속아크용접법

1) 전기피복아크용접법
    - 피복제를 바른 용접봉에서 발생하는 전기 아크의 열을 이용하며 용접
    - 발생 아크열은 약 3,500~5,000℃

2) 용접 시 각 부의 명칭
    - 용적(용융금속) : 용접봉이 녹아 금속 증기와 녹은 쇳물 방울
    - 용융지(용융풀) : 아크열에 의하여 용접봉과 모재가 녹은 쇳물 부분
    - 용입 : 아크열에 의하여 모재가 녹은 깊이

3) 피복제(Flux, 플럭스)
    - 아크 발생을 쉽게 함
    - 용접부를 보호하며 녹아서 슬래그(Slag)가 형성

4) 용접 회로

용접기 → 전극 케이블 → 홀더 → 피복 아크 용접봉 → 아크 → 모재 → 접지 케이블

5) 아크(Arc)
- 용접봉(Electrode)과 모재(Base Metal) 사이의 전기적 방전에 의해 활 모양의 청백색을 띤 불꽃 방전이 일어나는 현상
- 아크의 길이 : 용접봉의 심선두께의 약 1~2배

6) 직류 아크 중의 전압 분포

$$V_a = V_K + V_P + V_A$$

※ 아크 길이가 곧 전압의 크기와 비례

7) 직류 용접 시 극성 효과

직류 정극성 (DCSP)	· 모재에 (+)극, 용접봉에 (-)극을 연결한다. · 모재의 용입이 깊다. · 봉의 녹음이 느리다. · 비드폭이 좁다. · 일반적으로 많이 쓰인다.
직류 역극성 (DCRP)	· 모재에 (-)극, 용접봉에 (+)극을 연결한다. · 용입이 얕다. · 봉의 녹음이 빠르다. · 비드폭이 넓다. · 박판, 주철, 고탄소강, 합금강, 비철금속의 용접에 쓰인다.

8) 용접 입열량

$$H = \frac{60EI}{V} [\text{Joule/cm}]$$

여기서, E : 아크 전압(V)
I : 아크 전류(A)
V : 용접 속도[cpm(cm/min)]

※ 일반적으로 모재에 흡수되는 열량은 전체 입열량의 75~85% 정도

9) 용접봉의 용융 속도
- 단위 시간당 소비되는 용접봉의 길이 또는 무게로써 표시
- 용접봉의 용융 속도 = 아크 전류 × 용접봉 쪽 전압 강하

10) 용적(용융금속) 이행의 종류
- 단락형
- 스프레이형
- 글로뷸러형

11) 전기적 특성
- 부(不) 특성 : 옴의 법칙과 반대로 전류가 커지면 저항이 작아져 전압도 낮아지는 현상
- 절연 회복 특성 : 보호 가스에 의해 순간적으로 꺼졌던 아크가 다시 회복되는 특성
- 전압 회복 특성 : 아크가 중단된 순간에 아크 회로의 과도 전압을 급속히 상승 회복시키는 특성
- 아크 길이 자기 제어 특성
  - 아크 전압이 높아지면 용접봉의 용융 속도가 늦어지고 아크 전압이 낮아지면 용융 속도가 빨라지는 특성
  - 부하 전류가 증가하면 단자 전압이 저하되는 특성으로 전기피복아크용접(SMAW)에 사용되며, 아크를 안정시키는 데 필요한 것으로서, 아크 전원의 현저한 특성
- 무부하 전압(개로 전압) 특성 : 부하가 걸리지 않은 상태, 즉 용접을 하지 않고 있는 상태의 전압(교류용접기 80~90V)
- 정전압 특성(CP 특성) : 부하 전류가 변하더라도 단자 전압은 변동이 일어나지 않는 특성
- 정전류 특성 : 단자 전압이 변하더라도 부하 전류가 변하지 않는 특성

12) 아크 쏠림현상(자기불림현상) 방지책
- 직류 대신 교류용접기 사용
- 엔드탭 사용
- 접지점을 용접부보다 멀리(여러 개)할 것
- 후퇴법으로 용접
- 짧은 아크 사용

13) 직류 아크 용접기의 종류

종류	특징
발전형 (모터형, 엔진 발전형)	· 완전한 직류 사용 가능 · 교류 전원이 없는 장소에서 사용 가능(발전형만 해당) · 구동부가 있어(회전) 고장 나기가 쉽고 소음 발생 · 구동부와 발전부로 되어 있어 고가 · 보수와 점검이 어려움
정류기형 (인버터)	· 소음이 없음 · 취급이 간단하며 가격이 저렴 · 완전한 직류를 만들어 내지 못함 · 정류기 파손 가능(셀렌 80℃, 실리콘 150℃ 이상에서 파손) · 보수 점검이 용이

14) 교류 아크 용접기의 종류
- 가동 철심형 : 가동 철심으로 전류를 조정, 현재 가장 많이 사용되고 있음
- 가동 코일형 : 코일을 이동하여 두 코일 간의 거리를 조절함으로써 전류를 조정
- 탭 전환형 : 무부하 전압이 높아 전격의 위험이 큼
- 가포화 리액터형 : 가변 저항의 변화로 용접 전류를 원격으로 조정

15) 직류 아크 용접기와 교류 아크 용접기의 비교

비교 항목	직류 용접기	교류 용접기
아크의 안정	우수	약간 떨어짐
비피복봉 사용	가능	불가능
극성 변화	가능	불가능
자기 쏠림 방지	불가능	가능
무부하 전압	약간 낮음(40~60V)	높음(70~90V)
전격의 위험	적음	많음
구조	복잡	간단
유지	약간 어려움	용이
고장	회전기에 많음	적음
역률	매우 양호	불량
소음	회전기에 크고 정류형은 조용함	조용함(구동부가 없으므로)
가격	고가(교류의 몇 배)	저렴

16) 용접기의 정격사용률과 허용사용률
- 정격사용률(%) = $\dfrac{\text{아크 시간}}{\text{아크 시간} + \text{휴식 시간}} \times 100$
- 허용사용률(%) = $\dfrac{(\text{정격 2차 전류})^2}{(\text{실제 사용 전류})^2} \times \text{정격사용률}$

17) 고주파 발생 장치
- 아크가 안정
- 아크의 발생 용이
- 용접이 쉽고 무부하 전압(개로전압)을 저하목적
- TIG 용접의 경우 텅스텐 전극봉을 모재에 접촉시키지 않아도 아크 발생이 가능

18) 전격과 전격방지 장치
- 전격 : 강한 전류를 갑자기 몸에 느꼈을 때의 충격
- 전격방지 장치 : 교류 아크용접기의 무부하 전압(85~95V)을 20~30V 이하로 유지

19) 핫 스타트(Start) 장치
아크 발생 초기에 큰 전류를 흘려주어 아크 발생에 용이

20) 용접봉 홀더(Electrode Holder)의 규격
홀더가 100호이면 용접 정격 2차 전류가 100A를, 200호이면 200A를 의미(홀더번호 = 정격 2차 전류)

21) 교류 아크 용접기의 규격
용접기의 규격은 AW-200과 같이 표기(AW는 교류 용접기, 200은 정격 2차 전류)

22) 연강용 피복 아크 용접봉 심선
- 심선의 구성원소 : 탄소(C), 규소(Si), 망간(Mn), 인(P), 유황(S), 구리(Cu)
- 심선에 사용되는 강 : 저탄소 림드강

23) 연강용 피복 아크 용접봉의 기호

E 43 △ □

여기서, □ : 피복제의 종류
△ : 용접 자세(0, 1 : 전 자세, 2 : 아래 보기 및 수평 필릿 자세, 3 : 아래 보기, 4 : 전 자세 또는 특정 자세)
43 : 전 용착 금속의 최저 인장강도(kg/mm^2)
E : 전기 용접봉(Electrode)의 첫 자

- 일미나이트계(E 4301)
- 라임 티타니아계(E 4303)
- 고셀룰로오스계(E 4311) → 가스실드계
- 고산화티탄계(E 4313)
- 저수소계(E 4316) → 건조온도(300~350℃로 1~2시간 정도 건조)
- 철분 산화티탄계(E 4324)
- 철분 저수소계(E 4326)
- 철분 산화철계(E 4327)
- 특수계(E 4340)

24) 용접 비드(용접의 진행에 따라 만들어진 용착금속의 가늘고 긴 줄) 내기법의 종류
- 직선 비드 내기 : 용접봉을 위빙 없이 한쪽 방향으로 이동시키며 비드를 내는 용접법
- 위빙 비드 내기 : 용접봉을 좌우 또는 상하로 움직이면서 진행하는 방법(위빙 폭 : 용접봉 심선 직경의 2~3배)

3 가스 용접 및 절단법

1) 가스 용접(지연성 가스 + 가연성 가스 혼합 사용)
- 산소-아세틸렌 가스 용접(일반적으로 사용)
- 산소-수소 가스용접
- 산소-LPG(프로판) 가스

2) 가스 용접의 장단점

장점	단점
• 전기가 필요 없음 • 응용 범위가 넓음 • 운반이 편리함 • 아크 용접에 비해서 유해 광선의 발생이 적음 • 열량 조절이 자유로움 • 시공비가 저렴함	• 두꺼운판(후판)의 용접은 어려움 • 아크 용접에 비해서 불꽃의 온도가 낮음 • 열 집중성이 나쁘고 열 효율이 낮아 효율성이 떨어짐 • 폭발의 위험성이 있음 • 아크 용접에 비해 가열 범위가 커서 용접 응력이 크고, 가열 시간이 오래 걸림 • 금속의 탄화 및 산화될 가능성이 많음

3) 가스 불꽃의 최고온도
- 아세틸렌(3,430℃) > 수소(2,900℃) > 프로판(2,820℃) > 메탄(2,700℃)
- 프로판은 발열량이 가장 우수함

4) 용접에 사용되는 가스

아세틸렌 가스	• 매우 불안정한 상태의 가스 • 기체 상태로 충격을 받으면 분해하여 폭발 • 순수한 것은 무색 무취의 기체 • 비중 0.906(15℃ 1기압에서 $1l$의 무게는 1.176g) • 용기의 색은 황색 • 물 1배, 석유 2배, 벤젠 4배, 알코올 6배, 아세톤 25배 용해
산소	• 비중 1.105(공기보다 무거움) • 무색 무취(액체 산소는 연한 청색) • 다른 물질이 연소하는 것을 도와주는 지연성 또는 조연성 가스 • 대부분의 원소와 화합 시 산화물 형성
프로판 가스 (LPG)	• 액화하기 쉬워 용기에 넣어 수송이 편리 • 폭발의 위험성 및 발열량이 높음 • 폭발 한계가 좁아 안전 • 가스 절단으로 많이 사용하며 경제적 • 발열량이 높음 • 프로판과 산소의 사용 비율(1 : 4.5)
수소	• 주로 수중 용접에서 사용 • 청색의 겉불꽃에 싸인 무광의 불꽃

5) 가스 불꽃의 최고 온도와 발열량

가스의 종류	발열량(kcal/m³)	최고 불꽃 온도(℃)
아세틸렌	12,690	3,430
수소	2,420	2,900
프로판	20,780	2,820
메탄	8,080	2,700
일산화탄소	2,865	2,820

6) 산소-아세틸렌 불꽃 구성
- 백심, 속불꽃, 겉불꽃
- 백심 끝에서 2~3mm 부분(속불꽃)이 가장 온도가 높음
  - 산화 불꽃 : 산소의 양이 아세틸렌보다 많을 때 생기는 불꽃 → 온도가 가장 높은 불꽃
  - 탄화 불꽃 : 산소보다 아세틸렌 가스의 분출량이 많은 상태의 불꽃(제3의 불꽃 ; 아세틸렌 깃=페더)이 있는 불꽃
  - 중성 불꽃(표준 불꽃) : 산소와 아세틸렌 가스가 1 : 1 로 혼합

7) 가스 용기의 취급방법
- 용기는 눕혀서 보관하거나 충격을 가하지 않는다.
- 기름이 묻은 손이나 장갑을 끼고 취급하지 않는다.
- 화기로부터 5m 이상 떨어져 사용한다.
- 반드시 사용 전에 안전 검사(비눗물 검사 등)를 한다.
- 기름이나 그리스 등 기름류를 묻히거나 가까운 곳에 절대로 두지 않는다.(산소밸브, 압력 조정기, 도관 등에는 절대 주유금지)
- 통풍이 잘 되고 직사광선이 없는 곳에 보관(보관온도는 40℃ 이하)

8) 산소 용기의 각인
- 가스의 종류(산소)
- 용기의 기호 및 번호
- 내용적(용기의 부피) 기호
- 용기의 중량(무게)
- 제작일 또는 용기의 내압 시험 연월
- 내압 시험 압력 기호(kg/cm^2) — TP
- 최고 충전 압력 기호(kg/cm^2) — FP

9) 아세틸렌 가스의 양 계산

$$C = 905(B-A)[l]$$

여기서, A : 빈 병 무게
B : 병 전체의 무게(충전된 병)
C : 용적[l]

10) 가스 용접 토치의 종류
- 독일식(A형, 불변압식) : 팁 번호는 용접 가능한 모재의 두께를 나타냄
- 프랑스식(B형, 가변압식) : 팁 번호는 표준 불꽃으로 1시간당 용접할 경우 소비되는 아세틸렌 양

11) 역류, 역화 및 인화(가스 용접 시 발생)
- 역류 : 토치 내부에 높은 압력의 산소가 아세틸렌 호스 쪽으로 흘러 들어가는 경우
- 역화 : 불꽃이 순간적으로 '빵빵'하면서 꺼졌다가 다시 나타나는 현상
- 인화 : 팁 끝이 순간적으로 가스의 분출이 나빠지고 혼합실까지 불꽃이 들어가는 현상

12) 가스 용접봉의 종류
- GA46, GA43, GA35, GB32 등 7종으로 구분(숫자는 최저 인장강도)
- NSR은 응력을 제거하지 않은 상태의 용접봉
- SR은 응력을 제거(풀림)한 상태의 용접봉

13) 가스 용접의 용제(금속 표면에 생긴 산화막 제거)

금속	용제	금속	용제
연강	사용하지 않는다.	알루미늄	• 염화리튬 15% • 염화칼리 45% • 염화나트륨 30% • 불화칼리 7% • 황산칼리 3%
반경강	중탄산소다＋탄산소다		
주철	붕사＋중탄산소다＋탄산소다		
동합금	붕사		

14) 가스 용접 시 사용 가능한 용접봉의 두께를 구하는 관계식

$$D = \frac{T}{2} + 1$$

여기서, D : 용접봉의 지름
T : 모재의 두께

15) 가스 용접에서 전진법과 후진법의 비교

항목	전진법	후진법
열 이용률	나쁨	좋음
용접 속도	느림	빠름
비드 모양	보기 좋음	매끈하지 못함
홈 각도	반드시 커야 함(80°)	작아도 됨(60°)
용접 변형	큼	적음
용접 모재 두께	얇음(5mm까지)	두꺼움
산화 정도	심함	약함
용착 금속의 냉각 속도	급랭	서랭
용착 금속 조직	거침	미세

4 금속의 절단법과 특수 용접법

1) 드래그
- 가스 절단에서 절단 가스의 입구(절단재의 표면)와 출구(절단재의 이면) 사이의 수평 거리
- 표준드래그 길이 : 모재 두께의 약 20%(1/5)

2) 특수 절단법 및 금속가공법

분말 절단	• 가스절단이 어려운 주철, 비철금속 등의 금속 절단 시 사용 • 철분 또는 용제를 연속적으로 절단용 산소와 함께 고압으로 공급하여 발생하는 화학 작용을 이용하여 절단
수중 절단	수소가 가장 많이 사용
산소창 절단	• 토치 대신 가늘고 긴 강관 속에 고압의 절단용 산소를 흘려 절단 • 두꺼운 철판 및 암석의 천공 시에도 사용
가스 가우징	• 강재의 표면에 깊은 홈을 파내는 가공법 • U형, H형의 용접 홈 가공에 사용
스카핑	• 강재의 표면을 얇게 깎아내는 가공법 • 표면의 흠집이나 불순물의 층, 탈탄층 등을 제거하기 위해 사용
탄소 아크 절단	전극이 탄소나 흑연으로 구성되며 이를 모재 사이에 아크를 일으켜 절단하는 방법

3) 절단팁의 비교

내용	동심형 팁(프랑스식)	이심형 팁(독일식)
곡선 절단	가능	어려움
직선 절단	가능	가능 (자동절단 사용 가능)
절단면	보통	상당히 깔끔함

4) 가스 절단의 조건
- 드래그(Drag)가 가능한 한 작을 것
- 절단면이 평활하며 드래그의 홈이 낮고 노치(Notch) 등이 없을 것
- 절단면의 표면각이 직각에 가깝고 예리할 것(둥글게 절단되지 않을 것)
- 슬래그 이탈이 양호할 것
- 경제적인 절단이 이루어질 것

5) 가스 절단 결과물에 영향을 주는 요소
- 산소 압력과 순도(아세틸렌의 순도는 큰 영향을 주지 않음)
- 예열 불꽃의 세기
- 팁의 거리 및 각도

6) 슬로 다이버전트 노즐(가스 고속분출용 노즐)

보통의 팁에 비하여 산소 소비량을 같게 할 때 절단 속도를 약 20% 정도 향상

7) 아세틸렌과 프로판의 비교

아세틸렌	프로판
• 불꽃온도 높아 점화가 용이 • 절단 개시까지 시간 빠름 • 박판 절단용 산소 : 아세틸렌 = 1 : 1	• 절단면이 깨끗 • 슬래그 제거 쉬움 • 포갬 절단(겹치기 절단) 가능 • 후판 절단 가능 산소 : 프로판 = 4.5 : 1 (산소 소비 많음)

8) 아크 에어 가우징
- 아크열로 용해한 금속에 압축 공기를 연속적으로 분출하여 금속 표면에 홈을 파는 방법
- 직류 역극성(DCRP) 전류 사용
- 소음이 발생하지 않아 조용함
- 사용공기 압력 : 5~7kg/cm^2

9) 불활성 가스 텅스텐 아크 용접(TIG, GTAW)
- 텅스텐봉을 전극으로 사용하며 용가재(용접봉, Filler Metal)를 아크로 녹이면서 용접
- 비용극식 또는 비소모식 용접법
- 상품명
  헬륨-아크(Helium-Arc) 용접법
  아르곤-아크(Argon-Arc) 용접법
- 용접봉은 직류정극성으로 용접 시 전극 선단의 각도 약 45°

10) 불활성 가스 금속 아크 용접법(MIG, GMAW)
- CO_2 용접과 유사
- 용가재(용접봉)인 전극 와이어를 연속적으로 보내서 아크를 발생
- 용극 또는 소모식 불활성 가스 아크 용접법
- 상품명 : 에어 코매틱, 시그마, 필러 아크, 아르고노트 용접법
- 사용 전원 : 직류 역극성(DCRP)
- 전류 밀도가 상당히 높고 능률적이다.
- 용접속도 : 아크 용접의 4~6배, TIG 용접의 2배
- 용도 : Al(알루미늄), 스테인리스강, 구리 합금, 연강 등

11) 이산화탄소 아크 용접법
- 이산화탄소를 이용한 용극식 용접
- 연강의 용접에 사용
- CO_2가스의 농도가 3~4%이면 두통이나 뇌빈혈, 15% 이상이면 위험 상태, 30% 이상이면 생명에 지장
- 소모식(용극식) 용접 방법(전극인 와이어가 소모됨)
- 직류 역극성을 사용
- 용접 전류의 밀도가 커서(100~300A/mm^2) 용입이 깊고 속도를 매우 빠르게 가능

12) 이산화탄소 및 MIG 용접장치의 와이어 송급 방식
- 푸시(Push)식
- 풀(Pull)식
- 푸시 풀(Push Pull)식

13) 서브머지드 아크 용접법(자동용접)
- 모재의 이음 표면에 분말 형태의 용제(Flux)를 공급하고, 그 속에 연속적으로 전극 와이어를 송급하며, 용접봉 끝과 모재 사이에 아크를 발생시켜 용접
- 아크나 발생 가스가 용제 속에 잠겨 있어서 보이지 않음(불가시용접, 잠호용접)
- 상품명 : 불가시용접법, 잠호용접법, 유니언 멜트 용접법, 링컨 용접법
- 전류밀도가 높아 용입이 대단히 깊음
- 용접 홈의 크기가 작아도 용입이 깊으며 용접 재료의 소비가 적고 용접 변형이나 잔류 응력이 적음
- 아크가 보이지 않아 용접진행 상태 확인 불가
- 용접 길이가 짧고 용접선이 구부려져 있을 때에는 비능률적
- 홈 각도 : ±5°, 루트 간격 : 0.8mm 이하(받침쇠가 없을 때), 루트 간격 : 0.8mm 이상(받침쇠 사용 시), 루트면 : ±1mm

14) 테르밋 용접법(금속 산화물이 알루미늄에 의하여 산소를 빼앗기는 반응을 이용)
- 아크열이 아닌 화학적 반응에너지에 의한 용접
- 테르밋 반응을 이용한 화학적 열에너지 용접법
- 테르밋제의 혼합 : 금속산화물 : 알루미늄=3 : 1
- 변형이 적음
- 전기가 불필요
- 용접 시간이 빠름(기차레일의 용접에 사용)

15) 일렉트로 슬래그 용접법
- 와이어와 용융 슬래그 사이에 통전된 전류의 저항열을 이용한 용접법
- 수랭 구리판을 올리면서 와이어를 연속적으로 공급
- 슬래그 안에서 흐르는 전류의 저항 발열로 와이어와 모재 부분을 용융
- 연속 주조 방식에 의한 단층 상진 용접
- 매우 두꺼운 판을 용접할 때 상당히 경제적

16) 스터드 용접
- 볼트나 환봉 핀 등의 용접에 사용
- 스터드 주변에 세라믹 재질의 페룰(Ferrule)을 사용하여 용착부 보호

17) 전자빔 용접법
- 고진공 중에서 용접
- 고속의 전자빔을 형성
- 용융점이 높은 텅스텐, 몰리브덴 등의 용접이 가능
- 기기가 고가임
- 제품의 크기에 제한을 받음
- 방사선(X선) 방호가 필요(방사능 차폐는 납 ; Pb이 효율적)

18) 레이저 빔 용접
- 레이저에서 얻은 강한 에너지를 가진 광선을 이용한 용접법
- 진공이 필요하지 않음
- 비접촉식 용접 가능
- 레이저의 종류로는 CO_2 레이저, Nd-YAG 레이저(박판용)가 있음

19) 초음파용접(압접)
- 용접물을 겹쳐서 압력을 가하면서 초음파 주파수로 진동시켜 용접
- 너무 두꺼운 모재의 용접은 어려움(박판 용접용)
- 이종 금속의 용접도 가능
- 용접 장치로는 초음파 발진기, 초음파 진동자 및 진동과 압력을 보내주는 기구로 구성

20) 저항용접의 3요소
- 용접 전류
- 통전 시간
- 가압력

21) 저항용접의 종류

겹치기용접 (Lap Welding)	• 점 용접(Spot Welding) • 프로젝션 용접(Projection Welding) • 심 용접(Seam Welding)
맞대기용접 (Butt Welding)	• 업세트 버트 용접(Upset Butt Welding) • 플래시 용접(Flash Welding) • 퍼커션 용접(Percussion Welding)

22) 납땜에 사용되는 용제

연납용 용제	염화아연($ZnCl_2$), 염산(HCl), 염화암모늄(NH_4Cl), 송진, 인산(HCL)
경납용 용제	붕사, 붕산, 붕산염, 불화물, 염화물, 알칼리

23) 주철의 종류
- 백주철
- 반주철
- 회주철(일반주철)

5 용접 설계 및 시공법

1) 하중 방향에 따른 분류
- **전면 필릿용접** : 용접선과 부재 응력이 수직
- **측면 필릿** : 용접선과 부재 응력이 수평
- **경사 필릿** : 용접선과 부재 응력이 직각 이외의 각을 이루는 경우

2) 용접 홈 형상의 종류
- **I형 홈** : 6mm 이하의 박판 용접에 사용
- **V형 홈** : 용접에 의해서 완전 용입을 얻으려고 할 때 사용(6~20mm)
- **X형 홈(양면 V형)** : X형 홈은 용접 시 생기는 변형을 줄이고자 할 때 사용되는 가공방법으로 양쪽에서의 용접에 의해 완전한 용입을 얻는 데 적합(6~20mm)
- **U형 홈** : 두꺼운 판을 한쪽에서의 용접에 의해서 충분한 용입을 얻으려고 할 때 사용(20mm 이상)
- **H형 홈(양면 U형)** : 두꺼운 판을 양쪽 용접에 의하여 충분한 용입을 얻고자 할 때 사용

3) 안전율
재료의 인장강도(극한 강도) σ_u와 허용응력 σ_a의 비

$$\text{안전율} = \frac{\text{극한 강도}(\sigma_u)}{\text{허용 응력}(\sigma_a)}$$

4) 사용 응력
기계나 구조물의 각 부분이 실제적으로 사용될 때 하중을 받아서 발생하는 응력

$$\sigma_w(\text{사용 응력}) = \frac{\text{실제 사용 하중}(P_w)}{\text{단면적}(A)}$$

5) 용착법의 종류
- **단층 용접법** : 전진법, 후진법, 대칭법, 비석법(스킵법)
- **다층 용접법** : 빌드업법(덧살올림법), 캐스케이드법, 전진 블록법

6) 용접 순서
- 같은 평면 안에 많은 이음이 있을 경우 수축은 가능한 한 자유단으로 보낼 것
- 물건의 중심에 대하여 항상 대칭으로 용접을 진행
- 수축이 큰 이음을 먼저 하고 수축이 작은 이음을 뒤에 용접
- 용접물의 중립축을 생각하고 그 중립축에 대하여 용접으로 인한 수축력 모멘트의 합이 0이 되도록 할 것

7) 강의 노내풀림 온도
유지온도 625±25℃, 판두께 25mm에 대해 1~2시간

8) 피닝법
치핑해머로 용접부를 연속적으로 가볍게 때려 용접부 표면상에 소성변형을 주는 방법

9) 변형 교정법
- 얇은 판에 대한 점 가열
- 형재에 대한 직선 가열
- 가열한 후 해머로 두드리는 방법
- 두꺼운 판에 대하여는 가열 후 압력을 걸고 수랭하는 방법

10) 결함의 보수
- **기공과 슬래그 섞임** : 해당 부분을 깎아낸 후 다시 용접
- **언더컷** : 작은 용접봉으로 용접
- **오버랩** : 그 부분을 깎아 내거나 갈아내고 다시 용접
- **균열** : 균열일 때는 균열의 성장 방향 끝에 정지구멍(Stop Hole)을 뚫고, 균열 부분을 파낸 뒤 재용접

6 용접 검사 및 시험법

1) 경도 시험법의 종류
- 브리넬(강구 입자), 비커즈(다이아몬드 입자), 로크웰(B 스케일과 C스케일 사용)
- 쇼어 경도 시험(일정한 높이에서 특수한 추를 낙하시켜 그 반발 높이를 측정)

2) 충격 시험
- 시험편에 V형 또는 U형 노치를 만들고, 충격 하중을 주어서 파단시키는 시험
- 재료의 인성 또는 취성을 시험
- 사용되는 시험기 : 샤르피식과 아이조드식 시험기

3) 비파괴 검사의 기호

기호	시험의 종류
RT	방사선 투과 시험
UT	초음파 탐상 시험
MT	자분 탐상 시험
PT	침투 탐상 시험
LT	누설 시험
VT	육안 시험
ET	와류 탐상 시험

7 용접안전 및 환경관리

1) 용접 시 감전의 위험
- 10mA : 심한 고통
- 20mA : 근육 수축
- 50mA : 사망의 우려
- 100mA : 치명적 위험

2) 소화기의 종류와 용도

화재 소화기 종류	A급 화재 (보통화재)	B급 화재 (기름화재)	C급 화재 (전기화재)
포말 소화기	적합	적합	부적합
분말 소화기	양호	적합	양호
CO_2 소화기	양호	양호	적합

※ 포말 소화기는 전기 화재에 부적합

3) 화상
- 제1도 화상 : 피부가 빨갛게 됨(화상 부위가 전신의 30%에 달하면 1도 화상이라도 위험)
- 제2도 화상 : 피부가 빨갛게 되며 물집이 생김
- 제3도 화상 : 피부 조직이 까맣게 타버림

TOPIC 02 용접(기계)재료

1 금속의 특징과 종류

1) 금속의 일반적 성질
- 상온에서 고체[단, 수은(Hg)은 예외]
- 고유의 색과 광택을 가짐
- 전성, 연성이 커 소성가공이 가능
- 열과 전기가 잘 통하는 양도체
- 비중, 경도가 크고 용융점이 높음

2) 경금속과 중금속
- 경금속 : 비중이 4보다 작은 금속(Ca, Mg, Al, Na 등)
- 중금속 : 비중이 4보다 큰 금속(Au, Fe, Cu 등)

3) 금속의 변태
- 동소변태
  - 고체 내에서 원자의 배열상태가 변하는 것
  - 순철에서의 동소변태 : A_3 변태, A_4 변태
- 자기변태
  - 자기의 강도가 변화되는 것
  - 순철은 A_2 변태점(768℃)에서 자기변태를 함
  - 자기변태가 이루어지는 온도점 : 퀴리점(Quire Point)
- 순철의 변태점 : A_2, A_3, A_4

4) 열간가공과 냉간가공
- 열간가공 : 재결정 온도보다 높은 온도에서 가공하는 것
- 냉간가공 : 재결정 온도보다 낮은 온도에서 가공하는 것

2 철강의 분류

1) 강괴의 종류
- 림드강
  - 평로나 전로에서 가볍게 탈산
  - 순도가 좋으나, 편석이나 기포 등이 발생
  - 용접봉 심선의 재료로 사용됨(저탄소 림드강)

- 킬드강
  - 노 내에서 강탈산제로 충분히 탈산
  - 기포나 편석은 없으나 표면에 헤어 크랙(Hair Crack)이 발생
  - 상부에 수축관이 발생하여 상부 10~20%를 제거 후 사용해야 함
- 세미킬드강 : 킬드강과 림드강의 중간 정도인 강

2) 순철(순수한 철)
  - 탄소 함유량은 0.03% 이하
  - 주로 전기 재료에 사용됨(변압기, 발전기용 박판에 사용)
  - 용접성이 양호

3) 탄소강의 성질
   표준상태에서 C(탄소)의 양이 많아지면 강도, 경도가 증가하나 인성, 충격치는 감소

4) 청열취성과 적열취성
   - 청열취성 : 강이 200~300℃에서 상온일 때보다 약하게 되는 성질 → P(인)가 원인
   - 적열취성(고온취성) : 강이 900~950℃에서 취성을 갖고, 고온 가공성이 나빠짐 → S(황)이 원인(Mn, 망간으로 방지 가능)

5) 탄소량에 따른 탄소강의 종류

종별	탄소 함유량(%)	암기법(근삿값)
극연강	0.12 이하	0.1
연강	0.13~0.20	0.2
반연강	0.20~0.30	0.3
반경강	0.30~0.40	0.4
경강	0.40~0.50	0.5
최경강	0.50~0.70	0.6
탄소공구강	0.70~1.50	0.7

3 금속의 열처리 및 경화법

1) 강의 4가지 열처리 종류
   - 담금질 : 강의 경화 목적
     (담금질 조직과 경도 : 마텐자이트 > 트루스타이트 > 소르바이트 > 오스테나이트)
   - 풀림 : 강의 연화, 내부응력 제거 목적
   - 뜨임 : 인성 부여(담금질 후처리) [뜨임취성 방지제 Mo, 몰리브덴]
   - 불림 : 강의 표준조직화, 조직의 미세화

2) 침탄법과 질화법의 비교

침탄법	질화법
• 경도가 낮음	• 경도가 높음
• 침탄 후의 열처리가 필요	• 질화 후의 열처리가 필요 없음
• 경화에 의한 변형이 생김	• 경화에 의한 변형이 적음
• 침탄층은 질화층보다 강함	• 질화층은 약함
• 침탄 후 수정 가능	• 질화 후 수정 불가능
• 고온으로 가열 시 경도가 낮아짐	• 고온으로 가열 시 경도 변화 없음

※ 질화법 위주로 암기(질화법이 대체적으로 우수함)

3) 화염 경화법
   - 산소-아세틸렌(가스용접) 화염으로 가열한 후 물로 냉각하여 경화시키는 방법
   - 크고 복잡한 형상의 제품에 사용 가능하나 크기에 제한 없이 경화하지는 못함

4) 금속 침투법

종류	침투제
세라다이징	Zn
칼로라이징	Al
크로마이징	Cr
실리코나이징	Si

5) 쇼트 피닝
   작은 강구입자를 금속 표면에 고압으로 투사하여 가공 경화층을 형성하는 방법

4 철강 재료

1) 스테인리스강(불수강, 내식강)
철에 크롬(Cr)과 니켈(Ni)을 함유시킨 것으로 금속 표면에 산화크롬의 막이 형성되어 녹이 스는 것을 방지해 주는 강
- 오스테나이트계 스테인리스강(18−8강) − 비자성체
- 페라이트계 스테인리스강
- 마텐자이트계 스테인리스강 − 스테인리스 중 가장 강도가 높음
- 석출경화형 스테인리스강

2) 불변강의 종류
- 인바 : 바이메탈 재료, 정밀 기계 부품, 권척, 표준척, 시계 등에 사용
- 초인바 : 표준차, 측거의 등에 사용
- 엘린바 : 시계 스프링, 정밀 계측기 부품에 사용
- 코엘린바 : 엘린바를 개량한 것
- 플래티나이트 : 전구, 진공관, 유리의 봉입선, 백금 대용으로 사용
- 퍼멀로이 : 전자 차폐용 판, 전로 전류계용 판, 해전 전선의 코일 등에 사용
- 이소엘라스틱 : 항공계기 스케일용, 스프링, 악기의 진동판 등에 사용

3) 주철
철광석을 용광로에서 제련했을 때 나온 선철을 다시 용해시킨 주조용 재료
- 회주철 : 파면이 회색
- 백주철 : 파면이 백색(취성을 지님)
- 반주철 : 회주철과 백주철의 중간
- 기타 주철 : 고급 주철(미하나이트주철 − 펄라이트조직), 합금 주철, 구상흑연주철, 가단 주철, 칠드 주철(금속표면을 경화시킨 것으로 압연기의 롤, 기차 바퀴에 사용) 등

4) 주철의 장점과 단점

장점	• 주조성이 우수(융점이 낮아 잘 녹으며 유동성이 좋음) • 크고 복잡한 것도 제작이 용이 • 가격이 저렴 • 녹이 잘 슬지 않음
단점	• 인장강도가 작음 • 충격값이 작아 깨지기 쉬움

5) 마우러 조직도
탄소와 규소의 양과 냉각속도에 따른 주철의 성질 변화를 표로 나타낸 것

6) 흑연화 촉진원소와 방해원소
- 흑연화 촉진원소 : Si > Al > Ti > Ni
- 흑연화 방해원소 : Mn > Cr > Mo > V

7) 주강
- 주철에 비하여 용융점이 높아 주조하기 어려움
- 주철에 비해 강도가 우수해 구조용 강으로 사용 가능
- 용접성이 주철에 비해 뛰어남

5 비철 금속 재료

1) 구리(Cu)의 특징
- 비중 : 약 8.9(철 7.9)
- 융점 : 1,083℃(비자성체)
- 부식이 잘 안 됨
- 색과 광택이 좋으며 가공이 쉬움
- 열전도도와 전기전도도가 우수(Ag > Cu > Au > Al …)하여 전선으로 사용

2) 황동의 종류

종류	성분	명칭	용도
톰백 (Cu 80% 이상)	95Cu−5Zn	길딩메탈	동전, 메달
	90Cu−10Zn	커머셜 브라스	톰백의 대표
	85Cu−15Zn	레드브라스	내식성 우수
	80Cu−20Zn	로브라스	전연성 우수(악기)
7·3 황동	70Cu−30Zn	카트리지 브라스	가공용 구리
6·4 황동	60Cu−40Zn	문츠메탈	인장강도 가장 우수
연입 (납)황동	6·4황동 −1.5~3.0% Pb	쾌삭황동	가공성 우수 (시계의 기어)
네이벌 황동	6·4 황동−1% Sn	네이벌 황동	내식성 우수 (열교환기)
철황동	6·4 황동−1% Fe	델타메탈	고온 강도, 내식성 우수
듀라나 메탈	7·3 황동−1% Fe	−	−
니켈실버	7·3 황동−7% Ni	양은(은백색)	식기, 가정용품

3. 청동의 종류

종류	성분	특징
포금	• Sn 8~12% • Zn 1~2% • 나머지 Cu	• 대포의 포신용으로 사용 (건메탈) • 내식성이 좋아 선박용 부품에 사용
인청동	• P 0.05~0.5% (청동 탈산제) • 나머지 Cu	• 유동성, 내마모성이 개선되고 경도, 강도가 증가됨 • 펌프 부품, 선반용, 화학 기계용
코슨 합금	• Ni 4% • Si 1% • 나머지 Cu	전화선 용도로 사용
켈밋	• Pb 30~40% • 나머지 Cu	열전도도가 양호하며, 베어링용
오일레스 베어링 합금	• Cu • Sn • 흑연 분말	• 구리, 주석, 흑연 분말을 가압 성형하며, 700~705℃의 수소 기류 중에서 소결 • 기름 보급이 곤란한 곳에 베어링으로 사용

4) 알루미늄(Al)
- 면심입방격자(FCC)
- 비중 : 2.7(철 7.9)로 가벼움
- 용융점 : 660℃ 산화막의 융점(약 2,060℃)

5) 알루미늄 합금

종류	합금	명칭	특징	용도
주조용 Al 합금	Al-Si계	실루민	주조성 우수	-
	Al-Mg계	하이드로날륨	내식성 우수	다이캐스팅용
	Al-Cu-Si계	라우탈	실루민 개량형	피스톤 기계부품
내열용 Al 합금	Al-Cu-Ni-Mg	Y합금	고온 강도 우수	내연기관 실린더
	Al-Cu-Ni-Mg-Si	Lo-Ex (로엑스 합금)	Y합금 개량형	피스톤 재료
단련용 Al 합금	Al-Cu-Mg-Mn-Si	두랄루민	경량, 내식성, 강도 우수	항공기, 자동차 재료

6) 마그네슘(Mg)
- 조밀육방격자(HCP)
- 비중 : 1.74
- 용융점 : 650℃
- 금속 방식용 재료로 사용

7) Mg 합금
- 다우메탈 : Mg-Al 합금(다우메탈)
- 엘렉트론 : Mg-Al-Zn 합금

8) 니켈(Ni)
- 면심입방격자(FCC)
- 비중 : 8.9(철의 비중 : 약 8.9)
- 용융점 : 1455℃
- 강자성체(Fe, Ni, Co : 강자성체)
- 색상 : 은백색
- 내식, 내열성 우수

9) 아연(Zn)
- 조밀육방격자(HCP)
- 비중 : 약 7.1
- 용융점 : 419℃
- 색상 : 백색
- 주로 금속의 방식용 도금 재료로 사용

10) 납(Pb)
- 면심입방격자(FCC)
- 비중 : 11.35
- 용융점 : 327℃
- 방사능 차폐용 재료

11) 주석(Sn)
- 비중 : 7.3
- 용융점 : 232℃
- 선박, 위생용 튜브, 식기 및 구리, 철 표면의 부식 방지용

12) 저용융 합금
- Sn(주석)의 용융점(231.9℃)보다 낮은 금속의 총칭
- 우드 메탈
- 비스무트 합금
- 로즈 메탈

TOPIC 03 기계제도

1 제도의 기본 이해

1) 제도의 공업 규격

구분	기호
국제표준	ISO(Interational Organization for Standardization)
한국	KS(Korean Industrial Standards)
영국	BS(British Standards)
독일	DIN(Deutsch Industrie Normen)
미국	ASA(American Standard Association)
일본	JIS(Japanese Industrial Standards)

2) 한국공업기준(KS)에 따른 분류

기호	부문
A	기본
B	기계
C	전기
D	금속

3) 도면의 종류
- 사용 목적에 따른 분류 : 계획도, 제작도, 주문도, 승인도, 견적도, 설명도
- 내용에 따른 분류 : 조립도, 부분조립도, 부품도, 상세도, 공정도, 접속도, 배선도, 배관도, 계통도, 기초도, 설치도, 배치도, 장치도, 외형도, 구조선도, 곡면선도, 구조도, 전개도
- 도면 성질에 따른 분류 : 원도, 트레이스도, 복사도(트레이스도를 복사)

4) 도면에서 사용하는 선의 종류

용도에 의한 명칭	선의 종류		용도
외형선	굵은 실선	———	물체의 보이는 부분을 나타내는 선(기본 형태)
은선	중간 크기의 파선	-------	물체의 보이지 않는 부분을 표시
중심선	가는 일점 쇄선 또는 가는 실선	—·—·—	도형의 중심을 표시
차수선 차수 보조선	가는 실선	———	차수를 기입하기 위한 선
지시선	가는 실선	———	지시하기 위한 선
절단선	가는 일점 쇄선으로 하고 그 양끝 및 굴곡부 등의 주요한 곳은 굵은 선을 사용	┓·—·┏	단면을 그리는 경우, 절단 위치를 표시하는 선
파단선	가는 실선 (불규칙한 선)	～～	물품의 일부를 파단한 곳을 표시하는 선 또는 끊어낸 부분을 표시하는 선
가상선	가는 이점 쇄선	—··—··—	• 도시된 물체의 앞면을 표시하는 선 • 인접 부분을 참고로 표시하는 선 • 가공 전후의 모양을 표시하는 선 • 이동하는 부분의 이동 위치를 표시하는 선 • 공구, 지그 등의 위치를 참고로 표시하는 선 • 반복을 표시하는 선 • 도면 내에 그 부분의 다면형을 90° 회전하여 나타내는 선
피치선	가는 일점 쇄선	—·—·—	중심이나 피치 등을 나타내는 선
해칭선	가는 실선	/////	절단면 등을 명시하기 위하여 쓰는 선
특수한 용도의 선	가는 실선	———	• 외형선과 은선의 연장선 • 평면이라는 것을 표시하는 선
	아주 굵은 실선	━━━	얇은 부분의 단선 도시를 명시하는 데 사용하는 선

5) 도면의 크기에 따른 테두리 선의 치수

제도지	철을 하지 않는 경우	철을 하는 경우
A0, A1	20mm	25mm
A2, A3, A4, A5	10mm	25mm

6) 척도(Scale)
- 도면에 기입하는 각부의 치수는 반드시 척도에 관계없이 실물의 치수를 기입
- 치수와 비례하지 않을 때는 숫자 아래에 "−"를 긋거나 척도란에 "비례척이 아님" 또는 "NS"를 표시

7) 척도의 종류

현척	$\frac{1}{1}(1:1)$
축척(축소)	$\frac{1}{2}(1:2)$, $\frac{1}{5}(1:5)$, $\frac{1}{100}(1/100)$
배척(확대)	$\frac{2}{1}(2:1)$, $\frac{5}{1}(5:1)$, $\left(\frac{100}{1}\right)100:1$

2 도면에 사용되는 도형의 표시법

1) 제1각법과 제3각법
- 제1각법 : 물체를 제1각 안에 놓고 투상하며, 투상면의 앞쪽에 물체를 위치

   눈 → 물체 → 투상면

- 제3각법 : 물체를 제3각 안에 놓고 투상하는 방법으로, 투상면 뒤쪽에 물체를 위치

   눈 → 투상면 → 물체

2) 정면도의 선택
- 물체의 특징을 명료하게 나타내는 투상도를 정면도로 선택
- 되도록 은선을 쓰지 않음

3) 단면의 법칙
- 단면을 도시할 때는 해칭(Hatching)이나 스머징(Smudging)을 사용
- 투상도는 어느 것이나 전부 또는 일부를 단면으로 도시할 수 있음
- 절단면은 기본 중심선을 지나고 투상면에 평행한 면을 선택하는 것을 원칙으로 함

4) 단면도의 종류
- **전단면도(온단면도)** : 중심선을 기준으로 대칭인 경우 물체를 2개로 절단(1/2)하여 도면 전체를 단면으로 나타낸 것
- **반단면도** : 물체의 1/4을 잘라내고 도면의 반쪽을 단면으로 나타내는 방법
- 부분 단면도 : 필요한 곳 일부만 절단하여 나타낸 것
- 계단 단면도 : 절단한 부분이 동일 평면 내에 있지 않을 때, 2개 이상의 평면으로 절단하여 나타냄
- 회전 단면도 : 절단한 부분의 단면을 90° 우회전하여 단면 형상을 나타냄

5) 단면을 도시하지 않는 부품
- 속이 찬 원기둥 및 모기둥 모양의 부품 : 축, 볼트, 너트, 핀, 와셔, 리벳, 키, 나사, 볼 베어링의 볼
- 얇은 부분 : 리브, 웨브
- 부품의 특수한 부분 : 기어의 이, 풀리의 암

3 도면의 치수기입법

1) 치수 기입의 원칙
- 가능한 한 치수는 정면도에 기입
- 치수는 중복해서 기입하지 않음
- 치수의 단위는 mm로 하고 단위를 기입하지 않아야 함
- 치수선은 외형선에서 10~15mm 띄어서 그어야 함
- 치수 숫자의 자리수가 3자리 이상이어도 세 자리마다 콤마(,)를 표시하지 않음
- 비례척에 따르지 않을 때는 치수 밑에 밑줄을 긋거나, 표제란의 척도란에 NS(Non-scale) 또는 비례척이 아님을 도면에 표시
- 치수선 양단에서 직각이 되는 치수 보조선은 2~3mm 정도 지나게 표시

2) 치수에 함께 사용하는 기호

기호	설명
ϕ	지름 기호
□	정사각 기호
R	반지름 기호
구면(s) ϕ	구면의 지름 기호
구면(s) R	구면의 반지름 기호
C	45° 모따기 기호
P	피치(Pitch) 기호
t	판의 두께 기호

3) 재료기호

재료 기호는 일반적으로 3위(부분)기호로 표시하나 때로는 5위(부분)기호로 표시하는 경우도 있음

▼ 첫째 자리 : 재질

기호	의미
Al	알루미늄(원소 기호)
AlA	알루미늄 합금(Al Alloy)
B	청동(Bronze)
Bs	황동(Brass)
C	초경 합금(Carbide Alloy)
Cu	구리(원소 기호)
Fe	철(Ferrum)
HBs	강력 황동(High Strength Brass)
K	켈밋(Kelmet Alloy)
MgA	마그네슘 합금(Magnesium Alloy)
NbS	네이벌 황동(Naval Brass)
NiB	양은(Nickel Silver)
PB	인청동(Phosphor Bronze)
Pb	납(원소 기호)
S	강(Steel)
W	화이트 메탈(White Metal)
Zn	아연(원소 기호)

▼ 둘째 자리 : 제품명, 규격

기호	의미
B	바 또는 보일러(Bar or Boiler)
BF	단조봉(Forging Bar)
C	주조품(Casting)
BMC	흑심가단주철(Black Malleable Casting)
WMC	백심가단주철(White Malleable Casting)
EH	내열강(Heat-resistant Alloy)
FM	단조재(Forging Material)
GP	가스 파이프(Gas Pipe)
HN	질화 재료(Nitriding)
J	베어링재(로마자)
K	공구강(로마자)
NiCr	니켈크롬강(Nickel Chromium)
SKH	고속도강(High Speed Steel)
F	단조품(Forging)

▼ 셋째 자리 : 재료의 종별, 최저 인장강도, 탄소 함유량, 열처리 종류 등

구분	기호	의미
종별	A	갑
	B	을
	C	병
	D	정
	E	무
가공법 · 용도 · 형상	D	냉각 일반, 절삭, 연삭
	CK	표면 경화용
	F	평판
	C	파판, 아연철판
	E	강판
	E	평강
	A	형강 일반용 연강재
	B	봉강
알루미늄 합금의 열처리	F	열처리를 하지 않은 재질
	O	풀림 처리한 재질
	H	가공 경화한 재질
	W	담금질 후 시효경화 진행 중 재료
	$\frac{1}{2}$H	반경강
	T_2	풀림 처리한 재질(주물용)
	T_6	담금질한 후 뜨임 처리한 재료
	O_6	풀림된 재료
	T_3	담금질 후 풀림

4) 재료기호 예시

기호	첫째 자리	둘째 자리	셋째 자리
SS 55(일반 구조용 압연 강재 5종)	S(강)	S(일반 구조용 압연 강재)	55(최저 인장강도)
S 10C(기계 구조용 탄소 강재 1종)	S(강)	10(탄소 함유량 0.10%)	C(화학성분 표시)
SWPA (피아노선 A종)	S(강)	WP(피아노선)	A(A종)
BC 1 (청동 주물 1종)	B(청동)	C(주조품)	1(제1종)
GC 10(회주철 1종)	G (회주철)	C (주조품)	10(제1종, 인장강도 10kg/mm² 이상)

5) 기계 재료의 표시 기호

명칭	KS 기호
일반 구조용 압연 강재	SB
일반 배관용 압연 강재	SPP
아크 용접봉 심선재	SWRW
피아노 선재	PWR
냉간 압연 강관 및 강재	SBC
용접 구조용 압연 강재	SWS
기계 구조용 탄소강관	STKM
고속도 공구강재	SKH
탄소공구강	STC
탄소강 단조품	SF
보일러용 압연 강재	SBB
기계 구조용 탄소 강재	SM
합금 공구강(주로 절삭, 내충격용)	STS
합금 공구강(주로 내마멸성 불변형용)	STD
합금 공구 강재(주로 열간 가공용)	STF
탄소 주강품	SC
일반 구조용 탄소강관	SPS
회주철품	GC
구상흑연주철	DC
흑심 가단주철	BMC
백심 가단주철	WMC
스프링강	SPS

4 기계 요소의 표시 및 스케치 방법

1) 나사의 피치와 리드

인접한 두 산의 직선 거리를 측정한 값을 피치(Pitch)라 하고, 나사가 1회전하여 축 방향으로 진행한 거리를 리드(Lead)라고 함

$$L = np$$

여기서, L : 리드
n : 줄 수
p : 피치

2) 나사의 표시법

나사의 표시는 나사의 잠긴 방향, 나사 산의 줄 수, 나사의 호칭, 나사의 등급 순으로 나타냄

예) 좌 2줄 M50×3-2 : 왼나사 2줄 미터 가는 나사 2급

3) 나사의 호칭
- 피치를 mm로 나타내는 나사의 경우

　나사의 종류를 표시한 기호　　나사의 종류를 표시하는 숫자　× 피치

예) M16×2

- 피치를 산의 수로 표시하는 나사(유니파이 나사는 제외)의 경우

　나사의 종류를 표시한 기호　　나사의 종류를 표시하는 숫자　산　산의 수

예) TW20산6

- 유니파이 나사의 경우

　나사의 종류를 표시한 기호　-　산의 수　나사의 종류를 표시하는 숫자

예) $\frac{1}{2}-13$UNC

4) 나사의 종류

구분	나사의 종류		호칭기호	호칭 표기방법	관련 규격
일반용	미터 보통 나사		M	M 8	KS B 0201
	미터 가는 나사(1)			M 8×1	KS B 0204
	유니파이 보통 나사		UNC	3/8-16 UNC	KS B 0203
	유니파이 가는 나사		UNF	No.8-36 UNF	KS B 0206
	관용 테이퍼 나사	테이퍼 나사	PT	PT 3/4	KS B 0222
		평행 암 나사(2)	PS	PS 3/4	
	관용 평행 나사		PF	PF 1/2	KS B 0221

5) 볼트와 너트

- **볼트의 호칭**

규격 번호	종류	다듬질 정도	나사의 호칭×길이	–	나사의 등급	재료	지정 사항
KS B 0112	육각 볼트	중	M 42×150	–	2	SM20C	둥근 끝

  ※ 규격 번호는 생략 가능하며 지정 사항은 자리 붙이기, 나사부의 길이, 나사 끝 모양, 표면 처리 등을 필요에 따라 표기

- **너트의 호칭**

규격 번호	종류	모양의 구별	다듬질 정도	나사의 호칭	–	나사의 등급	재료	지정 사항
KS B 1020	육각 너트	2종	상	M 42	–	1	SM25C	H=42

  ※ 규격 번호는 생략 가능하며 지정 사항은 나사의 바깥 지름과 동일한 너트의 높이(H), 한 계단 더 큰 부분의 맞변 거리(B), 표면 처리 등을 필요에 따라 표기

- **리벳의 호칭**

규격 번호	종류	호칭 지름×길이	재료
KS B 1102	열간 둥근 머리 리벳	16 × 40	SBV 34

6) 가공법의 약호

가공 방법	약호	명칭	가공 방법	약호	명칭
선반 가공	L	선반	줄 다듬질	FF	줄
드릴 가공	D	드릴	스크레이퍼 다듬질	FS	스크레이퍼
볼 머신 가공	B	볼링	리머 가공	FR	리머
밀링 가공	M	밀링	연삭 가공	G	연삭
벨트 샌딩 가공	GB	포연	주조	C	주조

7) 스케치도의 종류

- **프리핸드법** : 자 등을 사용하지 않고 손으로 자연스럽게 그리는 방법
- **본 뜨기법(모양 뜨기)** : 물체를 종이 위에 놓고 그 윤곽을 연필로 그리는 방법
- **프린트법** : 부품 표면에 광명단, 흑연을 바르거나 기름 걸레로 문지른 다음, 종이를 대고 눌러서 원형을 구하는 방법

8) 표제란과 부품표

- **표제란** : 도면 상에 도면 번호, 도면 명칭, 기업(단체)명, 책임자, 도면 작성 연월일, 척도, 투상법 등이 기입되어 있는 난
- **부품표** : 부품의 부품 번호, 부품명, 재질, 수량, 중량, 공정 등을 기입한 표

9) 볼트의 호칭

종류	등급	나사의 호칭	×	지정 사항	재질
육각볼트	중 3급	M 48	×	B=6	MRsR

10) 너트의 호칭

종류	모양의 구별	등급	나사의 호칭	지정 사항	재질
육각 너트	1종	중 3급	M 16	(구멍 모따기)	SB 41

11) 용접부의 기호 판독

- 기준선은 실선으로 동일 선은 파선으로 표시
- 파선은 기준선 위 또는 아래 중 어느 쪽에나 표시 가능
- 화살표 및 기준선과 동일 선에는 모든 관련 기호를 붙이며 꼬리 부분에는 용접 방법, 허용수준, 용접자세, 용가재 등 상세항목을 표시

12) 보조 기호

용접부 및 용접부 표면의 형상	기호
영구적인 덮개 판을 사용	M
제거 가능한 덮개 판을 사용	MR

 **MEMO**

Do! mino

용접(특수용접)기능사 필기
CRAFTSMAN WELDING

💬 학습 전에 알아두어야 할 사항

출제 비중은 전체 문제의 약 58%로 상당히 큰 비중을 차지하고 있다. 용접의 기본적인 원리와 장단점 및 각종 용접의 종류와 전기적인 특성을 학습하며 반복적으로 출제되고 있는 아크용접과 가스용접의 기본적 원리와 종류, 용접의 전기적 특성 등 합격페이퍼에 정리되어 있는 내용을 여러 번 반복하면서 암기하고 큰 비중을 차지하지 않는 계산 문제는 모든 내용이 정리된 후 마지막에 학습하면 효율적일 것이다.

PART 01 용접일반

CHAPTER 01 | 용접의 원리와 종류
CHAPTER 02 | 피복금속아크용접법
CHAPTER 03 | 가스용접 및 절단법
CHAPTER 04 | 금속의 절단법과 특수 용접법
CHAPTER 05 | 용접 설계 및 시공법
CHAPTER 06 | 용접 검사 및 시험법
CHAPTER 07 | 용접안전 및 환경관리
CHAPTER 08 | 계산문제정리

CHAPTER 01 용접의 원리와 종류

TOPIC 01 용접의 원리

1. 용접
① 접합하고자 하는 두 개 이상의 재료를 용융, 반용융 또는 고체 상태에서 압력이나 용접 재료를 첨가하여 그 틈새나 간격을 메우는 원리
② 접합하고자 하는 금속을 원자 간의 인력으로 접합하는 것이며, 약 1Å(옹스트롬 ; 10^{-8}cm)의 거리에서 접합이 이루어짐(인위적으로 불가능하며 열을 가해야만 1Å의 거리로 근접이 가능)

2. 금속 접합법의 종류
① **기계적 접합** : 볼트, 너트, 리벳, 확관 이음 등으로 결합하는 방법
② **야금적 접합** : 고체 상태에 있는 두 개의 금속재료를 열이나 압력, 또는 열과 압력을 동시에 가하여 서로 접합하는 것으로 용접이 이에 속한다.

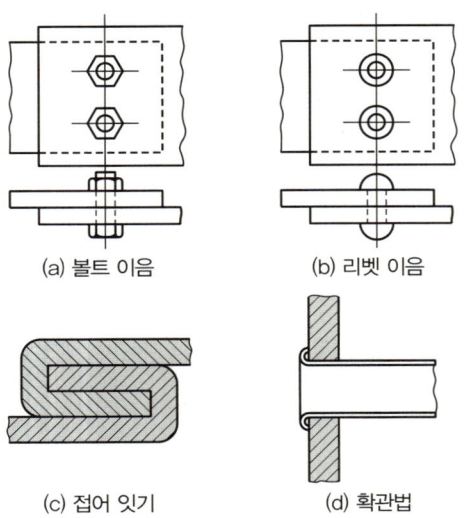

(a) 볼트 이음　(b) 리벳 이음
(c) 접어 잇기　(d) 확관법

3. 금속 야금
금속을 그 광석으로부터 추출 및 정련하여 여러 사용목적에 부합하게 그 조성과 조직을 조정하고 또 필요한 형태로 만드는 기술

TOPIC 02 용접의 분류

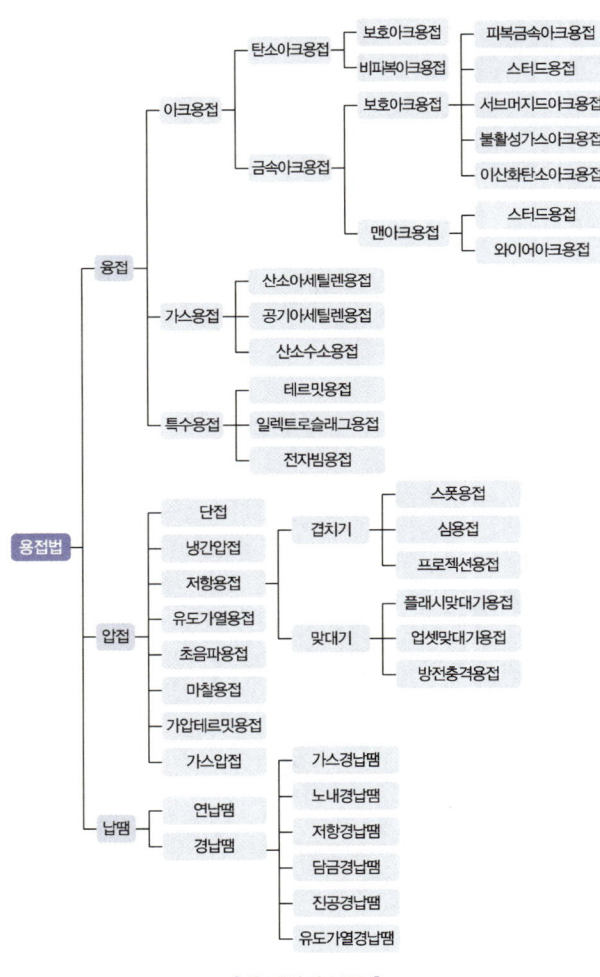

▮ 용접법의 분류 ▮

1. 융접

접합하고자 하는 두 금속의 부재, 즉 모재(Base Metal)의 접합부를 국부적으로 가열 용융시키고, 이것에 제3의 금속인 용가재(Filler Metal)를 용융 첨가시켜 융합(Fusion)하는 것
※ 일반적으로 우리가 아는 용접이 여기에 속한다.

예 아크용접, 가스용접, 특수용접

2. 압접(가압용접)

접합부를 적당한 온도로 가열하여 반용융 상태 또는 냉간 상태로 하고 이것에 기계적인 압력을 가하여 접합하는 방법

예 전기저항용접, 초음파용접(자주 출제됨), 가스압접 등

3. 납땜

접합하고자 하는 모재보다 융점이 낮은 삽입 금속을 용가재로 사용하는데, 땜납(용가재)을 접합부에 용융 첨가하여 이 용융 땜납의 응고 시에 일어나는 분자 간의 흡입력을 이용하여 접합 땜납의 용융점이 450℃ 이상인 경우를 경납땜(Brazing), 450℃ 이하를 연납땜(Soldering)이라고 함

4. 기계적 에너지를 이용한 용접

① 압접
② 단접
③ 초음파용접
④ 마찰용접

5. 전기적 에너지를 이용한 용접

① 아크용접
② 스폿용접
③ 플래시 버트 용접
④ 플라즈마 용접
⑤ 전자빔 용접

6. 화학에너지를 이용한 용접

① 가스용접
② 테르밋 용접
③ 폭발 압접

7. 광에너지를 이용한 용접

레이저 빔 용접

8. 시공방법에 의한 분류

① 수동용접(전기피복 아크용접)
② 반자동용접(CO_2 용접)
③ 자동용접(서브머지드 아크용접)

TOPIC 03 용접이음의 장점과 단점

1. 장점

① 재료 절약
② 제품 성능과 수명 향상
③ 이음효율 높음
④ 구조 간단
⑤ 재료 절약, 공정수 감소
⑥ 제작 원가 절감
⑦ 수밀, 기밀, 유밀성 우수
⑧ 자동화 용이
⑨ 이음효율 우수
⑩ 두께 제한 거의 없음
⑪ 복잡한 모양 제작 가능

2. 단점

① 용접부 재질 변화
② 수축 변형, 잔류 응력 발생
③ 결함 검사의 어려움
④ 용접부 응력 집중
⑤ 용접사의 기술에 의해 이음부 강도 좌우
⑥ 취성 및 균열 발생

TOPIC 04 용접 자세의 종류와 기호

1. 용접 자세의 종류와 기호(영문 약자 암기)

① **아래보기 자세**(F ; Flat Position) : 다른 자세에 비해 20% 정도 높은 전류 사용 가능
② **수직 자세**(V ; Vertical Position) : 위에서 아래로, 아래에서 위로 용접
③ **수평 자세**(H ; Horizontal Position) : 왼쪽에서 오른쪽으로, 오른쪽에서 왼쪽으로 용접
④ **위보기 자세**(OH ; Over Head Position) : E 4311용접봉(고셀룰로오스계) 위보기 자세에 탁월함
⑤ **전 자세**(AP ; All Position) : 네 가지 모든 자세 응용

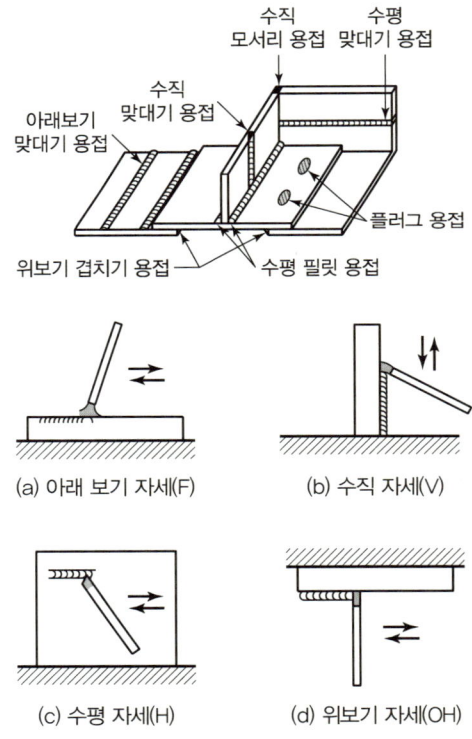

| 용접 자세 |

기출 및 예상문제

CHAPTER 01 용접의 원리와 종류

01 용접이음 설계 시 충격하중을 받는 연강의 안전율은?
① 12　　② 8
③ 5　　　④ 3

해설

재료의 종류	정하중	반복하중	교번하중	충격하중
강	3	5	8	12
주철	4	6	10	15
구리 등 연질금속	5	6	9	15

강의 충격하중 정도만 숙지

02 다음 중 기본 용접 이음 형식에 속하지 않는 것은?
① 맞대기 이음　　② 모서리 이음
③ 마찰 이음　　　④ T자 이음

03 화재의 분류는 소화 시 매우 중요한 역할을 한다. 서로 바르게 연결된 것은?
① A급 화재 - 유류 화재　② B급 화재 - 일반 화재
③ C급 화재 - 가스 화재　④ D급 화재 - 금속 화재

해설 A급 화재
일반화재(고체), B급 화재(유류 화재), C급 화재(전기 화재)

04 불활성 가스가 아닌 것은?
① C_2H_2　　② Ar
③ Ne　　　　④ He

해설 C_2H_2(아세틸렌) : 가연성 가스

05 용접에 있어 모든 열적 요인 중 가장 영향을 많이 주는 요소는?
① 용접 입열　　② 용접 재료
③ 주위 온도　　④ 용접 복사열

06 다음 중 에너지 원으로 화학에너지를 사용하지 않는 용접 방법은?
① 테르밋 용접　② 아크 용접
③ 가스 용접　　④ 폭발 압접

07 비교적 강도가 큰 곳에 사용하며 용융점이 450℃ 이상인 납을 무엇이라 하는가?
① 연납　　② 경납
③ 황동납　④ 아연납

08 용접이 주조에 비해 우수한 점이 아닌 것은?
① 강도가 크다.
② 중량을 가볍게 할 수 있다.
③ 변형이 작다.
④ 수밀, 기밀성이 좋다.

09 다음 [보기]와 같은 용착법은?

① 대칭법　② 전진법
③ 후진법　④ 스킵법

해설 보기는 일명 건너뛰기 용접법인 스킵법(비석법)을 나타낸 것이다.

10 불활성 아크 용접에 관한 설명으로 틀린 것은?
① 아크가 안정되어 스패터가 적다.
② 피복제나 용제가 필요하다.
③ 열 집중성이 좋아 능률적이다.
④ 철 및 비철 금속의 용접이 가능하다.

11 CO_2 가스 아크 용접에서 일반적으로 용접전류를 높게 할 때의 사항을 열거한 것 중 옳은 것은?
① 용접입열이 작아진다.
② 와이어의 녹아내림이 빨라진다.
③ 용착률과 용입이 감소한다.
④ 우수한 비드 형상을 얻을 수 있다.

해설 용접전류를 높게 하면 와이어의 녹아내림이 빨라진다.

정답　01 ①　02 ③　03 ④　04 ①　05 ①　06 ②　07 ②　08 ③　09 ④　10 ②　11 ②

CHAPTER 01 용접의 원리와 종류

12 용접을 크게 분류할 때 압접에 해당되지 않는 것은?
① 저항용접 ② 초음파용접
③ 마찰용접 ④ 전자빔용접

13 구조물의 본 용접 작업에 대하여 설명한 것 중 맞지 않는 것은?
① 위빙 폭은 심선 지름의 2~3배 정도가 적당하다.
② 용접 시단부의 기공 발생 방지대책으로 핫 스타트(Hot Start) 장치를 설치한다.
③ 용접 작업 종단에 수축공을 방지하기 위하여 아크를 빨리 끊어 크레이터를 남게 한다.
④ 구조물의 끝 부분이나 모서리, 구석부분과 같이 응력이 집중되는 곳에서 용접봉을 갈아 끼우는 것을 피하여야 한다.

해설 용접 작업 종단에 생기는 수축공은 결함이 발생할 위험이 있어 아크를 짧게 한 상태에서 약간 머물러 크레이터의 오목한 부분을 채워야 한다.

14 용접봉에서 모재로 용융금속이 옮겨가는 용적이행 상태가 아닌 것은?
① 단락형 ② 스프레이형
③ 탭 전환형 ④ 글로뷸러형

해설 용적의 이행형식
스프레이형, 단락형, 글로뷸러형

15 야금적 접합법의 종류에 속하는 것은?
① 납땜 이음 ② 볼트 이음
③ 코터 이음 ④ 리벳 이음

해설 야금적 접합이란 용접접합을 의미하며 용접에는 융접, 압접, 납땜으로 분류된다.

16 용접법을 크게 융접, 압접, 납땜으로 분류할 때 압접에 해당되는 것은?
① 전자 빔 용접 ② 초음파 용접
③ 원자 수소 용접 ④ 일렉트로 슬래그 용접

해설 초음파 용접은 진동에너지에서 생긴 열을 이용해 가압하는 방식으로 접합하는 압접의 한 종류이다.

17 전기 저항 점 용접 작업 시 용접기에서 조정할 수 있는 3대 요소에 해당하지 않는 것은?
① 용접 전류 ② 전극 가압력
③ 용접 전압 ④ 통전 시간

해설 전기 저항 용접의 3대 요소
전류, 압력, 시간

18 주성분이 은, 구리, 아연의 합금인 경납으로 인장강도, 전연성 등의 성질이 우수하여 구리, 구리합금, 철강, 스테인리스강 등에 사용되는 납재는?
① 양은납 ② 알루미늄납
③ 은납 ④ 내열납

19 알루미늄 분말과 산화철 분말을 1 : 3의 비율로 혼합하고, 점화제로 점화하면 일어나는 화학반응은?
① 테르밋반응 ② 용융반응
③ 포정반응 ④ 공석반응

해설 테르밋반응은 알루미늄과 산화철 분말의 화학적 반응열을 이용한 용접법으로 용접시간이 빠르고 변형이 적어 주로 기차 레일의 용접에 사용된다.

20 고체 상태에 있는 두 개의 금속 재료를 융접, 압접, 납땜으로 분류하여 접합하는 방법은?
① 기계적인 접합법 ② 화학적 접합법
③ 전기적 접합법 ④ 야금적 접합법

해설 용접은 야금적 접합법으로 크게 융접, 압접, 납땜으로 나눈다.

21 다음 중 비용극식 불활성 가스 아크 용접은?
① GMAW ② GTAW
③ MMAW ④ SMAW

해설 비용극식 불활성 가스 용접은 텅스텐을 전극으로 사용하는 TIG 용접을 말하는 것이다. 알파벳 T(tungsten)자를 찾으면 된다.

정답 12 ④ 13 ③ 14 ③ 15 ① 16 ② 17 ③ 18 ③ 19 ① 20 ④ 21 ②

22 두 개의 모재를 강하게 맞대어 놓고 서로 상대 운동을 주어 발생되는 열을 이용하는 방식은?

① 마찰 용접 ② 냉간 압접
③ 가스 압접 ④ 초음파 용접

23 대전류, 고속도 용접을 실시하므로 이음부의 청정(수분, 녹, 스케일 제거 등)에 특히 유의하여야 하는 용접은?

① 수동 피복 아크 용접
② 반자동 이산화탄소 아크 용접
③ 서브머지드 아크 용접
④ 가스 용접

해설 서브머지드 아크 용접은 자동용접이며 대전류 고속도 용접이 이루어지므로 이음부의 청정과 홈의 가공 등을 정확하게 맞춰주어야 한다.

24 CO_2가스 아크용접을 보호가스와 용극가스에 의해 분류했을 때 용극식의 솔리드 와이어 혼합 가스법에 속하는 것은?

① CO_2+C법 ② CO_2+CO+Ar법
③ CO_2+CO+O_2법 ④ CO_2+Ar법

25 용접의 특징에 대한 설명으로 옳은 것은?

① 복잡한 구조물 제작이 어렵다.
② 기밀, 수밀, 유밀성이 나쁘다.
③ 변형의 우려가 없어 시공이 용이하다.
④ 용접사의 기량에 따라 용접부의 품질이 좌우된다.

26 다음 용접 자세 중 파이프 용접의 경우 45° 각도로 피용접재를 고정시킨 후 용접하는 자세는?

① 1G ② 2G
③ 5G ④ 6G

27 다음 용접자세에 사용되는 기호 중 틀리게 나타낸 것은?

① F : 아래보기 자세 ② V : 수직 자세
③ H : 수평 자세 ④ O : 전 자세

해설 위보기 자세(O : Over head position), 전 자세 용접(AP : All Position)

CHAPTER 02 피복금속아크용접법

TOPIC 01 피복금속아크용접의 원리

1. 피복금속아크용접(SMAW ; Shielded Metal Arc Welding)

일반적으로 전기 용접법이라고 불리는 용접법으로, 현재 여러 가지 용접법 중에서 가장 많이 사용되고 있고 이 용접법은 피복제를 바른 용접봉과 피용접물 사이에 발생하는 전기 아크의 열을 이용하며 용접한다.(발생 아크열은 3,500~5,000℃ 정도)

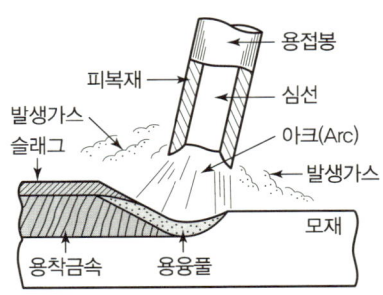

| 피복아크 용접의 개요 |

2. 용접 시 각 부의 명칭

① 용적(용융금속) : 용접봉이 녹아 금속 증기와 녹은 쇳물방울
② 용융지(용융풀) : 아크열에 의하여 용접봉과 모재가 녹은 쇳물 부분
③ 용입 : 아크열에 의하여 모재가 녹은 깊이
④ 용착(Deposit) : 용접봉이 용융지에 녹아들어가는 것

3. 피복제(Flux, 플럭스)

금속심선(Core Wire) 주위에 유기물 또는 두 가지 이상의 혼합물로 만들어진 비금속 물질로서, 아크 발생을 쉽게 하고 용접부를 보호하며 녹아서 슬래그(Slag)가 되고 일부는 타서 아크 분위기를 만듦

4. 용접 회로(Welding Circuit)

용접기 → 전극 케이블(2차, 후크메타 거는 위치) → 홀더 → 피복 아크 용접봉 → 아크 → 모재(용접하는 대상 금속, Base Metal) → 접지 케이블(2차)

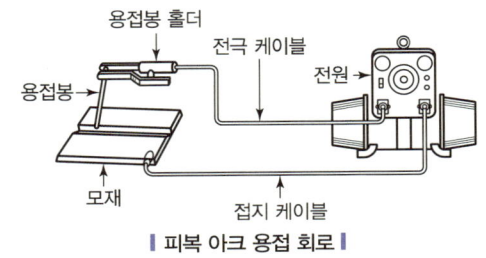

| 피복 아크 용접 회로 |

TOPIC 02 아크(Arc)의 성질과 원리

1. 아크(Arc)

용접봉(Electrode)과 모재(Base Metal) 간의 전기적 방전에 의해 활 모양의 청백색을 띤 불꽃 방전이 일어나는 현상

2. 아크 길이와 아크 전압

용접 시 아크 길이는 반드시 짧게 유지하고 적정한 아크 길이는 사용하는 용접봉 심선 지름의 1배 이하 정도(3mm 전후)로 하며, 이때의 아크 전압은 아크 길이와 비례하는 관계를 나타낸다.

3. 아크 길이가 긴 경우

① 아크가 불안정해지며 비드 외관이 불량하고 용입(아크열로 모재가 녹은 깊이)이 얕아짐
② 질소 및 산소의 영향으로 용착 금속이 질화·산화되며 기공·균열 발생
③ 스패터도 심해짐

※ 아크를 처음 발생시킬 때 모재를 예열하고자 아크 길이를 길게 하는 방법도 쓰임

4. 용접 속도

아크 전압과 아크 전류를 동일하게 유지하고, 느린 속도에서 속도를 점차로 증가시키면 비드의 너비(폭)는 감소하나 용입은 적당한 속도 이하의 범위에서는 증가하고, 그 이상의 범위에서는 감소

5. 용접 비드(용접의 진행에 따라 만들어진 용착금속의 가늘고 긴 줄) 내기법의 종류

① 직선 비드 내기 : 용접봉을 위빙 없이 한쪽 방향으로 이동시키며 비드를 내는 용접법
② 위빙 비드 내기 : 용접봉을 좌우 또는 상하로 움직이면서 진행하는 방법이며 위빙 폭은 용접봉 심선 직경의 2~3배 정도로 하는 것이 원칙

TOPIC 03 피복 아크 용접봉의 특징과 종류

1. 전기피복아크 용접봉 피복제의 역할 및 성분

① 아크 안정 : 규산칼륨, 규산나트륨, 산화티탄, 석회석 등
② 가스 발생(산화, 질화 방지) : 녹말, 목재 톱밥, 셀룰로오스 등
③ 슬래그 생성(급랭 방지) : 산화철, 루틸, 일미나이트, 이산화망간, 석회석, 규사, 장석, 형석 등
④ 합금 첨가 : 페로망간, 페로실리콘, 페로크롬, 니켈 등
⑤ 고착제(피복제를 심선에 부착) : 규산소다, 규산칼리 등
⑥ 탈산제(산소 제거) : 페로망간(Fe−Mn), 페로실리콘(Fe−Si) 등

2. 용적이행의 종류

① 용적(용접봉에서 나오는 용융금속)이란 용접봉 또는 와이어의 선단으로부터 용융되어 모재로 이행하는 금속의 방울을 의미한다.
② 단락형, 스프레이형, 글로뷸러형

3. 단락형

전극 끝부분의 용적이 용융지에 접촉되어 단락되고, 표면장력의 작용으로 용적이 모재 쪽으로 이동하는 방식(저수소계 용접봉이나 비피복 용접봉 사용 시 발생)

4. 스프레이형

피복제의 일부가 가스화하여 가스를 뿜어냄으로써 용적의 크기가 와이어 직경보다 적게 되어 스프레이와 같이 날려서 모재 쪽으로 옮겨 가는 방식

5. 글로뷸러형(입상 이행형, 핀치 효과형)

용적이 와이어의 직경보다 큰 덩어리로 되어 단락되지 않고 이행하는 방식(서브머지드 용접(SAW)에서 발생)

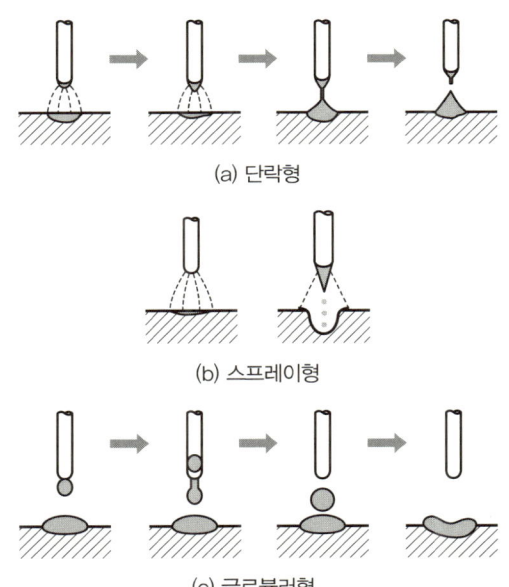

(a) 단락형

(b) 스프레이형

(c) 글로뷸러형

▮용적 이행 형식▮

TOPIC 04 직류 아크용접의 극성 및 교류용접

1. 직류(DC)와 교류(AC)
가정/공장에서 사용하는 전기는 교류이나 직류에서 더욱 안정적인 전류가 흐르기 때문에 직류 용접기를 사용

2. 직류 아크 중의 전압 분포

$$V_a = V_K + V_P + V_A$$

이 공식은 아크길이가 곧 전압의 크기와 비례한다는 것을 의미한다. 모두 더한다.

3. 직류 아크의 온도 분포
직류 아크의 경우 양극(+) 쪽에 발생하는 열량은 음극(-) 쪽에 발생하는 열량에 비해 높아서 일반적으로 전체 중 60~75%의 열량이 양극 쪽에서 발생
→ +쪽이 더 뜨겁다는 의미

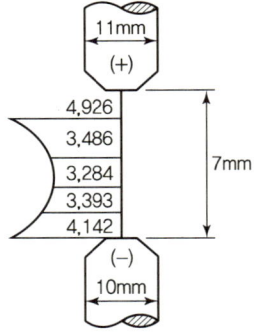

∥ 직류 아크의 온도 분포 ∥

4. 교류 아크의 온도 분포
교류는 전류가 +와 -가 일정한 주기로 바뀌며 전원이 60사이클이면 1초 동안에 60회 양극과 음극이 서로 바뀌므로 두 극에서 발생하는 열량은 거의 같게 된다.

> **참고**
> - 1초 동안에 120회 전류의 값이 0이 된다.
> - 교류아크용접기의 종류 : 가동 철심형, 가동 코일형, 탭전환형, 가포화 리액터형

TOPIC 05 직류(DC) 용접 시 극성효과

1. 직류 정극성, 직류 역극성
피복아크용접에서 직류의 용접전원을 사용했을 경우를 직류용접(D.C arc welding)이라 하며, 교류용접기를 사용하는 경우를 교류용접(A. C arc welding)이라 한다.

① **직류 정극성**(DCSP ; Direct Current Straight Polarity) 또는 (DCEN ; DC Electrode Negative)
모재(Base Metal)에 (+)극, 용접봉에 (-)극을 연결하는 것
- 모재의 용입이 깊다.
- 봉의 녹음이 느리다.
- 비드 폭이 좁다.
- 일반적으로 많이 쓰인다.

일반적으로 전자의 충격을 받는 양극(陽極)쪽이 음극(陰極)보다도 발열이 크기 때문에 정극성 쪽이 용접봉의 용융 속도가 느리고, 모재 쪽의 용입은 깊어진다.

② **직류 역극성**(DCRP ; DC Reverse Polarity) 또는 (DCEP ; DC Electrode Positive)
모재에 (-)극, 용접봉에 (+)극을 연결하는 것
- 용입이 얕다.
- 봉의 녹음이 빠르다.
- 비드폭이 넓다.
- 청정효과가 나타나 Al(알루미늄) 용접 시 사용된다.
- 박판, 주철, 고탄소강, 합금강, 비철금속의 용접에 쓰인다.

역극성에서는 용접봉의 용융이 빠르고 모재 쪽의 용입이 얕아지는 경향이 있다. 따라서 박판 용접에는 녹아 떨어지는 것을 피하기 위해 역극성이 좋다.

직류 정극성 (DCSP)	교류 (AC)	직류 역극성 (DCRP)

비드 너비가 좁고 용입이 깊다.	정극성과 역극성의 중간이다.	비드 너비가 넓고 용입이 얕다.

∥ 각 극성별 용입 깊이 ∥

TOPIC 06 아크 용접에 사용되는 전기의 특성

1. 부(不) 특성(부저항 특성)
옴의 법칙(Ohm's Law)에 의해 동일한 저항에 흐르는 전류는 그 전압에 비례하는 것이 일반적이지만, 아크의 경우 옴의 법칙과는 반대로 전류가 크게 되면 저항이 작아져 전압도 낮아지는 현상

2. 절연회복 특성
보호 가스에 의해 순간적으로 꺼졌던 아크가 다시 회복되는 특성. 교류에서는 1사이클에 2회씩 전압 및 전류가 0(Zero)이 되고 절연되며, 이때 보호 가스가 용접봉과 모재 간의 순간 절연을 회복하여 전기가 잘 통하게 해준다.

3. 전압회복 특성
아크가 꺼진 후에는 용접기의 전압이 매우 높아지게 되며, 용접 중에는 전압이 매우 낮게 된다. 아크 용접 전원은 아크가 중단된 순간에 아크 회로의 과도 전압을 급속히 상승 회복시키는 특성을 말한다. 이 특성은 아크의 재발생을 쉽게 한다.

4. 아크길이 자기제어 특성
아크 전류가 일정할 때 아크 전압이 높아지면 용접봉의 용융 속도가 늦어지고 아크 전압이 낮아지면 용융 속도가 빨라져 아크 길이를 제어하는 특성을 말한다.

5. 수하 특성
부하 전류가 증가하면 단자 전압이 저하되는 특성으로 전기 피복 아크 용접(SMAW) 시 필요하다. 이는 아크를 안정시키는 데 요구되는 것으로서, 아크 전원의 현저한 특징이다.

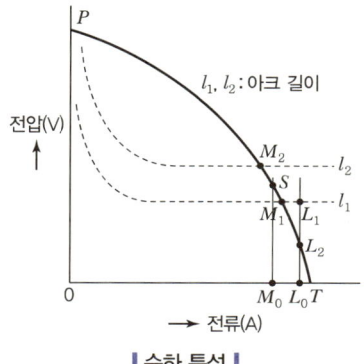

┃수하 특성┃

6. 무부하 전압(개로 전압)
부하가 걸리지 않은 상태, 즉 용접을 하지 않고 있는 상태의 전압을 말하며, 직류의 경우 50~60V, 교류의 경우 80V 정도가 일반적이다.

7. 정전압 특성
부하 전류가 다소 변하더라도 단자 전압은 거의 변동이 일어나지 않는 특성으로 CP 특성이라고도 한다. SAW, GMAW, FCAW, CO_2 용접 등 자동, 반자동 용접기에 필요한 특성이다.

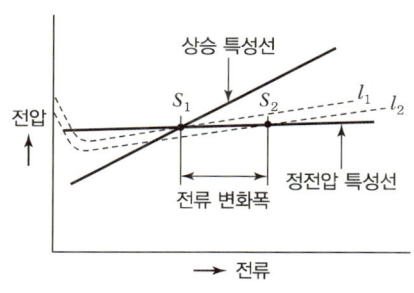

┃정전압 및 상승 특성┃

8. 정전류 특성
단자전압이 변하더라도 부하전류가 변하지 않는 특성으로 용접 중 작업 미숙으로 아크 길이가 다소 변하더라도 용접 전류 변동값이 적어 입열의 변동이 적다. 그래서 용입 불량이나 슬래그 혼입 등의 방지에 좋을 뿐만 아니라, 용접봉의 용융 속도가 일정해져서 균일한 용접 비드용접이 가능하다.

9. 용접 입열(모재가 용접봉으로부터 받는 열의 양)

$$H = \frac{60EI}{V} [\text{Joule/cm}]$$

여기서, E : 아크 전압(Y)
I : 아크 전류(A)
V : 용접 속도(cpm(cm/min))

① 일반적으로 모재에 흡수되는 열량은 전체 입열량의 75~85% 정도(15~25%의 열손실이 일어남)
② 60을 곱해주는 이유는 시간의 단위를 맞추기 위함 (1분=60초)

10. 용접봉의 용융 속도

용접봉의 용융 속도는 단위 시간당 소비되는 용접봉의 길이 또는 무게로써 표시하며 아크 전압과는 관계 없다.

> 용접봉의 용융 속도 = 아크 전류 × 용접봉 쪽 전압 강하

TOPIC 07 아크 쏠림 현상

1. 아크 쏠림

아크가 용접봉 방향에서 한쪽으로 쏠리는 현상(Arc Blow)으로 비피복 용접봉을 사용했을 때 특히 심하다. 아크 주위에서 발생하는 자장이 용접봉에 대해 비대칭으로 되어 아크가 한 방향으로 강하게 쏠리게 되어 나타난다.

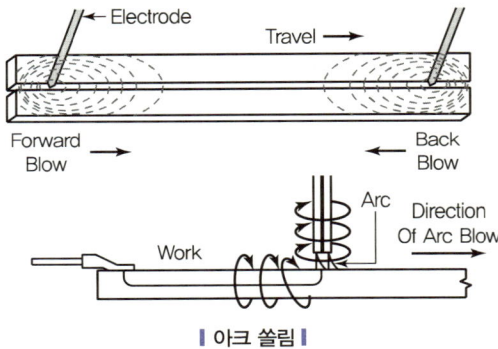

∥ 아크 쏠림 ∥

아크 쏠림이 발생하게 되면 아크가 불안정하여 용착금속의 재질 변화가 생기고 슬래그 그 섞임 및 기공이 발생하는 등의 용접부의 기계적 성질 저하의 원인이 되므로 직류전류 대신 교류전류를 사용하고 모재와 같은 재료의 금속편을 용접선에 연장 사용하여 접지점을 용접부에서 보다 멀리하여 짧은 아크를 사용하는 등의 방지책을 사용하여야 한다.

2. 아크 쏠림 방지책

① 직류 대신 교류용접기 사용
② 엔드탭 사용
③ 접지점을 용접부보다 멀리(여러 개)할 것
④ 후퇴법으로 용접
⑤ 짧은 아크 사용

TOPIC 08 피복아크 용접기의 종류 및 특성

1. 직류 아크 용접기의 종류

① 전동 발전형
② 엔진 발전형
③ 정류형(인버터형)

종 류	특 징
발전형 (모터형, 엔진 발전형)	• 완전한 직류 사용 가능 • 교류 전원이 없는 장소에서 사용 가능(발전형만 해당) • 구동부가 있어(회전) 고장 나기 쉽고 소음 발생 • 구동부와 발전부로 되어 있어 고가 • 보수와 점검이 어려움
정류형 (인버터형)	• 소음이 없음 • 취급이 간단하며 가격이 저렴 • 완전한 직류를 만들어 내지 못함 • 정류기 파손 가능(셀렌 80℃, 실리콘 150℃ 이상에서 파손) • 보수 점검이 용이

2. 교류 아크 용접기의 종류

① 가동 철심형　　② 가동 코일형
③ 탭 전환형　　　④ 가포화 리액터형

3. 가동 철심형

① 1차 코일과 2차 코일 사이에 가동 철심을 놓고 이를 전후로 이동시킴으로써 전류를 조정하며 일반적으로 많이 사용
② 미세한 전류 조정은 가능하나 광범위한 전류 조정은 불가
③ 가동부분 마멸 시 진동과 소음 발생
④ 가동 철심으로 전류 조정
⑤ 현재 가장 많이 사용되고 있음
⑥ 가동 부분의 마멸로 철심에 진동 발생

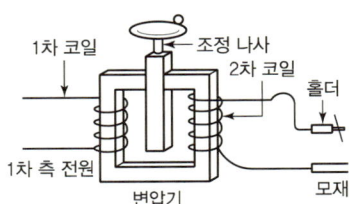

∥ 가동 철심형 교류 아크 용접기의 원리 ∥

4. 가동 코일형

그림과 같이 1차 코일과 2차 코일이 같은 철심에 감겨 있고, 대개 2차 코일을 고정하고 1차 코일을 이동하여 두 코일 간의 거리를 조절하여 전류를 조정

① 1차, 2차 코일 중 하나를 이동하여 전류 조정
② 아크 안정도 높고 소음 없음
③ 가격이 비싸며 현재 사용되지 않음

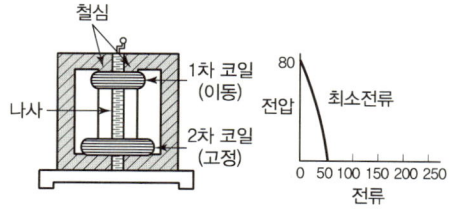

(a) 전류가 최소일 때

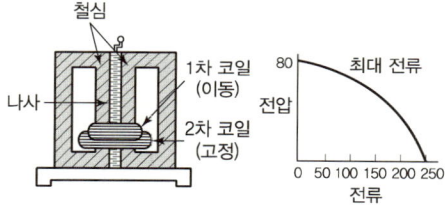

(b) 전류가 최대일 때

▌가동 코일형▐

5. 탭 전환형

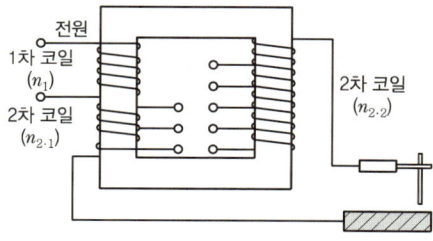

▌탭 전환형 용접기의 구조▐

코일의 감긴 수로 전류를 조정하는 방식이며 무부하 전압이 높아져 전격의 위험이 상당히 많은 용접기. 탭을 수시로 전환하므로 탭의 고장이 일어나기 쉬우며 소형 용접기에 쓰이는 편이나 요즘은 일반적으로 사용하지 않음

① 코일의 감긴 수에 따라 전류 조정
② 무부하 전압이 높아 전격의 위험이 있다.
③ 탭 전환의 소손이 심하다.
④ 넓은 범위는 전류 조정이 어렵다.
⑤ 주로 소형에 많다.

6. 가포화 리액터형

가변 저항의 크기를 변화시켜 원격으로 전류를 조절하는 방식
① 가변 저항의 변화로 용접 전류 조정이 가능하다.
② 전기적 전류 조정으로 소음이 없고 기계 수명이 길다.
③ 원격 조작이 간단하고 원격 제어가 가능하다.

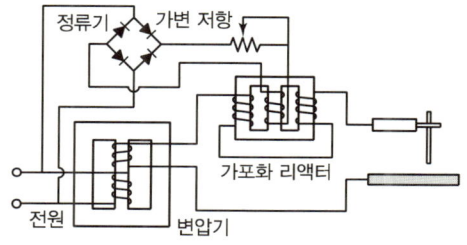

▌가포화 리액터형 용접기의 구조▐

7. 직류 아크 용접기와 교류 아크 용접기의 비교

비교 항목	직류 아크 용접기	교류 아크 용접기
아크의 안정	우수	약간 떨어짐
비피복봉 사용	가능	불가능
극성 변화	가능	불가능
자기 쏠림 방지	불가능	가능
무부하 전압	약간 낮다.(40~60V)	높다.(70~90V)
전격의 위험	적다.	많다.
구조	복잡	간단
유지	약간 어려움	용이
고장	회전기에 많다.	적다.
역률	매우 양호	불량
소음	회전기에 크고 정류형은 조용함	조용함 (구동부가 없으므로)
가격	고가(교류의 몇 배)	저렴

8. 교류 아크 용접기의 규격

용접기의 규격은 AW-200과 같이 나타내며 여기서 AW는 교류 용접기(AC welder), 200은 정격 2차 전류(A)를 뜻함

9. 용접기의 사용률

용접기의 사용률은 높은 전류로 용접기를 계속 사용하면 용접기가 고장 나는데 이를 방지하기 위해 정하는 값이다.

- 피복 아크 용접기의 일반적인 사용률

  보통 40% 이하이며 정격 사용률이 40%라는 것은 용접기의 고장을 방지하기 위해 정격 전류로 용접했을 때 10분 중에서 4분만 용접하고, 6분을 쉰다는 의미

$$사용률(\%) = \frac{아크\ 시간}{아크\ 시간 + 휴식\ 시간} \times 100$$

10. 허용 사용률

실제 용접의 경우 정격 전류보다는 적은 전류로 용접하는 경우가 많은데, 이때의 사용률을 말함

$$허용사용률(\%) = \frac{(정격\ 2차\ 전류)^2}{(실제\ 사용\ 전류)^2} \times 정격사용률$$

11. 용접기의 역률

용접기로서 입력, 즉 전원 입력(2차 무부하 전압×아크 전류)에 대한 아크 출력(아크 전압×아크 전류)과 2차 측 내부 손실의 합(소비 전력)의 비

$$역률(\%) = \frac{소비\ 전력(kW)}{전원\ 입력(kVA)} \times 100$$

12. 용접기의 효율

또 아크출력과 내부 손실과의 합(소비 전력)에 대한 아크 출력의 비율

$$효율(\%) = \frac{아크\ 출력(kW)}{소비\ 전력(kW)} \times 100$$

소비 전력 : 아크 출력 + 내부 손실
전원 입력 : 2차 무부하 전압 × 아크 전류
아크 출력 : 아크 전압 × 아크 전류

TOPIC 09 피복금속아크 용접용 기구

1. 용접봉 홀더(Electrode Holder)

① 용접봉의 피복이 없는 노출된 심선 부분(약 25mm)에 용접 전류를 용접 케이블을 통하여 용접봉과 모재 쪽으로 전달하는 기구 홀더는 A형 홀더(안전홀더, 일반적으로 많이 사용)와 B형 홀더로 구분된다.

② 용접봉 홀더의 규격 : 홀더가 100호이면 용접 정격 2차 전류가 100A를, 200호이면 200A를 의미
(홀더번호 = 정격 2차 전류)

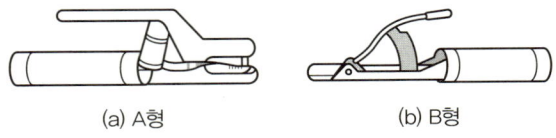

(a) A형　　　(b) B형

| 홀더의 종류 |

2. 필터 렌즈(차광렌즈)

① 일명 흑유리라고도 하며 용접 중 발생하는 유해한 광선을 차폐하여 용접 작업자의 눈을 보호하기 위한 유리. 일반 피복 아크 용접에서는 10~11번, 가스 용접에서는 4~6번을 사용하며 필터 렌즈 앞쪽에 투명유리(백유리)를 두어 차광 유리를 보호해주는 역할도 함
② 필터렌즈의 숫자가 높아질수록 시야가 어두워짐

3. 차광막(일종의 커튼의 역할)

차광막은 아크의 강한 유해 광선이 다른 사람에게 영향을 주지 않게 하기 위하여 필요하며 빛을 완전 차단하고, 쉽게 불이 붙지 않는 재료로 사용

4. 용접용 공구 및 측정기

치핑 해머, 와이어 브러시는 용접 후의 비드 표면의 녹(스케일)이나 슬래그 제거와 용접부의 솔질에 사용되며 용접 게이지(Weld Gauge)와 버니어 캘리퍼스(Vernier Calipers)는 용접부의 치수 측정 등에 필요하며, 전류를 측정하기 위한 전류계가 필요함

5. 고주파 발생 장치

① 아크가 안정되고 아크의 발생이 쉬워 용접이 쉽고 무부하 전압(개로전압)을 낮게 할 수 있다. 역률을 개선하며 전격의 위험도 감소 가능
② TIG 용접의 경우 아크 발생 초기에 텅스텐 전극봉을 모재에 접촉시키지 않아도 고주파 불꽃이 튀어 아크 발생이 가능

6. 전격 방지 장치

교류 아크용접기의 경우 무부하 전압이 85~95V로 높아 전격의 위험이 있으므로 용접기의 2차 무부하 전압을 20~30V 이하로 유지시키기 위한 장치

7. 원격 제어 장치(Remote Control)

용접기에서 멀리 떨어져 작업을 할 때 작업 위치에서 전류를 조정할 수 있는 장치로 가동 철심 또는 가동 코일을 소형 모터로서 움직이는 전동기 조작형과 가포화 리액터형으로 구분되며, 가포화 리액터형 교류 아크 용접기에서는 가변 저항기 부분을 분리하여 작업자 위치에 놓고 원격으로 용접 전류를 조정

8. 핫 스타트 장치

용접을 시작하기 전 모재는 냉각되어 있는 상태이므로 아크 발생이 어려운데 초기에 큰 전류를 흘려주어 아크발생을 용이하게 해준다. 또한 시작점의 기공 발생 등 결함 발생을 적게 하여 비드 모양도 개선한다.

9. 전류계

정확한 전류와 전압을 측정하는데 사용되며 직류의 경우는 2차 측 회로의 케이블선 도중에 분류기의 직류 전류계를 연결하여 측정한다. 전류 측정은 직렬로 연결하여 측정하며, 전압 측정은 2차 측 케이블 접지선과 홀더선을 병렬로 연결하여 측정한다.

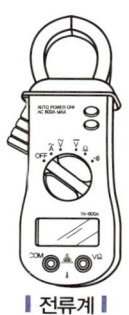

▌전류계▐

TOPIC 10 전기 피복 금속 아크 용접봉

1. 전기 피복 아크 용접봉

용접봉 끝과 모재 사이에 아크를 발생하므로 전극봉(Electrode)이라고도 한다. 금속 아크 용접의 용접봉에는 비피복 용접봉과 피복 용접봉이 쓰이는데, 비피복 용접봉은 주로 CO_2 용접이나 서브머지드 아크 용접과 같이 자동, 반자동 용접에 사용되고, 피복 아크 용접봉은 수동 아크 용접에 이용된다.

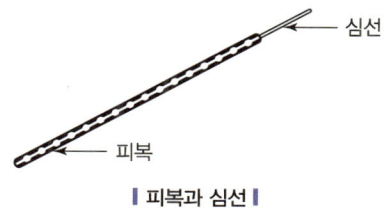

▌피복과 심선▐

2. 연강용 피복 아크 용접봉 심선

① 심선의 구성원소
- 탄소(C)
- 규소(Si)
- 망간(Mn)
- 인(P)
- 유황(S)
- 구리(Cu)

② 연강용의 경우 저탄소 림드강(Low Carbon Rimmed Steel)이 많이 사용

3. 피복제(Flux, 플럭스)

① 중성 또는 환원성 분위기를 만들어 대기 중의 산소, 질소로부터 침입을 방지하고 용융 금속을 보호
② 아크의 안정 : 교류 아크 용접을 할 때는 전압이 1초에 120번 '0'이 되므로 전류의 흐름이 120번 끊어지게 되어 아크가 연속적으로 발생될 수 없으나 피복 아크 용접봉을 사용하여 용접할 경우, 피복제가 연소해서 생긴 가스가 이온화 되어 전류가 끊어져도 이온으로 계속 아크를 발생시키게 되므로 아크가 안정된다. 아크 안정제로는 보통 탄산소다, 석회, 산화티탄, 산화철 등이 쓰인다.

③ 용융점이 낮고 적당한 점성의 가벼운 슬래그 생성 : 불순물을 제거하고 탈산작용을 한다. 보통 유기물, 알루미늄, 마그네슘 등이 사용된다.
④ 용착 금속에 합금 원소 첨가 : 합금 원소로는 규소(Si), 망간(Mn), 규소철(Fe-Si) 등이 있다.
⑤ 용적을 미세화하고 용착 효율을 높인다.
⑥ 용착 금속의 응고와 냉각 속도를 느리게 한다.(서랭)
⑦ 어려운 자세의 용접 작업을 가능하게 한다.
⑧ 비드 모양을 곱게 하며 슬래그 제거도 쉽게 한다.
⑨ 절연 작용(피복제 부위는 전기가 통하지 않음)

4. 아크 안정제

규산칼륨(K_2SiO_3), 규산나트륨(Na_2SiO_3), 산화티탄(TiO_2), 석회석($CaCO_3$) 등

5. 가스 발생제

① 가스를 발생하여 아크 분위기를 대기 중의 산소, 질소부터 차단하여 용융 금속의 산화나 질화를 방지하는 작용을 함
② 녹말, 목재 톱밥, 셀룰로오스(Cellulose), 석회석 등

6. 슬래그 생성제

① 슬래그는 용융금속의 표면을 덮어서 산화나 질화를 방지함과 아울러 그 냉각을 천천히 한다. 더욱 중요한 것은 탈산 작용을 돕고 용융금속의 금속학적 반응에 중요한 작용을 하며, 용접 작업성에도 큰 영향을 끼친다는 점이다.
② 산화철, 루틸(Rutile, TiO_2), 일미나이트(Ilmenite, TiO_2 FeO), 이산화망간(MnO_2), 석회석($CaCO_3$), 규사(SiO_2), 장석($K_2O \cdot Al_2O_3 \cdot 6SiO_2$), 형석($CaF$) 등이 사용된다.

7. 합금 첨가제

용접 시 합금 원소를 첨가할 수 있으며 첨가제로는 페로망간, 페로실리콘, 페로크롬, 니켈, 페로바륨 등이 있다.

8. 고착제

피복제를 심선에 고착시키는 것으로 규산소다(물유리), 규산칼리 등이 있다.

9. 탈산제

① 용착 금속 중의 산소를 제거하는 것으로 Fe-Mn, Fe-Si가 있다.
② 피복제의 성분은 무기물과 셀룰로오스, 펄프 등이 있다.

10. 연강용 피복 아크 용접봉의 기호

$$E\ 43\ \triangle\ \square$$

① E : 전기 용접봉(Electrode)의 첫 자
② 43 : 전 용착 금속의 최저 인장강도(kg/mm²)
③ △ : 용접 자세(0, 1 : 전 자세, 2 : 아래 보기 및 수평 필릿 자세, 3 : 아래 보기, 4 : 전 자세 또는 특정 자세)
④ □ : 피복제의 종류

실제 시험에서는 E 4316 중 숫자(16)의 의미를 묻는 문제도 출제된다. 마지막 두 자리 숫자는 피복제의 계통 즉 종류를 나타낸다.

11. 일미나이트계(E 4301) 용접봉 → 슬래그 생성계

① 30% 이상의 일미나이트를 포함
② 슬래그의 유동성, 용입과 기계적 성질이 양호
③ 내부 결함이 적고 모든 자세의 용접이 가능

12. 라임 티타니아계(E 4303) 용접봉 → 슬래그 생성계

① 산화티탄을 30% 이상 포함한 슬래그 생성계
② 슬래그의 유동성이 좋고 비드의 외관이 깨끗함
③ 슬래그의 제거가 쉽고 용입이 얕음
④ 일반 강재의 박판 용접에 사용

13. 고셀룰로오스계(E 4311) 용접봉 → 가스실드계

① 셀룰로오스를 30% 정도 함유
② 가스에 의한 산화, 질화를 막고 슬래그 생성이 적음
③ 위보기 자세와 좁은 홈 용접이 가능
④ 용입이 깊으나 스패터가 심하고 비드 파형이 거칠다.
⑤ 보관 중 습기를 흡수하기 쉽다(기공 발생 우려).
⑥ 주로 배관 용접 시 많이 사용

14. 고산화티탄계(E 4313) 용접봉 → 슬래그 생성계

① 산화티탄을 30% 이상 포함한 슬래그 생성계
② 아크가 안정되고 스패터가 적으며, 슬래그 박리성이 좋다.
③ 비드 외관은 미려하지만 고온균열 발생 등 기계적 성질이 약간 낮아 중요한 부재의 용접에는 부적당하다.
④ 용도 : 박판 용접에 주로 사용

15. 저수소계(E 4316)

① 피복제의 주성분 : 유기탄산칼슘($CaCO_3$)과 불화칼슘(CaF_2)을 주성분으로 하여 아크 분위기 중에 수소량이 적은(타 용접봉의 1/10) 용접봉
② 인성과 연성이 풍부하며 기계적 성질이 우수
③ 아크가 불안정하여 작업성이 상당히 떨어짐
④ 염기도가 높아 내균열성 우수하여 후판, 구속력이 큰 구조물, 고장력강, 고탄소강 등에 사용 가능

> **참고** 용접봉의 건조
> - 저수소계 용접봉 300~350℃로 2시간 정도 건조
> - 일반 연강용 피복 아크 용접봉 70~100℃로 30분~1시간 정도 건조

16. 철분 산화티탄계(E 4324)

피복제 주성분 : 고산화티탄계에 철분을 첨가시킨 용접봉

17. 철분 저수소계(E 4326)

피복제 주성분 : 저수소계에 철분을 첨가시킨 용접봉

18. 철분 산화철계(E 4327)

피복제 주성분 : 산화철에 규산염을 첨가하여 산성 슬래그를 생성

19. E 4340 특수계

피복제가 용접봉 종류들 중 어느 계통에도 속하지 않는 것이며 사용성 또는 용접결과가 특수한 목적을 위하여 제작된 것을 포함하여 특수계라 한다.

20. 용접봉의 내균열성

① 피복제의 염기도가 높으면 내균열성(균열에 견디는 성질)이 우수하고 작업성이 저하되고 산성도가 높으면 작업성은 좋아지나 내균열성이 적어짐
② 내균열성이 큰 순서 : 저수소계 > 일미나이트계 > 고산화철계 > 고셀룰로오스계 > 고산화티탄계

21. 스패터링(용접 시 불똥이 튀는 것)

아크 길이가 길거나 전류가 필요 이상으로 높을 시 심해진다.

22. 슬래그

① 전기피복아크 용접 시 용착금속 표면에 생기는 물질로 흔히 용접똥이라고도 부름
② 슬래그의 용융점, 응고 온도, 점성 및 표면 장력 등은 용접봉의 작업성에 영향을 주며 용융 슬래그는 표면 장력이 약할수록 용융금속을 잘 덮어준다.

23. 용접봉의 편심률과 계산식

용접봉은 제조 시 심선과 피복제의 편심 상태를 보고 편심률이 3% 이내의 것을 사용해야 한다.

$$편심률 = \frac{D' - D}{D} \times 100(\%)$$

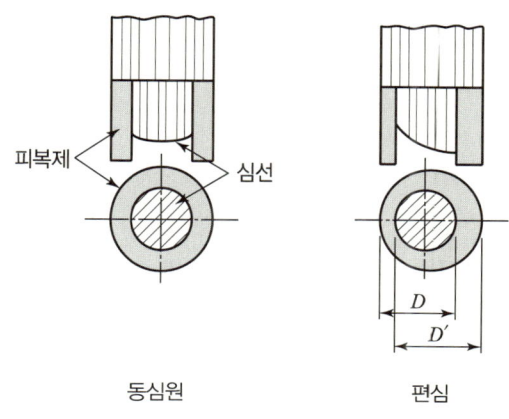

| 동심원, 편심 |

기출 및 예상문제

CHAPTER 02 피복금속아크용접법

01 피복아크용접에 관한 사항으로 아래 그림의 ( )에 들어가야 할 용어는?

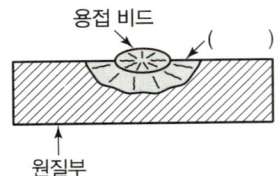

① 용락부   ② 용융지
③ 용입부   ④ 열영향부

해설 열영향부(HAZ ; Heat Affected Zone)

02 피복 아크 용접 회로의 순서가 올바르게 연결된 것은?

① 용접기 – 전극케이블 – 용접봉 홀더 – 피복아크용접봉 – 아크 – 모재 – 접지케이블
② 용접기 – 용접봉홀더 – 전극케이블 – 모재 – 아크 – 피복아크용접봉 – 접지케이블
③ 용접기 – 피복아크용접봉 – 아크 – 모재 – 접지케이블 – 전극케이블 – 용접봉 홀더
④ 용접기 – 전극 케이블 – 접지케이블 – 용접봉 홀더 – 피복아크용접봉 – 아크 – 모재

03 다음 용착법 중에서 비석법을 나타낸 것은?

① 5 → 4 → 3 → 2 → 1   ② 2 → 3 → 4 → 1 → 5
③ 1 → 4 → 2 → 5 → 3   ④ 3 → 5 → 4 → 1 → 2

해설 비석법(스킵법 ; Skip)은 일명 건너뛰기 용착법이라고도 불린다.

04 피복 아크 용접기의 아크 발생 시간과 휴식시간 전체가 10분이고 아크 발생 시간이 3분일 때 이 용접기의 사용률(%)은?

① 10%   ② 20%
③ 30%   ④ 40%

해설 전체 시간 10분을 기준으로 3분 아크 발생일 때의 사용률은 30%이다.
[계산식] 아크발생시간/(아크발생시간+휴식시간)×100

05 피복아크용접에서 피복제의 성분에 포함되지 않는 것은?

① 피복 안정제   ② 가스 발생제
③ 피복 이탈제   ④ 슬래그 생성제

06 피복 아크 용접봉의 용융속도를 결정하는 식은?

① 용융속도=아크전류×용접봉 쪽 전압강하
② 용융속도=아크전류×모재 쪽 전압강하
③ 용융속도=아크전압×용접봉 쪽 전압강하
④ 용융속도=아크전압×모재 쪽 전압강하

해설 용융속도는 아크전류와 용접봉 쪽 전압강하의 곱으로 나타낸다.

07 용접봉의 용융금속이 표면장력의 작용으로 모재에 옮겨가는 용적 이행으로 맞는 것은?

① 스프레이형   ② 핀치효과형
③ 단락형   ④ 용적형

해설 표면장력이란 서로 끌어당기는 힘을 말하며 단락형은 용융금속이 모재에 단락된 상태에서 표면장력이 작용하게 된다.

08 용접봉에서 모재로 용융금속이 옮겨가는 이행형식이 아닌 것은?

① 단락형   ② 글로불러형
③ 스프레이형   ④ 철심형

해설 용적의 이행형식
스프레이형, 단락형, 글로불러형

09 피복아크용접에서 위빙(Weaving) 폭은 심선 지름의 몇 배로 하는 것이 가장 적당한가?

① 1배   ② 2~3배
③ 5~6배   ④ 7~8배

해설 위빙 폭은 용접봉 심선 지름의 2~3배 정도로 한다.

정답 01 ④ 02 ① 03 ③ 04 ③ 05 ③ 06 ① 07 ③ 08 ④ 09 ②

10 피복제 중에 산화티탄을 약 35% 정도 포함하였고 슬래그의 박리성이 좋아 비드의 표면이 고우며 작업성이 우수한 특징을 지닌 연강용 피복 아크 용접봉은?

① E 4301　　② E 4311
③ E 4313　　④ E 4316

해설　E 4313(고산화티탄계), E 4301(일미나이트계), E 4311(고셀룰로오스계), E 4316(저수소계)

11 연강용 피복아크 용접봉 중 저수소계 용접봉을 나타내는 것은?

① E 4301　　② E 4311
③ E 4316　　④ E 4327

해설　저수소계 용접봉(E 4316)

12 피복 아크 용접봉에서 피복제의 가장 중요한 역할은?

① 변형 방지　　② 인장력 증대
③ 모재 강도 증가　　④ 아크 안정

13 직류 피복 아크 용접기와 비교한 교류 피복 아크 용접기의 설명으로 옳은 것은?

① 무부하 전압이 낮다.
② 아크의 안정성이 우수하다.
③ 아크 쏠림이 거의 없다.
④ 전격의 위험이 적다.

해설　교류 아크 용접기는 무부하전압이 높아 전격의 위험이 따르며 아크의 안정성이 직류 용접기에 비해 떨어지고 아크쏠림이 생기지 않는다.

14 직류 아크 용접 시 정극성으로 용접할 때의 특징이 아닌 것은?

① 박판, 주철, 합금강, 비철금속의 용접에 이용된다.
② 용접봉의 녹음이 느리다.
③ 비드 폭이 좁다.
④ 모재의 용입이 깊다.

해설　직류 정극성(DCSP)은 용접봉에 −극을 모재에 +극을 연결하며 용입이 깊고 비드의 폭이 좁아 후판용접에 사용된다. 일반적으로 많이 사용되는 극성이다.

15 정류기형 직류 아크 용접기에서 사용되는 셀렌 정류기는 80℃ 이상이면 파손되므로 주의하여야 하는데 실리콘 정류기는 몇 ℃ 이상에서 파손되는가?

① 120℃　　② 150℃
③ 80℃　　④ 100℃

16 다음 중 용접기에서 모재를 (+)극에, 용접봉을 (−)극에 연결하는 아크 극성으로 옳은 것은?

① 직류 정극성　　② 직류 역극성
③ 용극성　　④ 비용극성

해설　14번 문제 해설 참고

17 아크 용접기의 구비조건으로 틀린 것은?

① 구조 및 취급이 간단해야 한다.
② 사용 중에 온도 상승이 커야 한다.
③ 전류 조정이 용이하고, 일정한 전류가 흘러야 한다.
④ 아크 발생 및 유지가 용이하고 아크가 안정되어야 한다.

18 직류 아크 용접에서 용접봉의 용융이 늦고, 모재의 용입이 깊어지는 극성은?

① 직류 정극성　　② 직류 역극성
③ 용극성　　④ 비용극성

19 직류 아크 용접기의 음(−)극에 용접봉을, 양(+)극에 모재를 연결한 상태의 극성을 무엇이라 하는가?

① 직류 정극성　　② 직류 역극성
③ 직류 음극성　　④ 직류 용극성

해설　14번 문제 해설 참고

정답　10 ③　11 ③　12 ④　13 ③　14 ①　15 ②　16 ①　17 ②　18 ①　19 ①

CHAPTER 02 피복금속아크용접법

20 용접에서 직류 역극성의 설명 중 틀린 것은?
① 모재의 용입이 깊다.
② 봉의 녹음이 빠르다.
③ 비드 폭이 넓다.
④ 박판, 합금강, 비철금속의 용접에 사용한다.

> 해설 극성을 묻는 문제는 매 회차 출제되고 있으며 이 문제는 상대적으로 열의 발생이 많은 +극이 어느 쪽(용접봉 또는 모재)에 접속되는지 파악하면 된다. 직류 역극성(DCRP)는 용접봉 쪽에 +가 접속되기 때문에 용접봉의 녹음이 빠르고 −극이 접속된 모재 쪽은 열전달이 +극에 비해 적어 용입이 얕고 비드폭이 넓어져 주로 박판용접에 사용된다.

21 다음 중 직류 정극성을 나타내는 기호는?
① DCSP   ② DCCP
③ DCRP   ④ DCOP

> 해설 용입의 깊이에 따라 직류 정극성(DCSP) > 교류(AC) > 직류 역극성(DCRP)

22 아크 용접기에서 부하전류가 증가하여도 단자전압이 거의 일정하게 되는 특성은?
① 절연 특성   ② 수하 특성
③ 정전압 특성   ④ 보존 특성

> 해설 정전압 특성(전압이 정지하는, 변하지 않는 특성)

23 MIG 용접이나 탄산가스 아크 용접과 같이 전류 밀도가 높은 자동이나 반자동 용접기가 갖는 특성은?
① 수하 특성과 정전압 특성
② 정전압 특성과 상승 특성
③ 수하 특성과 상승 특성
④ 맥동 전류 특성

> 해설 자동 반자동 용접기에 사용되는 특성은 정상(정전압/상승)특성이다.

24 아크 전류가 일정할 때 아크 전압이 높아지면 용융 속도가 늦어지고, 아크 전압이 낮아지면 용융 속도는 빨라진다. 이와 같은 아크 특성은?
① 부저항 특성
② 절연회복 특성
③ 전압회복 특성
④ 아크길이 자기제어 특성

25 정격 2차 전류 200A, 정격 사용률 40%, 아크 용접기로 150A의 용접전류 사용 시 허용 사용률은 약 얼마인가?
① 51%   ② 61%
③ 71%   ④ 81%

> 해설 허용사용률 = (정격2차전류)^2/(실제사용전류)^2 × 정격사용률이므로 $(200)^2/(150)^2 × 40$ = 약 71%

26 용접 중에 아크가 전류의 자기작용에 의해서 한쪽으로 쏠리는 현상을 아크 쏠림(Arc Blow)이라 한다. 다음 중 아크 쏠림 방지법이 아닌 것은?
① 직류 용접기를 사용한다.
② 아크의 길이를 짧게 한다.
③ 보조판(엔드탭)을 사용한다.
④ 후퇴법을 사용한다.

> 해설 교류아크용접기를 사용하면 아크 쏠림(자기불림) 현상을 방지할 수 있다.

27 직류용접에서 발생되는 아크 쏠림의 방지대책 중 틀린 것은?
① 큰 가접부 또는 이미 용접이 끝난 용착부를 향하여 용접할 것
② 용접부가 긴 경우 후퇴 용접법(Back Step Welding)으로 할 것
③ 용접봉 끝을 아크가 쏠리는 방향으로 기울일 것
④ 되도록 아크를 짧게 하여 사용할 것

> 해설 아크 쏠림(자기불림)현상 발생 시에는 용접봉 끝을 아크가 쏠리는 반대방향으로 기울여야 한다. 또한 교류용접기는 아크쏠림이 발생하지 않는다.

정답 20 ① 21 ① 22 ③ 23 ② 24 ④ 25 ③ 26 ① 27 ③

28 용접기의 사용률이 40%인 경우 아크 시간과 휴식시간을 합한 전체시간은 10분을 기준으로 했을 때 몇 분 발생하는가?
① 4 ② 6
③ 8 ④ 10

29 전류조정을 전기적으로 하기 때문에 원격조정이 가능한 교류 용접기는?
① 가포화 리액터형 ② 가동 코일형
③ 가동 철심형 ④ 탭 전환형

해설) 가포화 리액터형 교류용접기는 가변저항을 사용하여 전기적으로 전류를 조절한다.

30 교류아크 용접기의 종류 중 조작이 간단하고 원격 조정이 가능한 용접기는?
① 가동 코일형 용접기 ② 가포화 리액터형 용접기
③ 가동 철심형 용접기 ④ 탭 전환형 용접기

해설) 전류의 원격조정이 가능한 용접기는 가포화 리액터형 용접기이다.

31 발전(모터, 엔진형)형 직류 아크 용접기와 비교하여 정류기형 직류 아크 용접기를 설명한 것 중 틀린 것은?
① 고장이 적고 유지보수가 용이하다.
② 취급이 간단하고 가격이 싸다.
③ 초소형 경량화 및 안정된 아크를 얻을 수 있다.
④ 완전한 직류를 얻을 수 있다.

해설) 정류기형 직류 아크 용접기는 교류전기를 직류로 전환하는 방식으로 완전한 직류를 얻을 수 없다.

32 교류 아크 용접기의 종류에 속하지 않는 것은?
① 가동 코일형 ② 가동 철심형
③ 전동기 구동형 ④ 탭 전환형

해설) 전동기 구동형은 전동기(모터)가 발전기를 돌려 직류전기를 얻어 용접을 하는 방식의 용접기이다.(직류 용접기는 교류보다 안정적인 아크가 발생된다.)

33 교류와 직류 아크 용접기를 비교해서 직류 아크 용접기의 특징이 아닌 것은?
① 구조가 복잡하다.
② 아크의 안정성이 우수하다.
③ 비피복 용접봉 사용이 가능하다.
④ 역률이 불량하다.

해설) 역률이 불량한 것은 교류 용접기이며 전력의 소모가 많다는 의미이다.

34 피복 아크 용접에서 사용하는 아크 용접용 기구가 아닌 것은?
① 용접 케이블 ② 접지 클램프
③ 용접 홀더 ④ 팁 클리너

해설) 팁 클리너는 가스용접 시 팁의 구멍이 막혔을 경우 사용하는 기구이다.

35 용접 중 전류를 측정할 때 후크메타(클램프메타)의 측정 위치로 적합한 것은?
① 1차측 접지선 ② 피복 아크 용접봉
③ 1차측 케이블 ④ 2차측 케이블

해설) 용접 전류의 측정은 홀더 측 2차케이블에서 측정을 한다.

36 다음 중 아크 발생 초기에 모재가 냉각되어 있어 용접 입열이 부족한 관계로 아크가 불안정하기 때문에 아크 초기에만 용접 전류를 특별히 크게 하는 장치를 무엇이라 하는가?
① 원격제어장치 ② 핫스타트장치
③ 고주파발생장치 ④ 전격방지장치

37 피복아크 용접봉의 피복제의 주된 역할로 옳은 것은?
① 스패터의 발생을 많게 한다.
② 용착 금속에 필요한 합금원소를 제거한다.
③ 모재 표면에 산화물이 생기게 한다.
④ 용착 금속의 냉각속도를 느리게 하여 급랭을 방지한다.

해설) 피복아크 용접봉의 피복제는 적당한 점성의 슬래그를 생성하여 용접부위의 급랭을 방지한다.

정답 28 ④ 29 ① 30 ② 31 ④ 32 ③ 33 ④ 34 ④ 35 ④ 36 ② 37 ④

38 용접봉의 용융속도는 무엇으로 표시하는가?
① 단위시간당 소비되는 용접봉의 길이
② 단위시간당 형성되는 비드의 길이
③ 단위시간당 용접 입열의 양
④ 단위시간당 소모되는 용접전류

39 피복배합제의 종류에서 규산나트륨, 규산칼륨 등의 수용액이 주로 사용되며 심선에 피복제를 부착하는 역할을 하는 것은 무엇인가?
① 탈산제　　　　　② 고착제
③ 슬래그 생성제　　④ 아크 안정제

40 전기용접봉 E 4301은 어느 계인가?
① 저수소계　　　　② 고산화티탄계
③ 일미나이트계　　④ 라임티타니아계

41 피복 아크 용접봉의 피복 배합제의 성분 중에서 탈산제에 해당하는 것은?
① 산화티탄(Ti)
② 규소철(Fe-Si)
③ 셀룰로오스(Cellulose)
④ 일미나이트(Ti·FeO)

해설　피복 배합제의 탈산제로 Fe-Mn,(페로망간) Fe-Si(페로실리콘), Fe-Ti(페로티탄), Fe-Al(페로알루미늄) 및 Mn, Si, Ti, Al 등이 주로 사용된다.

42 피복 아크 용접봉은 피복제가 연소한 후 생성된 물질이 용접부를 보호한다. 용접부의 보호방식에 따른 분류가 아닌 것은?
① 가스 발생식　　　② 스프레이형
③ 반가스 발생식　　④ 슬래그 생성식

해설　피복 아크 용접봉의 피복제가 용접부를 보호하는 방식
가스발생식, 반가스발생식, 슬래그 생성식(스프레이형은 용적의 이행형식 중 하나이다.)

43 연강용 피복금속 아크 용접봉에서 다음 중 피복제의 염기성이 가장 높은 것은?
① 저수소계　　　　② 고산화철계
③ 고셀룰로스계　　④ 티탄계

해설　피복제의 염기도가 가장 높은 용접봉은 저수소계(E 4316) 용접봉이며 내균열성이 높으나 용접성이 떨어지는 단점을 가지고 있다.

44 수소함유량이 타 용접봉에 비해서 1/10 정도 현저하게 적고 특히 균열의 감소성이나 탄소, 황의 함유량이 많은 강의 용접에 적합한 용접봉은?
① E 4301　　　　② E 4313
③ E 4316　　　　④ E 4324

해설　저수소계 용접봉(E 4316)은 수소의 함유량이 타 용접봉에 비해 1/10 정도로 적다.

45 아크용접에서 피복제의 역할이 아닌 것은?
① 전기 절연작용을 한다.
② 용착금속의 응고와 냉각속도를 빠르게 한다.
③ 용착금속에 적당한 합금원소를 첨가한다.
④ 용적(Globule)을 미세화하고, 용착효율을 높인다.

해설　피복제는 적당한 점성의 슬래그를 생성하여 용착금속의 냉각속도를 느리게 한다.

정답　38 ①　39 ②　40 ③　41 ②　42 ②　43 ①　44 ③　45 ②

CHAPTER 03 가스용접 및 절단법

TOPIC 01 가스용접법의 이해

1. 가스용접
아세틸렌 가스, 수소 가스, 도시 가스, LP 가스 등의 가연성 가스와 산소(지연성 또는 조연성 가스)와의 혼합 가스의 연소열을 이용하여 용접하는 방법이며 산소-아세틸렌 가스 용접(oxygen-acetylene gas welding)이 일반적으로 많이 사용되고 있다.

2. 가스 용접의 장점과 단점

장점	• 전기가 필요 없음 • 응용 범위가 넓음 • 운반이 편리 • 아크 용접에 비해서 유해 광선의 발생이 적음 • 열량 조절이 자유로움(토치 손잡이에 유량조절 밸브가 있음) • 시공비가 저렴하며 어느 곳에서나 설비가 쉬움
단점	• 두꺼운 판(후판)의 용접은 어려움 • 아크 용접에 비해서 불꽃의 온도가 낮음(50%) • 열 집중성이 나쁘고 열의 효율이 낮아 효율성이 떨어짐 • 폭발의 위험성이 있음 • 아크 용접에 비해 가열 범위가 커서 용접 응력이 크고, 가열 시간이 오래 걸림 • 금속의 탄화 및 산화될 가능성이 많음(용접부위를 보호해주는 매체가 없음)

3. 가스 불꽃의 최고온도
아세틸렌(3,430℃) > 수소(2,900℃) > 프로판(2,820℃) > 메탄(2,700℃)
프로판은 발열량이 가장 우수한 가스이다.

TOPIC 02 가스의 종류와 특성

1. 아세틸렌 가스
① 아세틸렌 가스는 매우 불안정한 상태의 가스로 기체 상태로 충격을 받으면 분해하여 폭발하기 쉬운 가스
② 순수한 것은 무색 무취의 기체
③ 비중은 0.906 (15℃ 1기압에서 1l의 무게는 1.176g) 이다.

2. 아세틸렌의 용해
아세틸렌은 아래 물질에 대해 일정한 비율로 용해된다.

> 물 1배, 석유 2배, 벤젠 4배, 알코올 6배, 아세톤 25배

실용 가스용기에는 보통 아세톤에 아세틸렌을 용해시켜 사용

3. 아세틸렌의 발생량
이론상 1kg → 348l의 아세틸렌 가스가 발생

4. 카바이드
① 물과 화학반응을 일으키며 아세틸렌 가스를 만드는 재료
② 보관 시 물이나 습기와 절대 접촉금지
③ 카바이드가 담겨 있는 통을 따거나 들어낼 때 불꽃(스파크)을 일으키는 공구를 사용해서는 안 되며 목재나 모넬메탈(Ni-Cu-Mn-Fe)을 사용

5. 아세틸렌 가스의 폭발성
① 406~408℃ 자연 발화
② 505~515℃에 달하면 폭발
③ 산소가 없어도 780℃ 이상 되면 자연 폭발
④ 아세틸렌 : 산소와의 비가 15 : 85일 때 가장 폭발의 위험이 크게 됨

6. 아세틸렌의 폭발성

아세틸렌 가스는 구리 또는 구리합금(62% 이상 구리 함유), 은(Ag), 수은(Hg) 등과 접촉하면 폭발성 화합물을 생성하므로 가스 통로에 접촉 금지

> 참고
> 62% 미만의 동합금은 아세틸렌 용기 제조 시 부속으로 사용 가능

7. 아세틸렌 가스의 청정방법

① 물리적인 청정
- 수세법
- 여과법

② 화학적인 청정
- 페라톨
- 카타리졸
- 플랑클린
- 아카린

8. 산소의 성질

① 비중 1.105(공기보다 무거움)
② 무색 무취(액체 산소는 연한 청색)
③ 다른 물질이 연소하는 것을 도와주는 지연성 또는 조연성 가스
④ 대부분의 원소와 화합 시 산화물을 형성

9. 프로판 가스(LPG)의 성질과 용도

① 액화하기 쉬워 용기에 넣어 수송이 편리함
② 폭발의 위험성이 높고, 발열량이 높음
③ 폭발 한계(=연소범위)가 좁아 안전하며 관리 용이
④ 가스 절단으로 많이 사용하며 경제적
⑤ 가정에서 취사용 등으로 많이 사용(발열량이 높음)
⑥ 프로판과 산소의 사용 비율이 1 : 4.5로 산소를 많이 소모 (산소 : 아세틸렌가스=1 : 1)

| 프로판 가스 |

10. 가연성 가스(아세틸렌, 프로판)의 비교

아세틸렌	프로판

• 불꽃온도 높아 점화가 용이
• 절단 개시까지 시간 빠름
• 박판 절단용
  산소 : 아세틸렌=1 : 1
	• 절단면이 깨끗
	• 슬래그 제거 쉬움
	• 포갬 절단(겹치기 절단) 가능
	• 후판 절단 가능
	  산소 : 프로판=4.5 : 1
	  (산소소비 많음)

11. 수소(수중 절단용)

주로 수중 용접에서 사용되고 있으며 청색의 겉불꽃에 싸인 무광의 불꽃이므로 육안으로는 불꽃을 조절하기 어렵다.

TOPIC 03 가스와 불꽃의 종류와 특성

1. 종류별 발열량, 최고 불꽃 온도

가스의 종류	발열량(kcal/m^3)	최고 불꽃 온도(℃)
아세틸렌	12,690	3,430
수소	2,420	2,900
프로판	20,780	2,820
메탄	8,080	2,700
일산화탄소	2,865	2,820

2. 산소-아세틸렌 불꽃 구성과 종류

① 백심, 속불꽃, 겉불꽃으로 구성
② 불꽃은 백심 끝에서 2~3mm 부분(속불꽃)이 가장 높으며 약 3,200~3,500℃ 정도로 이 부분으로 용접

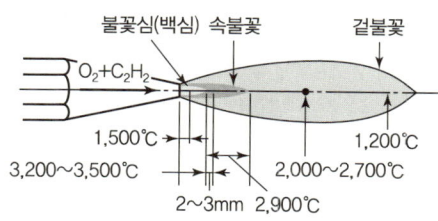

┃ 산소-아세틸렌 불꽃의 온도 ┃

③ 산화 불꽃 : 산소의 양이 아세틸렌보다 많을 때 생기는 불꽃 (구리(동)합금 용접에 사용) → 온도가 가장 높은 불꽃
④ 탄화 불꽃 : 산소보다 아세틸렌 가스의 분출량이 많은 상태의 불꽃으로 백심 주위에 연한 제3의 불꽃(아세틸렌 깃 = 패더)이 있는 불꽃
⑤ 중성 불꽃(표준 불꽃) : 산소와 아세틸렌 가스 1 : 1로 혼합

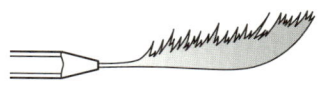

아세틸렌 불꽃
(산소를 약간 혼입)

(a) 적황색(매연 발생)

탄화 불꽃
(아세틸렌 과잉 불꽃)
$\dfrac{\text{산소}}{\text{아세틸렌}} = \dfrac{0.05 \sim 0.95}{1}$

(b) 아세틸렌 깃(담백색)

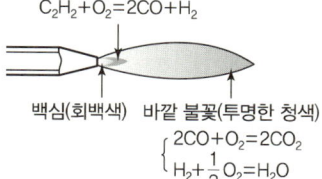

$C_2H_2 = 2C + H_2$
$C_2H_2 + O_2 = 2CO + H_2$

중성 불꽃(표준 불꽃)
$\dfrac{\text{산소}}{\text{아세틸렌}} = \dfrac{1.04 \sim 1.14}{1}$

$\begin{cases} 2CO + O_2 = 2CO_2 \\ H_2 + \dfrac{1}{2}O_2 = H_2O \end{cases}$

백심(회백색) 바깥 불꽃(투명한 청색)

(c) 백심(회백색)

산화 불꽃(산소 과잉)
$\dfrac{\text{산소}}{\text{아세틸렌}} = \dfrac{1.15 \sim 1.70}{1}$

(d) 산화 불꽃(산소 과잉)

┃ 산소-아세틸렌 불꽃 ┃

3. 산소-아세틸렌 불꽃의 용도

① 중성 불꽃 → 연강(탄소의 함유량이 0.25% 이하인 저탄소강), 주철, 구리 용접 시 사용
② 탄화 불꽃 → 경강(탄소의 함유량 약 0.5%), 스테인리스강, 알루미늄
③ 산화불꽃 → 황동

TOPIC 04 가스 용기의 특징과 취급방법

1. 산소 용기 제조

① 150기압의 높은 압력으로 용기에 충전되며 이음매 없는 강관 제관법(만네스만법)으로 제조
② 인장강도 57kg/mm² 이상, 연신율 18% 이상의 강재가 용기의 강재로 사용

2. 산소 용기의 크기

용기 크기(l)	내용적(l)	용기 높이(mm)	용기 중량(kg)
5,000	33.7	1,285	61
6,000	40.7	1,230	71
7,000	47.7	1,400	74.5

3. 산소 가스의 충전

35℃에서 150기압으로 충전(24시간 방치 후 사용) → 아세틸렌 가스의 충전 15℃에서 15.5기압으로 충전

4. 가스 용기 취급방법

① 산소 용기 이동 시 밸브는 반드시 잠그고 캡을 씌운다.
② 용기는 눕혀서 보관하거나 충격을 가하지 않는다.
③ 기름이 묻은 손이나 장갑을 끼고 취급하지 않는다.
④ 화기로부터 5m 이상 떨어져 사용한다.
⑤ 사용이 끝난 용기는 '빈 병'이라 표시하고 새 병과 구분하여 보관한다.
⑥ 반드시 사용 전에 안전 검사(비눗물 검사 등)를 한다.
⑦ 기름이나 그리스 등 기름류를 묻히거나 가까운 곳에 절대로 두지 않는다.(산소밸브, 압력 조정기, 도관 등에는 절대 주유 금지)
⑧ 통풍이 잘 되고 직사광선이 없는 곳에 보관한다.(보관온도는 40℃ 이하)

⑨ 용기 보관 시 반드시 고정용 장치(쇠사슬 등) 등을 이용하여 넘어지지 않도록 한다.

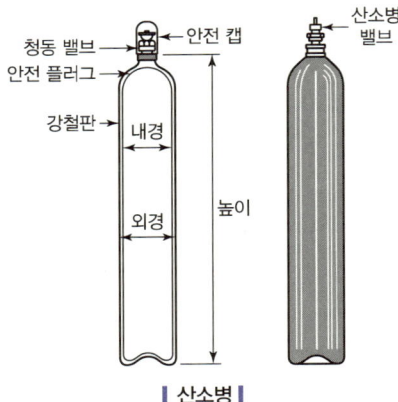

▍산소병▍

5. 산소 용기의 각인

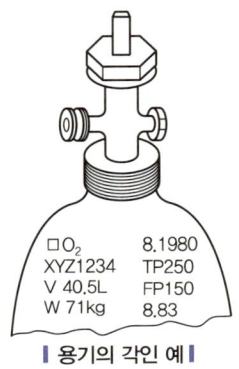

▍용기의 각인 예▍

① 가스의 종류(산소)
② 용기의 기호 및 번호
③ 내용적(용기의 부피) 기호
④ 용기의 중량(무게)
⑤ 제작일 또는 용기의 내압시험 연월
⑥ 내압시험압력기호(kg/cm^2) – TP
⑦ 최고충전압력기호(kg/cm^2) – FP(최저충전압력은 각인되어 있지 않음. 시험에서는 최저충전압력이 보기로 나옴)

6. 아세틸렌 용기의 제조

① 아세틸렌 용기는 고압으로 사용하지 않기 때문에(15℃에서 15.5기압으로 충전하여 사용) 용접하여 제작

② 아세틸렌은 아세톤 흡수 시 다공성 물질(목탄+규조토)을 넣고 아세틸렌을 용해 압축시켜 사용(아세틸렌 용기 내부에는 스펀지와 같은 다공성 물질에 액상의 아세톤이 충진되어 있음)

7. 아세틸렌 가스의 양 계산

$$C = 905(B-A)[l]$$

여기서, A : 빈 병 무게
B : 병 전체의 무게(충전된 병)
C : 용적[l]

용해 아세틸렌 1kg 기화 시 905~910l의 아세틸렌 가스 발생 (15℃, 1기압)

8. 아세틸렌 가스 발생기의 종류와 특징

① 투입식 : 물이 담긴 수조에 카바이드를 투입시키는 방식
② 주수식 : 수조에 카바이드를 넣고 필요한 양의 물을 주수하는 방식
③ 침지식 : 수조에 물을 넣고 카바이드 덩어리를 물에 닿게 하는 방식

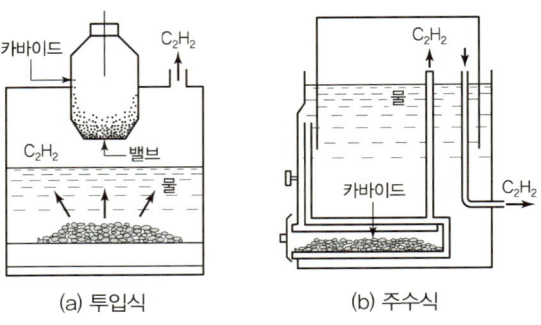

(a) 투입식 (b) 주수식

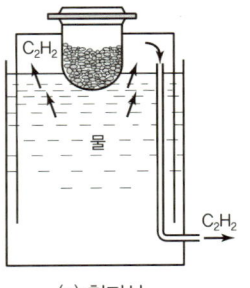

(c) 침지식

▍아세틸렌 발생기▍

9. 압력 조정기(감압 조정기, 레귤레이터)

재료와 토치의 능력 등 작업조건에 따라 압력을 조절(감압)할 수 있는 기기

① 산소 조정기($1.3kg/cm^2$ 이하)
② 아세틸렌 조정기($0.1~0.5kg/cm^2$ 조정)

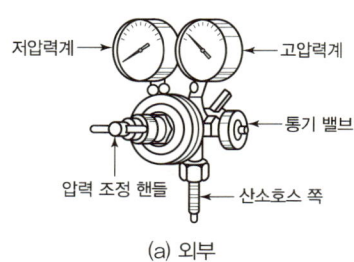

(a) 외부

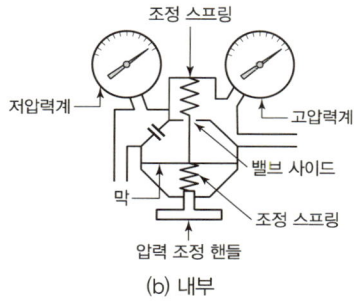

(b) 내부

∥ 압력 조정기 구조 ∥

TOPIC 05 가스 용접 토치

1. 가스 용접 토치의 종류

독일식(A형, 불변압식), 프랑스식(B형, 가변압식)

① 독일식 토치의 특징 : A형, 불변압식 토치라고도 하며 팁 번호는 용접 가능한 모재의 두께를 나타냄

예) 두께가 1mm인 연강판 용접에 적당한 팁의 크기는 1번

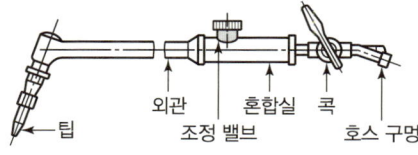

∥ A형(독일식) 용접 토치 ∥

② 프랑스식 토치의 특징 : B형 가변압식 토치라고도 하며 팁 번호는 표준 불꽃으로 1시간당 용접할 경우 소비되는 아세틸렌 양을 l로 표시

예) 100번 팁은 1시간 동안 $100l$의 아세틸렌 소비

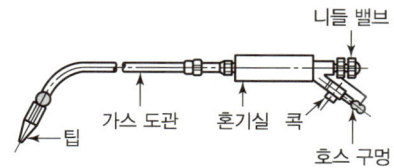

∥ B형(프랑스식) 용접 토치 ∥

2. 사용 압력에 따른 분류

① 저압식 토치 : $0.07kg/cm^2$ 이하 아세틸렌 가스를 사용
② 중압식 토치 : 아세틸렌 가스의 압력이 $0.07~1.3kg/cm^2$ 범위에서 사용
③ 고압식 토치 : $1.3kg/cm^2$ 이상의 고압 아세틸렌 발생기용으로 사용

3. 토치 취급 시 주의점

팁이 과열되었을 때는 산소만 분출시키면서 물속에 넣어 냉각(토치 안으로 물이 들어가는 것을 방지)

TOPIC 06 가스용접 시 재해

1. 역류, 역화 및 인화(가스 용접 시 발생)

① 역류 : 토치 내부에 높은 압력의 산소가 아세틸렌 호스 쪽으로 흘러 들어가는 경우(압력이 안 맞는 경우)
② 역화 : 불꽃이 순간적으로 '빵빵' 소리를 내면서 꺼졌다가 다시 나타나는 현상
③ 인화 : 팁 끝이 순간적으로 가스의 분출이 나빠지고 혼합실까지 불꽃이 들어가는 현상
④ 역류, 역화의 원인
 • 토치 팁 과열
 • 가스 압력이 맞지 않는 경우(아세틸렌 가스의 압력 부족)
 • 팁, 토치 연결부의 조임이 불확실할 때

TOPIC 07 용제(Flux)와 용접봉 및 기구

1. 가스 용접봉의 종류
① GA46, GA43, GA35, GB32 등 7종으로 구분되며 규격 중의 GA46, GB43 등의 숫자는 용착 금속의 최저 인장강도가 46kg/mm², 43kg/mm² 이상이라는 것을 의미
② NSR은 응력을 제거하지 않은 상태의 용접봉
③ SR은 응력을 제거(풀림)한 상태의 용접봉

2. 가스 용접의 용제
용제는 금속 표면에 생긴 산화막을 제거해 주는 역할을 하며 산화막이 제거되어야 정상적인 용접이 가능
예 황동 파이프 용접 시 붕사를 뿌리는 경우

> **참고 연강**
> 탄소의 양이 적고 비교적 연한 탄소강으로 경강에 대응하는 말이며 탄소 함유량 0.2% 전후는 용제를 사용하지 않음

금속	용제	금속	용제
연강	사용하지 않는다.	알루미늄	• 염화리튬 15% • 염화칼리 45% • 염화나트륨 30% • 불화칼리 7% • 황산칼리 3%
반경강	중탄산소다+탄산소다		
주철	붕사+중탄산소다+탄산소다		
동합금	붕사		

3. 용접용 호스(도관)의 색상
① 고무호스 : 아세틸렌용 – 적색, 산소 – 녹색
② 강관 : 아세틸렌은 적색(또는 황색), 산소는 검은색(또는 녹색)

4. 가스용접 시 사용하는 보안경
차광 번호 : 납땜 2~4번, 가스 용접 4~6번(번호가 많아질수록 어두워짐, 전기피복 아크용접 시 일반적으로 11번 사용)

5. 가스 용접 시 사용 가능한 용접봉의 두께를 구하는 관계식

$$D = \frac{T}{2} + 1$$

여기서, D : 용접봉의 지름
T : 모재의 두께

모재의 두께를 2로 나눈 후 1을 더한다.

TOPIC 08 전진법과 후진법

1. 가스용접에서 전진법과 후진법
① **전진법** : 토치를 잡은 오른손이 왼쪽으로 이동하는 방법으로 불꽃이 나오는 팁이 향하는 방향으로 이동하며 보통 5mm 이하의 얇은 판(박판) 용접에 사용되며 토치 이동각도는 45~50°, 용가재 첨가는 30~40°로 이동한다.
② **후진법** : 토치를 잡은 오른손이 오른쪽으로 이동하는 방법으로 가열 시간이 짧아 과열되지 않으며, 용접 변형이 적고 속도가 크다. 두꺼운 판 용접에 사용

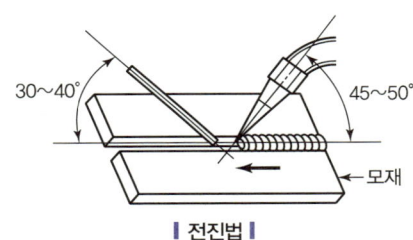
| 전진법 |

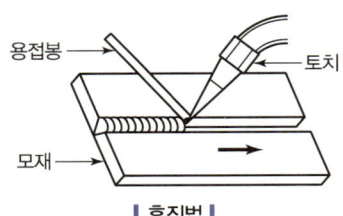
| 후진법 |

2. 전진법과 후진법의 비교

항목	전진법	후진법
열 이용률	나쁘다.	좋다.
용접 속도	느리다.	빠르다.
비드 모양	보기 좋다.	매끈하지 못하다.
홈 각도	반드시 커야 함(80°)	작아도 됨(60°)
용접 변형	크다.	적다.
용접 모재 두께	얇다.(5mm까지)	두껍다.
산화 정도	심하다.	약하다.
용착 금속의 냉각 속도	급랭된다.	서랭된다.
용착 금속 조직	거칠다.	미세하다.

※ 후진법은 전진법과 비교할 때 기계적 성질이 대체적으로 우수하나 비드의 모양은 좋지 않다.

TOPIC 09 가스 절단법의 이해

1. 가스 절단의 원리

강재의 절단 부분을 팁(Tip)에서 나오는 산소-아세틸렌 가스 불꽃으로 약 850~900℃가 될 때까지 예열한 후, 팁의 중심에서 고압의 산소(절단 산소)를 불어 내면 철은 연소 후 산화철이 되며 그 산화철이 녹음과 동시에 절단이 된다.

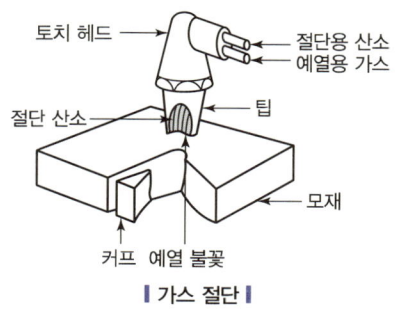

┃ 가스 절단 ┃

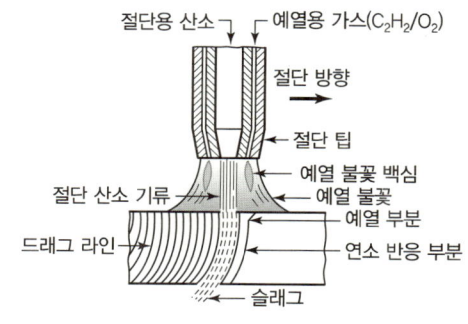

┃ 가스 절단의 원리 ┃

2. 가스 절단에서 드래그

가스 절단에서 절단 가스의 입구(절단재의 표면)와 출구(절단재의 이면) 사이의 수평거리를 말하며 표준드래그 길이는 모재 두께의 약 20%(1/5)가 적당하다.

3. 드래그 라인

절단 팁에서 강재의 아랫부분으로 갈수록 산소압력이 저하되고, 슬래그와 용융물질에 의해서 절단된 생성물의 배출이 어려워지며, 산소의 오염, 산소 분출 속도의 저하 등으로 산화 작용이 잘 일어나지 않는다. 절단면에 일정한 간격으로 평행된 곡선이 나타나는 것을 드래그 라인이라고 한다.

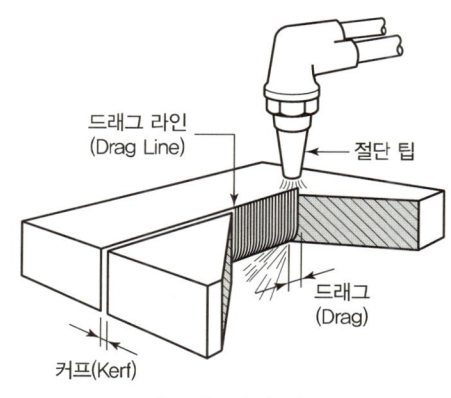

┃ 드래그와 커프 ┃

CHAPTER 03 가스용접 및 절단법

4. 가스 절단의 조건
① 드래그(Drag)가 가능한 한 작을 것
② 절단면이 평활하며 드래그의 홈이 낮고 노치(Notch) 등이 없을 것
③ 절단면의 표면각이 직각에 가깝고 예리할 것(둥글게 절단되지 않을 것)
④ 슬래그 이탈이 양호할 것
⑤ 경제적인 절단이 이루어질 것(절단가스의 사용을 최소화)

5. 가스 절단 결과물에 영향을 주는 요소
① 절단재의 두께와 폭
② 절단재의 재질
③ 절단용 토치 팁의 크기와 모양
④ 산소 압력과 순도(아세틸렌의 순도는 큰 영향을 주지 않으며 절단 속도는 산소의 압력과 소비량에 따라 비례함. 산소의 순도는 99.5% 이상으로 순도가 높아야 한다.)
⑤ 절단 주행 속도　　⑥ 절단재의 표면 상태
⑦ 예열 불꽃의 세기　　⑧ 팁의 거리 및 각도

6. 절단 속도
모재의 온도가 높을수록 고속 절단이 잘 되며, 절단 산소의 압력이 높고, 산소 소비량이 많을수록 절단의 속도가 빨라진다.

7. 가스 절단방법
팁 끝에서 모재 표면까지의 간격은 백심의 끝단과 모재 표면에서 약 2.0mm 정도 거리가 적당하다. 팁 거리가 너무 가까우면 절단면의 윗 모서리가 직각으로 절단되지 않고, 그 부분이 심하게 변질된다.

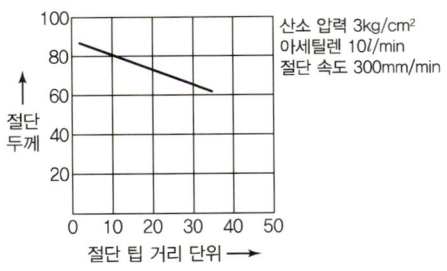

| 절단 팁 거리의 영향 |

8. 예열불꽃 적정온도
900℃(절단 개시 온도)

9. 가스절단이 잘 되는 금속과 잘 되지 않는 금속
① 절단이 잘 되는 금속
연강, 순철, 주강 등 강재 표면에 생기는 산화물의 용융 온도가 금속 용융 온도보다 낮고 유동성이 있는 조건의 강재

② 절단이 잘 되지 않는 금속
주철, 구리, 황동, 알루미늄, 납, 주석, 아연 등은 가스절단이 어려워 주로 분말절단 사용

TOPIC 10 가스 절단팁의 종류

1. 프랑스식 절단 팁(B형 팁, 동심형)
혼합 가스가 분출되는 구멍이 이중으로 된 동심원이며 전후, 좌우 및 직선 절단을 자유롭게 할 수 있으므로 범용으로 많이 사용

2. 독일식 절단 팁(A형 팁, 이심형)
혼합가스가 분출되는 구멍이 두 개, 절단 산소와 혼합 가스가 서로 다른 팁에서 분출되어 이심형 팁이라고 하며, 예열 팁과 산소 팁이 별도로 구성되어 있어 예열 팁이 붙어 있는 방향으로만 절단할 수 있어 주로 직선 절단에서만 사용

▼ 동심형 팁과 이심형 팁 비교

내용	동심형 팁(프랑스식)	이심형 팁(독일식)
곡선 절단	가능	어려움
직선 절단	가능	가능 (자동절단 사용 가능)
절단면	보통	상당히 깔끔함

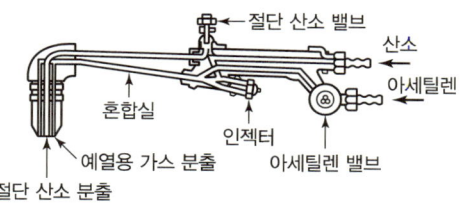

(a) 프랑스식 절단 토치

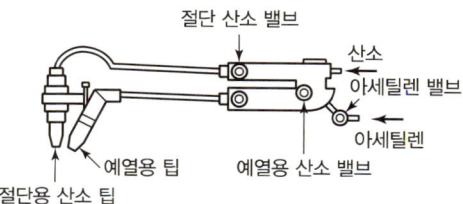

(b) 독일식 절단 토치

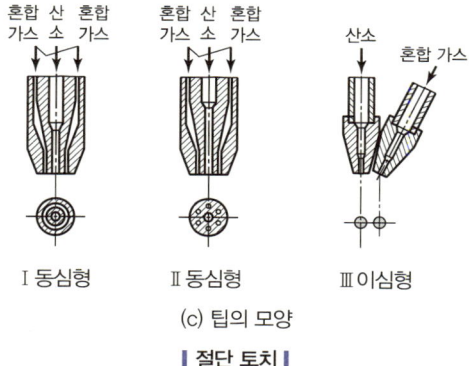

(c) 팁의 모양

| 절단 토치 |

3. 슬로 다이버전트 노즐(가스 고속분출용 노즐)

보통의 팁에 비하여 산소 소비량을 같게 할 때 절단 속도 약 20% 정도 향상

TOPIC 11 기타 절단 가공법

1. 분말 절단

가스 절단이 어려운 주철, 비철금속 그리고 스테인리스강 등은 철분 또는 용제를 연속적으로 절단용 산소와 함께 고압으로 공급함으로써 생기는 산화열 또는 용제의 화학작용을 이용하여 절단한다.

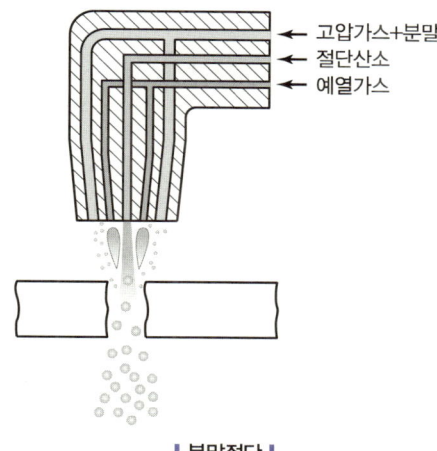

| 분말절단 |

2. 수중 절단

수중 절단법은 물속에서는 점화가 불가능하기 때문에 토치를 물속에 넣기 전에 점화용 보조 팁에 점화한다. 사용물질로는 아세틸렌, 프로판, 벤젠 등이 있으며, 수소가 가장 많이 사용된다.

3. 산소창 절단

토치 대신 가늘고 긴 강관 속에 고압의 절단용 산소를 흘려 절단하는 방법으로 두꺼운 철판 및 암석의 천공 시에도 사용된다.

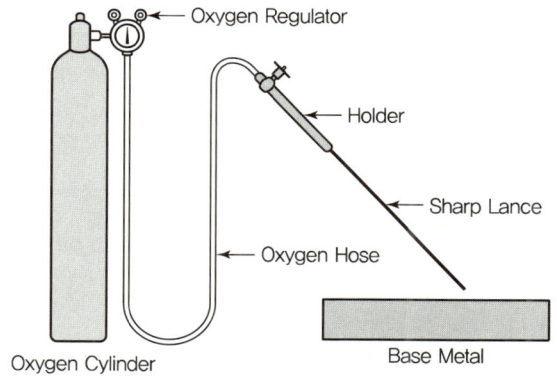

| 산소창 절단 |

4. 가스 가우징

강재의 표면에 깊은 홈을 파내는 가공법으로 용접 부분의 뒷면을 따내거나, U형, H형의 용접 홈(Groove)을 가공하기 위해 사용된다.

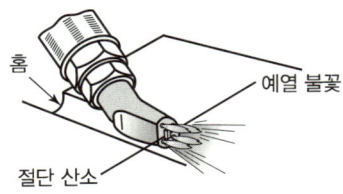

❙ 가스 가우징 ❙

5. 스카핑

강재의 표면을 얇게 깎아내는 가공법으로 표면의 흠집이나 불순물의 층, 탈탄층 등을 제거하기 위하여 사용된다.

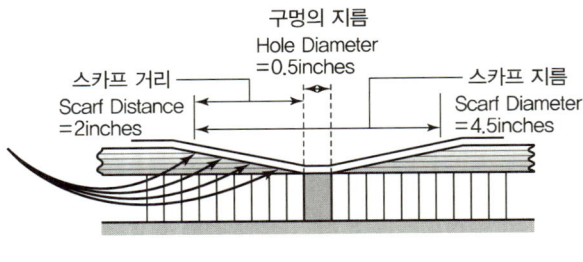

❙ 스카핑 ❙

6. 탄소 아크 절단

전극이 탄소나 흑연으로 구성되며 이를 모재 사이에 아크를 일으켜 절단하는 방법

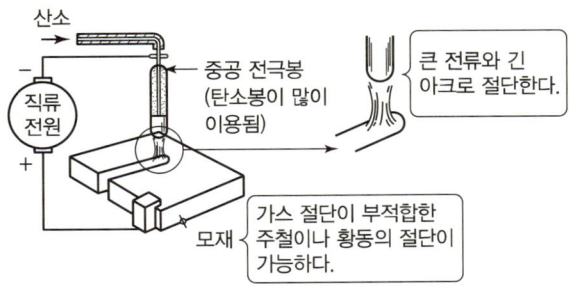

❙ 탄소 아크 절단 ❙

기출 및 예상문제

01 다음 중 가스용접의 특징으로 옳은 것은?
① 아크 용접에 비해서 불꽃의 온도가 높다.
② 아크 용접에 비해 유해광선의 발생이 많다.
③ 전원 설비가 없는 곳에서는 쉽게 설치할 수 없다.
④ 폭발의 위험이 크고 금속이 탄화 및 산화될 가능성이 많다.

02 산소－아세틸렌 용접에서 표준불꽃으로 연강판 두께 2mm를 60분간 용접하였더니 200L의 아세틸렌가스가 소비되었다면, 다음 중 가장 적당한 가변압식 팁의 번호는?
① 100번 ② 200번
③ 300번 ④ 400번

해설 가변압식(프랑스식) 팁의 번호는 1시간당 소비되는 아세틸렌가스의 양으로 표시하므로 60분(1시간) 동안 200L의 아세틸렌가스가 소비되었으니 팁의 번호는 200번이다.

03 가스 용접에서 후진법에 대한 설명으로 틀린 것은?
① 전진법에 비해 용접변형이 작고 용접속도가 빠르다.
② 전진법에 비해 두꺼운 판의 용접에 적합하다.
③ 전진법에 비해 열 이용률이 좋다.
④ 전진법에 비해 산화의 정도가 심하고 용착금속 조직이 거칠다.

해설 후진법은 용접비드의 모양이 나쁜 것만 제외하고 장점만 가지고 있다.(전진법에 비해 산화의 정도가 심하지 않음)

04 35℃에서 150kgf/cm²으로 압축하여 내부 용적 40.7리터의 산소 용기에 충전하였을 때, 용기속의 산소량은 몇 리터인가?
① 4,470 ② 5,291
③ 6,105 ④ 7,000

해설 산소의 양＝내용적×충전압력이므로 40.7×150＝6,105

05 다음 중 연소를 가장 바르게 설명한 것은?
① 물질이 열을 내며 탄화한다.
② 물질이 탄산가스와 반응한다.
③ 물질이 산소와 반응하여 환원한다.
④ 물질이 산소와 반응하여 열과 빛을 발생한다.

06 가스 절단 작업 시의 표준 드래그 길이는 일반적으로 모재 두께의 몇 % 정도인가?
① 5 ② 10
③ 20 ④ 30

해설 표준드래그 길이는 모재 두께의 약 20%(1/5)이다.

07 아세틸렌 가스의 성질로 틀린 것은?
① 순수한 아세틸렌 가스는 무색무취이다.
② 금, 백금, 수은 등을 포함한 모든 원소와 화합 시 산화물을 만든다.
③ 각종 액체에 잘 용해되며, 물에는 1배, 알코올에는 6배 용해된다.
④ 산소와 적당히 혼합하여 연소시키면 높은 열을 발생한다.

해설 아세틸렌은 구리 또는 구리합금(62% 이상), 은, 수은 등과 접촉하면 폭발성 화합물을 생성한다.

08 가스용접에 사용되는 가스의 화학식을 잘못 나타낸 것은?
① 아세틸렌 : C_2H_2 ② 프로판 : C_3H_8
③ 에탄 : C_4H_7 ④ 부탄 : C_4H_{10}

해설 에탄 : C_2H_6

09 이산화탄소 아크 용접법에서 이산화탄소(CO_2)의 역할을 설명한 것 중 틀린 것은?
① 아크를 안정시킨다.
② 용융금속 주위를 산성 분위기로 만든다.
③ 용융속도를 빠르게 한다.
④ 양호한 용착금속을 얻을 수 있다.

정답 01 ④ 02 ② 03 ④ 04 ③ 05 ④ 06 ③ 07 ② 08 ③ 09 ③

CHAPTER 03 가스용접 및 절단법

10 다음 중 아세틸렌(C_2H_2) 가스의 폭발성에 해당되지 않는 것은?
① 406~408℃가 되면 자연 발화한다.
② 마찰, 진동, 충격 등의 외력이 작용하면 폭발위험이 있다.
③ 아세틸렌 90%, 산소 10%의 혼합 시 가장 폭발위험이 크다.
④ 은, 수은 등과 접촉하면 이들과 화합하여 120℃ 부근에서 폭발성이 있는 화합물을 생성한다.

해설 산소 85%, 아세틸렌 15%의 혼합비일 때 폭발의 위험이 크다.

11 수중 절단작업에 주로 사용되는 연료 가스는?
① 아세틸렌   ② 프로판
③ 벤젠   ④ 수소

12 TIG 용접 및 MIG 용접에 사용되는 불활성 가스로 가장 적합한 것은?
① 수소 가스   ② 아르곤 가스
③ 산소 가스   ④ 질소 가스

13 산소-아세틸렌가스 용접의 장점이 아닌 것은?
① 용접기의 운반이 비교적 자유롭다.
② 아크용접에 비해서 유해광선의 발생이 적다.
③ 열의 집중성이 높아서 용접이 효율적이다.
④ 가열할 때 열량조절이 비교적 자유롭다.

해설 산소-아세틸렌가스 용접은 열의 집중성이 작아 비효율적이다.

14 폭발 위험성이 가장 큰 산소와 아세틸렌의 혼합비(%)는?
① 40 : 60   ② 15 : 85
③ 60 : 40   ④ 85 : 15

15 가연성 가스에 대한 설명 중 가장 옳은 것은?
① 가연성 가스는 CO_2와 혼합하면 더욱 잘 탄다.
② 가연성 가스는 혼합 공기가 적은 만큼 완전 연소한다.
③ 산소, 공기 등과 같이 스스로 연소하는 가스를 말한다.
④ 가연성 가스는 혼합한 공기와의 비율이 적절한 범위 안에서 잘 연소한다.

16 다음 가스 중 가연성 가스로만 되어있는 것은?
① 아세틸렌, 헬륨   ② 수소, 프로판
③ 아세틸렌, 아르곤   ④ 산소, 이산화탄소

해설 헬륨, 아르곤은 불활성 가스이며 이산화탄소는 불연성 가스이다.

17 35℃에서 150kgf/cm²으로 압축하여 내부용적 45.7리터의 산소 용기에 충전하였을 때, 용기 속의 산소량은 몇 리터인가?
① 6,855   ② 5,250
③ 6,105   ④ 7,005

해설 산소량=내용적×충전압력이므로 45.7×150=6,855L

18 가연성 가스로 스파크 등에 의한 화재에 대하여 가장 주의해야 할 가스는?
① C_3H_8 ② CO_2
③ He   ④ O_2

해설 C_3H_8(프로판)은 폭발하기 쉬운 가연성 가스이다.

19 가스 중에서 최소의 밀도로 가장 가볍고 확산속도가 빠르며, 열전도가 가장 큰 가스는?
① 수소   ② 메탄
③ 프로판   ④ 부탄

20 가스의 혼합비(가연성 가스 : 산소)가 최적의 상태일 때 가연성 가스의 소모량이 1이면 산소의 소모량이 가장 적은 가스는?
① 메탄   ② 프로판
③ 수소   ④ 아세틸렌

정답 10 ③ 11 ④ 12 ② 13 ③ 14 ④ 15 ④ 16 ② 17 ① 18 ① 19 ① 20 ③

21 다음 중 가스 용접에서 산화불꽃으로 용접할 경우 가장 적합한 용접 재료는?
① 황동　　② 모넬메탈
③ 알루미늄　　④ 스테인리스

해설 일반적으로 동합금(황동) 용접 시에는 산소 과잉불꽃을 사용한다.

22 가스 절단 시 예열불꽃의 세기가 강할 때의 설명으로 틀린 것은?
① 절단면이 거칠어진다.
② 드래그가 증가한다.
③ 슬래그 중의 철 성분의 박리가 어려워진다.
④ 모서리가 용융되어 둥글게 된다.

해설 예열불꽃의 세기가 약하면 드래그가 증가한다.

23 가스용접에서 탄화불꽃의 설명과 관련이 가장 적은 것은?
① 속불꽃과 겉불꽃 사이에 밝은 백색의 제 3불꽃이 있다.
② 산화작용이 일어나지 않는다.
③ 아세틸렌 과잉불꽃이다.
④ 표준불꽃이다.

해설 표준불꽃은 중성불꽃(산소 : 아세틸렌＝1 : 1)이다.(탄화불꽃은 아세틸렌 과잉불꽃)

24 이산화탄소의 특징이 아닌 것은?
① 색, 냄새가 없다.
② 공기보다 가볍다.
③ 상온에서도 쉽게 액화한다.
④ 대기 중에서 기체로 존재한다.

해설 이산화탄소는 공기보다 무겁다.

25 산소 프로판 가스용접 시 산소 : 프로판 가스의 혼합비로 가장 적당한 것은?
① 1 : 1　　② 2 : 1
③ 2.5 : 1　　④ 4.5 : 1

해설 산소 프로판 용접 시 산소는 프로판에 비해 약 4.5배 더 소비된다.

26 산소-아세틸렌 가스 불꽃 중 일반적인 가스용접에는 사용하지 않고 구리, 황동 등의 용접에 주로 이용되는 불꽃은?
① 탄화 불꽃　　② 중성 불꽃
③ 산화 불꽃　　④ 아세틸렌 불꽃

해설 일반적인 동(구리)용접 시 산소과잉불꽃을 사용한다.

27 다음 중 산소용기의 각인 사항에 포함되지 않은 것은?
① 내용적　　② 내압시험압력
③ 가스충전 일시　　④ 용기 중량

해설 가스충전 일시는 각인 사항에 포함되어 있지 않다.

28 충전가스 용기 중 암모니아 가스 용기의 도색은?
① 회색　　② 청색
③ 녹색　　④ 백색

29 산소용기의 표시로 용기 윗부분에 각인이 찍혀 있다. 잘못 표시된 것은?
① 용기제작사 명칭 및 기호
② 충전가스 명칭
③ 용기 중량
④ 최저 충전압력

해설 가스용기는 적정 압력 이상 충전을 하면 위험하기 때문에 최고충전압력을 각인한다.

30 가스 용접 시 안전사항으로 적당하지 않은 것은?
① 산소병은 60℃ 이하 온도에서 보관하고, 직사광선을 피하여 보관한다.
② 호스는 길지 않게 하며, 용접이 끝났을 때는 용기 밸브를 잠근다.
③ 작업자 눈을 보호하기 위해 적당한 차광유리를 사용한다.
④ 호스 접속구는 호스 밴드로 조이고 비눗물 등으로 누설 여부를 검사한다.

해설 가스용기는 40℃ 이하의 온도에서 보관한다.

정답 21 ①　22 ②　23 ④　24 ②　25 ④　26 ③　27 ③　28 ④　29 ④　30 ①

CHAPTER 03 가스용접 및 절단법

31 가스용접 작업에서 보통 작업을 할 때 압력 조정기의 산소 압력은 몇 kg/cm² 이하이어야 하는가?
① 6~7   ② 3~4
③ 1~2   ④ 0.1~0.3

해설 가스용접 시 산소의 압력은 5 이하인 3~4 정도이다.

32 연강용 가스 용접봉에서 "625±25℃에서 1시간 동안 응력을 제거한 것"을 뜻하는 영문자 표시에 해당되는 것은?
① NSR   ② GB
③ SR   ④ GA

해설 SR(Stress Relief ; 응력 제거), NSR(Non Stress Relief ; 응력 제거하지 않음)

33 가스용접 시 팁 끝이 순간적으로 막혀 가스 분출이 나빠지고 혼합실까지 불꽃이 들어가는 현상을 무엇이라고 하는가?
① 인화   ② 역류
③ 점화   ④ 역화

해설 고압의 산소가스가 아세틸렌호스 쪽으로 들어가는 것을 역류라고 하며, 불꽃이 순간적으로 팁 끝에 흡인되고 빵빵 소리를 내면서 꺼졌다가 다시 나타나는 현상을 역화라 한다.

34 연강용 가스 용접봉의 시험편 처리 표시 기호 중 NSR의 의미는?
① 625±25℃로써 용착금속의 응력을 제거한 것
② 용착금속의 인장강도를 나타낸 것
③ 용착금속의 응력을 제거하지 않은 것
④ 연신율을 나타낸 것

해설 NSR(Non Stress Relief : 응력 제거하지 않음), SR(Stress Relief : 응력 제거)

35 두께가 6.0mm인 연강판을 가스용접하려고 할 때 가장 적합한 용접봉의 지름은 몇 mm인가?
① 1.6   ② 2.6
③ 4.0   ④ 5.0

해설 가스용접봉의 지름=모재의 두께/2+1이므로 6.0/2+1=4

36 판의 두께(t)가 3.2mm인 연강판을 가스용접으로 보수하고자 할 때 사용할 용접봉의 지름(mm)은?
① 1.6mm   ② 2.0mm
③ 2.6mm   ④ 3.0mm

해설 가스용접봉의 두께=모재의 두께/2+1이므로 3.2/2+1=2.6

37 다음 중 산소-아세틸렌 용접법에서 전진법과 비교한 후진법의 설명으로 틀린 것은?
① 용접 속도가 느리다.   ② 열 이용률이 좋다.
③ 용접 변형이 작다.   ④ 홈 각도가 작다.

해설 가스용접에서 전진법에 비해 후진법의 기계적 성질이 양호하다. 즉 용접속도가 빠르며 열 이용률이 좋고 변형이 작고 홈의 각도를 작게 해도 된다. 단 비드의 모양은 나쁘다는 단점을 가지고 있다.

38 가스용접 작업 시 후진법의 설명으로 옳은 것은?
① 용접속도가 빠르다.
② 열 이용률이 나쁘다.
③ 얇은 판의 용접에 적합하다.
④ 용접변형이 크다.

해설 가스용접 작업 시 전진집법에 비해 후진법은 기계적 성질이 대체적으로 좋다.(단, 비드의 모양 제외)

39 가스용접 작업에서 후진법의 특징이 아닌 것은?
① 열 이용률이 좋다.
② 용접속도가 빠르다.
③ 용접 변형이 작다.
④ 얇은 판의 용접에 적당하다.

해설 가스용접에서 후진법은 전진법에 비해 기계적 성질이 모두 우수하다.(단, 비드의 모양은 나쁨)

40 산소·프로판 가스 용접을 사용하는 방법으로 가장 적합한 것은?
① 분말절단   ② 산소창절단
③ 포갬절단   ④ 금속아크절단

해설 포갬절단(겹치기 절단)은 산소-프로판 가스 용접을 사용한다.

정답 31 ②　32 ③　33 ①　34 ③　35 ③　36 ③　37 ①　38 ①　39 ④　40 ③

41 가스 절단 시 양호한 절단면을 얻기 위한 품질 기준이 아닌 것은?

① 절단면의 표면 각이 예리할 것
② 절단면이 평활하며 노치 등이 없을 것
③ 슬래그 이탈이 양호할 것
④ 드래그의 홈이 높고 가능한 클 것

해설 드래그는 작을수록 좋으며 표준 드래그 길이는 모재두께의 1/5 약 20%이다.

42 수중 절단 작업을 할 때에는 예열 가스의 양을 공기 중의 몇 배로 하는가?

① 0.5~1배 ② 1.5~2배
③ 4~8배   ④ 9~16배

43 수동 가스절단 작업 중 절단면의 윗 모서리가 녹아 둥글게 되는 현상이 생기는 원인과 거리가 먼 것은?

① 팁과 강판 사이의 거리가 가까울 때
② 절단가스의 순도가 높을 때
③ 예열불꽃이 너무 강할 때
④ 절단속도가 너무 느릴 때

44 가스용접용 토치의 팁 중 표준불꽃으로 1시간 용접 시 아세틸렌 소모량이 100L인 것은?

① 고압식 200번 팁   ② 중압식 200번 팁
③ 가변압식 100번 팁 ④ 불변압식 100번 팁

해설 가변압식(프랑스식) 팁의 번호는 1시간에 소비되는 아세틸렌의 양으로 나타낸다.

45 가변압식 토치의 팁 번호 400번을 사용하여 표준불꽃으로 2시간 동안 용접할 때 아세틸렌가스의 소비량은 몇 l 인가?

① 400   ② 800
③ 1,600 ④ 2,400

해설 가변압식 토치의 팁번호가 400번이면 1시간당 400리터의 아세틸렌가스를 소비한다는 것이므로 2시간 동안 800리터의 아세틸렌 가스를 소비하게 된다.

46 가스 절단에서 전후, 좌우 및 직선 절단을 자유롭게 할 수 있는 팁은?

① 이심형 ② 동심형
③ 곡선형 ④ 회전형

해설 동심형(프랑스식, B형) 팁은 자유로운 곡선의 절단이 가능하며 이심형(독일식, A형) 팁은 곡선절단이 불가하나 직선절단이 상당히 깔끔하게 처리된다는 장점이 있다.

47 다음 중 아크에어 가우징에 사용되지 않는 것은?

① 가우징 토치 ② 가우징 봉
③ 압축공기   ④ 열교환기

해설 열교환기는 보일러, 공조기 등에 들어가는 부품이다.

48 스카핑 작업에서 냉간재의 스카핑 속도로 가장 적합한 것은?

① 1~3m/min   ② 5~7m/min
③ 10~15m/min ④ 20~25m/min

49 다음 절단법 중에서 두꺼운 판, 주강의 슬랙 덩어리, 암석의 천공 등의 절단에 이용되는 절단법은?

① 산소창 절단 ② 수중 절단
③ 분말 절단   ④ 포갬 절단

정답 41 ④ 42 ③ 43 ② 44 ③ 45 ② 46 ② 47 ④ 48 ② 49 ①

CHAPTER 03 가스용접 및 절단법

CHAPTER 04 금속의 절단법과 특수 용접법

TOPIC 01 특수 절단 및 가공법

1. 아크 절단
용접 시 발생하는 아크열을 이용하여 모재를 용융시켜 절단하는 방법이며 가스 절단에 비해 절단면이 매끄럽지 못하고 최근에는 불활성 가스를 이용한 아크 절단법과 플라즈마 아크 절단 등으로 실용화

2. 금속 아크 절단
일반 피복전기용접봉과 같은 피복봉을 사용하기 때문에 금속 아크 절단(Shield Metal Arc Cutting)이라고도 불린다. 스테인리스 절단에 탁월함

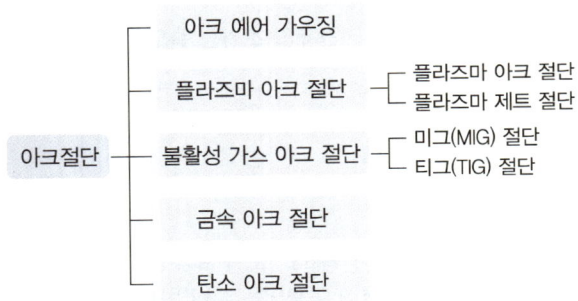

3. 산소 아크 절단
중공(속이 비어 있는)의 피복 용접봉과 모재 사이에서 발생하는 아크열을 이용한 가스 절단법

4. 아크 에어 가우징
① 아크열로 용해한 금속에 압축공기를 연속적으로 분출하여 금속 표면에 홈을 파는 방법
② 직류 역극성(DCRP) 전류 사용
③ 소음이 발생하지 않아 조용함
④ 사용공기 압력 : 5~7kg/cm²

5. 플라즈마 아크 절단
아크 플라즈마의 성질을 이용한 절단방법

6. TIG 절단
TIG 용접기를 이용하여 텅스텐 전극과 모재 사이에 고전류의 아크를 발생시켜 모재를 용융시키고 이때 아르곤 가스 등을 공급해서 절단하는 방법

7. MIG 절단
절단부를 불활성 가스로 보호하고 금속 전극에 대전류를 사용하여 절단하는 방법

8. 탄소 아크 절단
탄소 또는 흑연 전극과 모재 사이에 아크를 일으켜 절단하는 방법이며 전류는 보통 직류 정극성이 사용됨

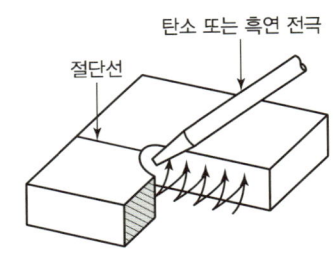

∥ 탄소 아크 절단 ∥

TOPIC 02 특수 아크 용접법

1. 불활성 가스 텅스텐 아크 용접(TIG, GTAW)

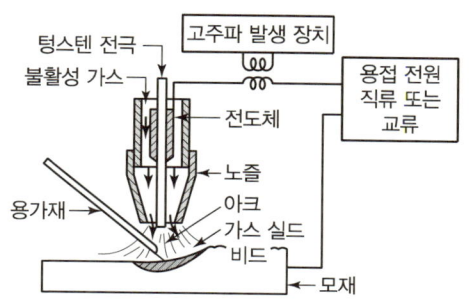

┃ 불활성 가스 아크 용접의 원리 ┃

① 청정작용(Cleaning Action) 발생 : 직류 역극성(교류도 50% 발생)에서 가스 이온이 모재 표면에 충돌하여 산화막을 제거함으로써 알루미늄과 마그네슘 용접에 효과적이다.
② 불활성 가스가 피복제 및 용제의 역할을 대신한다.(피복제, 용제 불필요)
③ Al(알루미늄), Cu(구리), 스테인리스 등 산화하기 쉬운 금속의 용접이 용이하고 용착부 성질이 우수하다.
④ 아크가 안정되고 스패터가 적다.
⑤ 슬래그나 잔류 용제를 제거하기 위한 작업이 불필요하다. (작업 간단)
⑥ 텅스텐 봉을 전극으로 사용하며 용가재(용접봉 Filler Metal)를 아크로 녹이면서 용접한다.
⑦ 비용극식 또는 비소모식 용접법(전극인 텅스텐 봉을 소모하지 않음)이다.
⑧ 헬륨-아크(Helium-arc) 용접법, 아르곤 아크(Argon-arc) 용접법이라고도 불린다.

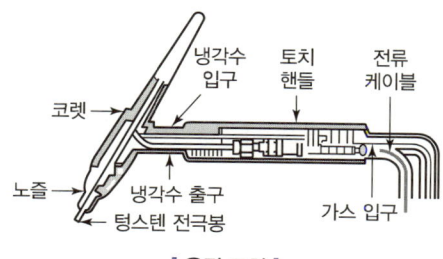

┃ 용접 토치 ┃

2. TIG 용접 시 토치의 각도

① 전진법을 사용
② 용접봉은 직류정극성으로 용접 시 전극 선단의 각도는 30~60°

3. 텅스텐 전극봉

① TIG(불활성 가스 텅스텐 아크) 용접의 전극은 텅스텐(화학 원소기호 : W)으로 제작
② 순텅스텐 봉과 토륨 함유량이 1~2%인 토륨 텅스텐, 지르코늄 함유 텅스텐 봉을 사용
③ 토륨이 함유되어 전자방사능력이 현저하게 뛰어남
④ 낮은 전류와 전압에서 아크 발생 용이

4. 텅스텐 전극봉의 색상

① 순텅스텐 봉 : 녹색
② 1% 토륨 텅스텐 봉 : 황색
③ 2% 토륨 텅스텐 봉 : 적색
④ 지르코늄 텅스텐 봉 : 갈색

5. 불활성 가스 금속 아크 용접법(MIG, GMAW)

① CO_2 용접과 유사하며 보호가스로 불활성 가스를 사용하며 용가재(용접봉)인 전극 와이어를 연속적으로 보내서 아크를 발생시키는 방법
② 용극 또는 소모식 불활성 가스 아크 용접법(전극으로 사용되는 와이어가 소모됨)
③ 상품명 : 에어 코매틱(Air Comatic) 용접법, 시그마(Sigma) 용접법, 필러 아크(Filler Arc) 용접법, 아르고노트(Argonaut) 용접법
④ 용접장치 : 용접기와 아르곤 가스 및 냉각수 공급장치, 금속 와이어 송급장치 및 제어장치 등으로 구성
⑤ 사용 전원 : 직류 역극성(DCRP)
⑥ 모재 표면의 산화막(Al, Mg 등의 경합금 용접)에 대한 청정작용 발생
⑦ 전류 밀도가 상당히 높고 능률적이다.
⑧ 용접 속도 : 아크 용접의 4~6배, TIG 용접의 2배
⑨ 용도 : Al(알루미늄), 스테인리스강, 구리 합금, 연강 등
⑩ 아크의 자기 제어 특성이 있어 같은 전류일 때 아크 전압이 커지면 용융 속도는 낮아짐

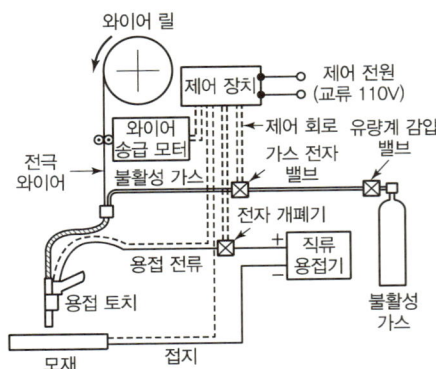

┃반자동 불활성 가스 금속 아크 용접 장치┃

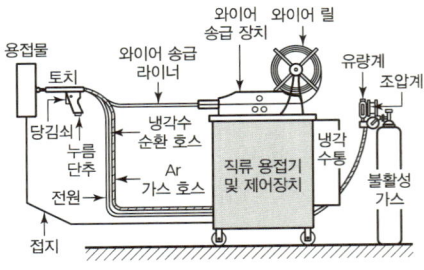

┃MIG 반자동 용접기 구성┃

6. 이산화탄소 아크 용접법(CO₂ arc welding)

MIG(불활성 가스 금속 아크 용접)에서 사용되는 Ar(아르곤), He(헬륨) 등 불활성 가스 대신 이산화탄소(CO_2), 탄산가스(불활성 가스가 아닌 불연성 가스임)를 이용한 용극식 용접

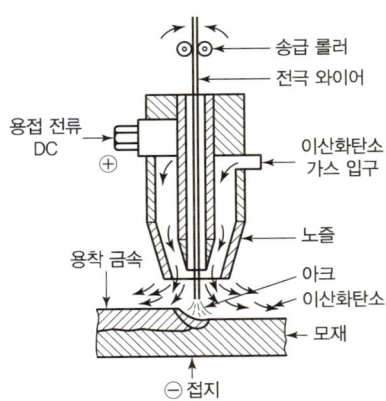

┃이산화탄소 아크 용접법의 원리┃

7. 이산화탄소(CO_2) 가스

① 불연성 가스(불활성 가스가 아님!)
② 농도가 3~4%이면 두통이나 뇌빈혈 발생, 15% 이상이면 위험상태가 되며, 30% 이상이면 생명에 지장
③ 고온 중에서는 산화성이 크고 용착금속의 산화가 심하여 기공 및 그 밖의 결함이 발생
④ 이에 대한 대책으로 망간, 실리콘 등의 탈산제를 함유한 망간-규소(Mn-Si)계 와이어와 이산화탄소-산소(CO_2-O_2) 아크 용접법, 이산화탄소-아르곤(CO_2-Ar), 이산화탄소-아르곤-산소(CO_2-Ar-O_2), 용제가 들어있는 와이어(Flux Cored Wire ; 플럭스 와이어) 사용

▼ 이산화탄소 아크 용접법의 분류

구분	가스	충진제
솔리드 와이어 이산화탄소법	CO_2	탈산성 원소를 성분으로 가진 솔리드 와이어
솔리드 와이어 이산화탄소-산소법	CO_2-O_2	탈산성 원소를 성분으로 가진 솔리드 와이어
용제가 들어 있는 와이어 (Flux Cored Wire) 이산화탄소법	• CO_2 • 아르고스(Argos) 아크법 • 퓨즈(Fuse) 아크 • NCG(National Cylinder Gas)법 • 유니언(Union) 아크법	

8. 용제가 들어 있는 와이어(Flux Cored Wire) 이산화탄소법의 상품명

① 아르고스(Argos) 아크법
② 퓨즈(Fuse) 아크법
③ NCG(National Clinder Gas)법
④ 유니언(Union) 아크법

9. 이산화탄소 아크 용접법의 특징

① 소모식(용극식) 용접방법(전극인 와이어가 소모됨)
② 직류 역극성을 사용한다.
③ 산화성 분위기이므로 Al, Mg용에는 사용하지 않음(연강의 용접에 사용)
④ 보호가스인 CO_2가 저렴하며 와이어로 고속 용접을 하므로 능률이 높고 경제적
⑤ 모재 표면의 녹, 오물 등이 있어도 큰 지장이 없으므로 완전한 청소가 불필요
⑥ 상승 특성을 가지는 전원기기를 사용하여 스패터(Spatter)가 적고 안정된 아크 발생
⑦ 가시 아크(아크가 잘 보임)이므로 시공이 편리
⑧ 용접 전류의 밀도가 커서($100{\sim}300A/mm^2$) 용입이 깊고 속도를 매우 빠르게 가능

10. 이산화탄소 아크 용접장치

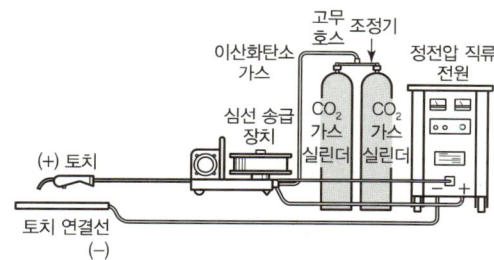

▌반자동 이산화탄소 아크 용접장치(공랭식)▐

11. 이산화탄소 및 MIG 용접장치의 와이어 송급방식

① 푸시(Push)식
② 풀(Pull)식
③ 푸시 풀(Push Pull)식

12. CO_2(이산화탄소 아크 용접)의 시공

① 와이어 용융 속도는 와이어 지름에는 영향이 없음
② 아크 전류에 정비례하여 용접 속도 증가
③ 와이어의 돌출 길이(Extension)가 길수록 빨리 용융
④ 와이어의 돌출부가 너무 길면 비드가 반듯하지 않고 아크가 불안정하게 됨

13. 서브머지드 아크 용접법

① 모재의 이음 표면에 분말 형태의 용제(Flux)를 공급하고, 그 용제 속에 연속적으로 전극 와이어를 송급하여 용접봉 끝과 모재 사이에 아크를 발생시켜 용접(자동용접)
② 아크나 발생 가스가 용제 속에 잠겨 있어 보이지 않음(불가시용접, 잠호용접)
③ 불가시용접법, 잠호용접법, 유니언 멜트 용접법, 링컨 용접법이라는 상품명 등이 있음

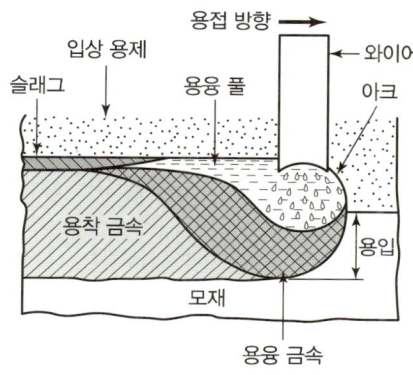

▌서브머지드 아크 용접법의 원리▐

14. 서브머지드 아크 용접법의 특징

① 와이어에 높은 전류 사용이 가능하고, 용제의 단열작용(열차단)으로 용입이 대단히 깊음
② 용입이 깊으므로(고전류 사용 시) 용접 홈의 크기가 작아도 용입이 깊으며 용접 재료의 소비가 적고 용접 변형이나 잔류 응력이 적음
③ 자동용접이기 때문에 용접사의 기술에 의한 차이가 적어 안정적인 용접 가능
④ 아크가 보이지 않아 용접 진행 상태 확인 불가
⑤ 용접 길이가 짧고 용접선이 구부러져 있을 때에는 비능률적
⑥ 용접 홈의 정밀도가 좋아야 하며, 루트 간격이 너무 크면 용락될 위험이 있음
⑦ 홈 각도 : ±5°, 루트 간격 : 0.8mm 이하(받침쇠가 없을 때), 루트 간격 : 0.8mm 이상(받침쇠 사용 시), 루트면 : ±1mm의 정밀도 요구됨

15. 서브머지드 아크 용접기의 구성

① 심선송급장치, 전압제어장치, 접촉 팁(와이어에 전기를 접촉), 대차(레일에서 이동)로 구성

② 용접헤드
- 와이어 송급장치
- 접촉 팁
- 용제 호퍼
- 전압제어장치

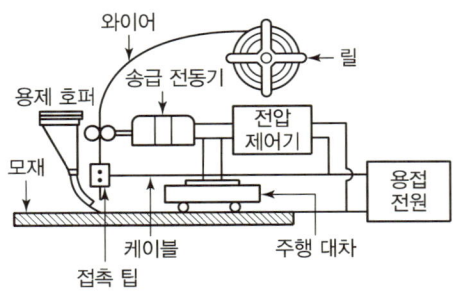

┃ 서브머지드 아크 용접장치 ┃

③ 전류 용량에 따라 4,000A, 2,000A, 1,200A, 900A로 구성
④ 와이어의 표면은 전기적 접촉을 원활하게 하고, 부식 방지를 위해 구리 도금처리

16. 서브머지드 아크 용접의 용제(Flux)

① 용융형 용제 : 원료를 전기로에서 1,300℃ 이상으로 용융하여 응고 분쇄하여 생산, 조성이 균일하고 흡습성이 작아 현재 가장 많이 사용
② 소결형 용제 : 원료를 점결제와 함께 첨가하여 용해되지 않을 정도의 낮은 온도(300~1,000℃)에서 소정의 입도로 소결(구워서 제작)
③ 혼성형 용제 : 원료에 고착제(물, 유리 등) 첨가 후 저온(300~400℃)에서 건조하여 제조

17. 테르밋 용접법

① 아크열이 아닌 화학적 반응에너지에 의한 용접
② 테르밋 반응(금속산화물이 알루미늄에 의하여 산소를 빼앗기는 반응)을 이용한 화학적 열에너지 용접법 → 약 2,800℃의 열이 발생
③ 테르밋제의 혼합 : 금속산화물 : 알루미늄=3 : 1

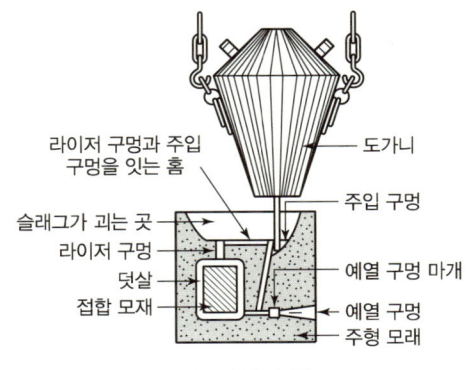

┃ 테르밋 용접법 ┃

④ 용접작업이 단순하다.
⑤ 변형이 적다.
⑥ 전기가 불필요하다.
⑦ 용접시간이 빠르다.
⑧ 주로 기차레일의 용접에 사용된다.

18. 원자 수소 아크 용접

① 2개의 텅스텐 전극 사이에 아크를 발생시키고 홀더 노즐에서 수소가스 유출 시 발생되는 발생열(3,000~4,000℃)로 용접하는 방법이다.
② 고도의 기밀, 수밀을 요하는 제품의 용접에 사용한다.

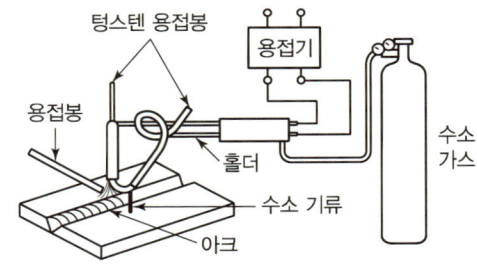

┃ 원자 수소 아크 용접의 원리 ┃

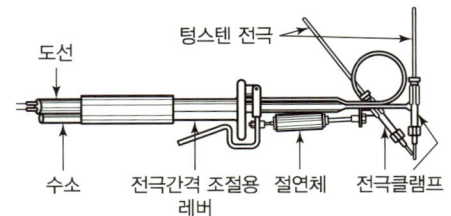

┃ 원자 수소 아크 용접 토치 ┃

19. 일렉트로 슬래그 용접법

① 와이어와 용융 슬래그 사이에 통전된 전류의 저항열을 이용한 용접법
② 용융 슬래그와 용융 금속이 용접부에서 흘러나오지 않도록 용접을 진행시키며, 수랭 구리판을 올리면서 와이어를 연속적으로 공급하여 슬래그 안에서 흐르는 전류의 저항 발열로 와이어와 모재 부분을 용융
③ 연속 주조 방식에 의한 단층 상진 용접을 하는 것
④ 매우 두꺼운 판 용접에 상당히 경제적인 용접법

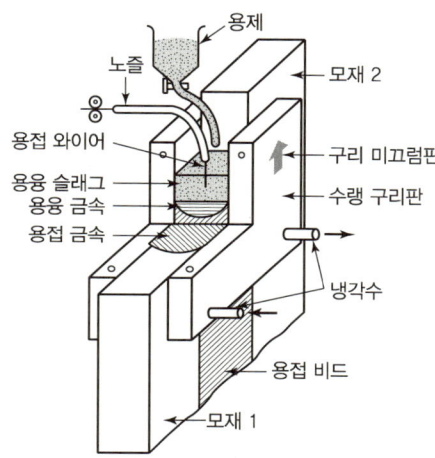

▌일렉트로 슬래그 용접법의 원리 ▌

20. 일렉트로 가스 아크용접

① 일렉트로 슬래그 용접과 비슷한 용접방법
② 일렉트로 슬래그 용접의 슬래그 용제 대신 CO_2 또는 Ar 가스를 보호 가스로 사용
③ 중후판물의 모재에 적용되는 것이 능률적이고 효과적
④ 용접 속도가 빠름
⑤ 용접 변형도 거의 없고 작업성도 양호
⑥ 재료의 인성이 다소 떨어짐
⑦ 조선, 고압 탱크, 원유 탱크 등에 널리 이용

21. 아크 스터드 용접(Arc Stud Welding)

① 볼트나 환봉 핀 등을 강판이나 형강에 용접하는 방법
② 볼트나 환봉을 홀더에 끼우고 모재와 볼트 사이에 아크를 발생시켜 용접
③ 급열, 급랭을 받기 때문에 저탄소강에 사용되며 용제를 채워 탈산과 아크 안정을 돕는다. – 스터드 주변에 세라믹 재질의 페룰(Ferrule)을 사용한다.

> **참고** 페룰의 역할
> 금속 용융부를 보호하고 아크로부터 용접사의 눈을 보호

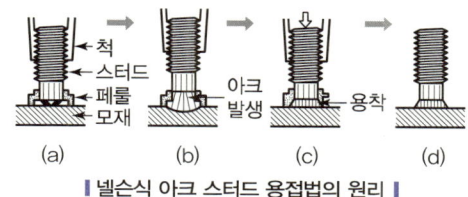

▌넬슨식 아크 스터드 용접법의 원리 ▌

22. 플러그 용접

겹치기 용접에서 6mm까지 두께의 강재는 구멍을 뚫지 않은 상태로 용접하고, 7mm 이상의 경우 구멍을 뚫고 플러그 용접을 시공한다.

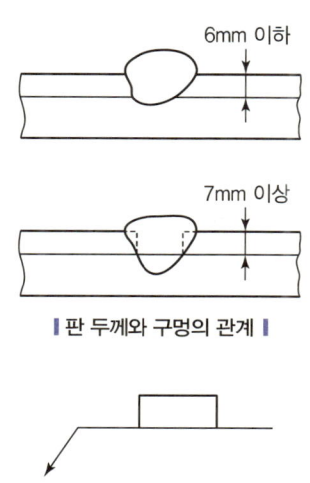

▌판 두께와 구멍의 관계 ▌

▌도면에서의 플러그 용접기호 ▌

23. 전자빔 용접법

① 고진공 중에서 용접하므로 불순 가스에 의한 오염이 적고 성질이 양호한 용접이 가능
② 고속의 전자빔을 형성시켜 그 에너지를 용접 열원으로 사용
③ 용융점이 높은 텅스텐, 몰리브덴 등의 용접이 가능하며 이종 금속의 용접도 가능
④ 잔류 응력이 적음
⑤ 열 영향부가 적어 용접 변형이 적으며 정밀 용접이 가능
⑥ 기기가 금액적으로 상당히 비싼 편임
⑦ 제품의 크기에 제한을 받음
⑧ 방사선(X선) 방호가 필요(방사능 차폐는 납 ; Pb이 효율적)

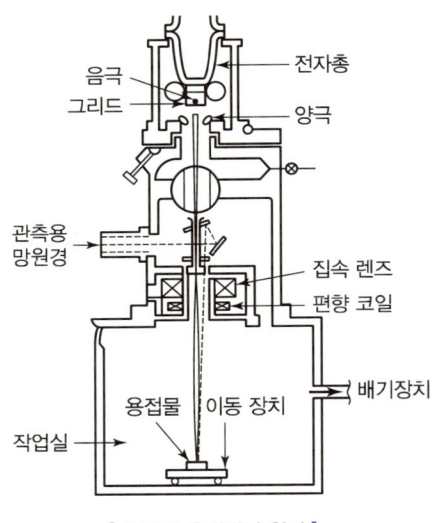

| 전자빔 용접법의 원리 |

24. 레이저 빔 용접

레이저에서 얻어진 강한 에너지를 가진 광선을 이용한 용접법

① 진공이 필요하지 않음
② 비접촉식 용접 가능
③ 레이저의 종류로는 CO_2 레이저, Nd-YAG 레이저(박판용)이 있음
④ 얇은 박판의 용접에 적용

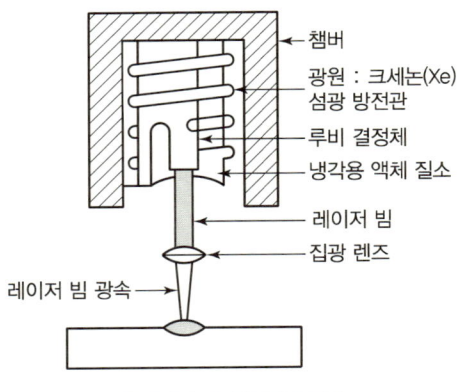

| 레이저 빔 용접의 원리 |

25. 용사

용사 재료인 금속의 분말을 가열하여 반용융 상태로 피복하는 방법

26. 가스 압접법

접합부를 그 재료의 재결정 온도 이상으로 가열하여 축방향으로 압축력을 가하여 압접하는 방법. 재료의 가열 가스 불꽃으로는 산소-아세틸렌 불꽃이나 산소-프로판 불꽃 등이 사용

① 탈탄층이 생기지 않는다.
② 전기가 필요 없다.
③ 장치가 간단하며 시설비나 수리비가 싸다.
④ 작업자의 숙련도와 관계 없이 작업 가능하다.
⑤ 작업시간이 짧고 용접봉이나 용제가 필요 없다.
⑥ 압접하기 전 이음 단면부의 청결도가 압접 결과에 영향을 끼친다.

27. 초음파 용접(압접)

① 용접물을 겹쳐서 상하부의 앤빌(Anvil) 사이에 끼워 놓고 압력을 가하면서 초음파 주파수로 진동시켜 용접을 하는 방법
② 압착된 용접물의 접촉면 사이의 압력과 진동 에너지의 작용으로 청정작용(용접면의 산화피막 제거)과 응력 발열 및 마찰열에 의하여 온도 상승과 접촉면 사이에서 원자 간 인력이 작용하여 용접
③ 너무 두꺼운 모재의 용접은 어려움(박판 용접용)
④ 이종 금속의 용접도 가능
⑤ 용접장치는 초음파 발진기, 초음파 진동자 및 진동과 압력을 보내주는 기구로 구성

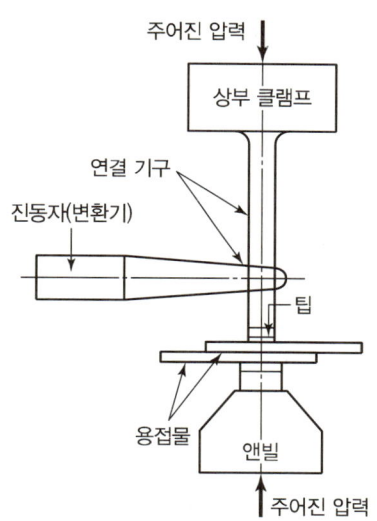

▎초음파 용접기의 구조 ▎

28. 냉간 압접(Cold Welding)

냉간과 열간의 차이는 금속의 재결정온도를 기준으로 나누어지는데, 즉 금속 특유의 재결정온도보다 높은 온도에서 가공하면 열간가공, 낮은 온도에서 가공하면 냉간가공이라 구분한다. 깨끗한 2개의 금속면의 원자들을 Å(1 Å = 10^{-8}cm) 단위의 거리로 밀착시키면 자유 전자가 공동화되고 결정 격자 간의 양이온의 인력으로 인해 2개의 금속이 결합된다.

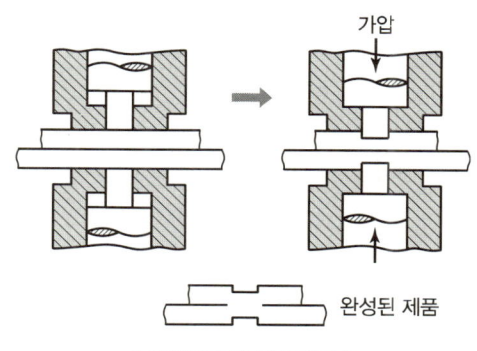

▎겹쳐 맞추기 냉간 압점 ▎

29. 마찰 용접법

2개의 모재에 압력을 가해 접촉시킨 후, 각각의 모재를 서로 다른 방향으로 회전시켜 접촉면에서 발생하는 마찰열을 이용하여 이음면 부근이 적정 온도에 도달했을 때 강한 압력을 가하는 동시에 상대 운동을 정지해서 압접을 하는 용접법이다. 마찰 용접의 종류에는 컨벤셔널(Conventional)형과 플라이휠(Fly Wheel)형이 있다.

30. 단접

적당히 가열한 2개의 금속에 충격을 가하는 방식으로 접촉시키는 동시에 강한 압력을 주어 접합하는 방법이다. 가열은 금속이 반용융 상태가 되는 온도까지 하며, 가열할 때 산화가 되지 않는 금속이 단접의 효율성을 증대시킬 수 있다.

TOPIC 03 저항 용접법의 개요

1. 저항 용접

압력을 가한 상태에서 대전류를 흘려주면 양 모재 사이 접촉면에서의 접촉 저항과 금속 고유 저항에 의한 저항 발열(줄열, Joule's Heat)을 얻고 이 열로 인하여 모재를 가열, 용융시킨 후 가해진 압력에 의해 접합하는 방법

▼ 저항발열 Q를 구하는 공식

$$Q = I^2 Rt \,(\text{Joule}) = 0.238\, I^2 Rt \,(\text{cal}) \approx 0.24\, I^2 Rt \,(\text{cal})$$

여기서, I : 용접 전류[A]
R : 저항[Ω]
t : 통전 시간[sec]
1cal = 4.2J → 1J ≈ 0.24cal

2. 저항 용접의 3요소

① 용접 전류
② 통전 시간
③ 가압력

3. 저항 용접의 종류

① 겹치기 용접(Lap Welding)
- 점 용접(Spot Welding)
- 프로젝션 용접(Projection Welding)
- 심 용접(Seam Welding)

② 맞대기 용접(Butt Welding)
- 업셋 버트 용접(Upset Butt Welding)
- 플래시 용접(Flash Welding)
- 퍼커션 용접(Percussion Welding)

TOPIC 04 점 용접법

1. 점 용접

① 금속 재료를 2개의 전극 사이에 끼워 놓고 가압 상태에서 전류를 통하면 접촉면에 전기저항 발열이 일어나는데 이 저항열을 이용하여 접합부를 가열 융합하는 방법
② 저항용접의 3요소인 용접 전류, 통전 시간과 가압력 등을 적절히 하면 용접 중 접합면의 일부가 녹아 바둑알 모양의 너깃이 형성되는 용접법

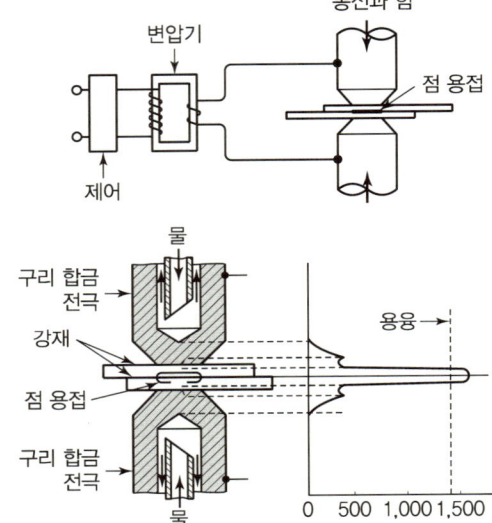

| 점 용접의 원리와 온도 분포 |

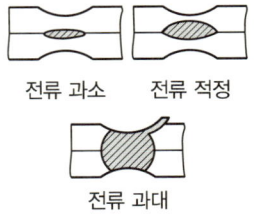

전류 과소   전류 적정

전류 과대

| 용접 전류와 너깃 형상의 관계 |

2. 전기저항 점용접에서 전극의 역할

① 통전의 역할
② 가압의 역할
③ 냉각의 역할
④ 모재를 고정하는 역할

3. 전기저항 용접 전극의 종류

① R형 팁(Radius Type) : 전극 전단이 50~200mm 반경 구면으로 용접부 품질이 우수하고, 전극 수명이 길다.
② P형 팁(Pointed Type) : 많이 사용하기는 하나, R형 팁보다는 그렇지 아니하다.
③ C형 팁(Truncated Cone Type) : 원추형의 모따기한 것으로 많이 사용하며 성능도 좋다.
④ E형 팁(Eccentric Type) : 앵글 등 용접 위치가 나쁠 때 사용한다.
⑤ F형 팁(Flat Type) : 표면이 평평하여 압입 흔적이 거의 없다.

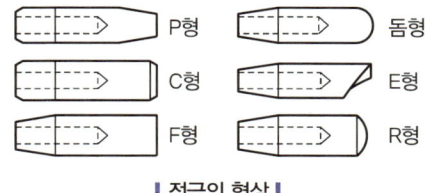

┃ 전극의 형상 ┃

4. 점 용접법의 종류

① 단극식 점 용접
② 다전극 점 용접
③ 직렬식 점 용접
④ 맥동 점 용접
⑤ 인터렉트 점 용접

> **참고** 맥동 점 용접
> 전극의 과열을 방지하기 위해 사이클 단위로 전류를 단속하여 용접

TOPIC 05 심 용접법

1. 심 용접(기밀, 유밀성을 요하는 제품의 용접)

① 원형 롤러 모양의 전극 사이에 용접물을 끼워 전극에 압력을 가하는 동시에 전극을 회전시켜 모재를 이동시키면서 점 용접을 연속적으로 진행하는 방법
② 주로 기밀, 유밀을 필요로 하는 이음부에 적용된다.
③ 용접 전류의 통전방법 : 단속 통전법, 연속 통전법, 맥동 통전법

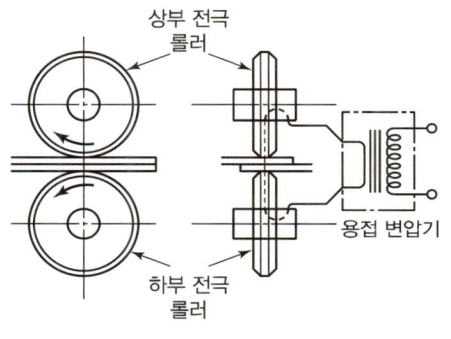

┃ 심 용접의 원리 ┃

TOPIC 06 기타 저항 용접법의 종류와 특징

1. 프로젝션 용접(돌기용접)

모재의 한쪽 또는 양쪽에 작은 돌기(Projection)를 만들어 모재의 형상에 의해 전류 밀도를 크게 한 후 압력을 가해 압접하는 방법이다.

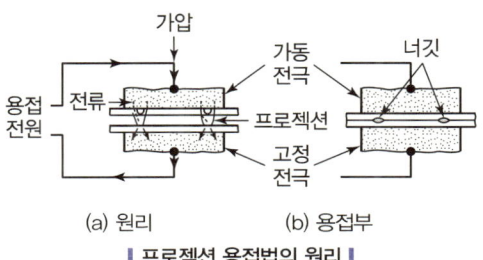

┃ 프로젝션 용접법의 원리 ┃

2. 업셋 용접법

용접재를 맞대고 여기에 높은 전류를 흘려 이음부에서 발생하는 접촉 저항에 의해 발열되어 용접부가 적당한 온도에 도달했을 때, 큰 압력을 주어 용접하는 방법이다.

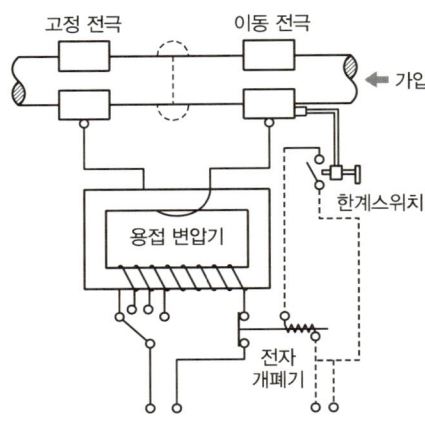

┃ 업셋 용접법의 원리 ┃

3. 플래시 용접

용접할 2개의 금속 단면을 가볍게 접촉시키고 높은 전류를 흘려 접촉점을 집중적으로 가열한다. 접촉점은 과열 용융되어 불꽃으로 흩어지고 그 접촉이 끊어지면 다시 용접재를 내보내어 항상 접촉과 불꽃의 비산을 반복시키면서 용접면을 고르게 가열하여 적당한 온도에 도달하였을 때 강한 압력을 주어 압접하는 방법이다.

4. 플래시 용접의 3단계 : 예열, 플래시, 업셋

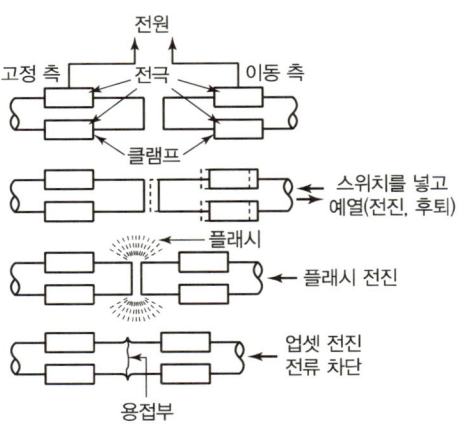

┃ 플래시 용접법의 원리 ┃

5. 퍼커션 용접(충돌용접)

축전된 직류를 사용하며 용접물을 두 전극 사이에 끼운 후에 전류를 통한다. 고속으로 피용접물이 충돌하게 되며, 용접물이 상호 충돌되는 상태에서 용접하는 방법이다.

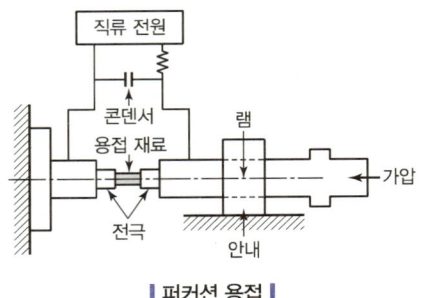

┃ 퍼커션 용접 ┃

TOPIC 07 납땜법의 종류와 특징

1. 납땜법(모재를 용융시키지 않고 접합)

같은 종류의 두 금속 또는 이종재료의 금속을 접합할 때 이들 용접 모재보다 융점이 낮은 금속 또는 그들의 합금을 용가재로 사용하여 용가재만을 용융 첨가시켜 두 금속을 이음하는 방법을 납땜이라 한다.

2. 납땜법의 종류

① 연납땜 : 납땜재의 융점 450℃ 이하에서의 납땜
② 경납땜 : 납땜재의 융점 450℃ 이상에서의 납땜

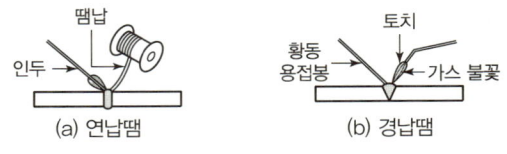

┃ 납땜의 종류 ┃

3. 연납용 용제

연납용 용제로는 염화아연($ZnCl_2$), 염산(HCl), 염화암모늄(NH_4Cl), 송진, 인산(HCL) 등이 사용된다.

4. 경납용 용제

붕사, 붕산, 붕산염, 불화물, 염화물, 알칼리

기출 및 예상문제

CHAPTER 04 금속의 절단법과 특수 용접법

01 절단의 종류 중 아크 절단에 속하지 않는 것은?
① 탄소 아크 절단 ② 금속 아크 절단
③ 플라스마 제트 절단 ④ 수중 절단

해설 수중 절단은 아크가 아닌 가스를 이용한 절단법이다.

02 탄소 아크 절단에 압축공기를 병용하여 전극홀더의 구멍에서 탄소 전극봉에 나란히 분출하는 고속의 공기를 분출시켜 용융금속을 불어 내어 홈을 파는 방법은?
① 아크에어 가우징 ② 금속아크 절단
③ 가스 가우징 ④ 가스 스카핑

해설 탄소아크 절단에 압축공기를 병용한 절단법은 아크에어 가우징(직류역극성 사용)이다.

03 강재의 표면에 개재물이나 탈탄층 등을 제거하기 위하여 비교적 얇고 넓게 깎아내는 가공법은?
① 스카핑 ② 가스 가우징
③ 아크 에어 가우징 ④ 워트 제트 절단

해설 스카핑은 강재의 표면의 불순물을 가능한 한 얇고 넓게 깎아내는 가공법이다.

04 아크 절단법의 종류가 아닌 것은?
① 플라즈마제트 절단 ② 탄소아크 절단
③ 스카핑 ④ 티그 절단

해설 3번 문제 해설 참고

05 TIG 용접에서 가스이온이 모재에 충돌하여 모재 표면에 산화물을 제거하는 현상은?
① 제거효과 ② 청정효과
③ 용융효과 ④ 고주파효과

해설 직류역극성(DCRP)에서 청정효과가 나타나며 교류(AC)에서도 청정효과가 50% 정도 나타난다.

06 아크 에어 가우징에 가장 적합한 홀더 전원은?
① DCRP
② DCSP
③ DCRP, DCSP 모두 좋다.
④ 대전류의 DCSP가 가장 좋다.

해설 아크 에어 가우징의 전원극성은 직류역극성(DCRP)을 사용한다. 아크 에어 가우징, MIG용접은 직류역극성 전원을 사용함을 반드시 기억하자.

07 다음 중 텅스텐과 몰리브덴 재료 등을 용접하기에 가장 적합한 용접은?
① 전자 빔 용접 ② 일렉트로 슬래그 용접
③ 탄산가스 아크 용접 ④ 서브머지드 아크 용접

해설 전자 빔 용접은 융점이 높은 텅스텐, 몰리브덴 등의 용접이 가능하며 진공 중에서 용접하여 산화 등에 의한 오염이 적다.

08 서브머지드 아크 용접 시, 받침쇠를 사용하지 않을 경우 루트 간격을 몇 mm 이하로 하여야 하는가?
① 0.2 ② 0.4
③ 0.6 ④ 0.8

해설 서브머지드 아크용접은 자동용접이며 전류밀도가 높아 용입이 깊은 것이 특징이다. 루트간격은 받침쇠를 사용하지 않을 경우 0.8mm 이하이다.

09 일렉트로 가스 아크용접의 특징 설명 중 틀린 것은?
① 판두께에 관계없이 단층으로 상진 용접한다.
② 판두께가 얇을수록 경제적이다.
③ 용접속도는 자동으로 조절된다.
④ 정확한 조립이 요구되며, 이동용 냉각 동판에 급수 장치가 필요하다.

해설 일렉트로 가스 아크용접은 두꺼운 판에 대해 경제적인 용접이다.

정답 01 ④ 02 ① 03 ① 04 ③ 05 ② 06 ① 07 ① 08 ④ 09 ②

CHAPTER 04 금속의 절단법과 특수 용접법

10 텅스텐 전극봉 중에서 전자 방사능력이 현저하게 뛰어난 장점이 있으며 불순물이 부착되어도 전자 방사가 잘되는 전극은?
① 순텅스텐 전극
② 토륨 텅스텐 전극
③ 지르코늄 텅스텐 전극
④ 마그네슘 텅스텐 전극

해설 토륨 텅스텐 전극은 전자 방사능력이 뛰어나 일반적으로 토륨 2%가 함유된 텅스텐 전극봉이 많이 사용되고 있다.(색상은 적색)

11 산업용 용접 로봇의 기능이 아닌 것은?
① 작업 기능
② 제어 기능
③ 계측인식 기능
④ 감정 기능

12 불활성 가스금속 아크용접(MIG)의 용착효율은 얼마 정도인가?
① 58%
② 78%
③ 88%
④ 98%

해설 불활성 가스금속 아크용접은 전류밀도가 높아 용착효율이 타 용접기에 비해 높은 편이다.

13 다음 중 일렉트로 슬래그 용접의 특징으로 틀린 것은?
① 박판용접에는 적용할 수 없다.
② 장비 설치가 복잡하며 냉각장치가 요구된다.
③ 용접시간이 길고 장비가 저렴하다.
④ 용접 진행 중 용접부를 직접 관찰할 수 없다.

해설 일렉트로 슬래그 용접장치는 용융슬래그 속에서 와이어가 용융되며 용접하는 방식으로 최대 1m 두께의 철판용접도 가능하다.

14 TIG 용접에서 직류 정극성을 사용하였을 때 용접효율을 올릴 수 있는 재료는?
① 알루미늄
② 마그네슘
③ 마그네슘 주물
④ 스테인리스강

해설 스테인리스강은 직류 정극성(DCSP)에서 용접효율을 올릴 수 있다.

15 불활성 가스를 이용한 용가재인 전극 와이어를 송급장치에 의해 연속적으로 보내어 아크를 발생시키는 소모식 또는 용극식 용접방식을 무엇이라 하는가?
① TIG 용접
② MIG 용접
③ 피복아크 용접
④ 서브머지드 아크 용접

해설 TIG(Tungsten Inert Gas)용접, MIG(Metal Inert Gas)용접 두 가지 모두 불활성 가스(Inert Gas)를 이용한 용접이며 TIG용접은 텅스텐 전극봉이 용융되지 않는 비소모식(비용극식) 용접이며 MIG용접은 전극인 와이어가 직접 용융되는 소모식(용극식)용접법이다.

16 서브머지드 아크용접에 관한 설명으로 틀린 것은?
① 장비의 가격이 고가이다.
② 홈 가공의 정밀을 요하지 않는다.
③ 불가시 용접이다.
④ 주로 아래보기 자세로 용접한다.

해설 서브머지드 아크용접은 자동으로 용접이 진행되기 때문에 작업의 홈 가공 등의 정밀도가 중요하다.

17 다음 중 불활성 가스(Inert Gas)가 아닌 것은?
① Ar
② He
③ Ne
④ CO_2

해설 CO_2가스는 불연성 가스이다.

18 논가스 아크용접의 장점으로 틀린 것은?
① 보호 가스나 용제를 필요로 하지 않는다.
② 피복아크용접봉의 저수소계와 같이 수소의 발생이 적다.
③ 용접비드가 좋지만 슬래그 박리성은 나쁘다.
④ 용접장치가 간단하며 운반이 편리하다.

해설 **논가스 아크용접**
솔리드 와이어 또는 플럭스가 든 와이어를 써서 탄산가스 등 실드 가스 없이 공기 중에서 직접 용접하는 방법. 비피복 아크용접이라고도 하며, 반자동 용접으로서는 가장 간편한 방법이다. 실드 가스가 필요치 않으므로, 바람이 불어도 비교적 안정되고, 특히 옥외 용접에 적합하다.

정답 10 ② 11 ④ 12 ④ 13 ③ 14 ④ 15 ② 16 ② 17 ④ 18 ③

19 불활성 가스 텅스텐 아크용접(TIG)의 KS규격이나 미국 용접협회(AWS)에서 정하는 텅스텐 전극봉의 식별 색상이 황색이면 어떤 전극봉인가?

① 순텅스텐 ② 지르코늄 텅스텐
③ 1%토륨 텅스텐 ④ 2%토륨 텅스텐

해설 텅스텐 전극봉의 종류

종류	화학 첨가물	봉의 색상
토륨 텅스텐	토륨 2%	적색
토륨 텅스텐	토륨 1%	황색
순 텅스텐		녹색
세륨 텅스텐	세륨 2.0%	회색
지르코늄 텅스텐	지르코늄 1.3%	백색

20 CO_2 가스 아크 용접에서 아크전압에 대한 설명으로 옳은 것은?

① 아크전압이 높으면 비드 폭이 넓어진다.
② 아크전압이 높으면 비드가 볼록해진다.
③ 아크전압이 높으면 용입이 깊어진다.
④ 아크전압이 높으면 아크길이가 짧다.

해설 아크전압이 높으면 비드의 폭이 넓어진다.

21 서브머지드 아크 용접의 다전극방식에 의한 분류가 아닌 것은?

① 푸시식 ② 텐덤식
③ 횡병렬식 ④ 횡직렬식

해설 푸시식(Push)은 와이어 송급방식의 종류이다.

22 볼트나 환봉을 피스톤형의 홀더에 끼우고 모재와 볼트 사이에 순간적으로 아크를 발생시켜 용접하는 방법은?

① 서브머지드 아크 용접
② 스터드 용접
③ 테르밋 용접
④ 불활성 가스 아크 용접

23 불활성 가스 금속아크용접(MIG)에서 크레이터 처리에 의해 전류가 서서히 줄어들면서 아크가 끊어지는 기능으로 용접부가 녹아내리는 것을 방지하는 제어기능은?

① 스타트 시간 ② 예비 가스 유출 시간
③ 버언 백 시간 ④ 크레이터 충전 시간

24 다음 중 테르밋 용접의 특징에 관한 설명으로 틀린 것은?

① 전기가 필요 없다.
② 용접작업이 단순하다.
③ 용접시간이 길고 용접 후 변형이 크다.
④ 용접기구가 간단하고 작업 장소의 이동이 쉽다.

해설 테르밋 용접 관련 문제는 출제 빈도가 상당히 높은 편이다. 테르밋 용접은 전기를 사용하지 않으며 금속산화철과 알루미늄의 분말을 약 3 : 1로 혼합하여 과산화바륨과 알루미늄 또는 마그네슘 등의 점화제를 가해 발생하는 화학적인 반응 에너지로 용접을 하게 되며 변형이 적어 주로 기차레일의 용접에 사용된다.

25 서브머지드 아크용접에 대한 설명으로 틀린 것은?

① 가시용접으로 용접 시 용착부의 육안 식별이 가능하다.
② 용융속도와 용착속도가 빠르며 용입이 깊다.
③ 용착금속의 기계적 성질이 우수하다.
④ 개선각을 작게 하여 용접 패스 수를 줄일 수 있다.

해설 서브머지드 아크용접은 입상의 용제속에서 와이어가 파묻혀 아크를 일으키므로 아크를 육안으로 식별할 수가 없다.

26 이산화탄소 아크 용접에 관한 설명으로 틀린 것은?

① 팁과 모재 간의 거리는 와이어의 돌출길이에 아크길이를 더한 것이다.
② 와이어 돌출길이가 짧아지면 용접와이어의 예열이 많아진다.
③ 와이어의 돌출길이가 짧아지면 스패터가 부착되기 쉽다.
④ 약 200A 미만의 저전류를 사용할 경우 팁과 모재 간의 거리는 10~15mm 정도 유지한다.

27 스터드 용접의 특징 중 틀린 것은?

① 긴 용접시간으로 용접변형이 크다.
② 용접 후의 냉각속도가 비교적 빠르다.
③ 알루미늄, 스테인리스강 용접이 가능하다.
④ 탄소 0.2%, 망간 0.7% 이하 시 균열 발생이 없다.

해설 스터드 아크 용접은 볼트나 환봉 등을 용접할 때 사용된다.

28 MIG용접의 용적이행 중 단락 아크용접에 관한 설명으로 맞는 것은?

① 용적이 안정된 스프레이 형태로 용접된다.
② 고주파 및 저전류 펄스를 활용한 용접이다.
③ 임계전류 이상의 용접 전류에서 많이 적용된다.
④ 저전류, 저전압에서 나타나며 박판용접에 사용된다.

해설 MIG용접은 전류밀도가 높아 용입이 깊어 주로 후판용접에 사용된다.

29 다음 중 불활성 가스 텅스텐 아크용접에서 중간 형태의 용입과 비드 쪽을 얻을 수 있으며, 청정 효과가 있어 알루미늄이나 마그네슘 등의 용접에 사용되는 전원은?

① 직류 정극성   ② 직류 역극성
③ 고주파 교류   ④ 교류 전원

해설 직류 역극성(DCRP)에서는 청정작용으로 산화막의 융점이 높은 알루미늄의 용접에 사용되고 있으며 교류(AC)에서도 50% 정도의 청정작용 효과가 나타난다.

30 용접용 용제는 성분에 의해 용접 작업성, 용착 금속의 성질이 크게 변화하는데 다음 중 원료와 제조방법에 따른 서브머지드 아크 용접의 용접용 용제에 속하지 않는 것은?

① 고온 소결형 용제   ② 저온 소결형 용제
③ 용융형 용제   ④ 스프레이형 용제

해설 서브머지드 아크용접의 종류에는 용융형, 소결형, 혼성형이 있다.

31 산화하기 쉬운 알루미늄을 용접할 경우에 가장 적합한 용접법은?

① 서브머지드 아크용접   ② 불활성 가스 아크용접
③ 아크용접   ④ 피복 아크용접

32 금속산화물이 알루미늄에 의하여 산소를 빼앗기는 반응에 의해 생성되는 열을 이용하여 금속을 접합시키는 용접법은?

① 스터드 용접   ② 테르밋 용접
③ 원자수소 용접 ④ 일렉트로슬래그 용접

해설 테르밋 용접 관련 문제는 출제 빈도가 상당히 높은 편이다. 테르밋 용접은 전기를 사용하지 않으며 금속산화철과 알루미늄의 분말을 약 3 : 1로 혼합하여 과산화바륨과 알루미늄 또는 마그네슘 등의 점화제를 가해 발생하는 화학적인 반응 에너지로 용접을 하게 되며 변형이 적어 주로 기차레일의 용접에 사용된다.

33 CO_2 가스 아크용접에서 일반적으로 용접전류를 높게 할 때의 사항을 열거한 것 중 옳은 것은?

① 용접입열이 작아진다.
② 와이어의 녹아내림이 빨라진다.
③ 용착률과 용입이 감소한다.
④ 우수한 비드 형상을 얻을 수 있다.

해설 용접전류를 높게 하면 와이어의 녹아내림이 빨라진다.

34 불활성 가스 금속 아크용접에서 가스 공급계통의 확인 순서로 가장 적합한 것은?

① 용기 → 감압밸브 → 유량계 → 제어장치 → 용접토치
② 용기 → 유량계 → 감압밸브 → 제어장치 → 용접토치
③ 감압밸브 → 용기 → 유량계 → 제어장치 → 용접토치
④ 용기 → 제어장치 → 감압밸브 → 유량계 → 용접토치

해설 가스용기로부터 용접기까지 순차적으로 부착되어 있는 장비를 점검해 주면 된다.

정답 27 ① 28 ④ 29 ③ 30 ④ 31 ② 32 ② 33 ② 34 ①

35 플라스마 아크 용접장치에서 아크 플라스마의 냉각가스로 쓰이는 것은?
① 아르곤과 수소의 혼합가스
② 아르곤과 산소의 혼합가스
③ 아르곤과 메탄의 혼합가스
④ 아르곤과 프로판의 혼합가스

36 MIG용접에서 와이어 송급방식이 아닌 것은?
① 푸시 방식
② 풀 방식
③ 푸시 풀 방식
④ 포터블 방식

해설 와이어 송급방식에는 푸시(Push) 방식, 풀(Pull) 방식, 푸시 풀(Push-Pull) 방식이 있다.

37 플라스마 아크용접에 관한 설명 중 틀린 것은?
① 전류 밀도가 크고 용접속도가 빠르다.
② 기계적 성질이 좋으며 변형이 적다.
③ 설비비가 적게 든다.
④ 1층으로 용접할 수 있으므로 능률적이다.

해설 플라즈마 아크용접은 설비비가 많이 드는 단점이 있다.

38 서브머지드 아크용접의 용제 중 흡습성이 높아 보통 사용 전에 150~300°C에서 1시간 정도 재건조해서 사용하는 것은?
① 용제형
② 혼성형
③ 용융형
④ 소결형

해설 서브머지드 아크용접의 용제의 종류
용융형(일반적으로 많이 사용), 소결형(흡습성 높음, 용융되지 않을 정도의 온도로 구워서(소결) 제작), 혼성형

39 CO_2 가스 아크용접에서 용제가 들어있는 와이어 CO_2 법의 종류에 속하지 않은 것은?
① 솔리드 아크법
② 유니언 아크법
③ 퓨즈 아크법
④ 아코스 아크법

40 겹치기 저항 용접에 있어서 접합부에 나타나는 용융 응고된 금속 부분은?
① 마크(Mark)
② 스포트(Spot)
③ 포인트(Point)
④ 너깃(Nugget)

41 CO_2 용접작업 중 가스의 유량은 낮은 전류에서 얼마가 적당한가?
① 10~15 l/min
② 20~25 l/min
③ 30~35 l/min
④ 40~45 l/min

42 다음 전기저항용접법 중 주로 기밀, 수밀, 유밀성을 필요로 하는 탱크의 용접 등에 가장 적합한 것은?
① 점(Spot) 용접법
② 심(Seam) 용접법
③ 프로젝션(Projection) 용접법
④ 플래시(Flash) 용접법

해설 심(Seam) 용접은 전기저항용접의 일종으로 기밀, 수밀, 유밀성을 필요로 하는 제품의 용접에 사용된다.

43 이음형상에 따라 저항용접을 분류할 때 맞대기 용접에 속하는 것은?
① 업셋 용접
② 스폿 용접
③ 심 용접
④ 프로젝션 용접

44 연납땜 중 내열성 땜납으로 주로 구리, 황동용에 사용되는 것은?
① 인동납
② 황동납
③ 납-은납
④ 은납

45 납땜에서 경납용 용제에 해당하는 것은?
① 염화아연
② 인산
③ 염산
④ 붕산

해설 경납용 용제로는 붕사, 붕산, 붕산염, 불화물, 염화물, 알칼리 등이 있으며 연납용 용제로는 염화아연, 염화암모늄, 인산, 염산 송진 등이 있다.

정답 35 ① 36 ④ 37 ③ 38 ④ 39 ① 40 ④ 41 ① 42 ② 43 ① 44 ③ 45 ④

CHAPTER 04 금속의 절단법과 특수 용접법

46 납땜법에 관한 설명으로 틀린 것은?
① 비철 금속의 접합도 가능하다.
② 재료에 수축 현상이 없다.
③ 땜납에는 연납과 경납이 없다.
④ 모재를 녹여서 용접한다.

해설 납땜의 가장 큰 특징은 모재를 녹이지 않고 융점이 낮은 삽입 금속을 모재 사이에 흡인시켜 접합한다는 것이다.

47 납땜 용제가 갖추어야 할 조건으로 틀린 것은?
① 모재의 산화 피막과 같은 불순물을 제거하고 유동성이 좋을 것
② 청정한 금속면의 산화를 방지할 것
③ 납땜 후 슬래그의 제거가 용이할 것
④ 침지땜에 사용되는 것은 젖은 수분을 함유할 것

해설 침지땜에 사용되는 것은 수분을 함유하고 있지 않아야 한다.

48 납땜 시 용제가 갖추어야 할 조건이 아닌 것은?
① 모재의 불순물 등을 제거하고 유동성이 좋을 것
② 청정한 금속면의 산화를 쉽게 할 것
③ 땜납의 표면장력에 맞추어 모재와의 친화도를 높일 것
④ 납땜 후 슬래그 제거가 용이할 것

해설 납땜 시 사용하는 용제는 청정한 금속면의 산화를 방지할 수 있는 조건이어야 한다.

49 연납땜에 가장 많이 사용되는 용가재는?
① 주석 납   ② 인동 납
③ 양은 납   ④ 황동 납

CHAPTER 05 용접 설계 및 시공법

TOPIC 01 용접 이음의 종류와 형태

1. 용접 이음의 종류

맞대기 이음(Butt Joint), 모서리 이음(Corner Joint), T이음(Tee Joint), 겹치기 이음(Lap Joint), 변두리 이음(Edge Joint) 등 크게 5가지로 구분한다.

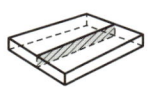 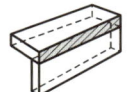 
(a) 맞대기 이음   (b) 모서리 이음   (c) T이음

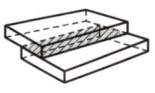 
(d) 겹치기 이음   (e) 변두리 이음

▮ 이음의 종류 ▮

2. 필릿 이음

직교하는 두 면을 용접하여 삼각상의 단면을 가진 용접

3. 하중의 방향에 따른 분류

① 전면 필릿 용접 : 용접선과 부재 응력이 수직
② 측면 필릿 용접 : 용접선과 부재 응력이 수평
③ 경사 필릿 용접 : 용접선과 부재 응력이 직각 이외의 각을 이루는 경우

  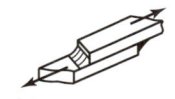
(a) 전면 필릿 용접   (b) 측면 필릿 용접   (c) 경사 필릿 용접

▮ 하중의 방향에 따른 필릿 용접 ▮

4. 비드의 연속성인 측면에 따른 분류

① 연속 필릿 용접
② 단속 필릿 용접(병렬과 지그재그식으로 구분)

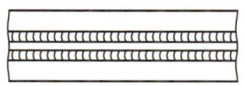 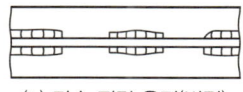
(a) 연속 필릿 용접   (b) 단속 필릿 용접(병렬)

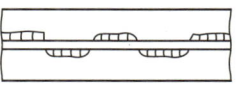
(c) 단속 필릿 용접(지그재그)

▮ 연속 및 단속 필릿 용접 ▮

5. 표면 비드의 모양에 따른 분류

① 볼록한 필릿 용접
② 오목한 필릿 용접

6. 플러그, 슬롯 용접

두 금속판 중 하나에 구멍을 뚫고 그 구멍을 용접하여 접합시키는 방법으로, 구멍이 원형이면 플러그 용접이라 하며, 구멍이 타원형이면 슬롯 용접이라 한다.

▮ 플러그, 슬롯 용접 ▮

7. 덧살올림 용접

내식성, 내마열성 등이 뛰어난 용착 금속을 모재 표면에 피복할 때 이용한다.

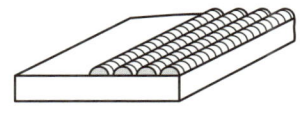

▮ 덧살올림 용접 ▮

TOPIC 02 용접 이음 설계와 강도 계산

1. 용접 이음 설계 시 고려사항

① 가급적 아래보기 용접을 많이 한다.
② 용접 이음부가 집중되지 않도록 한다.
③ 가능한 한 용접량이 최소가 되는 홈(Groove) 방식을 선택한다.
④ 맞대기 용접은 뒷면 용접을 가능토록 하여 용입 부족이 없도록 한다.
⑤ 필릿 용접은 되도록 피하고 맞대기 용접을 하도록 한다.
⑥ 용접선이 교차하는 경우에는 한쪽은 연속 비드를 만들고, 다른 한쪽은 부채꼴 모양으로 모재를 가공하여(스캘럽, Scallop) 시공토록 설계한다.
⑦ 내식성을 요하는 구조물은 이종 금속 간 용접 설계는 피한다.

2. 스캘럽(Scallop)

용접선이 서로 교차하는 것을 피하기 위하여 한 쪽의 모재에 가공한 부채꼴 모양의 노치

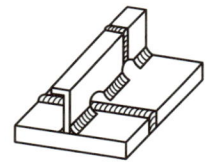

| 스캘럽 |

3. 목 두께 (도면상 기호 : a)

용접부의 크기는 목 두께, 다리 길이 등으로 표시하며 설계의 강도계산에서는 이론 목 두께로 계산

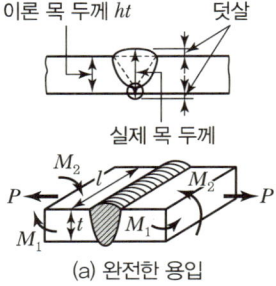

(a) 완전한 용입

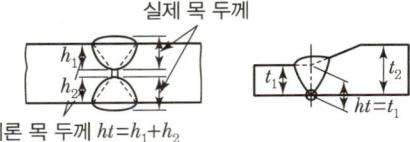

이론 목 두께 $ht = h_1 + h_2$

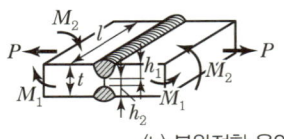

(b) 불완전한 용입

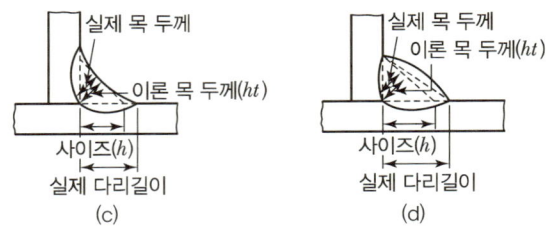

(c)   (d)

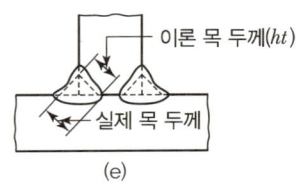

(e)

| 이론 목 두께와 실제 목 두께 |

4. 안전율

재료의 인장강도(극한 강도) σ_u와 허용 응력 σ_a의 비

$$안전율 = \frac{극한\ 강도(\sigma_u)}{허용\ 응력(\sigma_a)}$$

5. 사용 응력

기계나 구조물의 각 부분이 실제적으로 사용될 때 하중을 받아서 발생하는 응력

$$\sigma_w(사용\ 응력) = \frac{실제\ 사용\ 하중(P_w)}{단면적(A)}$$

TOPIC 03 용접 홈 형상의 종류

1. 용접 홈 형상의 종류

① I형 홈 : 6mm 이하의 박판 용접에 사용
② V형 홈 : 국가자격시험에서 사용되는 홈의 가공법이며 용접에 의해서 완전 용입을 얻으려고 할 때 사용(6~20mm)
③ X형 홈(양면 V형) : X형 홈은 용접 시 생기는 변형을 줄이고자 할 때 사용되는 가공방법이며 또한 양쪽에서의 용접에 의해 완전한 용입을 얻는 데 적합(6~20mm)
④ U형 홈 : 두꺼운 판을 한쪽에서의 용접에 의해서 충분한 용입을 얻으려고 할 때 사용 (20mm 이상) [한쪽면 용접 시 가장 두꺼운 형태의 용접 홈 가공법]
⑤ H형 홈(양면 U형) : 두꺼운 판을 양쪽 용접에 의하여 충분한 용입을 얻고자 할 때 사용[양면 용접 시 가장 두꺼운 형터의 용접 홈 가공법]
⑥ K형 홈(양면 ν(베벨)형) : 양쪽 용접에 의해 충분한 용입을 얻으려는 홈의 형태

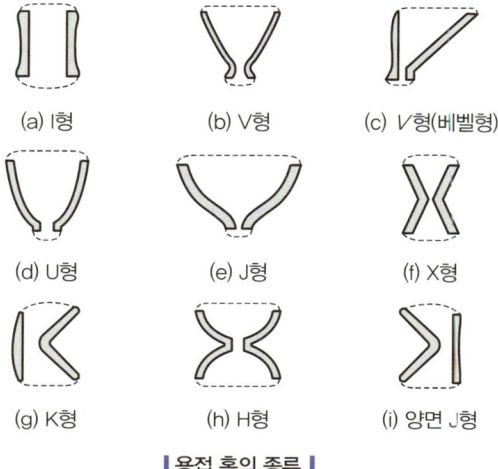

| 용접 홈의 종류 |

TOPIC 04 용접 준비작업과 용착법

1. 가용접

① 본 용접을 실시하기 전에 좌우의 홈 부분을 임시적으로 고정하기 위한 짧은 용접
② 피복 아크 용접에서는 슬래그 섞임, 용입 불량, 루트 균열 등의 결함을 수반하기 쉬우므로, 이음의 끝부분, 모서리 부분을 피해야 함
③ 본 용접보다 지름이 약간 가는 용접봉을 사용
④ 가용접도 중요한 용접이므로 기량이 있는 전문 용접사가 직접 해야 한다.

2. 용착법

① **단층 용접법** : 전진법(Progressive Method), 후진법(Back Step Method), 대칭법(Symmetric Method), 비석법
② **다층 용접법** : 빌드업법(Build Up Sequence), 캐스케이드법(Cascade Sequence), 전진 블록법(Block Sequence)

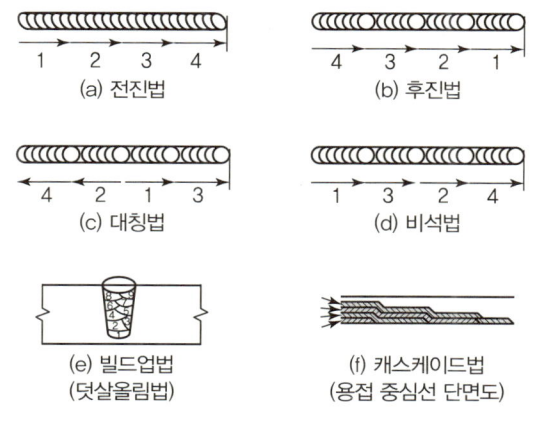

| 용착법 |

TOPIC 05 용접작업의 원칙

1. 용접 순서
① 같은 평면 안에 많은 이음이 있을 때는 수축은 가능한 한 자유단(아무런 지지 또는 구속을 받고 있지 않는 부재단)으로 보낼 것
② 물건의 중심에 대하여 항상 대칭으로 용접을 진행
③ 수축이 큰 이음을 먼저 하고 수축이 작은 이음을 뒤에 용접
④ 용접물의 중립축을 생각하고 그 중립축에 대하여 용접으로 인한 수축력 모멘트의 합이 0이 되도록 할 것(용접 방향에 대한 굴곡이 없어짐)

2. 본 용접 시 주의사항
① 비드의 시작점과 끝점이 구조물의 중요 부분이 되지 않도록 한다.
② 비드의 교차를 가능한 한 피한다.
③ 아크 길이는 가능한 한 짧게 한다.
④ 용접의 시점과 끝점에 결함의 우려가 많으며 중요한 경우 엔드 탭(End Tap)을 붙여 결함을 방지한다.
⑤ 필릿 용접은 언더컷이나 용입 불량이 생기기 쉬우므로 가능한 한 아래보기 자세로 용접한다.

TOPIC 06 용접의 후처리 방법

1. 노(盧) 내 풀림법
제품 전체를 가열로 안에 넣고 적당한 온도에서 일정시간 유지한 다음, 노 내에서 서랭하는 방법(여기서 풀림법이란 재료의 잔류응력(Stress)을 제거해 주는 방법)

2. 강의 노 내 풀림 온도
유지온도 625±25℃, 판 두께 25mm에 대해 1~2시간

3. 국부 풀림법
노 내에 넣을 수 없는 큰 제품의 경우 용접부 부근만을 풀림하는 것이며 이 방법은 용접선의 좌우 양측을 각각 약 250mm의 범위 혹은 판 두께의 12배 이상의 범위를 가열

4. 저온 응력 완화법
제품의 양측을 가스 불꽃에 의하여 너비 60~130mm에 걸쳐서 150~200℃ 정도의 비교적 낮은 온도로 가열한 다음 곧 수랭하는 방법

5. 기계적 응력 완화법
제품에 하중을 주어 용접부에 약간의 소성변형을 일으킨 다음, 하중을 제거하는 방법

6. 피닝법
치핑해머로 용접부를 연속적으로 가볍게 때려 용접부 표면상에 소성변형을 주는 방법

7. 변형 교정법
① 얇은 판에 대한 점 가열
② 형재에 대한 직선 가열
③ 가열한 후 해머로 두드리는 방법
④ 두꺼운 판에 대하여는 가열 후 압력을 걸고 수랭하는 방법

8. 도열법(열이 도망가게 하는 방법)
용접부에 구리 덮개판이나 수랭 또는 물기가 있는 석면, 천 등을 두고 모재에 대한 용접 입열을 막음으로써 변형을 방지하는 방법이다.

9. 억제법
널리 이용되는 방법이며 공작물을 가접 또는 지그 홀더 등으로 장착하고 변형의 발생을 억제하는 방법, 잔류 응력이 생기는 단점이 있다.

10. 점 수축법
얇은 판의 변형이 생긴 경우 500~600℃로 약 30초 정도 20~30mm 주위를 가열한 다음 수랭시키는 작업을 수 차례 반복하는 방법

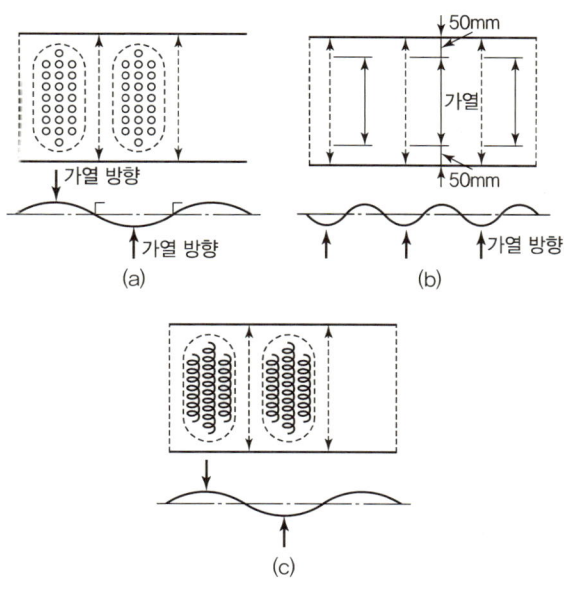

| 점 수축법(변형 교정) |

11. 역변형법

용접 후에 예상되는 변형 각도만큼 용접 전에 반대방향으로 굽혀 놓고 용접하면 원상태로 돌아오는 방법(용접 전 변형방지법)

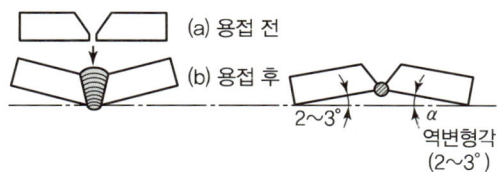

| 역변형법 |

TOPIC 07 용접 결함의 종류와 보수방법

1. 결함의 보수

- 기공과 슬래그 섞임 : 해당 부분을 깎아낸 후 다시 용접한다.
- 언더컷 : 작은 용접봉으로 용접한다.
- 오버랩 : 해당 부분을 깎아내거나 갈아내고 다시 용접한다.
- 균열 : 균열일 때는 균열의 성장 방향 끝에 정지구멍(Stop Hole)을 뚫은 후 균열 부분을 파내고(가우징 또는 스카핑 등) 다시 용접한다.

① 슬래그 혼입(Slag Inclusions)

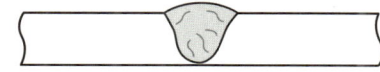

슬래그가 완전히 부상하지 못하고 용착금속 속에 섞여 있는 상태로서 용접부를 취약하게 하며, Crack을 일으키는 주원인이 된다.

발생원인	• 전층의 슬래그 제거가 불완전하다. • 용접 개선 및 전극 와이어의 각도가 부적당하다. • 소전류, 저속도로 용착량이 너무 많다. - 슬래그가 부상할 시간이 없다. • 모재가 아래로 경사져 슬래그가 선행한다. • 전진법이 후퇴법보다 슬래그 선행의 가능성이 높다.
방지대책	• 전층의 슬래그를 브러시 및 그라인더로 완전히 제거한다. • 적당한 용접각도를 유지한다. • 적당한 용접조건을 설정한다. • 모재의 경사 정도에 따라 적당한 운봉(Weaving)을 한다.

② 기공(Porosity : Blow Hole)

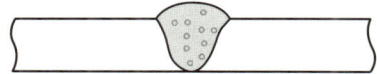

용접부에 작은 구멍이 산재되어 있는 형태로서 가장 취약적인 상황으로 용접부를 완전 제거한 후 재용접하여야 한다.

발생원인	• 가스의 유량이 부족하거나 가스에 불순물이 혼입되어 있다. • 노즐에 스패터가 많이 부착되어 가스의 흐름을 방해한다. • 와이어가 흡습되었거나 오염되어 있다. • 강풍(2m/sec)으로 Shielding 효과가 충분하지 못하다. • 아크의 길이가 너무 길다. • 용접부의 급랭(가스가 부상하기 전에 냉각되어 기공 형성) • 모재에 습기, 녹, 페인트, 기름 등 오염물질이 있다. • 가용접 불량 및 용접봉 선정이 잘못되어 있다.
방지대책	• 적당한 용접조건을 설정한다. • 노즐을 수시로 체크하여 스패터를 제거한다. • 모재 및 와이어에 부착된 불순물을 사전 점검하여 제거한다. • 전극 와이어는 완전히 건조한 후 사용한다. • 바람이 2m/sec 이상이면 방풍벽을 설치한 후 사용한다. • 가용접은 기량이 뛰어난 사람이 행하되 후처리를 정확히 한다. • 용접봉 선정을 정확히 한다.

③ 언더컷(Under Cut)

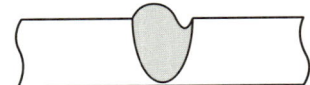

용접의 변 끝을 따라 모재가 파이고 용착금속이 채워지지 않고 홈으로 남아 있는 부분

발생 원인	• 용접전류 및 전압이 지나치게 높다. • 전극 와이어의 송급속도보다 용접속도가 빠르다. • 전극 와이어의 송급이 불규칙하다. • 용접속도가 지나치게 빠르다. • 토치 각도 및 운봉조작이 부적당하다.
방지 대책	• 적당한 용접조건을 선정한다. • 용융금속이 충분히 용착될 수 있도록 용접속도를 선정한다. • 전극 와이어의 송급속도가 일정하도록 Wire Feeding 장치 및 토치 내부를 수시점검한다. • 토치 각도 및 운봉조작을 규정대로 한다.

④ 용입불량(Incomplete Fusion)

모재의 어느 한 부분이 완전히 용착되지 못하고 남아 있는 현상

발생 원인	• 용접속도가 빠르다. • 용접전류가 너무 낮다. • 토치의 겨냥 각도가 나쁘다. • 다층용접의 경우 전층의 비드가 매우 불량하다. • 아크의 길이가 너무 길다.
방지 대책	• 적당한 용접조건을 선정한다. • 토치의 겨냥 위치와 운봉속도를 조절하여 Slag가 선행하지 않도록 한다. • 전층의 비드의 괴형상을 제거한다. • 루트 간격 및 표면의 치수를 조절한다.

⑤ 오버랩(Over Lap)

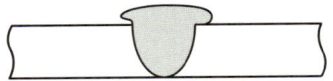

용착금속이 변 끝에서 모재에 융합되지 않고 겹친 부분

발생 원인	• 용접속도가 너무 느리다. • 용접전류가 너무 낮다. • 토치의 겨냥 위치가 부적당하다.(특히 H Fil의 경우)
방지 대책	• 적당한 용접조건을 선정한다. • 토치의 겨냥 위치와 운봉속도를 조절한다.

⑥ 스패터(Spatter)

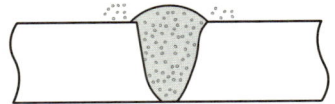

용융금속 중의 일부 입자가 모재로 이행하면서 용접부를 이탈해 용착되는 용융방울로서 사용되는 Sheilding Gas의 종류에 따라 발생 정도가 달라진다.

다음은 순수한 CO_2 Gas를 사용하였을 때의 과도한 Spatter 발생 원인 및 대책을 열거한다.

발생 원인	• 용접전류 및 전압이 너무 높다. • 아크의 길이가 너무 길다.(사용전류 대비) • 전극 와이어에 습기가 함유되어 있다. • 모재에 녹, 페인트 등 이물질이 많다. • 토치의 진행각도가 부적당하다.
방지 대책	• 적당한 용접조건을 선정한다. • 전극 와이어는 충분히 건조한 후 사용한다. • 모재의 표면상태를 체크하고, 불순물을 철저히 제거한다. • 적당한 토치 각도를 유지하면서 작업한다.

기출 및 예상문제

01 용접선과 하중의 방향이 평행하게 작용하는 필릿용접은?
① 전면   ② 측면
③ 경사   ④ 변두리

해설 측면 필릿용접은 용접선과 하중의 방향이 평행하게 작용한다. 전면 필릿용접(수직)

02 하중의 방향에 따른 필릿용접의 종류가 아닌 것은?
① 전면 필릿   ② 측면 필릿
③ 연속 필릿   ④ 경사 필릿

해설 하중의 방향에 따른 필릿용접의 종류
전면 필릿용접(수직), 측면 필릿용접(수평), 경사 필릿용접

03 그림과 같은 용접이음 방법의 명칭으로 가장 적합한 것은?

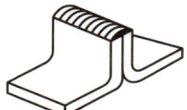

① 연속 필릿 용접   ② 플랜지형 겹치기 용접
③ 연속 모서리 용접   ④ 플레어형 맞대기 용접

04 용접 이음을 설계할 때 주의사항으로 틀린 것은?
① 구조상의 노치부를 피한다.
② 용접 구조물의 특성 문제를 고려한다.
③ 맞대기 용접보다 필릿용접을 많이 하도록 한다.
④ 용접성을 고려한 사용 재료의 선정 및 열 영향 문제를 고려한다.

해설 필릿용접은 용입이 불충분하여 강도상 문제가 생길 것 같은 부위의 용접은 하지 않는다. 때문에 가급적 필릿용접은 하지 않는 게 좋다.

05 그림과 같이 길이가 긴 T형 필릿 용접을 할 경우에 일어나는 용접변형의 영향은?

① 회전 변형   ② 세로 굽힘 변형
③ 좌굴 변형   ④ 가로 굽힘 변형

해설 좌굴 변형
얇은 판을 용접할 때에 내부에 생기는 압축잔류응력 때문에 판이 좌굴하여 생기는 변형을 말한다.

06 강판의 두께가 12mm, 폭 100mm인 평판을 V형 홈으로 맞대기 용접 이음할 때, 이음효율 $\eta = 0.8$로 하면 인장력 P는?(단, 재료의 최저인장강도는 40N/mm^{3}이고, 안전율은 4로 한다.)
① 960N   ② 9,600N
③ 860N   ④ 8,600N

해설 이음효율 = $\dfrac{\text{용접시험편의 인장강도}}{\text{모재의 인장강도}}$

안전률 = $\dfrac{\text{인장강도}}{\text{허용응력}}$

허용응력 = $\dfrac{\text{인장력}}{\text{단면적}}$

용접시험편의 인장강도 = 이음효율 × 재료의 인장강도
= 0.8 × 40 = 32[N/m^2]

허용응력 = $\dfrac{\text{인장강도}}{\text{안전율}} = \dfrac{32}{4} = 8$[N/m^2]

인장력(하중) = 8 × 12 × 100 = 9,600[N]

07 맞대기 이음에서 판 두께 10mm, 용접 길이 300mm, 인장하중이 9,000kgf일 때 인장응력은 몇 kgf/mm^{2}인가?
① 0.3   ② 3
③ 30   ④ 300

해설 인장응력 = $\dfrac{\text{하중}}{\text{단면적}}$ 이며 단면적은 인장되기 전의 최초단면적을 의미하며 판두께와 용접선의 길이의 곱으로 구할 수 있다. 그러므로 $\dfrac{9,000}{10 \times 300} = 3$

정답 01 ② 02 ③ 03 ④ 04 ③ 05 ② 06 ② 07 ②

08 시험편의 지름이 15mm, 최대하중이 5,200kgf일 때 인장강도는?

① 16.8kgf/mm² ② 29.4kgf/mm²
③ 33.8kgf/mm² ④ 55.8kgf/mm²

해설 인장강도(극한강도) = $\dfrac{\text{하중}}{\text{단면적}}$ = $\dfrac{5,200}{(7.5^2 \times 3.14)}$ = 약 29.4

09 다음 중 용접 설계상 주의해야 할 사항으로 틀린 것은?

① 국부적으로 열이 집중되도록 할 것
② 용접에 적합한 구조의 설계를 할 것
③ 결함이 생기기 쉬운 용접 방법은 피할 것
④ 강도가 약한 필릿 용접은 가급적 피할 것

10 용접 시 발생하는 변형을 적게 하기 위하여 구속하고 용접하였다면 잔류응력은 어떻게 되는가?

① 잔류응력이 작게 발생한다.
② 잔류응력이 크게 발생한다.
③ 잔류응력은 변함없다.
④ 잔류응력과 구속용접과는 관계없다.

해설 금속을 구속하고 용접하면 잔류응력이 크게 발생한다.

11 단면적 10cm²의 평판을 완전 용입 맞대기 용접한 경우의 하중은 얼마인가?(단, 재료의 허용응력을 1,600kgf/cm²로 한다.)

① 160kgf ② 1,600kgf
③ 16,000kgf ④ 16kgf

해설 허용응력 = $\dfrac{\text{하중}}{\text{단면적}}$ 이므로 1,600 = $\dfrac{\text{하중}}{10}$
그러므로 하중의 값은 16,000kgf

12 맞대기 용접이음에서 모재의 인장강도는 450Mpa이며, 용접 시험편의 인장강도가 470Mpa일 때 이음효율은 약 몇 %인가?

① 104 ② 96
③ 60   ④ 69

해설 이음효율 = $\dfrac{\text{시험편의 인장강도}}{\text{모재의 인장강도}} \times 100$
= $\dfrac{470}{450} \times 100 = 104.4$

13 다음은 용접 이음부의 홈의 종류이다. 박판 용접에 가장 적합한 것은?

① K형 ② H형
③ I형   ④ V형

해설 I형 이음은 6mm 이하 박판의 용접에 사용된다.

14 다음 그림에서 루트 간격을 표시하는 것은?

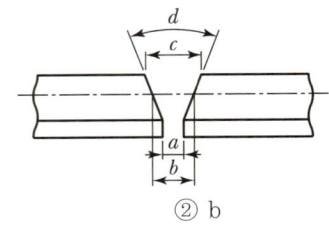

① a ② b
③ c ④ d

15 용접 홈의 형식 중 두꺼운 판의 양면 용접을 할 수 없는 경우에 가공하는 방법으로 한쪽 용접에 의해 충분한 용입을 얻으려고 할 때 사용되는 홈은?

① I형 홈 ② V형 홈
③ U형 홈 ④ H형 홈

16 모재의 홈가공을 U형으로 했을 경우 앤드탭(End-Tap)은 어떤 조건으로 하는 것이 가장 좋은가?

① I형 홈가공으로 한다.
② X형 홈가공으로 한다.
③ U형 홈가공으로 한다.
④ 홈가공이 필요 없다.

해설 앤드탭은 모재의 재질과 홈가공 등을 동일하게 맞추어 주어야 한다.

정답 08 ② 09 ① 10 ② 11 ③ 12 ① 13 ③ 14 ① 15 ③ 16 ③

17 용접부의 중앙으로부터 양끝을 향해 용접해 나가는 방법으로, 이음의 수축에 의한 변형이 서로 대칭이 되게 할 경우에 사용되는 용착법을 무엇이라 하는가?
① 전진법　　　　② 비석법
③ 캐스케이드법　　④ 대칭법

18 아래 그림과 같이 각 층마다 전체의 길이를 용접하면서 쌓아 올리는 가장 일반적인 방법으로 주로 사용하는 용착법은?

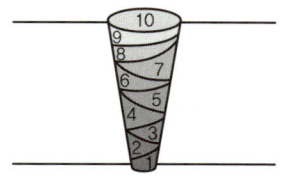

① 교호법　　　　② 덧살올림법
③ 캐스케이드법　　④ 전진 블록법

19 용접에서 예열에 관한 설명 중 틀린 것은?
① 용접 작업에 의한 수축 변형을 감소시킨다.
② 용접부의 냉각 속도를 느리게 하여 결함을 방지한다.
③ 고급 내열합금도 용접 균열을 방지하기 위하여 예열을 한다.
④ 알루미늄합금, 구리합금은 50~70℃의 예열이 필요하다.

해설　알루미늄, 구리합금의 예열 온도는 200~400℃이다.

20 용접할 때 용접 전 적당한 온도로 예열을 하면 냉각 속도를 느리게 하여 결함을 방지할 수 있다. 예열 온도 설명 중 옳은 것은?
① 고장력강의 경우는 용접 홈을 50~350℃로 예열
② 저합금강의 경우는 용접 홈을 200~500℃로 예열
③ 연강을 0℃ 이하에서 용접할 경우는 이음의 양쪽 폭 100mm 정도를 40~250℃로 예열
④ 주철의 경우는 용접 홈을 40~75℃로 예열

21 용접 시공 시 발생하는 용접 변형이나 잔류응력 발생을 최소화하기 위하여 용접순서를 정할 때 유의사항으로 틀린 것은?
① 동일 평면 내에 많은 이음이 있을 때 수축은 가능한 한 자유단으로 보낸다.
② 중심선에 대하여 대칭으로 용접한다.
③ 수축이 적은 이음은 가능한 한 먼저 용접하고, 수축이 큰 이음은 나중에 한다.
④ 리벳작업과 용접을 같이 할 때에는 용접을 먼저 한다.

해설　수축이 큰 이음을 먼저 용접한 후 응력을 제거해주고 그 후에 수축이 적은 이음을 용접해야 응력 발생을 최소화할 수 있다.

22 용접 전의 일반적인 준비사항이 아닌 것은?
① 사용 재료를 확인하고 작업내용을 검토한다.
② 용접전류, 용접순서를 미리 정해둔다.
③ 이음부에 대한 불순물을 제거한다.
④ 예열 및 후열처리를 실시한다.

해설　후열처리는 용접 전의 준비사항이 아니다.

23 다음 중 용접용 지그 선택의 기준으로 적절하지 않은 것은?
① 물체를 튼튼하게 고정시켜 줄 크기와 힘이 있을 것
② 변형을 막아줄 만큼 견고하게 잡아줄 수 있을 것
③ 물품의 고정과 분해가 어렵고 청소가 편리할 것
④ 용접 위치를 유리한 용접자세로 쉽게 움직일 수 있을 것

24 용접 길이가 짧거나 변형 및 잔류응력의 우려가 적은 재료를 용접할 경우 가장 능률적인 용착법은?
① 전진법　　　　② 후진법
③ 비석법　　　　④ 대칭법

해설　잔류응력의 우려가 적은 경우는 전진법으로 용접한다. 전진법은 용접선이 잘 보이며 비드의 모양이 좋기 때문이다.

정답　17 ④　18 ②　19 ④　20 ①　21 ③　22 ④　23 ③　24 ①

CHAPTER 05 용접 설계 및 시공법

25 용접 시 두통이나 뇌빈혈을 일으키는 이산화탄소 가스의 농도는?
① 1~2%   ② 3~4%
③ 10~15%   ④ 20~30%

해설 이산화탄소의 농도가 3~4%(두통 뇌빈혈), 15% 이상(위험), 30% 이상(치사량)

26 용접 후 변형 교정 시 가열 온도 500~600℃, 가열 시간 약 30초, 가열 지름 20~30mm로 하여, 가열한 후 즉시 수랭하는 변형교정법을 무엇이라 하는가?
① 박판에 대한 수랭 동판법
② 박판에 대한 살수법
③ 박판에 대한 수랭 석면포법
④ 박판에 대한 점 수축법

27 용접 변형 방지법의 종류에 속하지 않는 것은?
① 억제법   ② 역변형법
③ 도열법   ④ 취성파괴법

28 다음 중 정지구멍(Stop Hole)을 뚫어 결함부분을 깎아내고 재용접해야 하는 결함은?
① 균열   ② 언더컷
③ 오버랩   ④ 용입 부족

해설 강재 균열의 발생 시 균열이 더 커지는 것을 막기 위해 균열의 양 끝단에 구멍을 뚫는다.

29 용접부에 결함 발생 시 보수하는 방법 중 틀린 것은?
① 기공이나 슬래그 섞임 등이 있는 경우는 깎아내고 재용접한다.
② 균열이 발견되었을 경우 균열 위에 덧살올림 용접을 한다.
③ 언더컷일 경우 가는 용접봉을 사용하여 보수한다.
④ 오버랩일 경우 일부분을 깎아내고 재용접한다.

해설 균열이 발생되었을 경우 균열부위를 바닥이 드러날 때까지 잘 깎아낸 후 재용접한다.

30 피복 아크 용접 결함 중 기공이 생기는 원인으로 틀린 것은?
① 용접 분위기 가운데 수소 또는 일산화탄소 과잉
② 용접부의 급속한 응고
③ 슬래그의 유동성이 좋고 냉각하기 쉬울 때
④ 과대 전류와 용접속도가 빠를 때

해설 용융금속 중의 기공은 서랭이 되어야 방지할 수 있다.

31 용접금속의 구조상의 결함이 아닌 것은?
① 변형   ② 기공
③ 언더컷   ④ 균열

해설
• 구조상 결함 : 기공, 슬래그 섞임, 융합불량, 용입불량, 언더컷, 균열 등
• 치수상 결함 : 변형, 치수불량, 형상불량
• 성질상 결함 : 기계적/화학적/물리적 성질 부족

32 강구조물 용접에서 맞대기 이음의 루트 간격의 차이에 따라 보수용접을 하는데 보수방법으로 틀린 것은?
① 맞대기 루트 간격 6mm 이하일 때에는 이음부의 한쪽 또는 양쪽을 덧붙임 용접한 후 절삭하여 규정 간격으로 개선 홈을 만들어 용접한다.
② 맞대기 루트 간격 15mm 이상일 때에는 판을 전부 또는 일부(대략 300mm 이상의 폭) 바꾼다.
③ 맞대기 루트 간격 6~15mm일 때에는 이음부에 두께 6mm 정도의 뒷댐판을 대고 용접한다.
④ 맞대기 루트 간격 15mm 이상일 때에는 스크랩을 넣어서 용접한다.

해설 맞대기 루트간격 15mm 이상일 때는 판 전부 또는 일부를 바꿔 용접한다.

33 피복 아크 용접 결함 중 용착 금속의 냉각 속도가 빠르거나, 모재의 재질이 불량할 때 일어나기 쉬운 결함으로 가장 적당한 것은?
① 용입 불량   ② 언더컷
③ 오버랩   ④ 선상 조직

정답 25 ② 26 ④ 27 ④ 28 ① 29 ② 30 ③ 31 ① 32 ④ 33 ④

해설 선상 조직(Ice – Flower Structure)
용접부의 파단면에 나타나는 조직이며 아주 미세한 주상 결정에 서리 모양으로 나란히 있고 그 사이에 현미경적인 비금속 개재물과 기공이 있다. 이 조직을 나타내는 파단면을 선상 파단면이라고 한다.

34 용접 전류가 낮거나, 운봉 및 유지 각도가 불량할 때 발생하는 용접 결함은?

① 용락   ② 언더컷
③ 오버랩   ④ 선상 조직

해설 오버랩은 전류가 낮을 때 발생하는 결함으로 잘 깎아주고 재용접을 해주어야 한다.

35 용접 결함 중 균열의 보수방법으로 가장 옳은 방법은?

① 작은 지름의 용접봉으로 재용접한다.
② 굵은 지름의 용접봉으로 재용접한다.
③ 전류를 높게 하여 재용접한다.
④ 정지구멍을 뚫어 균열부분은 홈을 판 후 재용접한다.

36 용접 결함 중 내부에 생기는 결함은?

① 언더컷   ② 오버랩
③ 크레이터 균열   ④ 기공

정답 34 ③ 35 ④ 36 ④

CHAPTER 06 용접 검사 및 시험법

TOPIC 01 파괴시험법의 종류와 특성

1. 인장시험(금속을 끊어질 때까지 잡아당기는 시험법)

재료의 최대 하중, 인장강도, 항복강도 및 연신율, 단면수축률 등을 측정하는 시험을 말하며 비례한도, 탄성한도, 탄성계수 등의 측정까지 가능

2. 인장강도(σ_{max})

$$\frac{최대하중}{원단면적} = \frac{P_{max}}{A_0} \text{kg/cm}^2 [\text{Pa}]$$

3. 항복강도(σ_y)

$$\frac{상부항복하중}{원단면적} = \frac{P_y}{A_0} \text{kg/cm}^2 [\text{Pa}]$$

4. 연신율(ε)

$$\frac{연신된 길이}{표점거리} \times 100 = \frac{L' - L_0}{L_0} \times 100 = \frac{\Delta}{L_0} \times 100 [\%]$$

5. 단면 수축률(ϕ)

$$\frac{원단면적 - 파단부단면적}{원단면적} \times 100 = \frac{A_0 - A'}{A_0} \times 100$$

6. 굽힘시험(Bending Test)

형틀이나 롤러 굽힘 시험기에 의해 금속을 굽혀서 용접부의 결함이나 연성의 유무 등을 검사하는 시험법

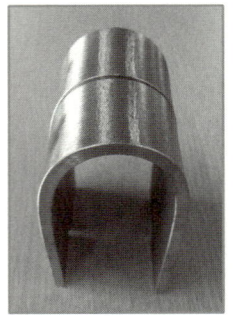

7. 경도시험(Hardness Test)

브리넬, 로크웰, 비커즈 경도시험은 일정한 하중을 다이아몬드 또는 강구를 이용하여 시험물에 압입시켜 재료에 생기는 소성 변형에 대한 압입 면적 또는 대각선의 길이 등으로 경도를 나타낸다.

① 브리넬 경도시험법(강구압입자)

$$\text{브리넬 경도값} = \frac{P}{A} = \frac{2P}{\pi D(D - \sqrt{D^2 - d^2})}$$

여기서, P : 하중
A : 압입자국의 표면적

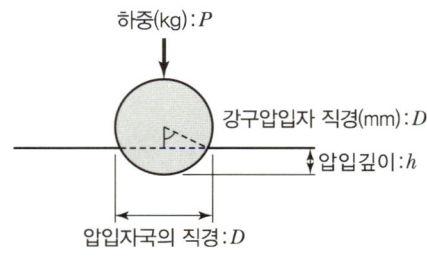

▮ 브리넬 경도시험 ▮

② 비커즈 경도시험법(다이아몬드 압입자)

▮ 비커즈 경도시험 ▮

③ 로크웰 경도시험법(B스케일과 C스케일 사용)

④ 쇼어 경도 시험(일정한 높이에서 특수한 추를 낙하시켜 그 판발 높이를 측정)

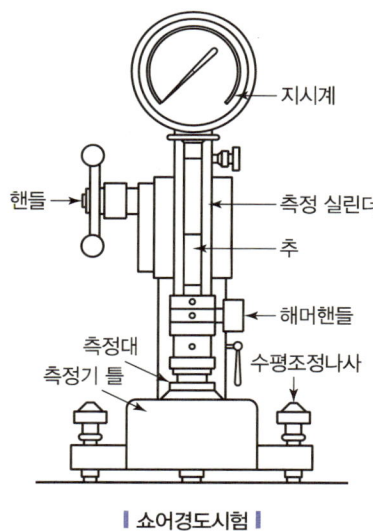

▮ 쇼어경도시험 ▮

8. 충격시험

① 시험편에 V형 또는 U형 노치(응력집중이 쉬운 흠집)를 만들고, 충격 하중을 주어서 파단시키는 시험
② 재료의 인성 또는 취성을 시험
③ **사용되는 시험기** : 샤르피식과 아이조드식 시험기

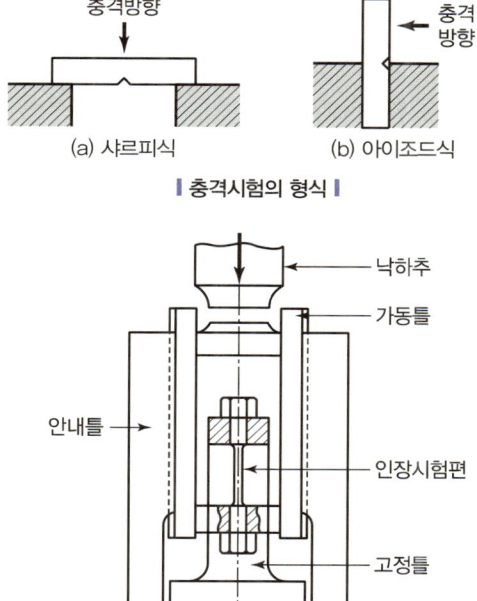

▮ 충격시험의 형식 ▮

▮ 충격시험기 ▮

9. 피로시험

용접 구조물에 규칙적인 주기를 가지는 작은 반복하중을 걸어 피로파괴강도를 측정

10. 현미경 조직 시험(화학적 시험방법)

금속의 단면을 연마하여 부식시킨 후 현미경 조직을 검사하는 방법(파괴검사)

TOPIC 02 비파괴시험법의 종류

1. 비파괴 검사의 종류와 특징

① 외관 검사(육안 검사)(VT)
- 육안으로 제품 외관의 품질, 결함 등을 판정하는 시험 (비드의 외관, 비드의 폭과 너비 그리고 높이, 용입 상태, 언더컷, 오버랩, 표면 균열 등 표면 결함의 존재 여부를 검사)
- 간편, 신속, 저렴

② 누설 검사(LT)
저장탱크, 압력용기 등의 용접부에 기밀, 수밀을 조사하는 목적으로 활용

③ 침투 검사(PT)
- 표면 결함만 검출 가능하며 너무 거칠거나 다공성 물체에서는 검사가 어려움
- 종류 : 형광 침투 검사(PT – D), 염료 침투 검사(PT – D)

④ 초음파 검사(UT)
- 초음파를 검사물의 내부에 침투시켜 내부의 결함 또는 불균일층의 존재를 탐지
- 라미네이션 결함 탐지
- 종류 : 투과법, 펄스반사법(가장 일반적으로 사용), 공진법

⑤ 자분 검사(MT)
- 검사물을 자화한 상태에서 표면 결함에 의해 생긴 누설 자속을 자분으로 검출하여 결함을 검출하는 방법
- 균열, 개재물, 편석, 기공, 용입 불량 등 검출 가능
- 오스테나이트계 스테인리스강과 같은 비자성체에는 사용 불가

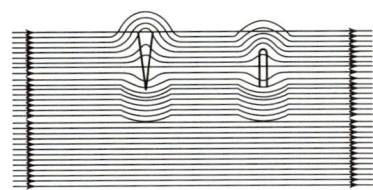

| 자기검사의 원리 |

⑥ 와류 검사(ET)
와류란 소용돌이치면서 물이 흐름을 뜻하며, 와류 검사란 비파괴 검사의 일종으로 전도체에 한하여 전자장 내에서 형성된 와류가 피검체에 통했을 때 균열 및 이질 금속 등에서 오는 전도율의 차이를 측정하여 결함을 발견하는 방법

⑦ 방사선 투과 검사(RT)
- X선 또는 γ(감마)선을 검사물에 투과시켜 결함의 유무를 조사하는 비파괴 시험법
- 금속 중의 기공은 검은 점으로 나타남

2. 비파괴 검사의 기호

기호	시험의 종류
VT	육안 시험
LT	누설 시험
PT	침투 탐상 시험
UT	초음파 탐상 시험
MT	자분 탐상 시험
ET	와류 탐상 시험
RT	방사선 투과 시험

기출 및 예상문제

CHAPTER 06 용접 검사 및 시험법

01 용접부의 표면에 사용되는 검사법으로 비교적 간단하고 비용이 싸며, 특히 자기 탐상 검사가 되지 않는 금속 재료에 주로 사용되는 검사법은?
① 방사선 비파괴 검사 ② 누수 검사
③ 침투 비파괴 검사 ④ 초음파 비파괴 검사

해설) 침투 비파괴 검사(PT)는 표면의 균열을 검출하는 시험법이다.

02 용접부 검사법 중 기계적 시험법이 아닌 것은?
① 굽힘 시험 ② 경도 시험
③ 인장 시험 ④ 부식 시험

해설) 부식 시험은 화학적 시험법에 해당한다.

03 재료의 인장시험방법으로 알 수 없는 것은?
① 인장강도 ② 단면수축률
③ 피로강도 ④ 연신율

해설) 피로강도시험법은 피로시험으로 검사한다.

04 금속재료의 미세조직을 금속현미경을 사용하여 광학적으로 관찰하고 분석하는 현미경시험의 진행순서로 맞는 것은?
① 시료 채취 → 연마 → 세척 및 건조 → 부식 → 현미경 관찰
② 시료 채취 → 연마 → 부식 → 세척 및 건조 → 현미경 관찰
③ 시료 채취 → 세척 및 건조 → 연마 → 부식 → 현미경 관찰
④ 시료 채취 → 세척 및 건조 → 부식 → 연마 → 현미경 관찰

해설) 현미경 조직시험은 파괴시험의 일종으로 금속의 일부를 채취하여(파괴 발생) 연마(잘 갈아냄) 후 세척하고 부식을 시킨 후(조직이 잘 보이도록 하기 위해) 현미경으로 관찰하게 된다.

05 용접부의 연성결함의 유무를 조사하기 위하여 실시하는 시험법은?
① 경도 시험 ② 인장 시험
③ 초음파 시험 ④ 굽힘 시험

해설) 용접부의 연성(구부러지거나 늘어나는 성질) 유무를 시험하는 시험은 굽힘시험이다.

06 다음 중 용접부의 검사방법에 있어 비파괴 검사법이 아닌 것은?
① X선 투과시험 ② 형광침투시험
③ 피로시험 ④ 초음파 시험

해설) 피로시험법은 약한 반복하중을 가해 피로파괴 한도를 검사하는 파괴시험에 속한다.

07 용접 후 인장 또는 굴곡시험으로 파단시켰을 때 은점을 발견할 수 있는데 이 은점을 없애는 방법은?
① 수소 함유량이 많은 용접봉을 사용한다.
② 용접 후 실온으로 수개월 간 방치한다.
③ 용접부를 염산으로 세척한다.
④ 용접부를 망치로 두드린다.

해설) 용접금속의 파단면에 나타나는 은백색을 띤 물고기 눈 모양의 결함이며 이는 수소가 관여하여 나타난다고 알려져 있다. 실온으로 수개월 간 방치하면 제거가 가능하다.

08 용접부의 시험에서 비파괴 검사로만 짝지어진 것은?
① 인장 시험 – 외관 시험
② 피로 시험 – 누설 시험
③ 형광 시험 – 충격 시험
④ 초음파 시험 – 방사선 투과시험

해설) 인장, 피로, 충격시험은 파괴시험에 속한다.

정답 01 ③ 02 ④ 03 ③ 04 ① 05 ④ 06 ③ 07 ② 08 ④

09 초음파 탐상법에서 널리 사용되며 초음파의 펄스를 시험체의 한쪽 면으로부터 송신하여 결함에코의 형태로 결함을 판정하는 방법은?

① 투과법   ② 공진법
③ 침투법   ④ 펄스 반사법

해설 초음파 탐상법의 종류에는 펄스 반사법, 투과법, 공진법 등이 있으며 이중 가장 일반적으로 사용되는 것은 펄스 반사법이다.

10 초음파 탐상법에 속하지 않은 것은?

① 펄스 반사법   ② 투과법
③ 공진법   ④ 관통법

해설 초음파 탐상법의 종류에는 펄스 반사법, 투과법, 공진법 등이 있다.

11 다음 중 비파괴 시험에 해당하는 시험법은?

① 굽힘 시험   ② 현미경 조직 시험
③ 파면 시험   ④ 초음파 시험

해설 초음파 시험(UT)은 비파괴 시험에 해당한다.

12 다음 중 용접부 검사방법에 있어 비파괴 시험에 해당하는 것은?

① 피로시험   ② 화학분석시험
③ 용접균열시험   ④ 침투탐상시험

해설 침투탐상시험(PT)은 강재 표면의 균열을 검사하는 것으로 표면에 염료(PT−D)나 형광물질(PT−F)을 도포하여 검사하는 방법이다.

정답 09 ④ 10 ④ 11 ④ 12 ④

CHAPTER 07 용접안전 및 환경관리

TOPIC 01 용접 시 감전의 위험과 예방대책

1. 용접 시 감전의 위험
① 10mA : 심한 고통
② 20mA : 근육 수축
③ 50mA : 사망의 우려
④ 100mA : 치명적 위험

2. 감전의 예방대책
① 용접기의 절연상태, 접속상태, 접지상태 등을 작업 전 반드시 확인
② 개로 전압(무부하전압)이 필요 이상으로 높지 않도록 해야 하며, 전격 방지기를 설치

3. 전격
강한 전류를 갑자기 몸에 느꼈을 때의 충격

TOPIC 02 용접 안전용구 및 환경관리

1. 안전모
① 머리 상부와 안전모 내부 상단과의 간격은 25mm 이상 유지
② 안전모는 공용으로 사용하지 말 것

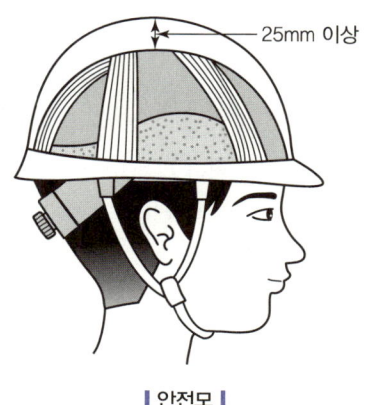

| 안전모 |

2. 소화기의 종류와 용도

소화기 종류 \ 화재	A급 화재 (보통화재)	B급 화재 (기름화재)	C급 화재 (전기화재)
포말 소화기	적합	적합	부적합
분말 소화기	양호	적합	양호
CO_2 소화기	양호	양호	적합

※ 포말 소화기는 전기 화재에 부적합

3. 화상
① 제1도 화상 : 피부가 빨갛게 됨(화상 부위가 전신의 30%에 달하면 1도 화상이라도 위험)
② 제2도 화상 : 피부가 빨갛게 되며 물집이 생김
③ 제3도 화상 : 피부 조직이 까맣게 타버림

4. 작업환경
① 통행로 위의 높이 2m 이하에서는 장애물이 없을 것
② 기계와 다른 시설과의 폭은 80cm 이상으로 할 것
③ 조명 : 초정밀작업은 600Lux 이상, 정밀작업은 300Lux 이상, 보통작업은 150Lux 이상, 기타 작업은 60Lux 이상이어야 함
④ 습도 : 50~68%가 작업하기에 가장 적당함
⑤ 작업온도 : 법정온도, 표준온도, 감각온도가 있으며 작업의 종류에 따라 달라 일반적인 작업에서 표준온도는 15~20℃ 정도

기출 및 예상문제

01 피복아크용접 시 전격을 방지하는 방법으로 틀린 것은?
① 전격방지기를 부착한다.
② 용접홀더에 맨손으로 용접봉을 갈아 끼운다.
③ 용접기 내부에 함부로 손을 대지 않는다.
④ 절연성이 좋은 장갑을 사용한다.

02 감전의 위험으로부터 용접 작업자를 보호하기 위해 교류 용접기에 설치하는 것은?
① 고주파 발생 장치   ② 전격 방지 장치
③ 원격 제어 장치   ④ 시간 제어 장치

해설 전격 방지 장치는 약 80V의 무부하 전압을 20V까지 낮추어 용접 작업자를 전격으로부터 보호한다.

03 용접 작업 시의 전격에 대한 방지대책으로 올바르지 않은 것은?
① TIG용접 시 텅스텐 전극봉을 교체할 때는 전원 스위치를 차단하지 않고 해야 한다.
② 습한 장갑이나 작업복을 입고 용접하면 강전의 위험이 있으므로 주의한다.
③ 절연홀더의 절연 부분이 균열이나 파손되었으면 곧바로 보수하거나 교체한다.
④ 용접작업이 끝났을 때나 장시간 중지할 때에는 반드시 스위치를 차단시킨다.

04 용접기의 보수 및 점검사항 중 잘못 설명한 것은?
① 습기나 먼지가 많은 장소는 용접기 설치를 피한다.
② 용접기 케이스와 2차측 단자의 두 쪽 모두 접지를 피한다.
③ 가동부분 및 냉각판을 점검하고 주유를 한다.
④ 용접케이블의 파손된 부분은 절연 테이프로 감아준다.

05 100A 이상, 300A 미만의 피복 금속 아크 용접 시 차광유리의 차광도 번호가 가장 적합한 것은?
① 4~5번   ② 8~9번
③ 10~12번   ④ 15~16번

06 사고의 원인 중 인적 사고 원인에서 선천적 원인은?
① 신체의 결함   ② 무지
③ 과실   ④ 미숙련

07 안전·보건표지의 색채, 색도기준 및 용도에서 색채에 따른 용도를 올바르게 나타낸 것은?
① 빨간색 : 안내   ② 파란색 : 지시
③ 녹색 : 경고   ④ 노란색 : 금지

08 다음 중 목재, 섬유류, 종이 등에 의한 화재의 급수에 해당하는 것은?
① A급   ② B급
③ C급   ④ D급

해설 A급(일반화재), B급(유류화재), C급(전기화재), D급(금속화재)

09 용접작업 시 안전에 관한 사항으로 틀린 것은?
① 높은 곳에서 용접작업을 할 경우 추락, 낙하 등의 위험이 있으므로 항상 안전벨트와 안전모를 착용한다.
② 용접작업 중에 여러 가지 유해가스가 발생하기 때문에 통풍 또는 환기장치가 필요하다.
③ 가연성의 분진, 화약류 등 위험물이 있는 곳에서는 용접을 해서는 안 된다.
④ 가스용접은 강한 빛이 나오지 않기 때문에 보안경을 착용하지 않아도 괜찮다.

정답 01 ② 02 ② 03 ① 04 ② 05 ③ 06 ① 07 ② 08 ① 09 ④

10 안전·보건 표지의 색채, 색도기준 및 용도에서 문자 및 빨간색 또는 노란색에 대한 보조색으로 사용되는 색채는?
① 파란색 ② 녹색
③ 흰색 ④ 검은색

11 안전표지 색채 중 방사능 표지의 색상은 어느 색인가?
① 빨강 ② 노랑
③ 자주 ④ 녹색

12 용접 현장에서 지켜야 할 안전 사항 중 잘못 설명한 것은?
① 탱크 내에서는 혼자 작업한다.
② 인화성 물체 부근에서는 작업을 하지 않는다.
③ 좁은 장소에서의 작업 시는 통풍을 실시한다.
④ 부득이 가연성 물체 가까이에서 작업 시는 화재발생 예방조치를 한다.

해설 탱크 내에서는 반드시 2인 이상 조를 이루어 작업을 해야 한다.

13 CO_2 가스 아크 용접 시 작업장의 CO_2 가스가 몇 % 이상이면 인체에 위험한 상태가 되는가?
① 1% ② 4%
③ 10% ④ 15%

해설 많은 양의 이산화탄소에 노출되면 인체에 위험한 상태가 된다. 이산화탄소의 농도는 3~4%(두통, 뇌빈혈), 15% 이상(위험), 30% 이상(치사량)

14 헬멧이나 핸드실드의 차광유리 앞에 보호유리를 끼우는 가장 타당한 이유는?
① 시력 보호 ② 가시광선 차단
③ 적외선 차단 ④ 차광유리 보호

해설 차광유리(흑유리)의 가격이 비싸기 때문에 이를 보호하기 위해 보호유리(백유리)를 사용한다.

정답 10 ④ 11 ② 12 ① 13 ④ 14 ④

CHAPTER 08 계산문제정리

01 피복 아크 용접에서 용접의 단위 길이 1cm당 발생하는 전기적 열에너지 H(J/cm)를 구하는 식은?

① $H = \dfrac{V}{60EI}$ ② $H = \dfrac{60V}{EI}$

③ $H = \dfrac{60E}{VI}$ ④ $H = \dfrac{60EI}{V}$

02 아크전압 25V, 속도 12.5cm/min, 아크전류 120A로 용접할 때 단위 cm²당 용접입열은 얼마인가?

① 144J   ② 1,440J
③ 14,400J   ④ 144,000J

해설 $H = \dfrac{60EI}{V} = \dfrac{60 \times 25 \times 120}{12.5} = 14,400$

03 규격이 AW 200인 교류 아크 용접기로 조정할 수 있는 정격 2차 전류 최댓값은 어느 정도인가?

① 200A   ② 220A
③ 240A   ④ 260A

해설 조정 가능한 전류는 20~110%.
따라서, 200 × 1.1 = 220

04 용접기의 사용률(Duty Cycle)을 구하는 공식으로 맞는 것은?

① 사용률 = $\dfrac{\text{아크 발생 시간}}{\text{아크 발생 시간} + \text{휴식 시간}} \times 100$

② 사용률 = $\dfrac{\text{휴식 시간}}{\text{아크 발생 시간} + \text{휴식 시간}} \times 100$

③ 사용률 = $\dfrac{\text{아크 발생 시간}}{\text{아크 발생 시간} - \text{휴식 시간}} \times 100$

④ 사용률 = $\dfrac{\text{휴식 시간}}{\text{아크 발생 시간} - \text{휴식 시간}} \times 100$

05 용접기의 아크 발생시간이 8분이고, 휴식시간이 2분이었다면 사용률은 몇 %인가?

① 25   ② 40
③ 65   ④ 80

해설 사용률 = $\dfrac{\text{아크 발생 시간}}{\text{아크 발생 시간} + \text{휴식 시간}} \times 100$

사용률 = $\dfrac{8}{8+2} \times 100$
= 80

06 아크 발생시간이 4분이고, 용접기의 휴식시간이 6분일 경우 사용률(%)은 얼마인가?

① 40%   ② 100%
③ 60%   ④ 50%

07 사용률이 40%인 교류 아크 용접기를 사용하여 정격전류로 4분 용접하였다면 휴식시간은 얼마인가?

① 2분   ② 4분
③ 6분   ④ 8분

해설 $40 = \dfrac{4}{4+x} \times 100$, $40(4+x) = 4 \times 100$
$160 + 40x = 400$, $40x = 400 - 160$
$x = (400 - 160)/40 = 240/40 = 6$

08 용접기에서 허용 사용률(%)을 나타내는 식은?

① $\dfrac{(\text{정격 2차 전류})^2}{(\text{실제의 용접전류})^2} \times \text{정격사용률}$

② $\dfrac{(\text{실제의 용접전류})^2}{(\text{정격 2차 전류})^2} \times 100$

③ $\dfrac{\text{정격 2차 전류}}{\text{실제의 용접전류}} \times \text{정격사용률}$

④ $\dfrac{\text{실제의 용접전류}}{\text{정격 2차 전류}} \times 100$

정답 01 ④ 02 ③ 03 ② 04 ① 05 ④ 06 ① 07 ③ 08 ①

09 피복 아크 용접 시 2차측 사용전류가 120A이고 정격 2차 전류가 300A일 때 허용 사용률은 얼마인가?(단, 정격 사용률은 40%이다.)

① 100[%] ② 150[%]
③ 250[%] ④ 360[%]

해설 $\frac{300^2}{120^2} \times 40 = 250$

10 피복 아크 용접을 할 때 용융 속도를 결정하는 것으로 맞는 것은?

① 용융 속도＝아크 전류×용접봉 쪽 전압 강하
② 용융 속도＝아크 전압×용접봉 쪽 전압 강하
③ 용융 속도＝아크 전류×용접봉 지름
④ 용융 속도＝아크 전류×아크 전압

11 양극 전압 강하 V_A, 음극 전압 강하 V_K, 아크 기둥 전압 강하 V_P 라고 할 때에 아크 전압 V_a의 올바른 관계식은?

① $Va = V_A + V_K - V_P$
② $Va = V_K + V_P - V_A$
③ $Va = V_A - V_K - V_P$
④ $Va = V_A + V_K + V_P$

12 다음 중 역률을 구하는 공식은?

① 역률 ＝ $\frac{소비전력(kW)}{전원입력(kVA)} \times 100$
② 역률 ＝ $\frac{전원입력(kVA)}{비전력(kW)} \times 100$
③ 역률 ＝ 전원입력(kVA)×소비전력(kW)×100
④ 역률 ＝ $\frac{전원입력(kVA) \times 소비전력(kW)}{100}$

13 다음 중 효율을 구하는 공식은?

① 효율 ＝ $\frac{아크출력(kW)}{소비전력(kW)} \times 100$
② 효율 ＝ $\frac{소비전력(kW)}{아크출력(kW)} \times 100$
③ 효율 ＝ 아크출력(kW)×소비전력(kW)×100
④ 효율 ＝ $\frac{아크출력(kW) \times 소비전력(kW)}{100}$

14 AW－300 무부하 전압 80V, 아크전압 30V인 교류 용접기를 사용할 때 역률과 효율은 약 얼마인가?(단, 내부 손실은 4kW이다.)

① 역률 : 54%, 효율 : 69%
② 역률 : 89%, 효율 : 72%
③ 역률 : 80%, 효율 : 72%
④ 역률 : 54%, 효율 : 80%

해설 역률 ＝ $\frac{(30 \times 300) + 4,000}{80 \times 300} \times 100 = 54.166\cdots$

효율 ＝ $\frac{30 \times 300}{(30 \times 300) + 4,000} \times 100 = 69.230\cdots$

15 용접봉의 소요량을 판단하거나 용접 작업 시간을 판단하는 데 필요한 용접봉의 용착효율을 구하는 식은?

① 용착 효율 ＝ $\frac{용착 금속의 중량}{용접봉 사용 중량} \times 100$
② 용착 효율 ＝ $\frac{용착 금속의 중량 \times 2}{용접봉 사용 중량} \times 100$
③ 용착 효율 ＝ $\frac{용접봉 사용 중량}{용착 금속의 중량} \times 100$
④ 용착 효율 ＝ $\frac{용접봉 사용 중량}{용착 금속의 중량 \times 2} \times 100$

16 필릿 용접에서 이론 목두께 a와 용접 다리 길이 z의 관계를 옳게 나타낸 것은?

① a≒0.3z ② a≒0.5z
③ a≒0.7z ④ a≒0.9z

해설 목 두께 구하는 공식＝다리길이×0.7

정답 09 ③ 10 ① 11 ④ 12 ① 13 ① 14 ① 15 ① 16 ③

17 용접 시험편에서 P = 최대 하중, D = 재료의 지름, A = 재료의 최초 단면적일 때, 인장 강도를 구하는 식으로 옳은 것은?

① P/πD
② P/A
③ P/A²
④ A/P

18 맞대기 이음에서 판 두께 10cm, 용접선의 길이 200cm, 하중 9,000kgf에 대한 인장 응력(σ)은?

① 4.5kgf/cm²
② 3.5kgf/cm²
③ 2.5kgf/cm²
④ 1.5kgf/cm²

해설 σ = P/A = 9,000/10×200 = 4.5

19 맞대기 용접을 한 것을 그림과 같이 P = 3,000kg의 하중으로 잡아당겼다면 인장 응력은 몇 kg/mm²인가?

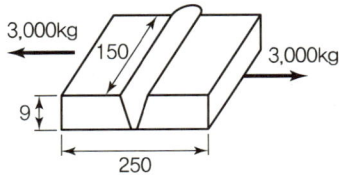

① 약 5.1kg/mm²
② 약 2.5kg/mm²
③ 약 2.2kg/mm²
④ 약 4.2kg/mm²

해설 σ = P/A
= 3,000/9×150
= 2.2

20 맞대기 용접이음에서 최대 인장하중이 800kgf 이고 판 두께가 5mm, 용접선의 길이가 20cm일 때 용착금속의 인장 강도는 몇 kgf/mm²인가?

① 0.8
② 8
③ 80
④ 800

해설 단위를 mm로 통일하면,
σ = P/A = 800/5×200
= 0.8

21 연강의 인장 시험에서 하중 100N, 시험편의 최초 단면적이 20mm²일 때 응력은 몇 N/mm²인가?

① 5
② 10
③ 15
④ 20

해설 σ = P/A = 100/20 = 5

22 용착 금속의 인장 강도가 45kgf/mm²이고 안전율이 9일 때 용접이음의 허용 응력은 몇 kgf/mm²인가?

① 5
② 36
③ 53
④ 405

해설 안전율(S) = 인장강도/허용응력
9 = 45/x, x = 45/9 = 5

23 피복 아크 용접봉에서 큰 쪽의 직경이 8이고 작은 쪽의 직경이 7.5일 경우 편심률은 얼마인가?

① 3.3
② 5.2
③ 6.7
④ 7.6

해설 편심율(%) = $\dfrac{D'-D}{D} \times 100$,
편심율 = $\dfrac{8-7.5}{7.5} \times 100 = 6.7$

24 가변압식 토치의 팁 번호 중 400번을 사용하여 중성불꽃으로 1시간 동안 용접할 때, 아세틸렌 가스의 소비량은 몇 리터인가?

① 800
② 1,600
③ 2,400
④ 400

해설 400l × 1시간 = 400, 가변압식 팁 400번의 의미는 1시간당 소비되는 아세틸렌 가스의 양

25 가스 용접용 토치의 팁 중 표준 불꽃으로 1시간 용접 시 아세틸렌 소모량이 100L인 것은?

① 고압식 200번 팁
② 중압식 200번 팁
③ 가압식 100번 팁
④ 불변압식 120번 팁

정답 17 ② 18 ① 19 ③ 20 ① 21 ① 22 ① 23 ③ 24 ④ 25 ③

26 산소 용기의 내용적이 33.7리터인 용기에 120kgf/cm² 가 충전되어 있을 때 대기압 환산 용적은 몇 리터인가?

① 2,803 ② 4,044
③ 40,440 ④ 28,030

해설 환산 용적=V
P=33.7×120=4,044

27 33.7리터의 산소 용기에 150kgf/cm²으로 산소를 충전하여 대기 중에서 환산하면 산소는 몇 리터인가?

① 5,055 ② 6,066
③ 7,077 ④ 8,088

28 35℃에서 150기압으로 압축하여 내부용적 40.7리터의 산소 용기에 충전하였을 때 용기 속의 산소량은 몇 리터인가?

① 4,015 ② 5,210
③ 6,105 ④ 7,210

해설 환산 용적=V
P=40.7×150=6,105

29 산소-아세틸렌 용접에서 표준불꽃으로 연강판 두께 2.0mm를 60분간 용접하였더니 200리터의 아세틸렌 가스가 소비되었다면, 가장 적당한 가변압식 팁의 번호는?

① 100번 ② 200번
③ 300번 ④ 400번

해설 가변압식 팁은 1시간(60분) 동안 소비되는 아세틸렌 가스의 양을 번호로 나타낸다.

30 가변압식의 팁 번호가 200일 때 10시간 동안 표준 불꽃으로 용접할 경우 아세틸렌 가스의 소비량은 몇 리터인가?

① 20 ② 200
③ 2,000 ④ 2,000

해설 소비량=가변압식
팁 번호×시간=200×10=2,000

31 내용적 40리터, 충전 압력이 150kgf/cm²인 산소용기의 압력이 100kgf/cm²까지 내려갔다면 소비한 산소의 량은 몇 l 인가?

① 2,000 ② 3,000
③ 4,000 ④ 5,000

해설 소비량=내용적(충전압력-사용 후 압력)
=40(150-100)=2,000

32 내용적이 40.7L인 용기에 산소가 100kgf/cm²로 충전되어 있다면 프랑스식 팁 100번을 사용하여 표준불꽃으로 약 몇 시간까지 용접이 가능한가?

① 약 16시간 ② 약 22시간
③ 약 31시간 ④ 약 40시간

해설 사용시간=충전량/팁 번호
=40.7×100/100=40.7

33 규격이 AW 300인 교류 아크 용접기의 정격 2차 전류 범위(A)는?

① 0~300A ② 20~330A
③ 60~330A ④ 120~430A

해설 교류 용접기의 정격 2차 전류 범위
정격 2차 전류의 20~110%=300(0.2~1.1)=60~330

34 아세톤은 각종 액체에 잘 용해된다. 15℃, 15기압에서 아세톤 2L에는 아세틸렌이 몇 L 정도가 용해되는가?

① 150L ② 225L
③ 375L ④ 750L

해설 아세틸렌은 아세톤에 1기압 상태에서 25배 용해된다. 따라서 25×15×2=750

정답 26 ② 27 ① 28 ③ 29 ② 30 ③ 31 ① 32 ④ 33 ③ 34 ④

35 A는 병 전체 무게(빈병의 무게 + 아세틸렌 가스의 무게)이고, B는 빈병의 무게이며, 또한 15℃ 1기압에서의 아세틸렌 가스 용적을 905리터라고 할 때, 용해 아세틸렌 가스의 양 C(리터)를 계산하는 식은?

① C=905(B−A)　　② C=905+(B−A)
③ C=905(A−B)　　④ C=905+(A−B)

> **해설** (병 전체의 무게 − 빈병의 무게)=사용한 아세틸렌 가스의 무게(kg). 또한 아세틸렌 1kg=905l이므로 사용한 아세틸렌의 양(l)은 (A−B)×905이다.

36 15℃, 1kgf/cm² 하에서 사용 전 용해아세틸렌 병의 무게가 50kgf이고, 사용 후 무게가 47kgf일 때 사용한 아세틸렌 양은 몇 리터인가?

① 2,915　　② 2,815
③ 3,815　　④ 2,715

> **해설** C=905(사용 전 무게 − 사용 후 무게)
> =905(50−47)=2,715

37 가스 절단면의 표준드래그의 길이는 얼마 정도로 하는가?

① 판 두께의 1/2　　② 판 두께의 1/3
③ 판 두께의 1/5　　④ 판 두께의 1/7

38 가스 절단 작업 시의 표준 드래그 길이는 일반적으로 모재 두께의 몇 % 정도인가?

① 5　　② 10
③ 20　④ 25

39 두께 25mm의 연강판을 가스절단하였을 때 경제적인 표준 드래그의 길이는 얼마인가?

① 약 2mm　　② 약 5mm
③ 약 8mm　　④ 약 10mm

> **해설** 표준 드래그 길이는 판 두께의 약 20%(1/5)

40 일반적으로 모재의 두께가 1mm 이상일 때 용접봉의 지름을 결정하는 방법으로 사용되는 식은?(단, D : 용접봉의 지름(mm), T : 판두께(mm))

① D=1/2+T　　② D=2/1+T
③ D=2/T+1　　④ D=T/2+1

41 다음 중 가스용접봉을 선택하는 공식으로 맞는 것은?

① D=T/2+1　　② D=T/2+2
③ D=T/2−2　　④ D=T/2−1

42 가스 용접 시 모재의 두께가 2.0mm일 때 용접봉의 지름을 계산식에 의해 구하면 몇 mm인가?

① 2.0　　② 2.6
③ 3.2　　④ 4.0

> **해설** D=T/2+1
> =2/2+1=2

43 산소−아세틸렌가스 용접기로 두께가 3.2mm인 연강판을 V형 맞대기 이음을 하려면 이에 적당한 연강용 가스 용접봉의 지름(mm)은?

① 4.6　　② 3.2
③ 3.6　　④ 2.6

> **해설** D=T/2+1
> =3.2/2+1=2.6

44 연강판 두께 6.0mm를 가스 용접하려고 할 때 가장 적당한 용접봉의 지름(mm)을 계산하면?

① 1.6mm　　② 2.6mm
③ 4.0mm　　④ 5.0mm

> **해설** D=T/2+1
> =6/2+1=4

정답 35 ③　36 ④　37 ③　38 ③　39 ②　40 ④　41 ①　42 ①　43 ④　44 ③

45 연강판 두께 4.4mm의 모재를 가스용접할 때 가장 적당한 가스 용접봉의 지름은 몇 mm인가?
① 1.0　　② 1.6
③ 2.0　　④ 3.2

해설 $D = T/2 + 1 = 4.4/2 + 1 = 3.2$

46 일반적으로 가스 용접봉의 지름이 2.6mm일 때 강판의 두께는 몇 mm 정도가 가장 적당한가?(단, 계산식으로 구한다.)
① 1.6mm　　② 3.2mm
③ 4.5mm　　④ 6.0mm

해설 $D = T/2 + 1$, $2.6 = T/2 + 1$, $T/2 = 2.6 - 1$, $T/2 = 1.6$, $T = 1.6 \times 2 = 3.2$

47 KS에 규정된 연강용 가스 용접봉의 지름 치수(단위 : mm)에 해당되지 않는 것은?
① 1.6　　② 4.2
③ 3.2　　④ 5.0

48 가스 용접 작업에서 보통 작업을 할 때 압력 조정기의 산소 압력은 몇 kgf/mm² 이하이어야 하는가?
① 5~6　　② 3~4
③ 1~2　　④ 0.1~0.3

49 형틀 굽힘(굴곡) 시험을 할 때 시험편을 보통 몇 도까지 굽히는가?
① 120°　　② 180°
③ 240°　　④ 300°

50 아크에어 가우징(Arc Air Gouging) 작업 시 압축공기의 압력은 어느 정도가 옳은가?
① 3~4kgf/cm²　　② 5~7kgf/cm²
③ 8~10kgf/cm²　　④ 11~13kgf/cm²

51 수동가스 절단기에서 저압식 절단토치는 아세틸렌가스 압력이 보통 몇 kgf/cm² 이하에서 사용되는가?
① 0.07　　② 0.40
③ 0.70　　④ 1.40

52 불활성 가스 금속 아크용접(MIG 용접)의 전류 밀도는 피복 아크 용접에 비해 약 몇 배 정도인가?
① 2배　　② 6배
③ 10배　　④ 12배

53 맞대기 용접 이음에서 모재의 인장강도는 45kgf/mm²이며, 용접 시험편의 인장강도가 47kgf/mm²일 때 이음 효율은 약 몇 %인가?
① 104　　② 96
③ 60　　④ 69

해설 이음 효율 $= \dfrac{\text{용접 시험편의 인장강도}}{\text{모재의 인장강도}} \times 100$
$= \dfrac{47}{45} \times 100 = 104$

54 이산화탄소 아크 용접의 보호가스설비에서 저전류 영역의 가스 유량은 약 몇 l/min 정도가 좋은가?
① 1~5　　② 6~9
③ 10~15　　④ 20~25

55 액체 이산화탄소 25kg 용기는 대기 중에서 가스량이 대략 12,700L이다. 20L/min의 유량으로 연속 사용할 경우 사용 가능한 시간(Hour)은 약 얼마인가?
① 60시간　　② 6시간
③ 10시간　　④ 1시간

해설 사용 가능 시간 = 대기 중의 가스량/분당 소비량
$\dfrac{12,700}{20} = 635\text{분}/60 = 10.6\text{시간}$

정답 45 ④　46 ②　47 ②　48 ②　49 ②　50 ②　51 ①　52 ②　53 ①　54 ③　55 ③

56 이산화탄소 가스 아크 용접에서 CO_2 가스가 인체에 미치는 영향 중 위험한 상태가 되는 CO_2(체적 %양) 양은?
① 0.1 이상 ② 3 이상
③ 8 이상 ④ 15 이상

57 서브머지드 아크 용접의 V형 맞대기 용접 시 루트면 쪽에 받침쇠가 없는 경우에는 루트 간격을 몇 mm 이하로 하여야 하는가?
① 0.8mm 이하 ② 1.2mm 이하
③ 1.8mm 이하 ④ 2.0mm 이하

58 TIG 용접에서 직류 정극성으로 용접할 때 전극 선단의 각도가 가장 적합한 것은?
① 5~10° ② 10~20°
③ 20~50° ④ 60~70°

59 테르밋 용접에서 미세한 알루미늄 분말과 산화철 분말의 중량비로 가장 올바른 것은?
① 1~2 : 1 ② 3~4 : 1
③ 5~6 : 1 ④ 7~8 : 1

60 아세틸렌 가스는 몇 ℃ 이상이면 산소 없이도 자연폭발하는가?
① 406℃ ② 505℃
③ 780℃ ④ 850℃

61 보기 도면에서 A 부분의 치수값은?

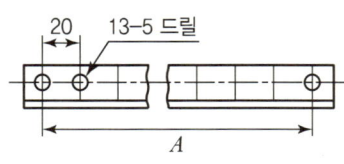

① 100 ② 120
③ 240 ④ 260

해설 A=(구멍 수-1)×1칸의 간격=(13-1)×20=240

62 그림과 같이 안지름 550mm, 두께 6mm, 높이 900mm인 원통을 만들려고 할 때 소요되는 철판의 크기로 가장 적당한 것은?(단, 양쪽 마구리는 트인 상태이며 이음매 부위는 고려하지 않는다.)

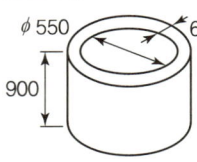

① 900×1,709 ② 900×1,727
③ 900×1,747 ④ 900×1,765

해설
- 외경 표시의 경우=(D-t)×π
- 내경 표시의 경우=(D+t)×π=(550+6)×3.1416
  =1,746.7≒1,747

63 전압이 200V, 전류가 50A라면 전력(P)은 얼마인가?
① 1kW ② 10kW
③ 20kW ④ 30kW

해설 P=EI, P=200×50=10,000W=10kW

64 전기 모터의 마력이 5HP라면 전력은 얼마인가?
① 2kW ② 3.73kW
③ 5.23kW ④ 7.23kW

해설 1HP=746W, 5×746=3,730W=3.73kW

65 전압(E)이 200V이고 전류(I)가 50A라면 저항(R)은 얼마인가?
① 2 ② 4
③ 6 ④ 8

해설 $R=\dfrac{E}{I}$, $E=IR$ ∴ $R=200/50=4$

정답 56 ④ 57 ① 58 ③ 59 ② 60 ③ 61 ③ 62 ③ 63 ② 64 ② 65 ②

66 직렬 접속 저항에서 $R_1 = 4[\Omega]$, $R_2 = 5[\Omega]$, $R_3 = 10[\Omega]$ 일 때 합성저항은 약 몇 [Ω]인가?
① 15　　② 17
③ 19　　④ 21

해설　직렬접속 합성저항 $R = R_1 + R_2 + R_3$
$= 4 + 5 + 10 = 19$

67 병렬접속 저항에서 $R_1 = 4[\Omega]$, $R_2 = 5[\Omega]$, $R_3 = 10[\Omega]$ 일 때 합성저항은 약 몇 [Ω]인가?
① 1.8　　② 18
③ 19　　④ 1.9

해설　병렬 합성저항 $= \dfrac{1}{\dfrac{1}{4}+\dfrac{1}{5}+\dfrac{1}{10}}$
$= \dfrac{1}{\dfrac{5}{20}+\dfrac{4}{20}+\dfrac{2}{20}} = \dfrac{1}{\dfrac{11}{20}}$
$= \dfrac{20}{11} = 1.9$

68 1차 입력이 22kVA인 전원 전압을 220V의 전기기기에 사용할 때 퓨즈 용량(A)은?
① 1,000　　② 100
③ 10　　④ 1

해설　퓨즈 용량 = 1차 입력/전원 전압
$= 22,000/220 = 100$

69 200V용 아크 용접기의 1차 입력이 15kVA일 때 퓨즈의 용량은 얼마(A)가 적당한가?
① 65A　　② 75A
③ 90A　　④ 100A

70 용접기 설치 시 1차 입력이 10kVA이고 전원 전압이 200V 이면 퓨즈 용량은?
① 50A　　② 100A
③ 150A　　④ 200A

71 변압기에서 1차 측 코일의 감김 수가 20, 2차 코일의 감김 수가 10이며, 1차 측 전압이 220V일 경우 2차 측 전압은 얼마인가?
① 55V　　② 110V
③ 220V　　④ 440V

해설　$\dfrac{E_1}{E_2} = \dfrac{n_1}{n_2} = \dfrac{I_2}{I_1}$　　∴ $E_1 n_2 = E_2 n_1$
$n_1 I_1 = n_2 I_2$,　$E_1 I_1 = E_2 I_2$
$220 \times 10 = 20 E_2$
$E_2 = 220 \times 10/20 = 110$

72 그림과 같은 원뿔을 전개하였을 경우 나타난 부채꼴의 전개각(전개된 물체의 꼭지각)이 120°가 되려면 l 의 치수는?

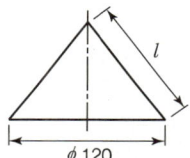

① 90　　② 120
③ 180　　④ 270

해설　방사선을 이용한 전개도법은 각뿔이나 원뿔의 전개에 사용한다. 꼭짓점을 중심으로 방사형으로 전개시키는 방법이며 그림의 전개도에서 부채꼴의 반지름은 원뿔의 빗변 길이와 같다. 부채꼴의 중심각을 구하는 공식에서 빗변의 길이를 계산할 수 있다.
$e = 360 \times \dfrac{r}{l}$ 그러므로
$120 = 360 \times \dfrac{60}{l}$ 에서, $\dfrac{21,600}{l} = 120$ 이며
$\dfrac{21,600}{120} = l$ 이므로, $l = 180$

여기서, θ : 부채꼴의 중심각
　　　　r : 원뿔의 반지름
　　　　l : 원뿔 빗변의 길이

정답　66 ③　67 ④　68 ②　69 ②　70 ①　71 ②　72 ③

Do! mino
용접(특수용접)기능사 필기
CRAFTSMAN WELDING

💬 학습 전에 알아두어야 할 사항

출제 비중은 전체 문제의 약 25% 정도이며 탄소강 및 각종 비철 금속류의 특징과 그 합금의 종류, 주철과 주강의 비교분석, 각종 재료의 열처리법 등의 주요 골자를 중심으로 학습하고 그 다음에 기타 사항에 대해 공부하는 것이 효과적인 방법이다.

PART 02
용접(기계) 재료

CHAPTER 01 ㅣ 금속의 특징과 종류
CHAPTER 02 ㅣ 철강의 분류
CHAPTER 03 ㅣ 금속의 열처리 및 경화법
CHAPTER 04 ㅣ 철강 재료
CHAPTER 05 ㅣ 비철 금속 재료

CHAPTER 01 금속의 특징과 종류

TOPIC 01 금속의 성질

1. 금속의 일반적 성질
① 상온에서 고체이다.(단, 수은(Hg)은 예외)
② 고유의 색과 광택이 있다.
③ 전성, 연성이 커 소성가공이 가능하다.
④ 열과 전기가 잘 통하는 양도체이다.
⑤ 비중, 경도가 크고 용융점이 높다.

2. 금속의 성질(개념 정리)
① 물리적 성질
- 비중 : 4℃의 순수한 물을 기준으로 가볍고 무거운 정도를 수치로 표시
- 용융점 : 고체가 액체로 변하는 온도(녹는 온도)
- 선 팽창계수 : 물체의 길이에 대해 온도가 1℃ 높아지는 데 따른 늘어난 막대길이의 양
- 열전도율 : 거리 1cm에 대해 1℃의 온도차가 있을 때 1초간 전해지는 열의 양
- 전기 전도율(물질 내에서 전류가 잘 흐르는 정도) : 은(Ag) > 구리(Cu) > 금(Au) > 알루미늄(Al) > 마그네슘(Mg) > 아연(Zn) > 니켈(Ni) > 철(Fe) > 납(Pb) > 안티몬(Sb)

② 기계적 성질
- 항복점 : 인장시험에서 변형이 급격히 증가하는 점
- 연성 : 늘어나는 성질
- 전성 : 충격을 가했을 때 깨지지 않고 옆으로 퍼지는 성질(연성과 비례=가단성)
- 인성(강인성) : 파괴에 대한 저항도(충격에 견디는 성질)
- 취성(메짐) : 깨지고 부서지는 성질
- 가공경화 : 금속이 가공에 의해 강도, 경도가 커지고 연신율이 감소되는 성질
- 강도 : 물체가 외력에 저항할 수 있는 힘
- 경도 : 단단함의 정도

3. 금속의 합금시 변하는 성질
① 강도와 경도, 주조성과 내열성이 증가
② 용융점, 전기 및 열전도율 감소

4. 경금속과 중금속(물의 비중 : 1)
① 경금속 : 비중이 4보다 작은 것으로 Ca, Mg, Al, Na 등이 있다.
② 중금속 : 비중이 4보다 큰 것으로 Au, Fe, Cu 등이 있다.

5. 가장 가벼운 금속
Li(리튬, 0.53)

> ⊙ 참고 실용 금속 중 가장 가벼운 금속
> Mg(마그네슘, 1.74)

TOPIC 02 금속의 변태와 가공

1. 금속의 변태
① 동소 변태
- 고체 내에서 원자의 배열상태가 변하는 것을 말함
- 순철은 A_4 변태와 A_3 변태를 한다.

② 자기 변태
- 자기의 강도가 변화되는 것을 말하며
- 순철은 A_2 변태점(768℃)에서 자기변태를 한다.
- 자기변태가 이루어지는 온도점을 일명 퀴리점(Quire Point)이라고 한다.
- 순철은 세 개의 변태점을 가지고 있다.(A_2, A_3, A_4)

2. 회복과 재결정

① **회복** : 가공 경화된 금속에 열을 가해 처음 상태와 같이 응력이 제거되어 본래의 상태로 되돌아오는 성질
② **재결정** : 회복이 된 금속의 경도는 변하지 않으므로 더욱 가열하면 결정의 슬립이 해소되고, 새로운 핵이 생겨 전체가 새로운 결정이 되는 것을 말하며 이때의 온도를 재결정 온도라고 함

3. 열간 가공과 냉간 가공

재결정 온도보다 높은 온도에서 가공하는 것을 열간 가공이라 하며, 재결정 온도보다 낮은 온도에서 가공하는 것을 냉간 가공이라고 함

4. 소성 가공

금속을 변형시켜 필요한 모양으로 만드는 것

기출 및 예상문제

01 금속의 물리적 성질에서 자성에 관한 설명 중 틀린 것은?
① 연철(鍊鐵)은 잔류자기는 작으나 보자력이 크다.
② 영구자석재료는 쉽게 자기를 소실하지 않는 것이 좋다.
③ 금속을 자석에 접근시킬 때 금속에 자석의 극과 반대의 극이 생기는 금속을 상자성체라 한다.
④ 자기장의 강도가 증가하면 자화되는 강도도 증가하나 어느 정도 진행되면 포화점에 이르는 이 점을 퀴리점이라 한다.

02 금속에 대한 설명으로 틀린 것은?
① 리튬(Li)은 물보다 가볍다.
② 고체 상태에서 결정구조를 가진다.
③ 텅스텐(W)은 이리듐(Ir)보다 비중이 크다.
④ 일반적으로 용융점이 높은 금속은 비중도 큰 편이다.

해설 이리듐은 금속 중 가장 비중이 큰 것으로 22.5이다.(텅스텐 19.3)

03 상자성체 금속에 해당되는 것은?
① Al   ② Fe
③ Ni   ④ Co

해설 상자성체(Al, Mn, Pt, Sn, Ir)
자계 안에 넣으면 자계 방향으로 약하게 자화되고, 자계가 제거되면 자화되지 않는 물질이다. 즉 자계에 끌리며 자력선과 평행하게 나열되며, 자화되는 물질이다. 그러나 상자성체는 극성이 약하다.

04 다음의 금속 중 경금속에 해당하는 것은?
① Cu   ② Be
③ Ni   ④ Sn

해설 비중
Cu(8.96), Be(1.73), Ni(8.9), Sn(7.3)
비중 4.5를 기준으로 4.5보다 작은 것을 경금속이라 한다.

05 금속 간의 원자가 접합되는 인력 범위는?
① 10^{-4}cm   ② 10^{-6}cm
③ 10^{-8}cm   ④ 10^{-10}cm

해설 금속은 10^{-8}cm(1 Å ; 옴스트롬)에서 원자 간의 인력으로 접합하게 된다.

06 조밀육방격자의 결정구조로 옳게 나타낸 것은?
① FCC   ② BCC
③ FOB   ④ HCP

07 소성변형이 일어나면 금속이 경화하는 현상을 무엇이라 하는가?
① 탄성경화   ② 가공경화
③ 취성경화   ④ 자연경화

08 마우러 조직도에 대한 설명으로 옳은 것은?
① 주철에서 C와 P 양에 따른 주철의 조직관계를 표시한 것이다.
② 주철에서 C와 Mn 양에 따른 주철의 조직관계를 표시한 것이다.
③ 주철에서 C와 Si 양에 따른 주철의 조직관계를 표시한 것이다.
④ 주철에서 C와 S 양에 따른 주철의 조직관계를 표시한 것이다.

해설 마우러 조직도는 C(탄소)와 Si(규소)의 조직관계를 나타낸 것이다.

09 용접 시 냉각속도에 관한 설명 중 틀린 것은?
① 예열을 하면 냉각속도가 완만하게 된다.
② 얇은 판보다는 두꺼운 판이 냉각속도가 크다.
③ 알루미늄이나 구리는 연강보다 냉각속도가 느리다.
④ 맞대기 이음보다는 T형 이음이 냉각속도가 크다.

해설 Al, Cu는 열전도도가 우수한 금속으로 냉각속도가 연강보다 빠르다.

정답 01 ① 02 ③ 03 ① 04 ② 05 ③ 06 ④ 07 ② 08 ③ 09 ③

10 강의 표준 조직이 아닌 것은?

① 페라이트(Ferrite) ② 시멘타이트(Cementite)
③ 펄라이트(Pearlite) ④ 소르바이트(Sorbite)

해설 **강의 표준조직**
페라이트, 시멘타이트, 펄라이트

11 다음 금속의 기계적 성질에 대한 설명 중 틀린 것은?

① 탄성 : 금속에 외력을 가해 변형되었다가 외력을 제거했을 때 원래 상태로 돌아오는 성질
② 경도 : 금속 표면이 외력에 저항하는 성질, 즉 물체의 기계적인 단단함의 정도를 나타내는 것
③ 취성 : 강도가 크면서 연성이 없는 것, 즉 물체가 약간의 변형에도 견디지 못하고 파괴되는 성질
④ 피로 : 재료에 인장과 압축하중을 오랜 시간 동안 연속적으로 되풀이 하여도 파괴되지 않는 현상

해설 고체 재료에 반복 응력을 연속적으로 가하면 인장강도보다 훨씬 낮은 응력에서 재료가 파괴된다. 이것을 재료의 피로라고 하며, 피로에 의한 파괴를 피로파괴라 한다.

12 순철의 자기변태(A_2)점 온도는 약 몇 ℃인가?

① 210℃ ② 768℃
③ 910℃ ④ 1,400℃

해설 순철의 자기변태점(퀴리점)은 768℃이다. 1,400℃(순철의 A_4 변태점), 910℃(순철의 A_3 변태점)
※ 순철에는 세 개의 변태점이 존재한다.

13 질량의 대소에 따라 담금질 효과가 다른 현상을 질량효과라고 한다. 탄소강에 니켈, 크롬, 망간 등을 첨가하면 질량효과는 어떻게 변하는가?

① 질량효과가 커진다.
② 질량효과는 변하지 않는다.
③ 질량효과가 작아지다가 커진다.
④ 질량효과가 작아진다.

14 용접금속의 용융부에서 응고 과정의 순서로 옳은 것은?

① 결정핵 생성 → 결정경계 → 수지상정
② 결정핵 생성 → 수지상정 → 결정경계
③ 수지상정 → 결정핵 생성 → 결정경계
④ 수지상정 → 결정경계 → 결정핵 생성

해설 용융 금속이 응고할 때에 먼저 핵이 생성되고, 이 핵을 중심으로 하여 금속이 규칙적으로 응고하여 수지의 골격을 형성한다. 이와 같은 것을 수지 상정이라고 한다. 인접해서 생성한 다른 수지상정과 만날 때까지 점차 성장하여 늘어나고 동시에 그 수가 증가하여 결국은 수지의 간극이 전부 충전되어 다면체의 외형이 된다.

15 열간가공과 냉간가공을 구분하는 온도로 옳은 것은?

① 재결정 온도 ② 재료가 녹는 온도
③ 물의 어는 온도 ④ 고온취성 발생온도

16 자기변태가 일어나는 점을 자기 변태점이라 하며, 이 온도를 무엇이라고 하는가?

① 상점 ② 이슬점
③ 퀴리점 ④ 동소점

해설 순철의 자기변태점(퀴리점)은 768℃이다.(자기변태점 : 자성이 변하는 온도)

정답 10 ④ 11 ④ 12 ② 13 ④ 14 ② 15 ① 16 ③

CHAPTER 02 철강의 분류

TOPIC 01 선철

1. 선철
용광로 속에서 용융되어 처음으로 흘러나온 철을 선철(先鐵)이라 함

> 참고) 용광로의 크기
> 24시간 동안에 산출된 선철의 무게를 톤(Ton)으로 표시

2. 선철의 종류
① 백선철 : 단단하고 파면은 흰색
② 회선철 : 연하고 파면은 회색

TOPIC 02 강괴의 종류

1. 강괴의 종류
① 림드강
  - 평로나 전로에서 가볍게 탈산
  - 순도가 좋으나, 편석이나 기포 등이 발생
  - 용접봉 심선의 재료로 사용되고 있음(저탄소 림드강)

② 킬드강
  - 노 내에서 강탈산제로 충분히 탈산
  - 기포나 편석은 없으나 표면에 헤어 크랙(Hair Crack) 발생
  - 상부에 수축관이 발생하여 상부 10~20%를 제거 후 사용해야 함

③ 세미킬드강
  킬드강과 림드강의 중간 정도의 강

TOPIC 순철(순수한 철) 부분

2. 순철(순수한 철)
① 탄소 함유량은 0.03% 이하
② 주로 전기 재료에 사용됨(변압기, 발전기용 박판에 사용)
③ 용접성이 양호

TOPIC 03 탄소강

1. 탄소강
철과 탄소의 합금으로 0.05~2.1%의 탄소를 함유한 강을 말하며 용도에 따라 적당한 탄소량의 것을 선택하여 사용

2. 탄소강의 성질
표준상태에서 C(탄소)의 양이 많아지면 강도, 경도가 증가하나 인성, 충격치는 감소

3. 탄소강과 종류(카본강)
순수한 철(순철)은 너무 연하기 때문에 기계 구조용 재료로서는 사용이 어려우므로 탄소(C)와 규소(Si), 망간(Mn), 인(P), 황(S) 등을 첨가하여 강도를 높여서 일반 구조용 강으로 만드는데, 이를 탄소강이라 한다.(강의 종류는 탄소의 함량으로 구분한다.)
① 저탄소강 : 탄소 함유량 0.3% 이하
② 중탄소강 : 탄소 함유량 0.3~0.5%
③ 고탄소강 : 탄소 함유량 0.5~1.3%

4. 청열취성
강이 200~300℃에서 상온일 때보다 약하게 되는 성질
→ P(인)이 원인

5. 적열취성(고온취성)
강이 900~950℃에서 취성을 갖고, 고온 가공성이 나빠짐
→ S(황)이 원인[Mn(망간)으로 방지 가능]

6. 상온 취성

P(인)의 작용으로 상온에서 연신율, 충격치가 감소됨

7. 저온 취성

저온에서 강의 충격치가 감소하여 취성을 갖는 성질 → Mo(몰리브덴)으로 저온 취성 방지 가능

8. 탄소량에 따른 탄소강의 종류

종별	탄소 함유량(%)	암기법(근사값)
극연강	0.12 이하	0.1
연강	0.13~0.20	0.2
반연강	0.20~0.30	0.3
반경강	0.30~0.40	0.4
경강	0.40~0.50	0.5
최경강	0.50~0.70	0.6
탄소공구강	0.70~1.50	0.7

기출 및 예상문제

CHAPTER 02 철강의 분류

01 다음 중 탄소강의 표준 조직이 아닌 것은?
① 페라이트 ② 펄라이트
③ 시멘타이트 ④ 마텐자이트

해설 탄소강의 표준조직
페라이트, 시멘타이트, 펄라이트

02 탄소강 중에 함유된 규소의 일반적인 영향 중 틀린 것은?
① 경도의 상승 ② 연신율의 감소
③ 용접성의 저하 ④ 충격값의 증가

03 고 Mn강으로 내마멸성과 내충격성이 우수하고, 특히 인성이 우수하기 때문에 파쇄 장치, 기차 레일, 굴착기 등의 재료로 사용되는 것은?
① 엘린바(Elinvar)
② 디디뮴(Didymium)
③ 스텔라이트(Stellite)
④ 해드필드(Hadfield)강

해설 고망간강은 내마멸성이 우수하여 기차 레일, 굴착기 등의 재료로 사용되며 해드필드라는 사람이 발명했다 하여 이 같은 이름이 지어지게 되었다.

04 해드필드(Hadfield)강은 상온에서 오스테나이트 조직을 가지고 있다. Fe 및 C 이외의 주요 성분은?
① Ni ② Mn
③ Cr ④ Mo

해설 해드필드강은 Mn(망간)이 약 10~14% 함유된 고망간강이며 내마멸성이 뛰어나 불도저 등 광산기계, 기차레일의 교차점 등에 사용된다.

05 건축용 철골, 볼트, 리벳 등에 사용되는 것으로 연신율이 약 22%이고, 탄소 함량이 약 0.15%인 강재는?
① 연강 ② 경강
③ 최경강 ④ 탄소공구강

06 저용융점(Fusible) 합금에 대한 설명으로 틀린 것은?
① Bi를 55% 이상 함유한 합금은 응고 수축을 한다.
② 용도로는 화재통보기, 압축공기용 탱크 안전밸브 등에 사용된다.
③ 33~66%Pb를 함유한 Bi 합금은 응고 후 시효 진행에 따라 팽창현상을 나타낸다.
④ 저용융점 합금은 약 250℃ 이하의 용융점을 갖는 것이며 Pb, Bi, Sn, In 등의 합금이다.

해설 저용융점 합금은 Sn(주석)보다 융점(약 250℃)이 낮은 합금을 의미한다.

07 탄소강의 표준 조직을 검사하기 위해 A_3, Acm 선보다 30~50℃ 높은 온도로 가열한 후 공기 중에 냉각하는 열처리는?
① 노멀라이징 ② 어닐링
③ 템퍼링 ④ 칭

08 일반적으로 강에 S, Pb, P 등을 첨가하여 절삭성을 향상시킨 강은?
① 구조용 강 ② 쾌삭강
③ 스프링강 ④ 탄소공구강

09 다음 중 탄소량이 가장 적은 강은?
① 연강 ② 반경강
③ 최경강 ④ 탄소공구강

10 순 구리(Cu)와 철(Fe)의 용융점은 약 몇 ℃인가?
① Cu : 660℃, Fe : 890℃
② Cu : 1,063℃, Fe : 1,050℃
③ Cu : 1,083℃, Fe : 1,539℃
④ Cu : 1,455℃, Fe : 2,200℃

정답 01 ④ 02 ④ 03 ④ 04 ② 05 ① 06 ① 07 ① 08 ② 09 ① 10 ③

11 탄소강에 관한 설명으로 옳은 것은?

① 탄소가 많을수록 가공 변형은 어렵다.
② 탄소강의 내식성은 탄소가 증가할수록 증가한다.
③ 아공석강에서 탄소가 많을수록 인장강도가 감소한다.
④ 아공석강에서 탄소가 많을수록 경도가 감소한다.

해설 탄소 함유량이 많을수록 금속은 단단해지기 때문에 가공 변형은 어렵다.

정답 11 ①

CHAPTER 03 금속의 열처리 및 경화법

TOPIC 01 강의 열처리

1. 강의 열처리 종류

① 담금질
- 강의 경화 목적
- 담금질 조직과 경도 : 마텐자이트 > 트루스타이트 > 오스테나이트 > 소르바이트

② 풀림 : 강의 연화, 내부응력 제거 목적
③ 뜨임 : 인성 부여(담금질 후처리)[Mo(몰리브덴)으로 뜨임 취성 방지 가능]
④ 불림 : 강의 표준조직화, 조직의 미세화

2. 질량 효과

금속의 질량의 크고 작음에서 나타나는 냉각 속도에 따라 경도의 차이가 생기는 현상을 질량 효과라고 하며, 질량 효과가 작다는 것은 열처리가 잘 된다는 의미

3. 자경성

담금질의 온도로 가열 후 공랭 또는 노랭해 경화되는 성질

4. M_s 점, M_f 점

마텐자이트 변태가 일어나는 점을 M_s점, 끝나는 점을 M_f점이라 함

5. 담금질이 잘 되는 액체

소금물(보통 물보다 담금질 능력이 크다.)

6. 서브제로 처리(Subzero Treatment)

심랭 처리(영점하의 처리)는 잔류 오스테나이트를 가능한 적게 하기 위하여 0℃ 이하(드라이 아이스, 액체 산소 -183℃ 등 사용)의 액 중에서 마텐자이트 변태를 완료할 때까지 처리하는 것을 말한다.

7. 항온 열처리

열처리하고자 하는 재료를 오스테나이트 상태로 가열하여 일정한 온도의 염욕, 연료 또는 200℃ 이하에서는 실린더유를 가열한 유조 중에서 담금과 뜨임하는 것

8. 항온 열처리 곡선(TTT 곡선, S 곡선)

온도(Temperature), 시간(Time), 변태(Transformation)의 3가지 변화를 표로 나타낸 것

TOPIC 02 강의 표면 경화법

1. 침탄법(탄소를 침투시켜 표면을 경화)

금속의 표면을 경화시키는 방법으로 0.2% C 이하의 저탄소강을 침탄제(탄소, C)와 침탄 촉진제와 함께 침탄상자에 넣은 후 침탄로에서 가열하여 0.5~2mm의 침탄층을 만드는 방법

2. 질화법

암모니아 가스(NH_3)를 이용한 표면 경화법

3. 침탄법과 질화법의 비교

침탄법	질화법
• 경도가 낮음	• 경도가 높음
• 침탄 후의 열처리가 필요	• 질화 후의 열처리가 필요 없음
• 경화에 의한 변형이 생김	• 경화에 의한 변형이 적음
• 침탄층은 질화층보다 강함	• 질화층은 약함
• 침탄 후 수정 가능	• 질화 후 수정 불가능
• 고온으로 가열 시 경도가 낮아짐	• 고온으로 가열 시 경도 변화 없음

※ 질화법 위주로 암기(질화법이 대체적으로 우수함)

4. 화염 경화법
① 탄소강을 산소-아세틸렌(가스용접) 화염으로 가열하여 물로 냉각한 후 경화시키는 방법
② 크고 복잡한 형상의 제품도 경화 처리 가능하나 크기에 제한이 있음

5. 금속 침투법

종류	침투제	종류	침투제
세라다이징	Zn	크로마이징	Cr
칼로라이징	Al	실리코나이징	Si

6. 쇼트 피닝
작은 강구 입자를 금속 표면에 고압으로 투사하여 가공 경화층을 형성하는 방법

기출 및 예상문제

01 담금질에 대한 설명 중 옳은 것은?
  ① 정지된 물속에서 냉각 시 대류단계에서 냉각속도가 최대가 된다.
  ② 위험구역에서는 급랭한다.
  ③ 강을 경화시킬 목적으로 실시한다.
  ④ 임계구역에서는 서랭한다.

02 강을 담금질할 때 다음 냉각액 중에서 냉각효과가 가장 빠른 것은?
  ① 기름   ② 공기
  ③ 물   ④ 소금물

03 다음 중 담금질에서 나타나는 조직으로 경도와 강도가 가장 높은 조직은?
  ① 시멘타이트   ② 오스테나이트
  ③ 소르바이트   ④ 마텐자이트

> [해설] 담금질 조직의 종류(경도·강도가 큰 순서)
> 마텐자이트 > 트루스타이트 > 소르바이트 > 오스테나이트

04 다음 중 주조상태의 주강품 조직이 거칠고 취약하기 때문에 반드시 실시해야 하는 열처리는?
  ① 침탄   ② 풀림
  ③ 질화   ④ 금속 침투

05 금속 침투법 중 칼로라이징은 어떤 금속을 침투시킨 것인가?
  ① B   ② Cr
  ③ Al   ④ Zn

> [해설] 칼로라이징은 Al을 침투시키는 금속침투법이다.

06 금속침투법에서 칼로라이징이란 어떤 원소로 사용하는 것인가?
  ① 니켈   ② 크롬
  ③ 붕소   ④ 알루미늄

> [해설] 금속침투법의 종류
> 칼로라이징(Al), 세라다이징(Zn), 크로마이징(Cr), 실리코나이징(Si)

07 강재 부품에 내마모성이 좋은 금속을 용착시켜 경질의 표면층을 얻는 방법은?
  ① 브레이징(Brazing)
  ② 쇼트 피닝(Shot Peening)
  ③ 하드 페이싱(Hard Facing)
  ④ 질화법(Nitriding)

정답 01 ③   02 ④   03 ④   04 ②   05 ③   06 ④   07 ③

CHAPTER 04 철강 재료

TOPIC 01 스테인리스강(불수강, 내식강)

1. 스테인리스강(불수강, 내식강)
철에 크롬(Cr)과 니켈(Ni)을 함유시킨 것으로 금속 표면에 산화크롬의 막이 형성되어 녹이 스는 것을 방지해 주는 강

2. 스테인리스강의 종류
① 오스테나이트계
② 페라이트계
③ 마텐자이트계
④ 석출경화형

3. 오스테나이트계 스테인리스강(18-8강, 18% Cr-8% Ni)
① 비자성체(비파괴 검사 중 MT-자분탐상검사를 할 수 없음)
② 인성이 풍부하며 가공 용이
③ 용접성 우수
④ 입계 부식이 생기기 쉬워 예열을 하면 안 됨

4. 마텐자이트계 스테인리스강
기계적 성질이 좋고 내식, 내열성 우수(스테인리스 중 가장 강도가 높음)

TOPIC 02 스테인리스강의 용접

1. 스테인리스강의 불활성 가스 텅스텐 아크 용접(TIG 용접)
① 주로 박판 용접에 사용되며 전류는 직류 정극성(DCSP) 사용
② 토륨 텅스텐봉 사용(아크 안정과 전극 소모가 적고 용접 금속의 오염 방지)
③ 스테인리스강의 용접은 피복금속 아크 용접과 불활성 가스 텅스텐 아크 용접(TIG), 불활성 가스 금속아크 용접(MIG), 서브머지드 아크 용접으로 시공이 가능하나 용접 시 산화, 질화, 탄화물의 석출로 인한 문제가 발생한다. TIG 용접 시공 시 직류정극성(DCSP)이 유리하다.

2. 스테인리스강의 불활성 가스 금속 아크 용접(MIG 용접)
① 전극(와이어)을 사용하여 자동 용접, 반자동 용접
② 직류 역극성 사용
③ 순수한 Ar 가스는 스패터가 비교적 많아 아크 안정을 위해 2~5%의 산소를 혼합하여 사용하기도 함

TOPIC 03 불변강의 종류

① 인바 : 바이메탈 재료, 정밀 기계 부품, 권척, 표준척, 시계 등에 사용
② 초인바 : 인바보다 팽창률이 적은 Fe-Ni 합금. 표준차, 측거의 등에 사용
③ 엘린바 : 시계 스프링, 정밀 계측기 부품에 사용
④ 코엘린바 : 엘린바를 개량한 것
⑤ 플래티나이트 : 전구, 진공관, 유리의 봉입선, 백금 대용으로 사용
⑥ 퍼멀로이 : 전자 차폐용 판, 전로 전류계용 판, 해저 전선의 코일 등에 사용
⑦ 이소엘라스틱 : 항공계기 스케일용, 스프링, 악기의 진동판 등에 사용

TOPIC 04 주철의 종류와 특성

1. 주철
① 철광석을 용광로에서 환원시켜 용융상태에서 뽑아낸 뒤 주선이라 하는 잉곳의 형태로 냉각시켜 제작
② 탄소의 함유량이 1.7~6.67%
③ 강에 비해 용융점(1,150℃)이 낮고 유동성이 좋으며 가격이 싸기 때문에 각종 주물을 만드는 데 사용되며 연성이 거의 없고 가단성이 없기 때문에 주철의 용접은 주로 주물 결함의 보수나 파손된 주물의 수리에 옛날부터 사용됨

2. 주철의 종류
① **백주철** : 백선 백주철이라고도 하며 흑연의 석출이 없고 탄화철(Fe_3C)의 형식으로 함유되어 있는 결과 파면이 은백색으로 되어 있음
② **반주철** : 백주철 중에서 탄화철의 일부가 흑연화해서 파면의 일부가 흑색이 보이는 것을 말함
③ **회주철(일반주철)** : 흑연이 비교적 다량으로 석출되어 파면이 회색으로 보이게 되며 흑연은 보통 편상으로 존재하는 주철을 말함

3. 기타 주철
고급 주철(미하나이트주철 – 펄라이트조직), 합금 주철, 구상 흑연주철, 가단 주철, 칠드 주철(금속표면을 경화시킨 것으로 압연기의 롤, 기차 바퀴에 사용) 등
① **구상흑연주철(노듈러 주철)** : 회주철의 흑연이 편상으로 존재하면 이것이 예리한 노치가 되어 주철이 많은 취성을 갖게 되기 때문에 마그네슘, 세륨 등을 첨가하여 구상 흑연으로 바꾸어서 연성을 부여한 것으로 구상흑연주철 또는 연성 주철(Ductile Cast Iron)이라고 함
② **가단주철** : 칼슘이나 규소를 첨가하여 흑연화를 촉진시켜 미세 흑연을 균일하게 분포시키거나 백주철을 열처리하여 연신율을 향상시킨 주철을 가단주철이라고 함

4. 주철의 장단점

장점	• 주조성이 우수하다.(융점이 낮아 잘 녹으며 유동성이 좋다.) • 크고 복잡한 것도 제작이 용이하다. • 가격이 저렴하다. • 녹이 잘 슬지 않는다.
단점	• 인장강도가 작다. • 충격값이 작아 깨지기 쉽다.

5. 마우러 조직도
탄소와 규소의 양과 냉각속도에 따른 주철의 성질 변화를 표로 나타낸 것

6. 흑연화
철과 탄소의 화합물인 시멘타이트(Fe_3C)는 900~1,000℃로 장시간 가열하면, $Fe_3C \rightleftarrows 3Fe+C$의 변화를 일으켜 시멘타이트가 분해되어 흑연이 되는데 이를 흑연화라 함

7. 흑연화 촉진원소와 방해원소
① 흑연화 촉진원소 : $Si>Al>Ti>Ni>P>Cu>Co$
② 흑연화 방해원소 : $Mn>Cr>Mo>V$

8. 주철의 성장과 방지법
높은 온도에서 오랜 시간 유지하거나 가열과 냉각을 반복하면 주철의 부피가 팽창하여 변형과 균열이 발생하는 현상

> **참고** 성장 방지법
> • 흑연의 미세화
> • C(탄소) 및 Si(규소)의 양을 감소시킴
> • 흑연화 방지제, 탄화물 안정제 등을 첨가
> • 편상 흑연을 구상 흑연화시킴

9. 주철 용접이 어려운 이유

① 연강에 비해 여리며(깨지기 쉬우며) 주철의 급랭에 의한 백선화로 기계 가공이 곤란할 뿐 아니라 수축이 많아 균열 발생
② 용접 시 일산화탄소 가스가 발생하여 용착 금속에 블로홀(Blow Hole) 발생
③ 주철의 용접 시 모재 전체를 500~600℃의 고온에서 예열하며 후열도 반드시 실시해야 함

10. 주철 용접 시 주의사항

① 보수 용접을 행하는 경우는 본 바닥이 나타날 때까지 잘 깎아낸 후 용접
② 파열의 보수는 파열의 연장을 방지하기 위해 파열의 끝에 작은 구멍(정지구멍)을 만듦
③ 용접 전류는 필요 이상 높이지 말고, 직선 비드를 배치하며, 용입을 깊게 하지 않을 것
④ 용접봉은 가는 지름의 것을 사용
⑤ 비드의 배치는 짧게 여러 번 실시
⑥ 예열과 후열 후 서랭 작업(천천히 냉각)을 반드시 실시

TOPIC 05 주강의 특징

1. 주강

구조재 중에서 단조로는 만들 수 없는 형상의 것으로, 주철로 제작하기에는 강도가 좋지 않을 경우에 주강이 사용된다. 탄소 0.1~0.5%, 망간 0.4~1.0%, 규소 0.2~0.4%, 인 0.005% 이하, 황 0.006% 이하 조성의 강을 전기로에서 녹여 주물로 한다. 여러 주강 중 흔히 사용되는 것은 탄소강 성분의 탄소강 주강이다. 금속조직이 균일해 기계적 성질이 좋고 용접이 용이한 반면, 수축률이 크고 용융 온도가 주철에 비해 높으며, 주조 결함이 나오기 쉬운 약점이 있다.

2. 주강의 특징

탄소 함유량이 약 0.1%로 주철(C% 1.7~6.67%)에 비해 탄소 함유량이 적은 주조용 강을 말하며 저합금강, 고망간강, 스테인리스강, 내열강 등을 만드는 데 사용
① 주철에 비해 용융점이 높아 주조하기 어려움
② 주철에 비해 강도가 우수해 구조용 강으로 사용 가능
③ 용접성이 주철에 비해 뛰어남

기출 및 예상문제

01 스테인리스강의 종류에 해당되지 않는 것은?
① 마텐자이트계 스테인리스강
② 레데뷰라이트계 스테인리스강
③ 석출경화형 스테인리스강
④ 페라이트계 스테인리스강

해설 **스테인리스강의 종류**
오스테나이트계, 페라이트계, 마텐자이트계, 석출경화형

02 내식강 중에서 가장 대표적인 특수 용도용 합금강은?
① 주강 ② 탄소강
③ 스테인리스강 ④ 알루미늄강

해설 스테인리스강은 내식성이 좋아 불수강(녹이 슬지 않는 강)이라고도 한다.

03 18-8형 스테인리스강의 특징을 설명한 것 중 틀린 것은?
① 비자성체이다.
② 18-8에서 18은 Cr%, 8은 Ni%이다.
③ 결정구조는 면심입방격자를 갖는다.
④ 500~800℃로 가열하면 탄화물이 입계에 석출되지 않는다.

해설 18-8형 스테인리스강은 예열 시 탄화물이 입계에 석출하는 단점이 있다. 보기 ①~③은 출제가 잘 되는 내용이므로 반드시 암기하도록 하자.

04 페라이트계 스테인리스강의 특징이 아닌 것은?
① 표면 연마된 것은 공기나 물에 부식되지 않는다.
② 질산에는 침식되나 염산에는 침식되지 않는다.
③ 오스테나이트계에 비하여 내산성이 낮다.
④ 풀림 상태 또는 표면이 거친 것은 부식되기 쉽다.

05 스테인리스강 중 내식성이 제일 우수하고 비자성이나 염산, 황산, 염소가스 등에 약하고 결정입계 부식이 발생하기 쉬운 것은?
① 석출경화계 스테인리스강
② 페라이트계 스테인리스강
③ 마텐자이트계 스테인리스강
④ 오스테나이트계 스테인리스강

해설 오스테나이트(18-8강)은 비자성체이며 결정입계 부식이 잘 발생한다. 그리고 위의 보기는 모두 스테인리스강의 종류이므로 반드시 암기하도록 하자.

06 주요 성분이 Ni-Fe 합금인 불변강의 종류가 아닌 것은?
① 인바 ② 모넬메탈
③ 엘린바 ④ 플래티나이트

해설 **불변강의 종류**
인바, 초인바, 엘린바, 코엘린바, 플래티나이트, 퍼멀로이, 이소엘라스틱

07 주철의 보수용접 방법에 해당되지 않는 것은?
① 스터드법 ② 비녀장법
③ 버터링법 ④ 백킹법

해설 **주철 보수용접의 종류**
버터링법, 스터드법, 비녀장법, 로킹법

08 주철의 일반적인 성질을 설명한 것 중 틀린 것은?
① 용탕이 된 주철은 유동성이 좋다.
② 공정 주철의 탄소량은 4.3% 정도이다.
③ 강보다 용융 온도가 높아 복잡한 형상이라도 주조하기 어렵다.
④ 주철에 함유하는 전 탄소(Total Carbon)는 흑연+화합탄소로 나타낸다.

해설 주철은 강에 비해 용융온도가 낮고 유동성이 좋아 주조하기 용이하다.

정답 01 ② 02 ③ 03 ④ 04 ② 05 ④ 06 ② 07 ④ 08 ③

09 조성이 2.0~3.0% C, 0.6~1.5% Si 범위의 것으로 백주철을 열처리로에 넣어 가열해서 탈탄 또는 흑연화 방법으로 제조한 주철은?

① 가단 주철　　　② 칠드 주철
③ 구상 흑연 주철　④ 고력 합금 주철

10 주조 시 주형에 냉금을 삽입하여 주물 표면을 급랭시키는 방법으로 제조되어 금속 압연용 롤 등으로 사용되는 주철은?

① 가단주철　　　② 칠드주철
③ 고급주철　　　④ 페라이트주철

11 다음 중 주철 용접 시 주의사항으로 틀린 것은?

① 용접봉은 가능한 한 지름이 굵은 용접봉을 사용한다.
② 보수 용접을 행하는 경우는 결함부분을 완전히 제거한 후 용접한다.
③ 균열의 보수는 균열의 성장을 방지하기 위해 균열의 양 끝에 정지 구멍을 뚫는다.
④ 용접 전류는 필요 이상 높이지 말고 직선비드를 배치하며, 지나치게 용입을 깊게 하지 않는다.

해설 주철은 탄소의 함유량이 높아 순간적인 열이 가해지면 균열이 발생하기 쉽다. 때문에 용접 시에는 지름이 가는 용접봉을 사용한다.

12 주철에 관한 설명으로 틀린 것은?

① 주철은 백주철, 반주철, 회주철 등으로 나눈다.
② 인장강도가 압축강도보다 크다.
③ 주철은 메짐(취성)이 연강보다 크다.
④ 흑연은 인장강도를 약하게 한다.

13 보통 주강에 3% 이하의 Cr을 첨가하여 강도와 내마멸성을 증가시켜 분쇄기계, 석유화학 공업용 기계부품 등에 사용되는 합금 주강은?

① Ni 주강　　　② Cr 주강
③ Mn 주강　　　④ Ni-Cr 주강

14 다음은 주강에 대한 설명이다. 잘못된 것은?

① 용접에 의한 보수가 용이하다.
② 주철에 비해 기계적 성질이 우수하다.
③ 주철로서는 강도가 부족할 경우에 사용한다.
④ 주철에 비해 용융점이 낮고 수축률이 크다.

정답　09 ①　10 ②　11 ①　12 ②　13 ②　14 ④

CHAPTER 05 비철 금속 재료

TOPIC 01 구리의 특징과 구리합금의 종류

1. 구리(Cu)의 특징

① 비중 : 약 8.9(철 7.9)
② 융점 : 1,083℃(비자성체)
③ 부식이 잘 안 됨
④ 색과 광택이 좋으며 가공이 쉬움
⑤ 전연성이 우수
⑥ 열전도도, 전기전도도가 우수(Ag > Cu > Au > Al …)하여 전선으로 사용
⑦ 주로 Zn(아연), Sn(주석) 등의 금속과 합금하여 사용
⑧ 종류
  • 정련구리 : 전기동을 반사로에서 정련한 구리
  • 무산소구리 : 산소의 함유량을 0.06% 이하로 탈산한 구리

2. 구리합금의 종류

① 황동[Cu(구리)+Zn(아연)]
② 청동[Cu(구리)+Sn(주석)]

3. 황동의 종류

종류	성분	명칭	용도
톰백 (Cu 80% 이상)	95Cu-5Zn	길딩메탈	동전, 메달
	90Cu-10Zn	커머셜 브라스	톰백의 대표
	85Cu-15Zn	레드브라스	내식성 우수
	80Cu-20Zn	로브라스	전연성 우수(악기)
7·3 황동	70Cu-30Zn	카트리지브라스	가공용 구리
6·4 황동	60Cu-40Zn	문츠메탈	인장강도 가장 우수
연입 (납)황동	6·4황동 -1.5~3.0% Pb	쾌삭황동	가공성 우수 (시계의 기어)

종류	성분	명칭	용도
네이벌 황동	6·4 황동-1% Sn	네이벌 황동	내식성 우수 (열교환기)
철황동	6·4 황동-1% Fe	델타메탈	고온 강도, 내식성 우수
듀라나 메탈	7·3 황동-1% Fe	-	-
니켈 실버	7·3 황동-7% Ni	양은 (은백색)	식기, 가정용품

4. 청동의 종류

종류	성분	특징
포금	• Sn 8~12% • Zn 1~2% • 나머지 Cu	• 대포의 포신용으로 사용(건메탈) • 내식성이 좋아 선박용 부품에 사용
인청동	• P 0.05~0.5% (청동 탈산제) • 나머지 Cu	• 유동성, 내마모성이 개선되고 경도, 강도가 증가됨 • 펌프 부품, 선반용, 화학 기계용
코슨 합금	• Ni 4% • Si 1% • 나머지 Cu	전화선 용도로 사용
켈밋	• Pb 30~40% • 나머지 Cu	열전도도가 양호하며, 베어링용
오일리스 베어링 합금	• Cu • Sn • 흑연 분말	• 구리, 주석, 흑연 분말을 가압 성형하며, 700~705℃의 수소 기류 중에서 소결 • 기름 보급이 곤란한 곳에 베어링으로 사용

TOPIC 02 알루미늄(Al)과 그 합금

1. 알루미늄(Al)
① 면심입방격자(FCC)
② 비중 : 2.7(철 7.9)로 가벼움
③ 용융점 : 660℃ 산화막의 융점(약 2,060℃)
④ 알루미늄의 접합은 TIG 용접이 많이 사용되며 주로 직류 역극성(DCRP) 또는 교류 고주파(ACHF)를 이용한 용접이 가장 효율적으로 사용됨

> **참고** 교류 고주파 전류의 특징
> - 용접 전류에 높은 전압과 고주파를 첨가한다.
> - 고주파 전류는 금속산화막을 뚫어 용접 전류가 통과할 수 있는 통로를 만들어 전극봉과 모재간의 간격을 뛰어넘을 수 있는 특징이 있다.
> - 비드의 형상은 정극성과 역극성의 중간 형태이다.
> - Al(알루미늄), Mg(마그네슘)과 같은 경금속 용접에 적합하다.

2. 알루미늄 합금

종류	합금	명칭	특징	용도
주조용 Al 합금	Al-Si계	실루민	주조성 우수	-
	Al-Mg계	하이드로날륨	내식성 우수	다이캐스팅용
	Al-Cu-Si계	라우탈	실루민 개량형	피스톤 기계부품
내열용 Al 합금	Al-Cu-Ni-Mg	Y합금	고온 강도 우수	내연기관 실린더
	Al-Cu-Ni-Mg-Si	Lo-Ex (로엑스 합금)	Y합금 개량형	피스톤 재료
단련용 Al 합금	Al-Cu-Mg-Mn-Si)	두랄루민	경량, 내식성, 강도 우수	항공기, 자동차 재료

TOPIC 03 기타 비철합금의 특징

1. 마그네슘(Mg)
① 조밀육방격자(HCP)
② 비중 : 1.74
③ 용융점 : 650℃
④ 금속 방식용 재료로 사용

2. 마그네슘 합금
① 다우메탈 : Mg-Al 합금
② 일렉트론 : Mg-Al-Zn 합금

3. 니켈(Ni)
① 면심입방격자(FCC)
② 비중 : 8.9(철의 비중 : 약 7.9)
③ 용융점 : 1,455℃
④ 강자성체(Fe, Ni, Co : 강자성체)
⑤ 색상 : 은백색
⑥ 내식, 내열성 우수

4. 니켈구리계 합금
① 콘스탄탄 : 40~50% Ni-Cu 합금, 전기 저항이 높고 내산, 내열성이 좋고 가공성이 좋으며 온도계수가 낮아 정밀 교류 계측기, 통신기기 저항선, 열전선 등으로 사용
② 모넬메탈 : 60~70% Ni-Cu 합금(구리, 철, 망간, 규소), 바닷물, 묽은 황산에 대한 내식성(耐蝕性)이 커서 각종 산(酸)의 용기·염색기계·화학공업용 펌프·터빈의 날개 등에 사용
③ 어드밴스 : 44% Ni, 54% Cu, 1% Mn의 합금으로 전기 저항의 값이 커서 정밀한 전기 기계의 저항선에 사용

5. 아연(Zn)
① 조밀육방격자(HCP)
② 비중 : 약 7.1
③ 용융점 : 419℃
④ 색상 : 백색
⑤ 주로 금속 방식용 도금 재료로 사용

6. 납(Pb)

① 면심입방격자(FCC)
② 비중 : 11.35
③ 용융점 : 327℃
④ 방사능 차폐용 재료 및 땜납, 연판, 연관, 활자 합금, 도료, 축전기 전극, 전선의 피복 등

7. 주석(Sn)

① 비중 : 7.3
② 용융점 : 232℃
③ 선박, 위생용 튜브, 식기 및 구리, 철 표면의 부식 방지용

8. 저용융 합금

① Sn(주석)의 용융점(231.9℃)보다 낮은 금속의 총칭
② 우드 메탈
③ 비스무트 합금
④ 로즈 메탈

TOPIC 04 고장력강의 용접

1. 고장력강

연강의 강도를 높이기 위하여 적당한 합금 원소를 소량 첨가한 것이며 HT(High Tensile)라 함. 대체로 인장강도 50kg/mm² 이상인 것을 고장력강이라고 하며 HT60(인장강도 60~70 kg/mm²), HT70, HT80(80~90g/mm²) 등이 사용된다.

2. 고장력강의 용접

① 용접봉은 저수소계를 사용하며 사용 전에 300~350℃로 2시간 정도 건조시킨다.
② 용접 개시 전에 용접부 청소를 깨끗이 한다.
③ 아크 길이는 가능한 한 짧게 유지하도록 한다.
④ 위빙 폭은 봉 지름의 3배 이하로 한다. 위빙 폭이 너무 크면, 인장강도가 저하하고 기공이 발생할 수 있다.

기출 및 예상문제

01 7 : 3 황동에 1% 내외의 Sn을 첨가하여 열교환기, 증발기 등에 사용되는 합금은?
① 코슨 황동   ② 네이벌 황동
③ 애드미럴티 황동   ④ 에버듀어 메탈

02 구리에 5~20% Zn을 첨가한 황동으로, 강도는 낮으나 전연성이 좋고 색깔이 금색에 가까워, 모조금이나 판 및 선 등에 사용되는 것은?
① 톰백   ② 켈밋
③ 포금   ④ 문츠메탈

해설 구리합금에는 황동(Cu−Zn)과 청동(Cu−Sn)이 있으며 구리에 아연이 20% 함유된 황동을 톰백이라고 한다. 이는 메달 등 금 대용 장식품으로 사용된다.

03 포금(Gun Metal)에 대한 설명으로 틀린 것은?
① 내해수성이 우수하다.
② 성분은 8~12% Sn 청동에 1~2% Zn을 첨가한 합금이다.
③ 용해주조 시 탈산제로 사용되는 P의 첨가량을 많이 하여 합금 중에 P를 0.05~0.5% 정도 남게 한 것이다.
④ 수압, 수증기에 잘 견디므로 선박용 재료로 널리 사용된다.

해설 포금은 내식성이 우수하여 옛날 대포의 포신용으로 사용된 청동의 한 종류로 Cu(구리)에 Sn(주석) 8~12%, Zn(아연) 1~2%로 구성된 구리합금이다.

04 구리(Cu)합금 중에서 가장 큰 강도와 경도를 나타내며 내식성, 도전성, 내피로성 등이 우수하여 베어링, 스프링 및 전극재료 등으로 사용되는 재료는?
① 인(P) 청동   ② 규소(Si) 동
③ 니켈(Ni) 청동   ④ 베릴륨(Be) 동

05 7 : 3 황동에 주석을 1% 첨가한 것으로 전연성이 좋아 관 또는 판을 만들어 증발기, 열교환기 등에 사용되는 것은?
① 문츠메탈   ② 네이벌 황동
③ 카트리지 브라스   ④ 애드미럴티 황동

해설 7 : 3 황동(70% Cu−30% Zn)에 주석을 1% 첨가한 것을 애드미럴티 황동이라 한다.

06 납 황동은 황동에 납을 첨가하여 어떤 성질을 개선한 것인가?
① 강도   ② 절삭성
③ 내식성   ④ 전기전도도

07 순 구리(Cu)와 철(Fe)의 용융점은 약 몇 ℃인가?
① Cu : 660℃, Fe : 890℃
② Cu : 1,063℃, Fe : 1,050℃
③ Cu : 1,083℃, Fe : 1,539℃
④ Cu : 1,455℃, Fe : 2,200℃

08 구리(Cu)에 대한 설명으로 옳은 것은?
① 구리의 전기 전도율은 금속 중에서 은(Ag)보다 높다.
② 구리는 체심입방격자이며, 변태점이 있다.
③ 전기 구리는 O_2나 탈산제를 품지 않는 구리이다.
④ 구리는 CO_2가 들어 있는 공기 중에서 염기성 탄산구리가 생겨 녹청색이 된다.

해설 전기 및 열의 전도율
Ag > Cu > Au > Al 등, 구리는 면심입방격자(FCC)이다.

09 산소나 탈산제를 품지 않으며, 유리에 대한 봉착성이 좋고 수소취성이 없는 시판동은?
① 무산소동   ② 전기동
③ 전련동   ④ 탈산동

정답 01 ③ 02 ① 03 ③ 04 ④ 05 ④ 06 ② 07 ③ 08 ④ 09 ①

CHAPTER 05 비철 금속 재료

10 용해 시 흡수한 산소를 인(P)으로 탈산하여 산소를 0.01% 이하로 한 것이며, 고온에서 수소 취성이 없고 용접성이 좋아 가스관, 열교환관 등으로 사용되는 구리는?
① 탈산구리　② 정련구리
③ 전기구리　④ 무산소구리

11 고강도 Al 합금으로 조성이 Al – Cu – Mg – Mn인 합금은?
① 라우탈　② Y – 합금
③ 두랄루민　④ 하이드로날륨

12 알루미늄을 TIG 용접법으로 접합하고자 할 경우 필요한 전원과 극성으로 가장 적합한 것은?
① 직류 정극성　② 직류 역극성
③ 교류 저주파　④ 교류 고주파

13 두랄루민(Duralumin)의 합금 성분은?
① Al+Cu+Sn+Zn　② Al+Cu+Si+Mo
③ Al+Cu+Ni+Fe　④ Al+Cu+Mg+Mn

해설 두랄루민의 조성을 묻는 문제는 자주 출제되므로 반드시 암기하도록 하자.

14 컬러 텔레비전의 전자총에서 나온 광선의 영향을 받아 섀도 마스크가 열팽창하면 엉뚱한 색이 나오게 된다. 이를 방지하기 위해 섀도 마스크의 제작에 사용되는 불변강은?
① 인바　② Ni – Cr강
③ 스테인리스강　④ 플래티나이트

해설 인바는 온도에 따른 선팽창 계수가 적어 권척, 표준척, 정밀 기계 부품 등의 제작에 사용된다.

불변강의 종류
인바, 초인바, 엘린바, 코엘린바, 플래티나이트, 퍼멀로이, 이소엘라스틱

15 실온까지 온도를 내려 다른 형상으로 변형시켰다가 다시 온도를 상승시키면 어느 일정한 온도 이상에서 원래의 형상으로 변화하는 합금은?
① 제진합금　② 방진합금
③ 비정질합금　④ 형상기억합금

16 주위의 온도에 의하여 선팽창 계수나 탄성률 등의 특정한 성질이 변하지 않는 불변강이 아닌 것은?
① 인바　② 엘린바
③ 슈퍼인바　④ 베빗메탈

17 Mg(마그네슘)의 특성을 나타낸 것이다. 틀린 것은?
① Fe, Ni 및 Cu 등의 함유에 의하여 내식성이 대단히 좋다.
② 비중이 1.74로 실용금속 중에서 매우 가볍다.
③ 알칼리에는 견디나 산이나 열에는 약하다.
④ 바닷물에 대단히 약하다.

18 Mg(마그네슘)의 융점은 약 몇 ℃인가?
① 650℃　② 1,538℃
③ 1,670℃　④ 3,600℃

해설 마그네슘(Mg)의 융점은 알루미늄(Al)의 융점(660℃)과 비슷하다. 마그네슘은 아연과 함께 조밀육방정계의 금속에 속한다.

19 마그네슘(Mg)의 특성을 설명한 것 중 틀린 것은?
① 비강도가 Al 합금보다 떨어진다.
② 비중이 약 1.74 정도로 실용금속 중 가장 가볍다.
③ 항공기, 자동차 부품, 전기기기, 선박, 광학기계, 인쇄제판 등에 사용된다.
④ 구상흑연 주철의 첨가제로 사용된다.

해설 마그네슘은 실용금속 중 가장 가벼운 금속이며 비강도가 Al 합금보다 우수하다.

정답 10 ①　11 ③　12 ④　13 ④　14 ①　15 ④　16 ④　17 ①　18 ①　19 ①

20 합금강이 탄소강에 비하여 좋은 성질이 아닌 것은?
① 기계적 성질 향상
② 결정입자의 조대화
③ 내식성, 내마멸성 향상
④ 고온에서 기계적 성질 저하 방지

21 다이캐스팅 합금강 재료의 요구조건에 해당되지 않는 것은?
① 유동성이 좋아야 한다.
② 열간 메짐성(취성)이 적어야 한다.
③ 금형에 대한 점착성이 좋아야 한다.
④ 응고수축에 대한 용탕 보급성이 좋아야 한다.

22 가볍고 강하며 내식성이 우수하나 600℃ 이상에서는 급격히 산화되어 TIG 용접 시 용접토치에 특수(Shield Gas) 장치가 반드시 필요한 금속은?
① Al   ② Ti
③ Mg   ④ Cu

23 저합금강 중에서 연강에 비하여 고장력강의 사용 목적으로 틀린 것은?
① 재료가 절약된다.
② 구조물이 무거워진다.
③ 용접공 수가 절감된다.
④ 내식성이 향상된다.

해설 보통 강보다 인장강도가 강한 강으로 인장강도가 50kg/mm² 이상인 강을 의미한다. 0.2% 정도의 탄소를 함유한 탄소강에 규소·망간·니켈·크롬·구리 등을 첨가하여 성능을 향상시킨 것이다.

정답 20 ② 21 ③ 22 ② 23 ②

Do! mino

용접(특수용접)기능사 필기
CRAFTSMAN WELDING

💬 **학습 전에 알아두어야 할 사항**

출제 비중은 전체 문제 중 약 17% 정도이며 기계제도의 통칙과 도면을 해독하는 문제가 주로 출제된다. 우선 기출된 문제들 위주로 학습하고 출제가 빈번한 내용들은 합격페이퍼에 정리가 되어 있기 때문에 이를 여러 번 보며 암기하는 것이 효과적이다.

PART 03

기계 제도

CHAPTER 01 | 제도의 기본 이해
CHAPTER 02 | 도면에 사용되는 도형의 표시법
CHAPTER 03 | 도면의 치수기입법
CHAPTER 04 | 기계 요소의 표시 및 스케치 방법
CHAPTER 05 | 도면 판독의 이해

CHAPTER 01 제도의 기본 이해

TOPIC 01 제도의 개요

1. 제도
기계의 제작 시 사용 목적에 맞게 계획, 계산, 설계하는 전 과정을 기계 설계라 하며 이 설계에 의해 도면을 작성하는 과정을 제도라 함

2. 제도의 공업 규격

국명	기호
국제표준	ISO(Interational Organization for Standardization)
한국	KS(Korean Industrial Standards)
영국	BS(British Standards)
독일	DIN(Deutsch Industrie Normen)
미국	ASA(American Standard Association)
일본	JIS(Japanese Industrial Standards)

3. 한국공업기준(KS)에 따른 분류

기호	부문
A	기본
B	기계
C	전기
D	금속

4. 도면의 종류
① 사용 목적에 따른 분류 : 계획도, 제작도, 주문도, 승인도, 견적도, 설명도
② 내용에 따른 분류 : 조립도, 부분조립도, 부품도, 상세도, 공정도, 접속도, 배선도, 배관도, 계통도, 기초도, 설치도, 배치도, 장치도, 외형도, 구조선도, 곡면선도, 구조도, 전개도
③ 도면 성질에 따른 분류 : 원도, 트레이스도, 복사도(트레이스도를 복사)

TOPIC 02 도면에 사용되는 선의 종류

1. 도면에서 사용하는 선의 종류

용도에 의한 명칭	선의 종류		용도
외형선	굵은 실선	———	물체의 보이는 부분을 나타내는 선 (기본 형태)
은선	중간 크기의 파선	-------	물체의 보이지 않는 부분을 표시
중심선	가는 일점 쇄선 또는 가는 실선	—·—·—	도형의 중심을 표시
치수선, 치수보조선	가는 실선	———	치수를 기입하기 위한 선
지시선	가는 실선		지시하기 위한 선
절단선	가는 1점 쇄선으로 하고 그 양끝 및 굴곡부 등의 주요한 곳은 굵은 선을 사용		단면을 그리는 경우, 절단 위치를 표시하는 선
파단선	가는 실선 (불규칙한 선)	～～	물품의 일부를 파단한 곳을 표시하는 선 또는 끊어낸 부분을 표시하는 선
가상선	가는 2점 쇄선	—··—··	• 도시된 물체의 앞면을 표시하는 선 • 인접 부분을 참고로 표시하는 선 • 가공 전후의 모양을 표시하는 선 • 이동하는 부분의 이동 위치를 표시하는 선 • 공구, 지그 등의 위치를 참고로 표시하는 선 • 반복을 표시하는 선 • 도면 내에 그 부분의 단면형을 90° 회전하여 나타내는 선

용도에 의한 명칭	선의 종류		용도
피치선	가는 1점 쇄선	—·—	중심이나 피치 등을 나타내는 선
해칭선	가는 실선	/////	절단면 등을 명시하기 위하여 쓰는 선
특수한 용도의 선	가는 실선	——	• 외형선과 은선의 연장선 • 평면이라는 것을 표시하는 선
	아주 굵은 실선	▬▬	얇은 부분의 단선 도시를 명시하는 데 사용하는 선

TOPIC 03 도면 작도의 기본

1. 도면의 크기와 치수

제도지의 치수	세로×가로
A0	841×1,189
A1	594×841
A2	420×594
A3	297×420
A4	210×297
A5	148×210

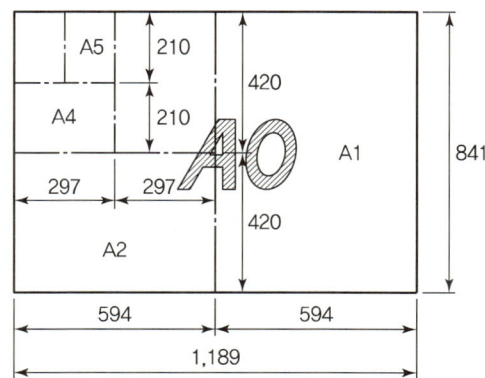

┃ 제도 용지의 크기 ┃

2. 도면의 크기에 따른 테두리 선의 치수

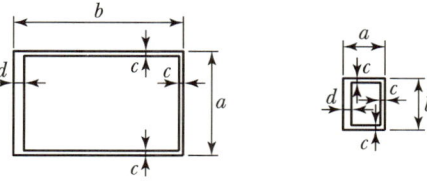

(a) 일반적인 경우   (b) A4 이하에서 길이 방향을 아래위로 하는 경우

┃ 도면의 테두리 ┃

제도지	철을 하지 않는 경우	철을 하는 경우
A0, A1	20mm	25mm
A2, A3, A4, A5	10mm	25mm

3. 척도(Scale)

① 사물의 크기와 실물의 크기의 비율을 척도(Scale)라고 함
② 도면에 기입하는 각 부의 치수는 반드시 척도에 관계없이 실물의 치수를 기입
③ 치수와 비례하지 않을 때는 숫자 아래에 "−"를 긋거나 척도란에 "비례척이 아님" 또는 "NS"를 표시

4. 척도의 종류

현척	$\frac{1}{1}(1:1)$
축척(축소)	$\frac{1}{2}(1:2)$, $\frac{1}{5}(1:5)$, $\frac{1}{100}(1/100)$
배척(확대)	$\frac{2}{1}(2:1)$, $\frac{5}{1}(5:1)$, $\left(\frac{100}{1}\right)100:1$

5. 제도기

① 디바이더 : 치수를 옮기거나 선, 원 등의 간격을 등분할 때 사용하며 원을 그리는 용도로는 불가
② 운형자 : 작은 곡선을 그리는 데 사용

기출 및 예상문제

01 도면에서 반드시 표제란에 기입해야 하는 항목으로 틀린 것은?
① 재질 ② 척도
③ 투상법 ④ 도명

해설 재질은 부품표에 기입을 한다.

02 기계제도에서의 척도에 대한 설명으로 잘못된 것은?
① 척도란 도면에서의 길이와 대상물의 실제 길이의 비이다.
② 축척의 표시는 2 : 1, 5 : 1, 10 : 1 등과 같이 나타낸다.
③ 도면을 정해진 척도값으로 그리지 못하거나 비례하지 않을 때에는 척도를 'NS'로 표시할 수 있다.
④ 척도는 표제란에 기입하는 것이 원칙이다.

해설 축척(축소)의 표시는 1 : 2, 1 : 5, 1 : 10 등으로 나타낸다.

03 기계 제작 부품 도면에서 도면의 윤곽선 오른쪽 아래 구석에 위치하는 표제란을 가장 올바르게 설명한 것은?
① 품번, 품명, 재질, 주서 등을 기재한다.
② 제작에 필요한 기술적인 사항을 기재한다.
③ 제조 공정별 처리방법, 사용공구 등을 기재한다.
④ 도번, 도명, 제도 및 검도 등 관련자 서명, 척도 등을 기재한다.

04 기계제도에서 가는 2점 쇄선을 사용하는 것은?
① 중심선 ② 지시선
③ 피치선 ④ 가상선

해설 가는 2점 쇄선은 가상선으로 사용된다.

05 선의 종류와 명칭이 잘못된 것은?
① 가는 실선 – 해칭선
② 굵은 실선 – 숨은선
③ 가는 2점 쇄선 – 가상선
④ 가는 1점 쇄선 – 피치선

해설 숨은선은 가는 파선으로 표시한다.

06 선의 종류와 용도에 대한 설명의 연결이 틀린 것은?
① 가는 실선 : 짧은 중심을 나타내는 선
② 가는 파선 : 보이지 않는 물체의 모양을 나타내는 선
③ 가는 1점 쇄선 : 기어의 피치원을 나타내는 선
④ 가는 2점 쇄선 : 중심이 이동한 중심궤적을 표시하는 선

07 무게 중심선과 같은 선의 모양을 가진 것은?
① 가상선 ② 기준선
③ 중심선 ④ 피치선

해설 무게 중심선은 가는 2점 쇄선으로 나타낸다.

08 용도에 의한 선의 명칭 분류에서 선의 종류가 모두 가는 실선인 것은?
① 치수선, 치수보조선, 지시선
② 중심선, 지시선, 숨은선
③ 외형선, 치수보조선, 해칭선
④ 기준선, 피치선, 수준면선

해설 숨은선(가는 파선), 외형선(굵은 실선), 피치선(가는 1점 쇄선)

09 도면의 밸브 표시방법에서 안전밸브에 해당하는 것은?

① 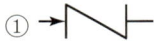　②
③ 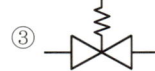　④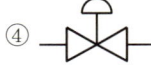

정답 01 ①　02 ②　03 ④　04 ④　05 ②　06 ④　07 ①　08 ①　09 ③

CHAPTER 02 도면에 사용되는 도형의 표시법

TOPIC 01 투상도법

1. 제1각법과 제3각법

① 제1각법 : 물체를 제1각 안에 놓고 투상하며, 투상면의 앞쪽에 물체를 위치

> 눈 → 물체 → 투상면

② 제3각법 : 물체를 제3각 안에 놓고 투상하는 방법으로, 투상면 뒤쪽에 물체를 위치

> 눈 → 투상면 → 물체

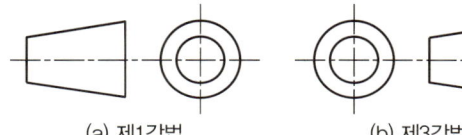

▮ 투상법의 표시기호(사각형이 정면도) ▮

2. 투상도

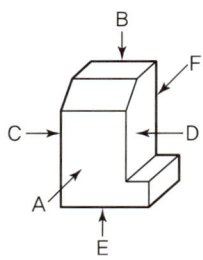

▮ 입체의 투상 방향 ▮

위 그림과 같이
① A 방향에서 본 투상 : 정면도
② B 방향에서 본 투상 : 평면도
③ C 방향에서 본 투상 : 좌측면도
④ D 방향에서 본 투상 : 우측면도
⑤ E 방향에서 본 투상 : 저면도
⑥ F 방향에서 본 투상 : 배면도
⑦ 투상도의 상대적인 위치 : 2개의 정투상법을 동등하게 이용할 수 있다.

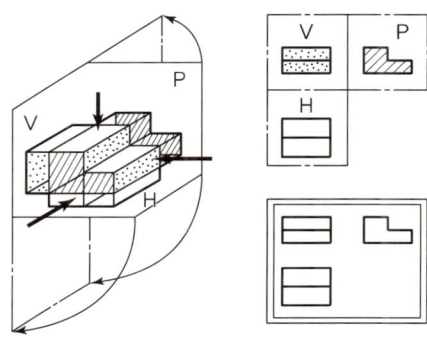

▮ 제1각법 ▮

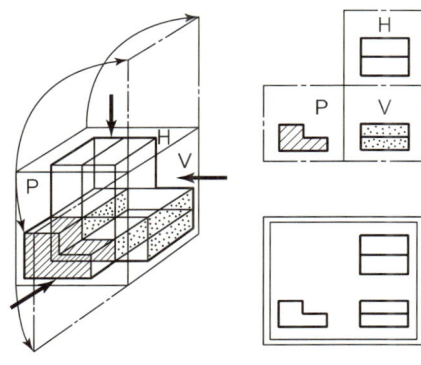

▮ 제3각법 ▮

3. 제1각법

정면도(A)를 기준으로 하여 다른 투상도는 다음과 같이 배치한다.

① 평면도(B) : 아래쪽에 둔다.
② 저면도(E) : 위쪽에 둔다.
③ 좌측면도(C) : 오른쪽에 둔다.
④ 우측면도(D) : 왼쪽에 둔다.
⑤ 배면도(F) : 형편에 따라 왼쪽 또는 오른쪽에 둔다.

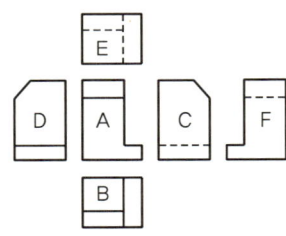

▌제1각법의 도면 배치 상태 ▌

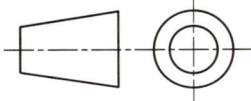

▌제1각법의 표시 기호 ▌

4. 제3각법

정면도(A)를 기준으로 하여 다른 투상도는 다음과 같이 배치한다.

① 평면도(B) : 위쪽에 둔다.
② 저면도(E) : 아래쪽에 둔다.
③ 좌측면도(C) : 왼쪽에 둔다.
④ 우측면도(D) : 오른쪽에 둔다.
⑤ 배면도(F) : 형편에 따라 왼쪽 또는 오른쪽에 둔다.

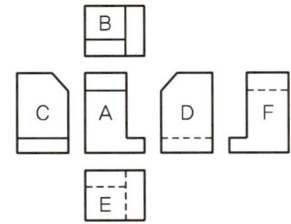

▌제3각법의 도면 배치 상태 ▌

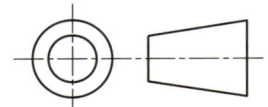

▌제3각법의 표시 기호 ▌

5. 제1각법과 제3각법의 도면 배치

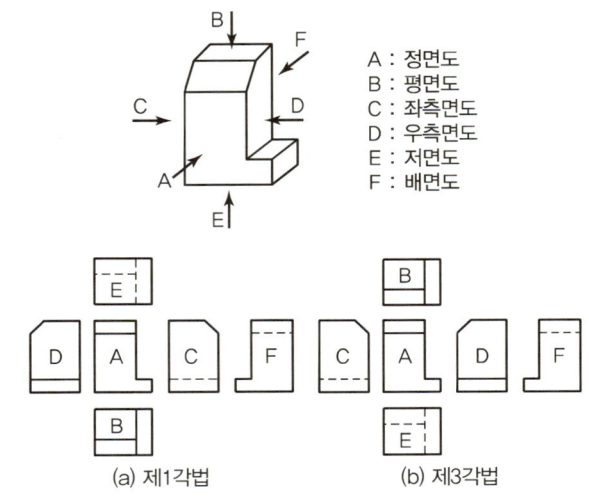

▌도면의 표준 배치 ▌

6. 투시도법

시점과 물체의 각 점을 연결하여 원근감은 잘 나타내지만 실제 크기가 잘 나타나지 않으므로 제작도에는 잘 쓰이지 않고, 설명도나 건축 제도의 조감도 등에 사용

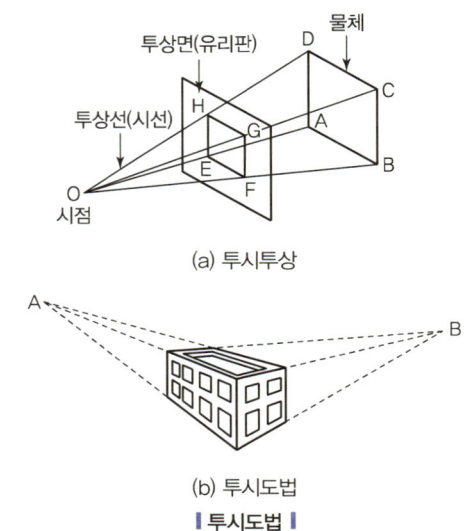

▌투시도법 ▌

7. 등각 투상도

X, Y, Z축을 서로 120°씩 등각으로 하고 α, β의 경사각은 30°로 투상시킨 것

8. 부등각 투상도

α, β가 다르게 된 것으로 x, y, z축이 각각 다름

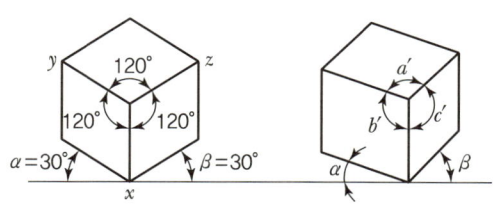

(a) 등각 투상도   (b) 부등각 투상도

| 등각 및 부등각 투상도 |

9. 정면도의 선택

① 물체의 특징을 명료하게 나타내는 투상도를 정면도로 선택하며 이것을 중심으로 측면도, 평면도를 보충
② 은선은 되도록 쓰지 않는다.

TOPIC 02 단면의 도시법 및 해칭법

1. 단면도

물체 내부의 모양 또는 복잡한 것을 일반 투상법으로 나타내면 많은 은선이 만들어져 도면을 읽기 어려운 경우가 있다. 이와 같은 경우 어느 면으로 절단하여 나타낸 형상을 단면도라 한다.

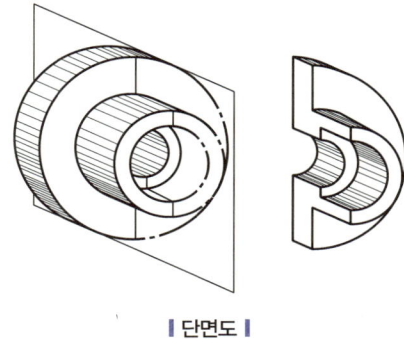

| 단면도 |

2. 단면의 법칙

① 단면을 도시할 때는 해칭(Hatching)이나 스머징(Smudging)을 한다.
② 투상도는 어느 것이나 전부 또는 일부를 단면으로 도시할 수 있다.
③ 절단면은 기본 중심선을 지나고 투상면에 평행한 면을 선택하는 것을 원칙으로 한다.
④ 절단면 뒤에 있는 은선 또는 세부에 기입된 은선은 그 물체의 모양으로 나타내는 데 필요한 것만 긋는다.

3. 단면도의 종류

① 전단면도(온단면도) : 중심선을 기준으로 대칭인 경우 물체를 2개로 절단(1/2)하여 도면 전체를 단면으로 나타낸 것으로, 절단 평형이 물체를 완전히 절단하여 전체 투상도가 단면도로 표시되는 도법이다.
② 반단면도 : 물체의 1/4을 잘라내고 도면의 반쪽을 단면으로 나타내는 방법이다.
③ 부분 단면도 : 필요한 곳 일부만 절단하여 나타낸 것을 부분 단면도라 한다.
④ 계단 단면도 : 절단한 부분이 동일 평면 내에 있지 않을 때, 2개 이상의 평면으로 절단하여 나타낸다.
⑤ 회전 단면도 : 절단한 부분의 단면을 90° 우회전하여 단면 형상을 나타낸다.

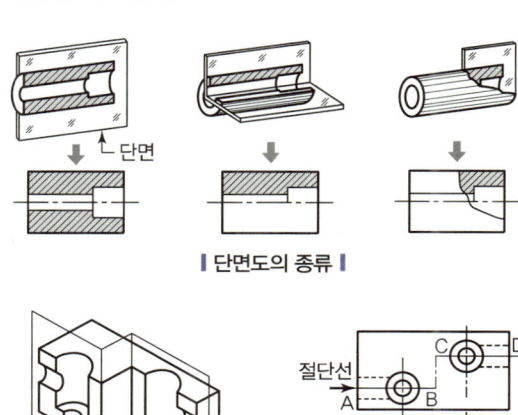

| 단면도의 종류 |

| 계단단면 |

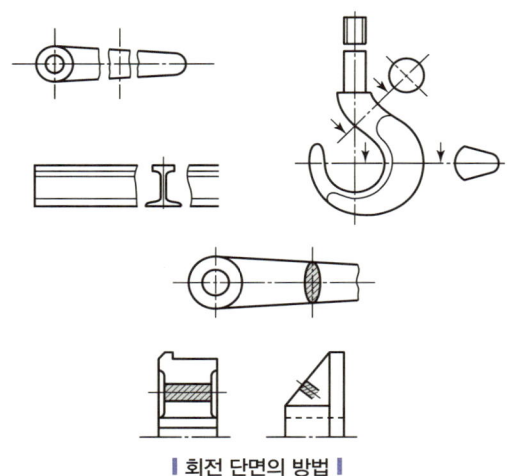

| 회전 단면의 방법 |

4. 단면을 도시하지 않는 부품

① 속이 찬 원기둥 및 모기둥 모양의 부품
- 축
- 너트
- 와셔
- 키
- 볼 베어링의 볼
- 볼트
- 핀
- 리벳
- 나사

② 얇은 부분
- 리브
- 웨브

③ 부품의 특수한 부분
- 기어의 이
- 풀리의 암

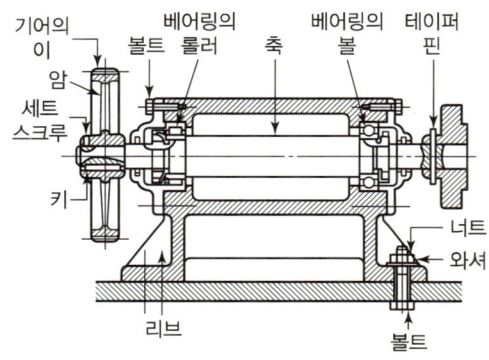

| 단면을 도시하지 않는 부품 |

5. 얇은 판의 단면

패킹, 박판처럼 얇은 것을 단면으로 나타낼 때는 한 줄의 굵은 실선으로 단면을 표시한다. 이들 단면이 인접해 있는 경우에는 단면선 사이에 약간의 간격을 둔다.

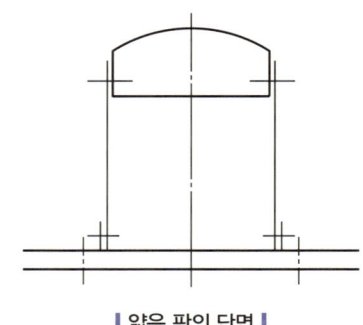

| 얇은 판의 단면 |

6. 해칭법

단면이 있는 것을 나타내는 방법으로 해칭이 있으나, 규정으로는 단면이 있는 것을 명시할 때에만 단면 전부 또는 주변에 해칭을 하거나 스머징(Smudging, 단면부의 내측 주변을 청색 또는 적색 연필로 엷게 칠하는 것)하도록 되어 있다.

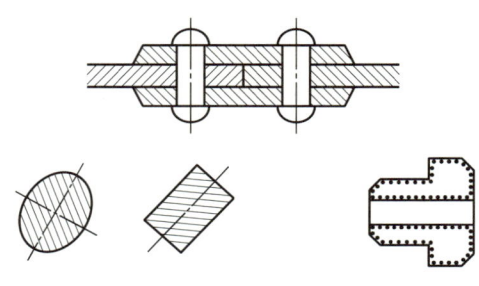

| 해칭의 실례 |

7. 해칭의 원칙

① 가는 실선을 사용하는 것을 원칙으로 하나, 혼동될 우려가 없을 때에는 생략하여도 무방하다.
② 기본 중심선 또는 기선에 대하여 45° 기울기로 2~3mm 간격으로 긋는다. 그러나 45° 기울기로 분간하기 어려울 때는 해칭의 기울기를 30°, 60°로 한다.
③ 해칭할 부분이 너무 큰 경우 해칭선 대신 단면 둘레에 청색 또는 적색 연필로 엷게 칠할 수 있다.(스머징)

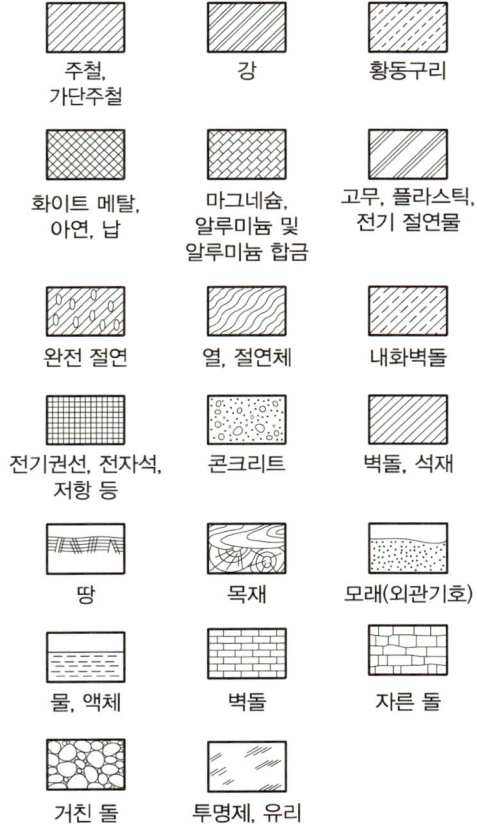

▎ 비금속 재료의 단면 표시 ▎

기출 및 예상문제

01 제1각법과 제3각법에 대한 설명 중 틀린 것은?

① 제3각법은 평면도를 정면도의 위에 그린다.
② 제1각법은 저면도를 정면도의 아래에 그린다.
③ 제3각법의 원리는 눈 → 투상면 → 물체의 순서가 된다.
④ 제1각법에서 우측면도는 정면도를 기준으로 본 위치와는 반대쪽인 좌측에 그린다.

해설 저면도는 물체의 아래에서 본 도면으로 정면도의 위쪽에 그린다. (3각도법의 반대)

02 다음 투상도 중 표현하는 각법이 다른 하나는?

① 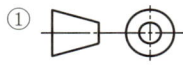   ②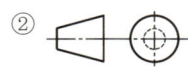
③    ④

해설 ③번의 경우 우선 사각형을 정면도라고 보고 우측의 원이 오른쪽에 있는데 그것이 보는 방향, 즉 오른쪽에서 본 우측면도의 도면이 맞다면 제3각도법이며 아니라면 제1각도법이다. ③번의 경우 우측에 있는 원은 사각형의 왼쪽에서 보이는 모습을 오른쪽에 도시한 것이기 때문에 제1각도법이며 나머지는 모두 3각도법이다.(이해가 가지 않는다면 생수병을 옆으로 돌려보면 이해가 쉽다.)

03 정투상법의 제1각법과 제3각법에서 배열위치가 정면도를 기준으로 동일한 위치에 놓이는 투상도는?

① 좌측면도   ② 평면도
③ 저면도   ④ 배면도

해설 정면도와 배면도는 제1각법과 제3각법에서 위치가 동일하다.

04 그림과 같은 입체도에서 화살표 방향을 정면으로 할 때 평면도로 가장 적합한 것은?

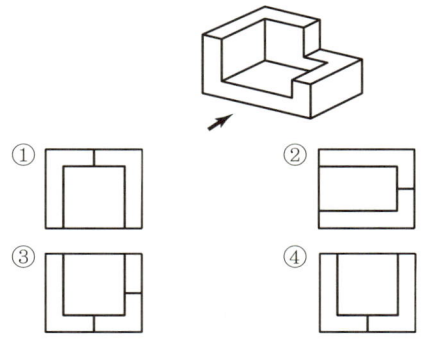

05 보기의 도면은 정면도와 우측면도만이 올바르게 도시되어 있다. 평면도로 가장 적합한 것은?

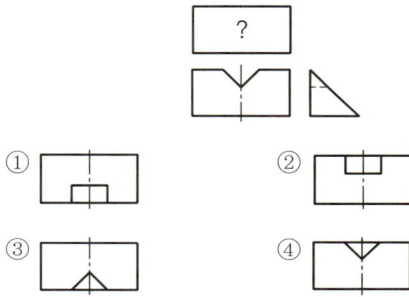

06 그림의 입체도를 제3각법으로 올바르게 투상한 투상도는?

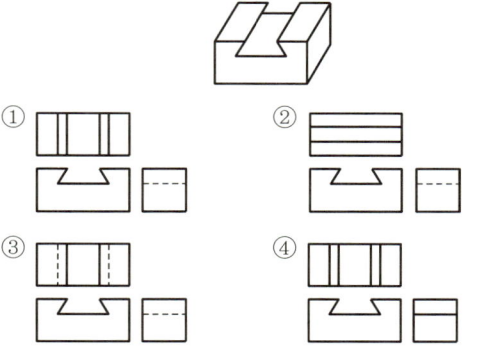

정답 01 ② 02 ③ 03 ④ 04 ① 05 ③ 06 ③

07 그림과 같은 입체도의 제3각 정투상도로 적합한 것은?

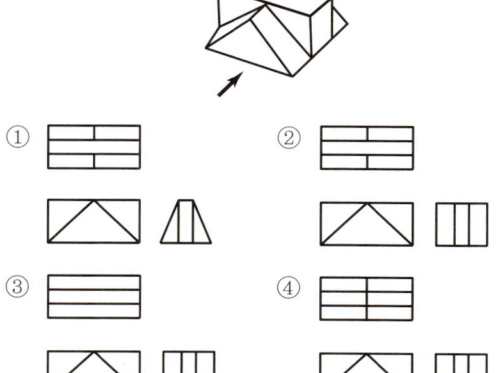

08 그림과 같은 입체도에서 화살표 방향에서 본 투상을 정면으로 할 때 평면도로 가장 적합한 것은?

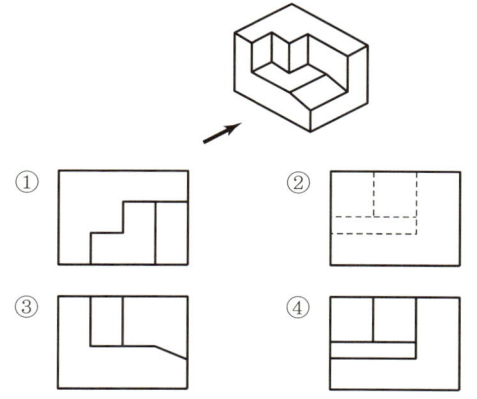

09 그림과 같은 제3각 정투상도의 3면도를 기초로 한 입체도로 가장 적합한 것은?

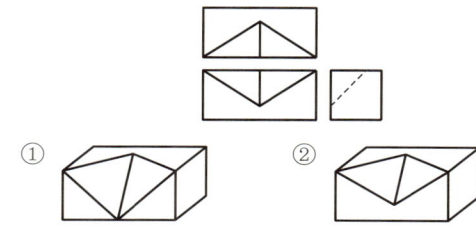

③  ④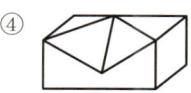

10 다음과 같은 배관의 등각 투상도(Isometric Drawing)를 평면도로 나타낸 것으로 맞는 것은?

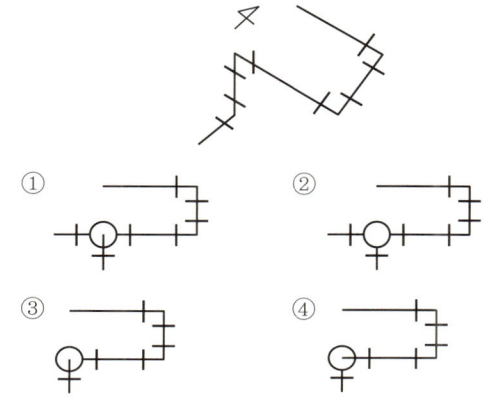

11 리벳 이음(Rivet Joint) 단면의 표시법으로 가장 올바르게 투상된 것은?

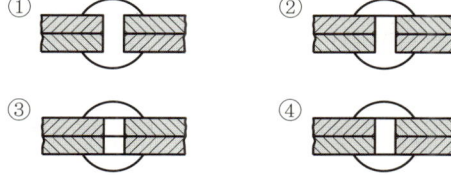

12 그림과 같은 단면도에서 "A"가 나타내는 것은?

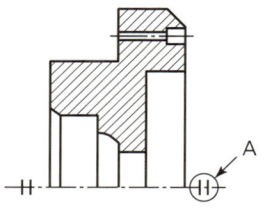

① 바닥 표시 기호 ② 대칭 도시 기호
③ 반복 도형 생략 기호 ④ 한쪽 단면도 표시 기호

정답 07 ② 08 ① 09 ② 10 ④ 11 ④ 12 ②

13 다음 중 대상물을 한쪽 단면도를 올바르게 나타낸 것은?

① 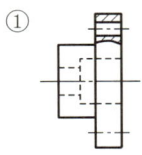　②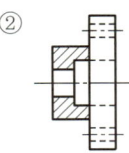

③ 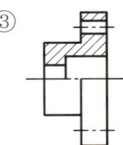　④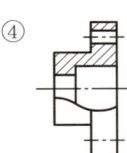

14 그림과 같이 파단선을 경계로 필요로 하는 요소의 일부만을 단면으로 표시하는 단면도는?

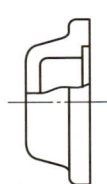

① 온 단면도　② 부분 단면도
③ 한쪽 단면도　④ 회전 도시 단면도

15 다음 중 도면에서 단면도의 해칭에 대한 설명으로 틀린 것은?

① 해칭선은 반드시 주된 중심선에 45°로만 경사지게 긋는다.
② 해칭선은 가는 실선으로 규칙적으로 줄을 늘어놓는 것을 말한다.
③ 단면도에 재료 등을 표시하기 위해 특수한 해칭(또는 스머징)을 할 수 있다.
④ 단면 면적이 넓을 경우에는 그 외형선에 따라 적절한 범위에 해칭(또는 스머징)을 할 수 있다.

16 단면을 나타내는 해칭선의 방향이 가장 적합하지 않은 것은?

① 　②

③ 　④

17 다음 중 원기둥의 전개에 가장 적합한 전개도법은?
① 평행선 전개도법　② 방사선 전개도법
③ 삼각형 전개도법　④ 역삼각형 전개도법

해설 원이나 각기둥 전개에는 평행선 전개도법이 사용된다.

정답　13 ③　14 ②　15 ①　16 ③　17 ①

CHAPTER 03 도면의 치수기입법

TOPIC 01 도면의 치수기입

1. 도면에 사용되는 치수의 기입
① 단위는 밀리미터(mm)를 사용하며 단위 기호는 생략한다.
② 치수 숫자는 자릿수가 많아도 3자리마다 (,)를 쓰지 않는다.

2. 치수 기입의 구성요소
치수를 기입하기 위해 치수선, 치수 보조선, 화살표, 치수 숫자, 지시선이 필요하다.

3. 치수선
① 치수선은 0.2mm 이하의 가는 실선을 치수 보조선에 직각으로 긋는다.
② 치수선은 외형선에서 10~15mm쯤 떨어져서 긋는다.
③ 많은 치수선을 평행하게 그을 때는 간격을 서로 같게 한다.

4. 치수 보조선
① 치수를 표시하는 부분의 양 끝에 치수선에 직각이 되도록 긋는다.
② 치수 보조선의 길이는 치수선보다 2~3mm 정도 길게 그린다.
③ 치수선과 교차되지 않도록 긋는다.

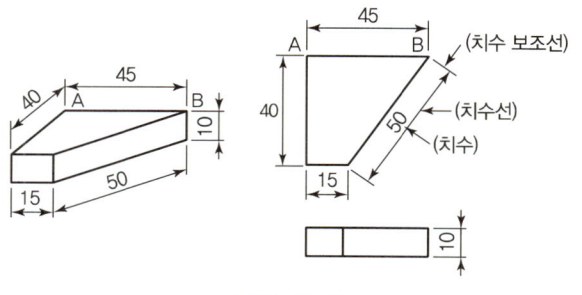

∥ 치수 표시 ∥

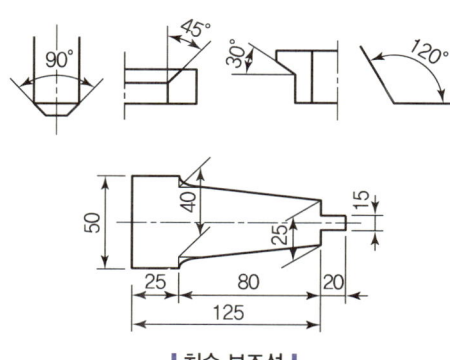

∥ 치수 보조선 ∥

5. 치수 기입법
① 수평 방향의 치수선에 대하여는 치수 숫자의 머리가 위쪽으로 향하도록 하고, 수직 방향의 치수선에 대하여는 치수 숫자의 머리가 왼쪽으로 향하도록 한다.
② 치수선이 수직선에 대하여 왼쪽 아래로 향하여 약 30° 이하의 각도를 가지는 방향(해칭부)에는 되도록 치수를 기입하지 않는다.

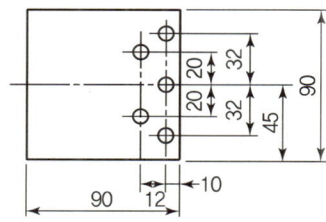

∥ 치수 숫자의 방향 ∥

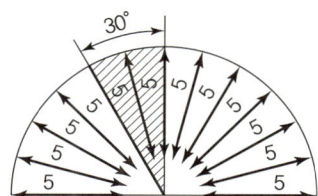

∥ 경사진 부분에서의 숫자 기입 방향 ∥

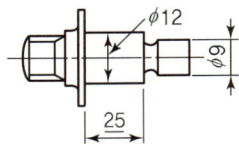

| 비례척이 아닌 숫자의 표시 |

TOPIC 02 치수에 사용하는 기호 및 각종 표시법

1. 치수에 함께 사용하는 기호

기호	설명
ϕ	지름 기호
□	정사각 기호
R	반지름 기호
구면(s) ϕ	구면의 지름 기호
구면(s) R	구면의 반지름 기호
C	45° 모따기 기호
P	피치(Pitch) 기호
t	판의 두께 기호

2. 호, 현, 각도 표시법

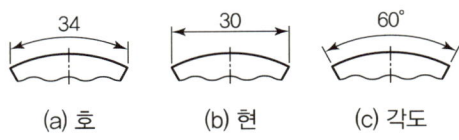

| 호, 현, 각도의 표시 |

3. 구멍의 치수 기입

① 구멍의 치수는 지시선을 사용해 지름을 나타내는 숫자 뒤에 "드릴"이라 쓴다.
② 원으로 표시되는 구멍은 지시선의 화살을 원의 둘레에 붙인다.
③ 원으로 표시되지 않는 구멍은 중심선과 외형선의 교점에 화살을 붙인다.

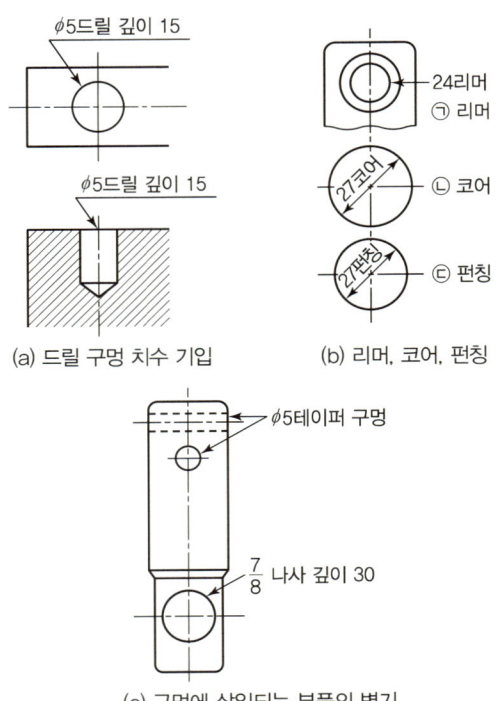

| 구멍 치수 기입법 |

④ 같은 치수인 다수의 구멍에 대한 치수 기입 : 같은 종류의 리벳 구멍, 볼트 구멍, 핀 구멍 등이 연속되어 있을 때는 대표적인 구멍만 그리며 다른 곳은 생략하고 중심선으로 그 위치만 표시한다.

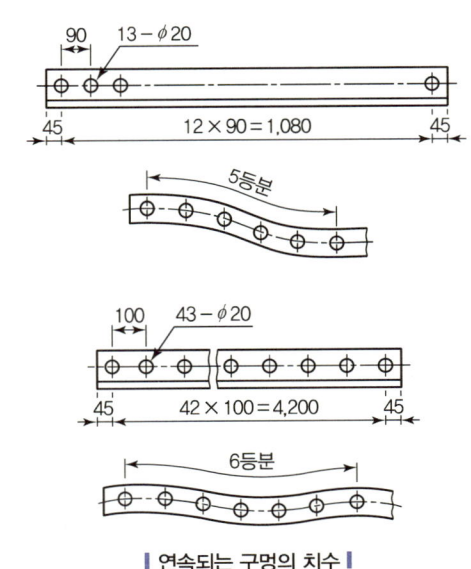

| 연속되는 구멍의 치수 |

4. 기울기 및 테이퍼의 치수 기입

① 한쪽만 기울어진 경우를 기울기 또는 구배라고 하며 중심에 대하여 대칭으로 경사를 이루는 경우를 테이퍼라 한다.
② 기울기는 경사면 위에 기입하고, 테이퍼는 대칭 도면 중심선 위에 기입한다.

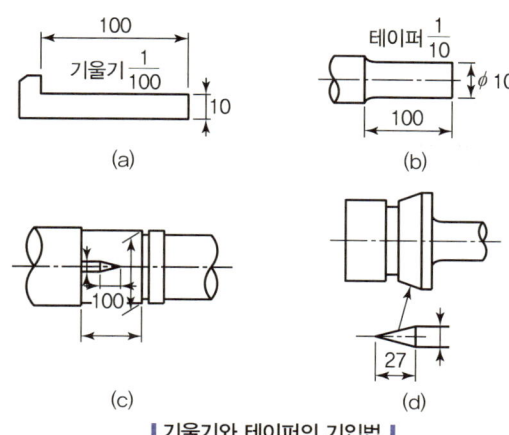

기울기와 테이퍼의 기입법

5. 치수 기입의 원칙

① 가능한 한 치수는 정면도에 기입하도록 한다.
② 치수는 중복해서 기입하지 않는다.
③ 치수는 계산할 필요가 없도록 기입해야 한다.
④ 치수의 단위는 mm로 하고 기입은 하지 않는다.
⑤ 치수선은 외형선에서 10~15mm 띄어서 긋는다.
⑥ 치수 숫자의 소수점은 자릿수가 3자리 이상이어도 세 자리마다 콤마(,)를 표시하지 않는다.
⑦ 비례척에 따르지 않을 때는 치수 밑에 밑줄을 긋거나, 표제란의 척도란에 NS(Non-Scale) 또는 비례척이 아님을 도면에 표시한다.
⑧ 치수선 양단에서 직각이 되는 치수 보조선은 2~3mm 정도 지나게 긋는다.

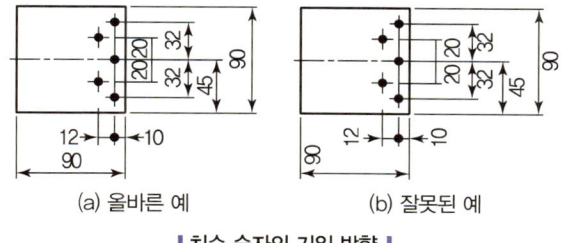

치수 숫자의 기입 방향

TOPIC 03 재료의 기호 표기법

1. 재료 기호

재료 기호는 일반적으로 3위(부분) 기호로 표시하나 때로는 5위(부분) 기호로 표시하는 경우도 있다.

▼ 첫째 자리 : 재질

기호	의미
Al	알루미늄(원소 기호)
AlA	알루미늄 합금(Al Alloy)
B	청동(Bronze)
Bs	황동(Brass)
C	초경 합금(Carbide Alloy)
Cu	구리(원소 기호)
Fe	철(Ferrum)
HBs	강력 황동(High Strength Brass)
K	켈밋(Kelmet Alloy)
MgA	마그네슘 합금(Magnesium Alloy)
NbS	네이벌 황동(Naval Brass)
NiB	양은(Nickel Silver)
PB	인청동(Phosphor Bronze)
Pb	납(원소 기호)
S	강(Steel)
W	화이트 메탈(White Metal)
Zn	아연(원소 기호)

▼ 둘째 자리 : 제품명, 규격

기호	의미
B	바 또는 보일러(Bar or Boiler)
BF	단조봉(Forging Bar)
C	주조품(Casting)
BMC	흑심가단주철(Black Malleable Casting)
WMC	백심가단주철(White Malleable Casting)
EH	내열강(Heat-resistant Alloy)
FM	단조재(Forging Material)
GP	가스 파이프(Gas Pipe)
HN	질화 재료(Nitriding)
J	베어링재(로마자)
K	공구강(로마자)
NiCr	니켈크롬강(Nickel Chromium)
SKH	고속도강(High Speed Steel)
F	단조품(Forging)

▼ 셋째 자리 : 재료의 종별, 최저 인장강도, 탄소 함유량, 열처리 종류 등

구분	기호	의미
종별	A	갑
	B	을
	C	병
	D	정
	E	무
가공법·용도·형상	D	냉각 일반, 절삭, 연삭
	CK	표면 경화용
	F	평판
	C	파판, 아연철판
	E	강판
	E	평강
	A	형강 일반용 연강재
	B	봉강
알루미늄 합금의 열처리	F	열처리를 하지 않은 재질
	O	풀림 처리한 재질
	H	가공 경화한 재질
	W	담금질 후 시효경화 진행 중 재료
	$\frac{1}{2}$H	반경강
	T₂	풀림 처리한 재질(주물용)
	T₆	담금질한 후 뜨임 처리한 재료
	O₆	풀림된 재료
	T₃	담금질 후 풀림

2. 재료 기호 예시

기호	첫째 자리	둘째 자리	셋째 자리
SS 55(일반 구조용 압연 강재 5종)	S(강)	S(일반 구조용 압연 강재)	55(최저 인장강도)
S 10C(기계 구조용 탄소 강재 1종)	S(강)	10(탄소 함유량 0.10%)	C(화학성분 표시)
SWPA (피아노선 A종)	S(강)	WP(피아노선)	A(A종)
BC 1 (청동 주물 1종)	B(청동)	C(주조품)	1(제1종)
GC 10(회주철 1종)	G(회주철)	C(주조품)	10(제1종, 인장강도 10kg/mm² 이상)

3. 기계 재료의 표시 기호

명칭	KS 기호
일반 구조용 압연 강재	SB
일반 배관용 압연 강재	SPP
아크 용접봉 심선재	SWRW
피아노 선재	PWR
냉간 압연 강관 및 강재	SBC
용접 구조용 압연 강재	SWS
기계 구조용 탄소강관	STKM
고속도 공구강재	SKH
탄소공구강	STC
탄소강 단조품	SF
보일러용 압연 강재	SBB
기계 구조용 탄소 강재	SM
합금 공구강(주로 절삭, 내충격용)	STS
합금 공구강(주로 내마멸성 불변형용)	STD
합금 공구 강재(주로 열간 가공용)	STF
탄소 주강품	SC
일반 구조용 탄소강관	SPS
회주철품	GC
구상흑연주철	DC
흑심 가단주철	BMC
백심 가단주철	WMC
스프링강	SPS

기출 및 예상문제

01 치수 기입 방법이 틀린 것은?

① 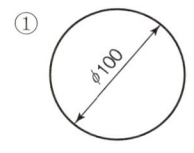 ②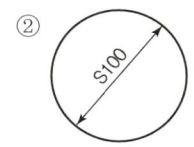

③ 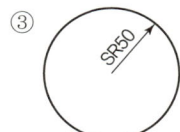 ④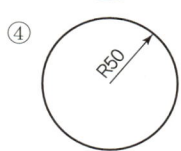

02 다음 중 현의 치수 기입을 올바르게 나타낸 것은?

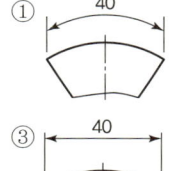
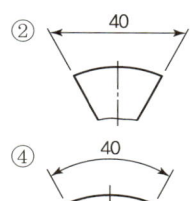

03 다음 중 치수 기입의 원칙에 대한 설명으로 가장 적절한 것은?
① 중요한 치수는 중복하여 기입한다.
② 치수는 되도록 주 투상도에 집중하여 기입한다.
③ 계산하여 구한 치수는 되도록 식을 같이 기입한다.
④ 치수 중 참고 치수에 대하여는 네모 상자 안에 치수 숫자를 기입한다.

04 그림과 같은 치수 기입 방법은?

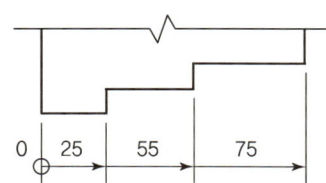

① 직렬 치수 기입법 ② 병렬 치수 기입법
③ 조합 치수 기입법 ④ 누진 치수 기입법

05 관의 구배를 표시하는 방법 중 틀린 것은?

① 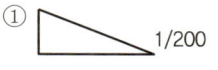 ②

③ 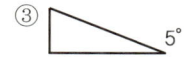 ④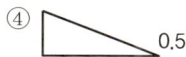

06 그림과 같은 원뿔을 전개하였을 경우 나타난 부채꼴의 전개각(전개된 물체의 꼭지각)이 150°가 되려면 l의 치수는?

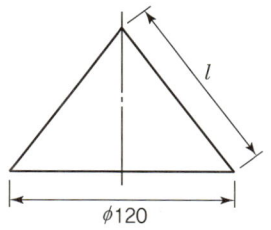

① 100 ② 122
③ 144 ④ 150

해설 부채꼴의 중심각을 구하는 공식을 이용한다.
$\theta = 360 \times \dfrac{r}{l}$ 이므로 $150 = 360 \times 60/l$ 계산식에 의해 풀이를 하면 빗변의 길이는 144mm이다.

여기서, θ : 부채꼴의 중심각
r : 원뿔의 반지름
l : 원뿔 빗변의 길이

07 그림의 형강을 올바르게 나타낸 치수 표시법은?(단, 형강 길이는 K이다.)

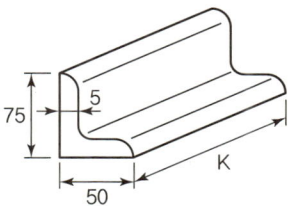

① L 75×50×5×K ② L 75×50×5−K
③ L 50×75−5−K ④ L 50×75×5×K

정답 01 ② 02 ③ 03 ② 04 ④ 05 ④ 06 ③ 07 ②

08 그림과 같은 경 ㄷ형강의 치수 기입 방법으로 옳은 것은?
(단, L은 형강의 길이를 나타낸다.)

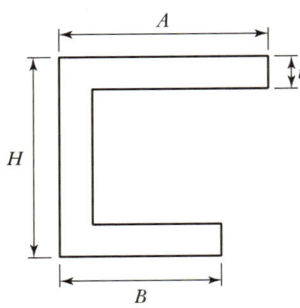

① ㄷ$A \times B \times H \times t - L$　② ㄷ$H \times A \times B \times t - L$
③ ㄷ$B \times A \times H \times t - L$　④ ㄷ$H \times B \times A \times L - t$

09 그림과 같은 용접기호의 설명으로 옳은 것은?

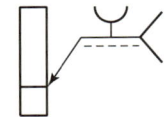

① U형 맞대기 용접, 화살표 쪽 용접
② V형 맞대기 용접, 화살표 쪽 용접
③ U형 맞대기 용접, 화살표 반대쪽 용접
④ V형 맞대기 용접, 화살표 반대쪽 용접

해설 점선이 표시된 부위(화살표 아래쪽)에 아무런 표시가 없고 그 위 실선에 U자 모양이 있는 것은 화살표 방향의 용접을 의미한다. 반대로 점선 부위에 U자 모양이 표시되었다면 화살표 반대방향의 용접을 의미한다.

10 그림과 같은 원추를 전개하였을 경우 전개면의 꼭지각이 180°가 되려면 ϕD의 치수는 얼마가 되어야 하는가?

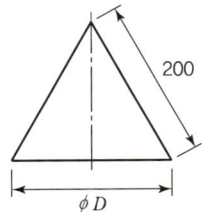

① $\phi 100$　② $\phi 120$
③ $\phi 180$　④ $\phi 200$

해설 부채꼴의 중심각을 구하는 공식을 이용한다.
$\theta = 360 \times \dfrac{r}{l}$ 이므로 $180 = 360 \times r/200$ 계산식에 의해 풀이를 하면 원뿔 밑변의 지름은 200mm이다.

　여기서, θ : 부채꼴의 중심각
　　　　　r : 원뿔의 반지름
　　　　　l : 원뿔 빗변의 길이

11 도면에서의 지시한 용접법으로 바르게 짝지어진 것은?

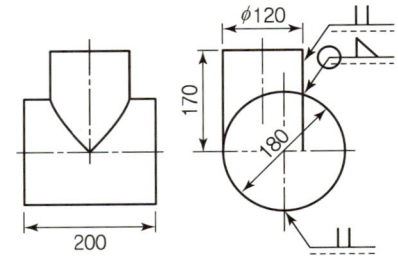

① 이면 용접, 필릿 용접
② 겹치기 용접, 플러그 용접
③ 평형 맞대기 용접, 필릿 용접
④ 심 용접, 겹치기 용접

12 일반적으로 치수선을 표시할 때, 치수선 양 끝에 치수가 끝나는 부분임을 나타내는 형상으로 사용하는 것이 아닌 것은?

13 배관 제도 시 밸브 도시기호에서 일반 밸브가 닫힌 상태를 도시한 것은?

14 다음 중 배관용 탄소 강관의 재질 기호는?
① SPA ② STK
③ SPP ④ STS

15 다음 중 저온 배관용 탄소 강관 기호는?
① SPPS ② SPLT
③ SPHT ④ SPA

해설 SPLT(배관용 탄소 강관) L(low, 낮다.)

16 KS 재료 기호에서 고압 배관용 탄소 강관을 의미하는 것은?
① SPP ② SPS
③ SPPA ④ SPPH

해설 **SPPH**
고압 배관용 탄소 강관. 여기서 H는 High를 의미한다.

17 KS 재료기호 중 기계 구조용 탄소강재의 기호는?
① SM 35C ② SS 490B
③ SF 340A ④ STKM 20A

18 KS 재료기호 SM10C에서 10C는 무엇을 뜻하는가?
① 제작방법 ② 종별 번호
③ 탄소함유량 ④ 최저인장강도

정답 14 ③ 15 ② 16 ④ 17 ① 18 ③

CHAPTER 04 기계 요소의 표시 및 스케치 방법

TOPIC 01 나사의 호칭

1. 수나사와 암나사

원통의 바깥 면을 깎은 나사를 수나사, 구멍의 안쪽 면을 깎은 나사를 암나사라 하며 수나사는 바깥지름, 암나사는 암나사에 맞는 수나사의 바깥지름의 호칭 치수로 한다.

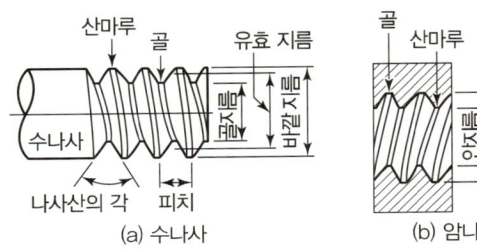

| 나사의 각부 명칭 |

2. 피치와 리드

인접한 두 산의 직선 거리를 측정한 값을 피치(Pitch)라 하고, 나사가 1회전하여 축 방향으로 진행한 거리를 리드(Lead)라고 한다.

$$L = np$$

여기서, L : 리드
n : 줄 수
p : 피치

3. 오른나사와 왼나사

시계 방향으로 돌려서 앞으로 나아가거나 잠기는 나사를 오른나사, 반대의 경우를 왼나사라고 한다.

4. 나사의 표시법

나사의 표시는 나사의 잠긴 방향, 나사산의 줄 수, 나사의 호칭, 나사의 등급 순으로 나타낸다.

예) 좌 2줄 M50×3-2 : 왼나사 2줄 미터 가는 나사 2급

5. 나사의 호칭

나사의 호칭은 나사의 종류, 표시 기호, 지름 표시 숫자, 피치 또는 25.4mm에 대한 나사산의 수로 다음과 같이 나타낸다.

① 피치를 mm로 나타내는 나사의 경우

나사의 종류를 표시한 기호 　나사의 종류를 표시하는 숫자 × 피치

예) M16×2 : 미터 보통 나사는 원칙적으로 피치를 생략하나 M3, M4, M5에는 피치를 붙여 표시한다.

② 피치를 산의 수로 표시하는 나사(유니파이 나사는 제외)의 경우

나사의 종류를 표시한 기호 　나사의 종류를 표시하는 숫자 산 산의 수

예) TW20산6 : 관용 나사(Pipe Thread)는 산의 수를 생략한다. 또 각인에 한하여 '산' 대신 하이픈(-)을 사용할 수 있다.

③ 유니파이 나사의 경우

나사의 종류를 표시한 기호 - 산의 수 나사의 종류를 표시하는 숫자

예) $\frac{1}{2}$-13UNC

6. 나사의 종류

구분	나사의 종류		나사의 종류를 표시하는 기호	나사의 호칭에 대한 표시방법의 표기	관련 규격
일반용	미터 보통 나사		M	M 8	KS B 0201
	미터 가는 나사			M 8×1	KS B 0204
	유니파이 보통나사		UNC	3/8-16 UNC	KS B 0203
	유니파이 가는 나사		UNF	No.8-36 UNF	KS B 0206
	관용 테이퍼 나사	테이퍼 나사	PT	PT 3/4	KS B 0222
		평행 암 나사	PS	PS 3/4	
	관용 평행 나사		PF	PF 1/2	KS B 0221

7. 나사의 등급 표시 방법

나사의 정도를 구분한 것을 말하며 숫자 및 문자의 조합으로 나타낸다. 미터 나사는 급수가 작을수록, 유니파이 나사는 급수가 클수록 정도가 높다.

나사의 종류	등급	표시 방법
미터나사	1급	1
	2급	2
	3급	3
유니파이 나사	3A급	3A
	3B급	3B
	2A급	2A
	2B급	2B
	1A급	1A
	1B급	1B
관용 평행 나사	A급	A
	B급	B

① 미터 나사는 숫자가 작은 것이 정밀급에 속한다.
② 유니파이 나사는 숫자가 큰 것이 정밀급에 속한다.
③ A는 수나사, B는 암나사를 나타낸다.

TOPIC 02 볼트와 너트의 호칭

1. 볼트와 너트

① 볼트의 호칭

규격 번호	종류	다듬질 정도	나사의 호칭×길이	-	나사의 등급	재료	지정 사항
KS B 0112	육각 볼트	중	M 42×150	-	2	SM20C	둥근 끝

규격 번호는 생략 가능하며 지정 사항은 자리 붙이기, 나사부의 길이, 나사 끝 모양, 표면 처리 등을 필요에 따라 표기한다.

② 너트의 호칭

규격 번호	종류	모양의 구별	다듬질 정도	나사의 호칭	-	나사의 등급	재료	지정 사항
KS B 1020	육각 너트	2종	상	M 42	-	1	SM25C	H=42

규격 번호는 생략 가능하며 지정 사항은 나사의 바깥 지름과 동일한 너트의 높이(H), 한 계단 더 큰 부분의 맞변 거리(B), 표면 처리 등을 필요에 따라 표기한다.

2. 리벳의 종류

① **용도별** : 일반용, 보일러용, 선박용 등
② **리벳 머리의 종류별** : 둥근 머리, 접시 머리, 납작 머리, 둥근 접시 머리, 얇은 납작 머리, 냄비 머리 등

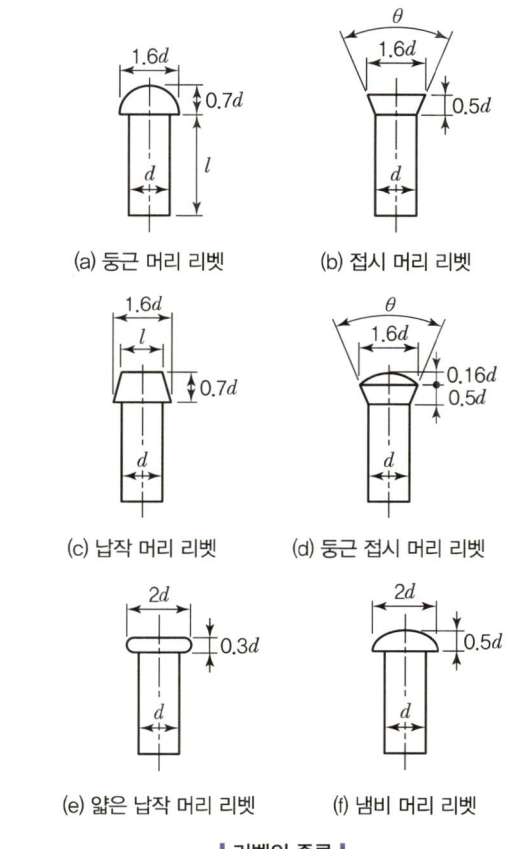

(a) 둥근 머리 리벳　　(b) 접시 머리 리벳
(c) 납작 머리 리벳　　(d) 둥근 접시 머리 리벳
(e) 얇은 납작 머리 리벳　　(f) 냄비 머리 리벳

| 리벳의 종류 |

3. 리벳의 호칭

규격 번호	종류	호칭 지름	×	길이	재료
KS B 0112	열간 둥근 머리 리벳	16	×	40	SBV 34

규격 번호를 사용하지 않는 경우에는 종류의 명칭 앞에 "열간" 또는 "냉간"을 기입한다.

TOPIC 03 가공법의 약호와 스케치도

1. 가공법의 약호

가공 방법	약호	
선반 가공	L	선반
드릴 가공	D	드릴
볼 머신 가공	B	볼링
밀링 가공	M	밀링
벨트 샌딩 가공	GB	포연
줄 다듬질	FF	줄
스크레이퍼 다듬질	FS	스크레이퍼
리머 가공	FR	리머
연삭 가공	G	연삭
주조	C	주조

2. 스케치도의 종류

① **프리핸드법** : 자 등을 사용하지 않고 손으로 자연스럽게 그리는 방법
② **본 뜨기법(모양 뜨기)** : 물체를 종이 위에 놓고 그 윤곽을 연필로 그리는 방법
③ **프린트법** : 부품 표면에 광명단, 흑연을 바르거나 기름걸레로 문지른 다음, 종이를 대고 눌러서 원형을 구하는 방법

3. 원도, 트레이스도, 복사도

① **원도** : 연필로 처음에 그린 도면
② **트레이스도** : 연필이나 먹으로 그린 도면을 말하며, 복사의 원지가 되는 것
③ **복사도** : 트레이스도를 복사한 것(청사진도, 백사진도 등)

4. 표제란과 부품표

① **표제란** : 도면상에 도면 번호, 도면 명칭, 기업(단체)명, 책임자, 도면 작성 연월일, 척도, 투상법 등이 기입되어 있는 칸을 말한다.
② **부품표** : 부품의 부품 번호, 부품명, 재질, 수량, 중량, 공정 등을 기입한 표를 말한다.(도면에 그린 부품에 대하여 모든 조건을 기입하는 표로서 위의 사항을 기입한다.)

기출 및 예상문제

01 열간 성형 리벳의 종류별 호칭길이(L)를 표시한 것 중 잘못 표시된 것은?

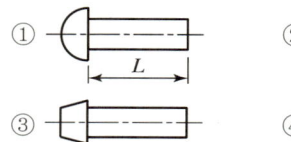
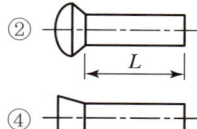

해설 ④의 접시머리 리벳은 전체의 길이를 호칭길이로 표시한다.

02 나사 표시가 "L 2N M50×2 – 4h"로 나타날 때 이에 대한 설명으로 틀린 것은?
① 왼 나사이다.
② 2줄 나사이다.
③ 미터 가는 나사이다.
④ 암나사 등급이 4h이다.

03 리벳의 호칭 방법으로 옳은 것은?
① 규격 번호, 종류, 호칭지름×길이, 재료
② 명칭, 등급, 호칭지름×길이, 재료
③ 규격번호, 종류, 부품 등급, 호칭, 재료
④ 명칭, 다듬질 정도, 호칭, 등급, 강도

04 도면에 아래와 같이 리벳이 표시되었을 경우 올바른 설명은?

> KS B 1101 둥근 머리 리벳 25×36 SWRM 10

① 호칭 지름은 25mm이다.
② 리벳 이음의 피치는 400mm이다.
③ 리벳의 재질은 황동이다.
④ 둥근 머리부의 바깥지름은 36mm이다.

해설 리벳의 호칭

규격 번호	종류	호칭 지름	×	길이	재료 연강선재
KS B 1101	둥근 머리 리벳	25	×	36	SWRM 10

정답 01 ④ 02 ④ 03 ① 04 ①

CHAPTER 05 도면 판독의 이해

TOPIC 01 용접부의 기호 판독

1. 용접부의 기호 판독

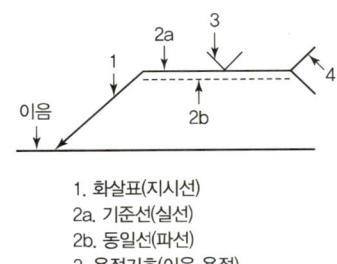

1. 화살표(지시선)
2a. 기준선(실선)
2b. 동일선(파선)
3. 용접기호(이음 용접)
4. 꼬리

| 표시방법 |

① 기준선은 실선으로, 동일선은 파선으로 표시하며, 동일선인 파선은 기준선 위 또는 아래 중 어느 쪽에나 표시할 수 있다.
② 화살표 및 기준선과 동일선에는 모든 관련 기호를 붙인다. 또한 꼬리 부분에는 용접방법, 허용수준, 용접자세, 용가재 등 상세항목을 표시하는 경우가 있다.

2. 기준선에 대한 기호의 위치

① 용접의 기본 기호는 기준선의 위 또는 아래에 표시할 수 있다.
② 용접부가 이음의 화살표 쪽에 있는 경우 용접 기호는 실선 쪽의 기준선에 기입한다.
③ 용접부가 이음의 화살표 반대쪽에 있는 경우 용접 기호는 파선 쪽의 기준선에 기입한다.

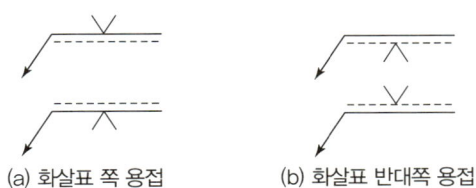

(a) 화살표 쪽 용접   (b) 화살표 반대쪽 용접

| 기준선에 따른 기호의 위치 |

3. 부재의 양쪽을 용접하는 경우

용접 기호를 기준선의 좌우(상하) 대칭으로 조합시켜 배치할 수 있다.

▼ 대칭 용접부 기호의 예

명칭	도시	기호
양면 V형 맞대기 용접(X형 이음)		X
K형 맞대기 용접		K
부분 용입 양면 V형 맞대기 용접 (부분 용입 X형 이음)		✕
부분 용입 K형 맞대기 용접 (부분 용입 K형 이음)		⊢
양면 U형 맞대기 용접 (H형 이음)		⋎

TOPIC 02 용접부의 도면기호

1. 보조기호

용접부 및 용접부 표면의 형상	기호
평면(동일 평면으로 마름질)	—
볼록형	⌒
오목형	⌣
끝단부를 매끄럽게 함	⌄
영구적인 덮개 판을 사용	M
제거 가능한 덮개 판을 사용	MR

2. 용접 도면 기호

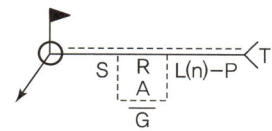

(a) 화살표 쪽 또는 안쪽의 경우

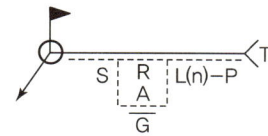

(b) 화살표 반대쪽

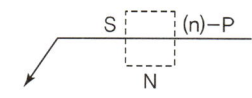

(c) 겹침 이음부의 저항 용접일 경우

| 기본기호 |

① S : 용접부의 단면 치수 또는 강도(그루브의 깊이, 필릿의 다리길이, 플러그 구멍의 지름, 슬롯 홈의 너비, 심의 너비, 점용접의 너깃 지름 또는 한 점의 강도 등)
② R : 루트 간격
③ A : 그루브 각도
④ L : 단속 필릿 용접의 용접 길이, 슬롯 용접의 홈 길이 또는 필요한 경우 용접 길이
⑤ n : 단속 필릿 용접의 수
⑥ P : 단속 필릿 용접, 플러그 용접, 슬롯 용접, 점용접 등의 피치(피치 : 용접부의 중앙선과 인접 용접 부분 중앙선의 거리)
⑦ T : 특별 지시사항(J형, U형 등의 루트 반지름, 용접방법, 비파괴 시험의 보조기호, 기타)
⑧ - : 표면 모양의 보조기호
⑨ G : 다듬질 방법의 보조기호
⑩ N : 점 용접, 심 용접, 스터드, 플러그, 슬롯, 프로젝션 용접 등의 수

3. 필릿 용접의 도면 표시법

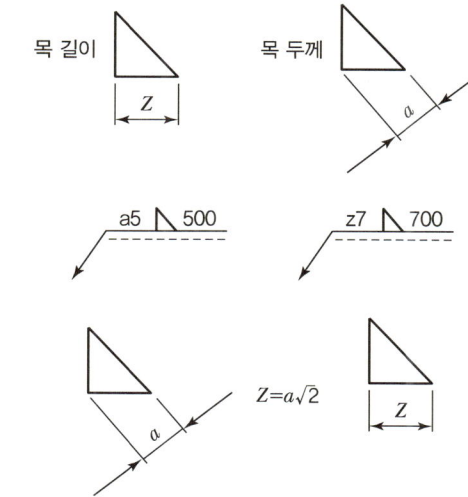

| 필릿 용접의 치수 표시 방법 |

필릿 용접의 경우 용입 깊이의 치수를 s8a6△와 같이 표시하는 경우도 있다.

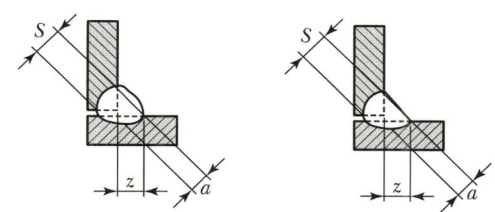

| 필릿 용접의 용입 깊이 치수 표시방법 |

기출 및 예상문제

01 모떼기의 치수가 2mm이고 각도가 45°일 때 올바른 치수 기입 방법은?
① C2   ② 2C
③ 2-45°   ④ 45°×2

02 그림과 같은 KS 용접 보조기호의 설명으로 옳은 것은?

① 필릿 용접부 토우를 매끄럽게 함
② 필릿 용접 끝단부를 볼록하게 다듬질
③ 필릿 용접 끝단부에 영구적인 덮개 판을 사용
④ 필릿 용접 중앙부에 제거 가능한 덮개 판을 사용

03 KS에서 규정하는 체결부품의 조립 간략 표시방법에서 구멍에 끼워 맞추기 위한 구멍, 볼트, 리벳의 기호 표시 중 공장에서 드릴 가공 및 끼워 맞춤을 하는 것은?

① 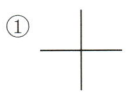   ②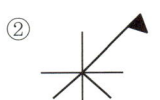
③ 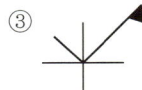   ④

04 다음 용접기호에서 "3"의 의미로 올바른 것은?

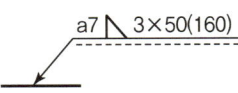

① 용접부 수   ② 필릿 용접 목두께
③ 용접의 길이   ④ 용접부 간격

해설 a7(목두께가 7mm), 직각삼각형(필릿용접), 3(용접부의 개수), 50(용접선의 길이), 160(피치 : 용접부 간의 중심거리)

05 다음 중 지시선 및 인출선을 잘못 나타낸 것은?

① 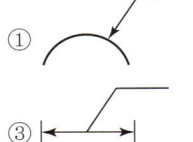   ②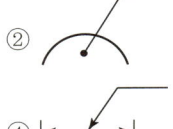
③ ④

06 기계제도 도면에서 "t120"이라는 치수가 있을 경우 "t"가 의미하는 것은?
① 모떼기   ② 재료의 두께
③ 구의 지름   ④ 정사각형의 변

07 다음 배관 도면에 포함되어 있는 요소로 볼 수 없는 것은?

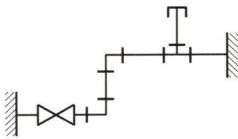

① 엘보   ② 티
③ 캡   ④ 체크밸브

08 다음 중 이면 용접 기호는?
①   ②
③   ④

해설 이면이란 뒷면(Back)을 말한다.

09 배관의 간략도시방법 중 환기계 및 배수계의 끝장치 도시방법의 평면도에서 그림과 같이 도시된 것의 명칭은?

① 배수구   ② 환기관
③ 벽붙이 환기 삿갓   ④ 고정식 환기 삿갓

정답 01 ① 02 ① 03 ① 04 ① 05 ④ 06 ② 07 ④ 08 ③ 09 ④

10 다음 용접기호의 설명으로 옳은 것은?

① 플러그 용접을 의미한다.
② 용접부 지름은 20mm이다.
③ 용접부 간격은 10mm이다.
④ 용접부 수는 200개이다.

해설 지시선 위의 사각형은 플러그 용접을 의미하며 용접부의 지름은 10mm, 용접부의 개수는 20개, 용접부의 중심거리(피치)는 200mm이다.

11 그림은 배관용 밸브의 도시 기호이다. 어떤 밸브의 도시 기호인가?

① 앵글 밸브　　② 체크 밸브
③ 게이트 밸브　④ 안전 밸브

12 다음 중 게이트 밸브를 나타내는 기호는?

①　　　　　　②

③　　　　　　④

13 그림과 같은 용접기호는 무슨 용접을 나타내는가?

① 심 용접　　　② 비트 용접
③ 필릿 용접　　④ 점 용접

정답　10 ①　11 ②　12 ①　13 ③

Do! mino

용접(특수용접)기능사 필기
CRAFTSMAN WELDING

부록 01

최신기출문제

2015년 5회 기출문제

01 초음파 탐상법의 종류에 속하지 않는 것은?
① 투과법 ② 펄스반사법
③ 공진법 ④ 극간법

02 용접작업 중 지켜야 할 안전사항으로 틀린 것은?
① 보호 장구를 반드시 착용하고 작업한다.
② 훼손된 케이블은 사용 후에 보수한다.
③ 도장된 탱크 안에서의 용접은 충분히 환기시킨 후 작업한다.
④ 전격 방지기가 설치된 용접기를 사용한다.

03 자동화 용접장치의 구성요소가 아닌 것은?
① 고주파 발생장치 ② 칼럼
③ 트랙 ④ 갠트리

04 CO_2 가스 아크 용접에서 기공의 발생 원인으로 틀린 것은?
① 노즐에 스패터가 부착되어 있다.
② 노즐과 모재 사이의 거리가 짧다.
③ 모재가 오염(기름, 녹, 페인트)되어 있다.
④ CO_2 가스의 유량이 부족하다.

05 서브머지드 아크 용접의 특징으로 틀린 것은?
① 콘택트 팁에서 통전되므로 와이어 중에 저항열이 적게 발생되어 고전류 사용이 가능하다.
② 아크가 보이지 않으므로 용접부의 적부를 확인하기가 곤란하다.
③ 용접 길이가 짧을 때 능률적이며 수평 및 위보기 자세 용접에 주로 이용된다.
④ 일반적으로 비드 외관이 아름답다.

06 주철 용접 시 주의사항으로 옳은 것은?
① 용접 전류는 약간 높게 하고 운봉하여, 곡선비드 배치하며 용입을 깊게 한다.
② 가스 용접 시 중성불꽃 또는 산화불꽃을 사용하고 용제는 사용하지 않는다.
③ 냉각되어 있을 때 피닝작업을 하여 변형을 줄이는 것이 좋다.
④ 용접봉의 지름은 가는 것을 사용하고, 비드의 배치는 짧게 하는 것이 좋다.

07 다음 중 CO_2 가스 아크 용접의 장점으로 틀린 것은?
① 용착 금속의 기계적 성질이 우수하다.
② 슬래그 혼입이 없고, 용접 후 처리가 간단하다.
③ 전류밀도가 높아 용입이 깊고, 용접 속도가 빠르다.
④ 풍속 2m/s 이상의 바람에도 영향을 받지 않는다.

08 용접 흠 이음 형태 중 U형은 루트 반지름을 가능한 크게 만드는 데 그 이유로 가장 알맞은 것은?
① 큰 개선각도 ② 많은 용착량
③ 충분한 용입 ④ 큰 변형량

09 비용극식, 비소모식 아크 용접에 속하는 것은?
① 피복아크 용접
② TIG 용접
③ 서브머지드 아크 용접
④ CO_2 용접

10 TIG 용접에서 직류 역극성에 대한 설명이 아닌 것은?
① 용접기의 음극에 모재를 연결한다.
② 용접기의 양극에 토치를 연결한다.
③ 비드 폭이 좁고 용입이 깊다.
④ 산화 피막을 제거하는 청정작용이 있다.

정답 01 ④ 02 ② 03 ① 04 ② 05 ③ 06 ④ 07 ④ 08 ③ 09 ② 10 ③

11 다음 중 용접 작업 전에 예열을 하는 목적으로 틀린 것은?
① 용접 작업성의 향상을 위하여
② 용접부의 수축 변형 및 잔류 응력을 경감시키기 위하여
③ 용접금속 및 열 영향부의 연성 또는 인성을 향상시키기 위하여
④ 고탄소강이나 합금강의 열 영향부 경도를 높게 하기 위하여

12 전기저항용접 중 플래시 용접 과정의 3단계를 순서대로 바르게 나타낸 것은?
① 업셋→플래시→예열
② 예열→업셋→플래시
③ 예열→플래시→업셋
④ 플래시→업셋→예열

13 다음 중 다층용접 시 적용하는 용착법이 아닌 것은?
① 빌드업법
② 캐스케이드법
③ 스킵법
④ 전진블록법

14 피복아크 용접 시 지켜야 할 유의사항으로 적합하지 않은 것은?
① 작업 시 전류는 적정하게 조절하고 정리 정돈을 잘하도록 한다.
② 작업을 시작하기 전에는 메인스위치를 작동시킨 후에 용접기 스위치를 작동시킨다.
③ 작업이 끝나면 항상 메인스위치를 먼저 끈 후에 용접기 스위치를 꺼야 한다.
④ 아크 발생 시 항상 안전에 신경을 쓰도록 한다.

15 전격의 방지대책으로 적합하지 않은 것은?
① 접기의 내부는 수시로 열어서 점검하거나 청소한다.
② 홀더나 용접봉은 절대로 맨손으로 취급하지 않는다.
③ 절연 홀더의 절연부분이 파손되면 즉시 보수하거나 교체한다.
④ 땀, 물 등에 의해 습기 찬 작업복, 장갑, 구두 등은 착용하지 않는다.

16 연납과 경납을 구분하는 온도는?
① 550℃
② 450℃
③ 350℃
④ 250℃

17 용접 진행 방향과 용착 방향이 서로 반대가 되는 방법으로 잔류 응력은 다소 적게 발생하나 작업의 능률이 떨어지는 용착법은?
① 전진법
② 후진법
③ 대칭법
④ 스킵법

18 다음 중 테르밋 용접의 특징에 관한 설명으로 틀린 것은?
① 용접 작업이 단순하다.
② 용접기구가 간단하고, 작업장소의 이동이 쉽다.
③ 용접시간이 길고, 용접 후 변형이 크다.
④ 전기가 필요 없다.

19 다음 중 용접 후 잔류응력완화법에 해당하지 않은 것은?
① 기계적응력완화법
② 저온응력완화법
③ 피닝법
④ 화염경화법

20 용접 지그나 고정구의 선택 기준 설명 중 틀린 것은?
① 용접하고자 하는 물체의 크기를 튼튼하게 고정시킬 수 있는 크기와 강성이 있어야 한다.
② 용접 응력을 최소화할 수 있도록 변형이 자유롭게 일어날 수 있는 구조이어야 한다.
③ 피용접물의 고정과 분해가 쉬워야 한다.
④ 용접간극을 적당히 받쳐주는 구조이어야 한다.

21 다음 중 용접자세 기호로 틀린 것은?
① F
② V
③ H
④ OS

정답 11 ④ 12 ③ 13 ③ 14 ③ 15 ① 16 ② 17 ② 18 ③ 19 ④ 20 ② 21 ④

22 전기저항용접의 발열량을 구하는 공식으로 옳은 것은? (단, H : 발열량[cal], I : 전류[A], R : 저항[Ω], t : 시간[sec]이다.)
① $H=0.24\,IRt$
② $H=0.24\,IR^2t$
③ $H=0.24\,I^2Rt$
④ $H=0.24\,IRt^2$

23 가스용접 모재의 두께가 3.2mm일 때 가장 적당한 용접봉의 지름을 계산식으로 구하면 몇 mm인가?
① 1.6
② 2.0
③ 2.6
④ 3.2

24 가스 용접에 사용되는 가연성 가스의 종류가 아닌 것은?
① 프로판가스
② 수소가스
③ 아세틸렌가스
④ 산소

25 환원가스발생 작용을 하는 피복아크 용접봉의 피복제 성분은?
① 산화티탄
② 규산나트륨
③ 탄산칼륨
④ 당밀

26 토치를 사용하여 용접 부분의 뒷면을 따내거나 U형, H형으로 용접 홈을 가공하는 것으로 일명 가스 파내기라고 부르는 가공법은?
① 산소창 절단
② 선삭
③ 가스 가우징
④ 천공

27 피복아크용접에서 직류 역극성(DCRP) 용접의 특징으로 옳은 것은?
① 모재의 용입이 깊다.
② 비드 폭이 좁다.
③ 봉의 용융이 느리다.
④ 박판, 주철, 고탄소강의 용접 등에 쓰인다.

28 다음 중 아세틸렌가스의 관으로 사용할 경우 폭발성 화합물을 생성하게 되는 것은?
① 순구리관
② 스테인리스강관
③ 알루미늄합금관
④ 탄소강관

29 가스 절단 시 예열 불꽃이 약할 때 일어나는 현상으로 틀린 것은?
① 드래그가 증가한다.
② 절단면이 거칠어진다.
③ 역화를 일으키기 쉽다.
④ 절단속도가 느려지고, 절단이 중단되기 쉽다.

30 직류아크 용접기와 비교하여 교류아크 용접기에 대한 설명으로 가장 올바른 것은?
① 무부하 전압이 높고 감전의 위험이 많다.
② 구조가 복잡하고 극성변화가 가능하다.
③ 자기쏠림방지가 불가능하다.
④ 아크 안정성이 우수하다.

31 재료의 접합방법은 기계적 접합과 야금적 접합으로 분류하는데 야금적 접합에 속하지 않는 것은?
① 리벳
② 융접
③ 압접
④ 납땜

32 피복아크 용접기를 사용하여 아크 발생을 8분간 하고 2분간 쉬었다면, 용접기 사용률은 몇 %인가?
① 25
② 40
③ 65
④ 80

33 다음 중 알루미늄을 가스 용접할 때 가장 적절한 용제는?
① 붕사
② 탄산나트륨
③ 염화나트륨
④ 중탄산나트륨

정답 22 ③ 23 ③ 24 ④ 25 ④ 26 ③ 27 ④ 28 ① 29 ② 30 ① 31 ① 32 ④ 33 ③

34 아크 용접에서 아크쏠림 방지대책으로 옳은 것은?
① 용접봉 끝을 아크쏠림 방향으로 기울인다.
② 접지점을 용접부에 가까이 한다.
③ 아크 길이를 길게 한다.
④ 직류용접 대신 교류용접을 사용한다.

35 일반적인 용접의 장점으로 옳은 것은?
① 재질 변형이 생긴다. ② 작업공정이 단축된다.
③ 잔류응력이 발생한다. ④ 품질검사가 곤란하다.

36 용접작업을 하지 않을 때는 무부하 전압을 20~30V 이하로 유지하고 용접봉을 작업물에 접촉시키면 릴레이(Relay) 작동에 의해 전압이 높아져 용접작업이 가능하게 하는 장치는?
① 아크부스터 ② 원격제어장치
③ 전격방지기 ④ 용접봉 홀더

37 다음 중 연강용 가스용접봉의 종류인 "GA43"에서 "43"이 의미하는 것은?
① 가스 용접봉
② 용착금속의 연신율 구분
③ 용착금속의 최소 인장강도 수준
④ 용착금속의 최대 인장강도 수준

38 피복제 중에 산화티탄(TiO_2)을 약 35% 정도 포함한 용접봉으로서 아크는 안정되고 스패터는 적으나, 고온 균열(Hot Crack)을 일으키기 쉬운 결점이 있는 용접봉은?
① E 4301 ② E 4313
③ E 4311 ④ E 4316

39 알루미늄과 마그네슘의 합금으로 바닷물과 알칼리에 대한 내식성이 강하고 용접성이 매우 우수하여 주로 선박용 부품, 화학장치용 부품 등에 쓰이는 것은?
① 실루민 ② 하이드로날륨
③ 알루미늄 청동 ④ 애드미럴티 황동

40 다음 금속 중 용융 상태에서 응고할 때 팽창하는 것은?
① Sn ② Zn
③ Mo ④ Bi

41 60%Cu - 40%Zn 황동으로 복수기용 판, 볼트, 너트 등에 사용되는 합금은?
① 톰백(Tombac)
② 길딩 메탈(Gilding Metal)
③ 문츠 메탈(Muntz Metal)
④ 애드미럴티 메탈(Admiralty Metal)

해설 **복수기(Condenser)**
증기 기관 따위에서 수증기를 냉각시켜 다시 물로 되돌림으로써 압력을 대기압 이하로 내리는 장치

42 시편의 표점거리가 125mm, 늘어난 길이가 145mm이었다면 연신율은?
① 16% ② 20%
③ 26% ④ 30%

43 주철의 유동성을 나쁘게 하는 원소는?
① Mn ② C
③ P ④ S

44 주변 온도가 변화하더라도 재료가 가지고 있는 열팽창계수나 탄성계수 등의 특정한 성질이 변하지 않는 강은?
① 쾌삭강 ② 불변강
③ 강인강 ④ 스테인리스강

45 열과 전기의 전도율이 가장 좋은 금속은?
① Cu ② Al
③ Ag ④ Au

정답 34 ④ 35 ② 36 ③ 37 ③ 38 ② 39 ② 40 ④ 41 ③ 42 ① 43 ④ 44 ② 45 ③

46 비파괴검사가 아닌 것은?
① 자기탐상시험　② 침투탐상시험
③ 샤르피충격시험　④ 초음파탐상시험

47 구상흑연주철에서 그 바탕조직이 펄라이트이면서 구상흑연의 주위를 유리된 페라이트가 감싸고 있는 조직의 명칭은?
① 오스테나이트(Austenite) 조직
② 시멘타이트(Cementite) 조직
③ 레데뷰라이트(Ledeburite) 조직
④ 불스 아이(Bull's Eye) 조직

48 섬유강화금속복합 재료의 기지 금속으로 가장 많이 사용되는 것으로 비중이 약 2.7인 것은?
① Na　② FE
③ Al　④ Co

49 강에서 상온 메짐(취성)의 원인이 되는 원소는?
① P　② S
③ Al　④ Co

50 강자성체 금속에 해당되는 것은?
① Bi, Sn, Au　② Fe, Pt, Mn
③ Ni, Fe, Co　④ Co, Sn, Cu

51 그림과 같은 KS 용접기호의 해석으로 올바른 것은?

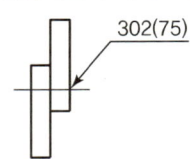

① 지름이 2mm이고, 피치가 75mm인 플러그 용접이다.
② 지름이 2mm이고, 피치가 75mm인 심 용접이다.
③ 용접 수는 2개이고, 피치가 75mm인 슬롯 용접이다.
④ 용접 수는 2개이고, 피치가 75mm인 스폿(점) 용접이다.

52 그림과 같은 도시기호가 나타내는 것은?

① 안전 밸브　② 전동 밸브
③ 스톱 밸브　④ 슬루스 밸브

53 도면의 척도 값 중 실제 형상을 확대하여 그리는 것은?
① 2 : 1　② 1 : $\sqrt{2}$
③ 1 : 1　④ 1 : 2

54 그림과 같은 입체도를 3각법으로 올바르게 도시한 것은?

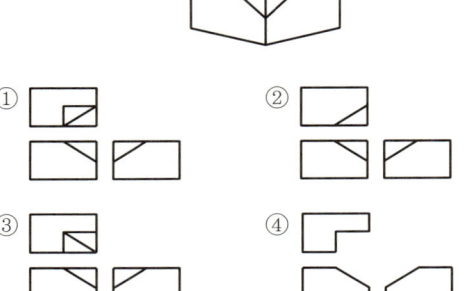

55 도면에 물체를 표시하기 위한 투상에 관한 설명 중 잘못된 것은?
① 주 투상도는 대상물의 모양 및 기능을 가장 명확하게 표시하는 면을 그린다.
② 보다 명확한 설명을 위해 주 투상도를 보충하는 다른 투상도를 많이 나타낸다.
③ 특별한 이유가 없을 경우 대상물을 가로길이로 놓은 상태로 그린다.
④ 서로 관련되는 그림의 배치는 되도록 숨은선을 쓰지 않도록 한다.

정답 46 ③　47 ④　48 ③　49 ①　50 ③　51 ④　52 ①　53 ①　54 ③　55 ②

56 KS 기계재료 표시기호 "SS 400"의 400은 무엇을 나타내는가?
① 경도　　　② 연신율
③ 탄소 함유량　④ 최저 인장강도

57 그림과 같이 기계 도면 작성 시 가공에 사용하는 공구 등의 모양을 나타낼 필요가 있을 때 사용하는 선으로 올바른 것은?

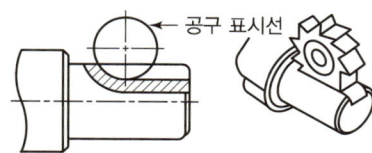

① 가는 실선　　② 가는 1점 쇄선
③ 가는 2점 쇄선　④ 가는 파선

58 기호를 기입한 위치에서 먼 면에 카운터 싱크가 있으며, 공장에서 드릴 가공 및 현장에서 끼워 맞춤을 나타내는 리벳의 기호 표시는?

① 　　②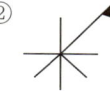

③ 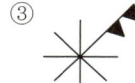　　④

59 그림과 같은 입체도의 화살표 방향 투시도로 가장 적합한 것은?

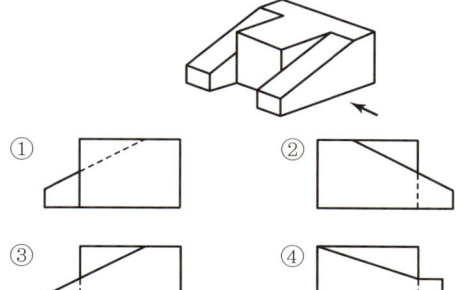

60 치수기입의 원칙에 관한 설명 중 틀린 것은?
① 치수는 필요에 따라 기준으로 하는 점, 선 또는 면을 기준으로 하여 기입한다.
② 대상물의 기능, 제작, 조립 등을 고려하여 필요하다고 생각되는 치수를 명료하게 도면에 지시한다.
③ 치수 입력에 대해서는 중복 기입을 피한다.
④ 모든 치수에는 단위를 기입해야 한다.

정답　56 ④　57 ③　58 ②　59 ③　60 ④

2015년 5회 기출문제

01 CO_2 용접작업 중 가스의 유량은 낮은 전류에서 얼마가 적당한가?
① 10~15*l*/min
② 20~25*l*/min
③ 30~35*l*/min
④ 40~45*l*/min

02 피복아크용접 결함 중 용착 금속의 냉각 속도가 빠르거나, 모재의 재질이 불량할 때 일어나기 쉬운 결함으로 가장 적당한 것은?
① 용입 불량
② 언더컷
③ 오버랩
④ 선상 조직

해설 선상 조직(Ice-flower Structure)
용접부의 파단면에 나타나는 조직이며 아주 미세한 주상 결정에 서리 모양으로 나란히 있고 그 사이에 현미경적인 비금속 개재물과 기공이 있다. 이 조직을 나타내는 파단면을 선상 파단면이라고 한다.

03 다음 각종 용접에서 전격방지대책으로 틀린 것은?
① 홀더나 용접봉은 맨손으로 취급하지 않는다.
② 어두운 곳이나 밀폐된 구조물에서 작업 시 보조자와 함께 작업한다.
③ CO_2 용접이나 MIG 용접 작업 도중에 와이어를 2명이 교대로 교체할 때는 전원은 차단하지 않아도 된다.
④ 용접작업을 하지 않을 때에는 TIG 전극봉은 제거하거나 노즐 뒤쪽에 밀어 넣는다.

04 각종 금속의 용접부 예열온도에 대한 설명으로 틀린 것은?
① 고장력강, 저합금강, 주철의 경우 용접 홈을 50~350℃로 예열한다.
② 연강을 0℃ 이하에서 용접할 경우 이음의 양쪽 폭 100mm 정도를 40~75℃로 예열한다.
③ 열전도가 좋은 구리 합금은 200~400℃의 예열이 필요하다.
④ 알루미늄 합금은 500~600℃ 정도의 예열온도가 적당하다.

05 다음 중 초음파 탐상법의 종류에 해당하지 않는 것은?
① 투과법
② 펄스반사법
③ 관통법
④ 공진법

해설 초음파 탐상법의 종류
펄스반사법(가장 일반적으로 사용), 투과법, 공진법

06 납땜에서 경납용 용제가 아닌 것은?
① 붕사
② 붕산
③ 염산
④ 알칼리

해설 염산은 대부분의 금속을 격렬하게 부식시키므로 납땜의 용제로 사용하지 않는다.

07 플라스마 아크의 종류가 아닌 것은?
① 이행형 아크
② 비이행형 아크
③ 중간형 아크
④ 텐덤형 아크

08 피복아크 용접작업의 안전사항 중 전격방지대책이 아닌 것은?
① 용접기 내부는 수시로 분해·수리하고 청소를 하여야 한다.
② 절연 홀더의 절연부분이 노출되거나 파손되면 교체한다.
③ 장시간 작업을 하지 않을 시는 반드시 전기 스위치를 차단한다.
④ 젖은 작업복이나 장갑, 신발 등을 착용하지 않는다.

09 서브머지드 아크용접에서 동일한 전류 전압의 조건에서 사용되는 와이어 지름의 영향에 대한 설명 중 옳은 것은?
① 와이어의 지름이 크면 용입이 깊다.
② 와이어의 지름이 작으면 용입이 깊다.
③ 와이어의 지름과 상관이 없이 같다.
④ 와이어의 지름이 커지면 비드 폭이 좁아진다.

해설 동일한 전류/전압의 조건이라면 와이어의 지름이 작으면 모재는 더 큰 열을 받아 용입 또한 깊어지며, 지름이 커지면 모재는 작은 열을 받아 용입이 얕아지게 된다.

정답 01 ① 02 ④ 03 ③ 04 ④ 05 ③ 06 ③ 07 ④ 08 ① 09 ②

10 맞대기용접 이음에서 모재의 인장강도는 40kgf/mm²이며, 용접 시험편의 인장강도가 45kgf/mm²일 때 이음효율은 몇 %인가?

① 88.9   ② 104.4
③ 112.5 ④ 125.0

해설 이음효율을 구하는 공식과 계산문제는 출제빈도가 높은 편이다.
이음효율=용접시험편의 인장강도/모재의 인장강도×100이므로 45/40×100=112.5

11 용접입열이 일정한 경우에는 열전도율이 큰 것일수록 냉각속도가 빠른데 다음 금속 중 열전도율이 가장 높은 것은?

① 구리   ② 납
③ 연강   ④ 스테인리스강

해설 열전도율이 높은 금속의 순서
은(Ag) > 구리(Cu) > 금(Au) > Al(알루미늄) … 철(Fe) > 납(Pb) 순이다.

12 전자렌즈에 의해 에너지를 집중시킬 수 있고, 고용융 재료의 용접이 가능한 용접법은?

① 레이저 용접   ② 피복아크용접
③ 전자 빔 용접 ④ 초음파 용접

해설 전자빔 용접은 진공 중에서 용접하므로 불순물에 의한 오염이 적으며 용융점이 높은 텅스텐, 몰리브덴 등의 용접이 가능하나 시설비가 많이 들고 진공작업실에 금속을 넣고 용접을 해야 하는 특성상 제품의 크기에 제한을 받는다.

13 다음 중 연납의 특성에 관한 설명으로 틀린 것은?

① 연납땜에 사용하는 용가제를 말한다.
② 주석-납계 합금이 가장 많이 사용된다.
③ 기계적 강도가 낮으므로 강도를 필요로 하는 부분에는 적당하지 않다.
④ 은납, 황동납 등이 이에 속하고 물리적 강도가 크게 요구될 때 사용된다.

14 일렉트로 슬래그 용접에서 사용되는 수랭식 판의 재료는?

① 연강   ② 동
③ 알루미늄 ④ 주철

해설 일렉트로 슬래그 용접에서는 열전도도가 높은 동(Cu, 구리)이 사용된다.

15 용접부의 균열 중 모재의 재질 결함으로서 강괴일 때 기포가 압연되어 생기는 것으로 설퍼밴드와 같은 층상으로 편재해 있어 강재 내부에 노치를 형성하는 균열은?

① 라미네이션(Lamination) 균열
② 루트(Root) 균열
③ 응력 제거 풀림(Stress Relief) 균열
④ 크레이터(Crater) 균열

해설 라미네이션 결함은 방사선검사로는 검출이 어려우며 반드시 초음파검사(UT)를 이용하여 검출한다.

16 심(Seam) 용접법에서 용접전류의 통전방법이 아닌 것은?

① 직·병렬 통전법   ② 단속 통전법
③ 연속 통전법   ④ 맥동 통전법

해설 심용접법에서는 병렬 통전법은 사용되지 않는다.

17 용접부의 결함이 오버랩일 경우 보수방법은?

① 가는 용접봉을 사용하여 보수한다.
② 일부분을 깎아내고 재용접한다.
③ 양단에 드릴로 정지 구멍을 뚫고 깎아내고 재용접한다.
④ 그 위에 다시 재용접한다.

해설 용접부의 결함이 오버랩일 경우에는 그 부분을 깎아내고 다시 용접을 한다.

18 다음 중 용접열원을 외부로부터 가하는 것이 아니라 금속분말의 화학반응에 의한 열을 사용하여 용접하는 방식은?

① 테르밋 용접   ② 전기저항 용접
③ 잠호 용접   ④ 플라스마 용접

해설 테르밋 반응에 의한 용접은 금속분말의 화학반응으로 열을 사용한다.

정답 10 ③ 11 ① 12 ③ 13 ④ 14 ② 15 ① 16 ① 17 ② 18 ①

19 논 가스 아크용접의 설명으로 틀린 것은?
① 보호 가스나 용제를 필요로 한다.
② 바람이 있는 옥외에서 작업이 가능하다.
③ 용접장치가 간단하며 운반이 편리하다.
④ 용접 비드가 아름답고 슬래그 박리성이 좋다.

20 로봇용접의 분류 중 동작 기구로부터의 분류방식이 아닌 것은?
① PTB 좌표 로봇 ② 직각 좌표 로봇
③ 극좌표 로봇 ④ 관절 로봇

21 용접기의 점검 및 보수 시 지켜야 할 사항으로 옳은 것은?
① 정격사용률 이상으로 사용한다.
② 탭전환은 반드시 아크 발생을 하면서 시행한다.
③ 2차 측 단자의 한쪽과 용접기 케이스는 반드시 어스(Earth)하지 않는다.
④ 2차 측 케이블이 길어지면 전압강하가 일어나므로 가능한 한 지름이 큰 케이블을 사용한다.

해설 용접용 케이블은 가급적 허용치보다 지름이 큰 케이블을 사용하여야 안전하다.

22 아크 용접에서 피닝을 하는 목적으로 가장 알맞은 것은?
① 용접부의 잔류응력을 완화시킨다.
② 모재의 재질을 검사하는 수단이다.
③ 응력을 강하게 하고 변형을 유발시킨다.
④ 모재 표면의 이물질을 제거한다.

23 가스용접에서 프로판 가스의 성질 중 틀린 것은?
① 증발 잠열이 작고, 연소할 때 필요한 산소의 양은 1 : 1 정도이다.
② 폭발한계가 좁아 다른 가스에 비해 안전도가 높고 관리가 쉽다.
③ 액화가 용이하여 용기에 충전이 쉽고 수송이 편리하다.
④ 상온에서 기체 상태이고 무색, 투명하며 약간의 냄새가 난다.

해설 산소 – 프로판 용접 시 산소의 소비량은 프로판에 비해 약 4.5배가 더 들어간다. (4.5 : 1)

24 가변압식의 팁 번호가 200일 때 10시간 동안 표준 불꽃으로 용접할 경우 아세틸렌가스의 소비량은 몇 리터인가?
① 20 ② 200
③ 2,000 ④ 20,000

해설 가변압식(프랑스식) 팁의 번호는 1시간당 소비되는 아세틸렌 가스의 양으로 표시하므로
200리터(1시간소비량) × 10(시간) = 2,000리터

25 가스용접에서 토치를 오른손에, 용접봉을 왼손에 잡고 오른쪽에서 왼쪽으로 용접을 해나가는 용접법은?
① 전진법 ② 후진법
③ 상진법 ④ 병진법

26 정격 2차 전류가 200A, 아크출력 60kW인 교류용접기를 사용할 때 소비전력은 얼마인가?(단, 내부 손실이 4kW이다.)
① 64kW ② 104kW
③ 264kW ④ 804kW

해설 소비전력(kW) = 아크출력 + 내부손실이므로
60kW + 4kW = 64kW

27 수중절단작업을 할 때 가장 많이 사용하는 가스로 기포 발생이 적은 연료가스는?
① 아르곤 ② 수소
③ 프로판 ④ 아세틸렌

28 다음 중 용접봉의 내균열성이 가장 좋은 것은?
① 셀룰로오스계 ② 티탄계
③ 일미나이트계 ④ 저수소계

해설 저수소계(E 4316) 용접봉은 염기도가 높아 내균열성이 가장 좋은 용접봉이다.

정답 19 ① 20 ① 21 ④ 22 ① 23 ① 24 ③ 25 ① 26 ① 27 ② 28 ④

29 아크에어 가우징법의 작업능률은 가스 가우징법보다 몇 배 정도 높은가?
① 2~3배　② 4~5배
③ 6~7배　④ 8~9배

해설　아크에어 가우징은 가스가우징에 비해 약 2~3배의 작업능률을 보인다.

30 피복아크용접에서 홀더로 잡을 수 있는 용접봉 지름(mm)이 5.0~8.0일 경우 사용하는 용접봉 홀더의 종류로 옳은 것은?
① 125호　② 160호
③ 300호　④ 400호

해설　이 문제는 표를 암기하는 것보다 일반적으로 많이 사용되는 직경 3.2mm의 용접봉(대략 300호의 용접봉 홀더 사용)을 기준으로 잡고 문제를 풀이하는 것이 간단하겠다.

홀더 종류	용접전류(A)	아크전압(V)	사용 용접봉 지름(mm)
100호	100	25	1.2~3.2
200호	200	30	2.0~5.0
300호	300	30	3.2~6.4
400호	400	30	4.0~8.0
500호	500	30	5.0~9.0

31 아크 길이가 길 때 일어나는 현상이 아닌 것은?
① 아크가 불안정해진다.
② 용융금속의 산화 및 질화가 쉽다.
③ 열 집중력이 양호하다.
④ 전압이 높고 스패터가 많다.

해설　아크길이는 전압과 비례하며 아크길이가 길어지면 열의 집중력이 떨어지며 스패터가 많이 발생한다.

32 아크가 보이지 않는 상태에서 용접이 진행된다고하여 일명 잠호용접이라 부르기도 하는 용접법은?
① 스터드 용접　② 레이저 용접
③ 서브머지드 아크 용접　④ 플라스마 용접

33 용접기의 규격 AW 500의 설명 중 옳은 것은?
① AW은 직류 아크 용접기라는 뜻이다.
② 500은 정격 2차 전류의 값이다.
③ AW은 용접기의 사용률을 말한다.
④ 500은 용접기의 무부하 전압 값이다.

34 직류용접기 사용 시 역극성(DCRP)과 비교한 정극성(DCSP)의 일반적인 특징으로 옳은 것은?
① 용접봉의 용융속도가 빠르다.
② 비드 폭이 넓다.
③ 모재의 용입이 깊다.
④ 박판, 주철, 합금강 비철금속의 접합에 쓰인다.

해설　극성을 묻는 문제는 매 회차 출제가 되고 있으며 이 문제는 상대적으로 열의 발생이 많은 +극이 어느 쪽(용접봉 또는 모재)에 접속되는지 파악하면 된다. 직류정극성(DCSP)은 용접봉에 −극을, 모재에 +극을 연결하였으며 비드의 폭이 좁고 용입이 깊어 후판용접에 사용되며 일반적으로 많이 사용되는 극성이다. 직류역극성(DCRP)은 용접봉 쪽에 +가 접속되기 때문에 용접봉의 녹음이 빠르고 −극이 접속된 모재쪽은 열전달이 +극에 비해 적어 용입이 얕고 넓어져 주로 박판용접에 사용된다.

35 다음 중 부하전류가 변하여도 단자 전압은 거의 변화하지 않는 용접기의 특성은?
① 수하 특성　② 하향 특성
③ 정전압 특성　④ 정전류 특성

해설　전압이 변하지 않는 특성은 정전압(전압이 정지, 머무른다.) 특성이다.

36 용접기와 멀리 떨어진 곳에서 용접전류 또는 전압을 조절할 수 있는 장치는?
① 원격제어장치　② 핫 스타트 장치
③ 고주파 발생장치　④ 수동전류조정장치

해설　원격제어장치는 원격으로 전류를 조정하며 교류용접기 중 과포화리액터형 용접기에 해당한다.

정답　29 ①　30 ④　31 ③　32 ③　33 ②　34 ③　35 ③　36 ①

37 피복 아크 용접봉에서 피복제의 주된 역할로 틀린 것은?

① 전기절연작용을 하고 아크를 안정시킨다.
② 스패터의 발생을 적게 하고 용착금속에 필요한 합금 원소를 첨가시킨다.
③ 용착 금속의 탈산정련작용을 하며 용융점이 높고, 높은 점성의 무거운 슬래그를 만든다.
④ 모재 표면의 산화물을 제거하고, 양호한 용접부를 만든다.

> 해설 피복아크용접봉의 피복제는 용융점이 낮고, 낮은 점성의 가벼운 슬래그를 만든다.

38 가스 절단면의 표준 드래그(Drag) 길이는 판 두께의 몇 % 정도가 가장 적당한가?

① 10% ② 20%
③ 30% ④ 40%

> 해설 가스 절단면의 표준드래그 길이는 판두께의 20%(1/5)이다.

39 다음 중 경질 자성 재료가 아닌 것은?

① 샌더스트 ② 알니코 자석
③ 페라이트 자석 ④ 네오디뮴 자석

40 알루미늄과 알루미늄 가루를 압축 성형하고 약 500~600℃로 소결하여 압출 가공한 분산 강화형 합금의 기호에 해당하는 것은?

① DAP ② ACD
③ SAP ④ AMP

> 해설 SAP(Sintered Aluminum Powder)
> 소결 알루미늄 분말제

41 컬러 텔레비전의 전자총에서 나온 광선의 영향을 받아 섀도 마스크가 열팽창하면 엉뚱한 색이 나오게 된다. 이를 방지하기 위해 섀도 마스크의 제작에 사용되는 불변강은?

① 인바 ② Ni-Cr강
③ 스테인리스강 ④ 플라티나이트

> 해설 인바는 온도에 따른 선팽창 계수가 적어 권척, 표준척, 정밀 기계 부품 등의 제작에 사용된다.
>
> **불변강의 종류**
> 인바, 초인바, 엘린바, 코엘린바, 플라티나이트, 퍼멀로이, 이소엘라스틱

42 다음의 조직 중 경도값이 가장 낮은 것은?

① 마텐자이트 ② 베이나이트
③ 소르바이트 ④ 오스테나이트

> 해설 **금속조직의 경도순서**
> 시멘타이트 > 마텐자이트 > 트루스타이트 > 소르바이트 > 펄라이트 > 오스테나이트 > 페라이트(베이나이트는 소르바이트, 트루스타이트와 같음 – 위치에 따라 차이)

43 열처리의 종류 중 항온열처리 방법이 아닌 것은?

① 마퀜칭 ② 어닐링
③ 마템퍼링 ④ 오스템퍼링

> 해설 **항온열처리의 종류**
> 인상담금질(시간담금질), MS퀜칭, 마퀜칭, 오스템퍼링, 오스포밍, 마템퍼 등(어닐링=풀림열처리)

44 문츠메탈(Muntz Metal)에 대한 설명으로 옳은 것은?

① 90% Cu-10% Zn 합금으로 톰백의 대표적인 것이다.
② 70% Cu-30% Zn 합금으로 가공용 황동의 대표적인 것이다.
③ 70% Cu-30% Zn 황동에 주석(Sn)을 1% 함유한 것이다.
④ 60% Cu-40% Zn 합금으로 황동 중 아연 함유량이 가장 높은 것이다.

> 해설 60% Cu-40%Zn의 황동을 문츠메탈이라고 한다.

45 자기변태가 일어나는 점을 자기변태점이라 하며, 이 온도를 무엇이라고 하는가?

① 상점 ② 이슬점
③ 퀴리점 ④ 동소점

> 해설 순철의 자기변태점(퀴리점)은 768℃이다.

정답 37 ③ 38 ② 39 ① 40 ③ 41 ① 42 ④ 43 ② 44 ④ 45 ③

46 스테인리스강 중 내식성이 제일 우수하고 비자성이나 염산, 황산, 염소가스 등에 약하고 결정입계 부식이 발생하기 쉬운 것은?

① 석출경화계 스테인리스강
② 페라이트계 스테인리스강
③ 마텐자이트계 스테인리스강
④ 오스테나이트계 스테인리스강

해설 오스테나이트(18−8강)은 비자성체이며 결정입계 부식이 잘 발생한다. 그리고 위의 보기는 모두 스테인리스강의 종류이므로 반드시 암기하도록 하자.

47 탄소 함량 3.4%, 규소 함량 2.4% 및 인 함량 0.6%인 주철의 탄소당량(CE)은?

① 4.0   ② 4.2
③ 4.4   ④ 4.6

해설 탄소당량
강재의 기계적 성질이나 용접성은 성분을 구성하는 원소의 종류나 양에 따라 좌우되며 그 원소들의 영향을 강의 기본적인 첨가 원소인 탄소의 양으로 환산한 것이 탄소 당량이다. 주철의 탄소당량=C+(Si+P)/3이므로 3.4+(2.4+0.6)/3=4.4

48 라우탈은 Al−Cu−Si 합금이다. 이 중 3~8% Si를 첨가하여 향상되는 성질은?

① 주조성   ② 내열성
③ 피삭성   ④ 내식성

해설 라우탈의 조성은 암기할 필요가 있으며(알구실) Si(규소)는 금속의 유동성 즉 주조성을 개선시켜 준다.

49 면심입방격자의 어떤 성질이 가공성을 좋게 하는가?

① 취성   ② 내식성
③ 전연성   ④ 전기전도성

해설 전연성이란 전성(퍼지는 성질)과 연성(늘어나는 성질)을 합친 것이다.

50 금속의 조직검사로서 측정이 불가능한 것은?

① 결함   ② 결정입도
③ 내부응력 ④ 비금속개재물

51 나사의 감김 방향의 지시 방법 중 틀린 것은?

① 오른나사는 일반적으로 감김 방향을 지시하지 않는다.
② 왼나사는 나사의 호칭 방법에 약호 "LH"를 추가하여 표시한다.
③ 동일 부품에 오른나사와 왼나사가 있을 때는 왼나사에만 약호 "LH"를 추가한다.
④ 오른나사는 필요하면 나사의 호칭 방법에 약호 "RH"를 추가하여 표시할 수 있다.

52 그림과 같이 제3각법으로 정투상한 도면에 적합한 입체도는?

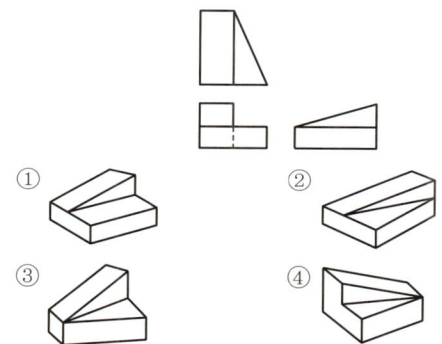

53 다음 냉동장치의 배관 도면에서 팽창 밸브는?

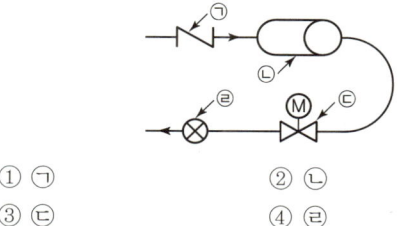

① ㉠   ② ㉡
③ ㉢   ④ ㉣

54 3각법으로 그린 투상도 중 잘못된 투상이 있는 것은?

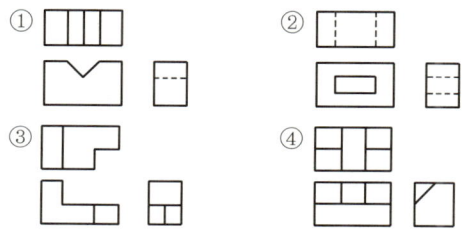

55 다음 중 열간 압연 강판 및 강재에 해당하는 재료 기호는?
① SPCC ② SPHC
③ STS   ④ SPB

56 동일 장소에서 선이 겹칠 경우 나타내야 할 선의 우선순위를 옳게 나타낸 것은?
① 외형선 > 중심선 > 숨은선 > 치수보조선
② 외형선 > 치수보조선 > 중심선 > 숨은선
③ 외형선 > 숨은선 > 중심선 > 치수보조선
④ 외형선 > 중심선 > 치수보조선 > 숨은선

해설 외형선, 숨은선은 물체의 윤곽을 나타내므로 우선적으로 도시해야 한다.

57 일반적인 판금 전개도의 전개법이 아닌 것은?
① 다각전개법 ② 평행선법
③ 방사선법   ④ 삼각형법

58 다음 중 치수 보조기호로 사용되지 않는 것은?
① π   ② Sφ
③ R   ④ □

59 다음 단면도에 대한 설명으로 틀린 것은?
① 부분 단면도는 일부분을 잘라내고 필요한 내부 모양을 그리기 위한 방법이다.
② 조합에 의한 단면도는 축, 핀, 볼트, 너트류의 절단면의 이해를 위해 표시한 것이다.
③ 한쪽 단면도는 대칭형 대상물의 외형 절반과 온단면의 절반을 조합하여 표시한 것이다.
④ 회전도시 단면도는 핸들이나 바퀴 등의 암, 림, 훅, 구조물 등의 절단면을 90도 회전시켜서 표시한 것이다.

60 그림과 같은 도면의 해독으로 잘못된 것은?

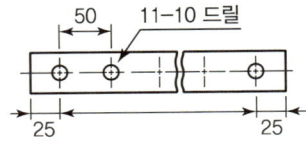

① 구멍 사이의 피치는 50mm
② 구멍의 지름은 10mm
③ 전체 길이는 600mm
④ 구멍의 수는 11개

해설 전체길이는 양쪽의 길이(25mm×2=50mm)와 첫 번째 구멍과 마지막 구멍 사이의 길이(50mm×10=500mm)를 합하면 550mm가 나온다.

정답 55 ② 56 ③ 57 ① 58 ① 59 ② 60 ③

2016년 1회 기출문제

01 지름이 10cm인 단면에 8,000kgf의 힘이 작용할 때 발생하는 응력은 약 몇 kgf/cm²인가?
① 89   ② 102
③ 121   ④ 158

해설 응력 = $\frac{하중}{단면적}$ 이며,
지름이 10cm인 원의 면적은 3.14×반지름²이므로
$\frac{8,000}{3.14 \times 5 \times 5} = \frac{8,000}{78.5} ≒ 101.91$

02 화재의 분류 중 C급 화재에 속하는 것은?
① 전기 화재   ② 금속 화재
③ 가스 화재   ④ 일반 화재

해설
• A급 화재 : 일반 화재(고체)
• B급 화재 : 기름 화재(유류)
• C급 화재 : 전기 화재

03 다음 중 귀마개를 착용하고 작업하면 안 되는 작업자는?
① 조선소의 용접 및 취부작업자
② 자동차 조립공장의 조립작업자
③ 강재 하역장의 크레인 신호자
④ 판금작업장의 타출 판금작업자

04 용접 열원을 외부로부터 공급받는 것이 아니라, 금속산화물과 알루미늄 간의 분말에 점화제를 넣어 점화제의 화학반응에 의하여 생성되는 열을 이용한 금속용접법은?
① 일렉트로 슬래그 용접
② 전자 빔 용접
③ 테르밋 용접
④ 저항 용접

해설 테르밋 용접은 알루미늄 분말과 금속산화철 분말을 약 1 : 3의 비율로 혼합하여 이때 발생하는 화학적 열을 이용한 용접법이며 기차레일의 접합에 사용된다.

05 용접작업 시 전격 방지대책으로 틀린 것은?
① 절연 홀더의 절연부분이 노출, 파손되면 보수하거나 교체한다.
② 홀더나 용접봉은 맨손으로 취급한다.
③ 용접기의 내부에 함부로 손을 대지 않는다.
④ 땀, 물 등에 의한 습기 찬 작업복, 장갑, 구두 등을 착용하지 않는다.

06 서브머지드 아크용접봉 와이어 표면에 구리를 도금한 이유는?
① 접촉 팁과의 전기 접촉을 원활히 한다.
② 용접 시간이 짧고 변형을 적게 한다.
③ 슬래그 이탈성을 좋게 한다.
④ 용융 금속의 이행을 촉진시킨다.

해설 구리(Cu)는 내식성과 전기전도도가 우수하여 와이어의 녹 발생을 방지하며 전기를 잘 흐르게 하기 위해 사용된다.

07 기계적 접합으로 볼 수 없는 것은?
① 볼트 이음   ② 리벳 이음
③ 접어 잇기   ④ 압접

해설 기계적인 접합은 외력만을 가해 접합하는 것이며 압접은 열을 이용한 야금학적 접합에 속한다.

08 플래시 용접(Flash Welding)법의 특징으로 틀린 것은?
① 가열 범위가 좁고 열영향부가 작으며 용접속도가 빠르다.
② 용접면에 산화물의 개입이 적다.
③ 종류가 다른 재료의 용접이 가능하다.
④ 용접면의 끝맺음 가공이 정확하여야 한다.

해설 플래시 용접은 예열-플래시-업셋의 단계를 거쳐 접합하는 전기저항용접의 한 종류이다.

정답 01 ② 02 ① 03 ③ 04 ③ 05 ② 06 ① 07 ④ 08 ④

09 서브머지드 아크 용접부의 결함으로 가장 거리가 먼 것은?

① 기공 ② 균열
③ 언더컷 ④ 용착

해설) 용착이란 용접봉이 용융지에 녹아들어가는 것을 말한다.

10 다음이 설명하고 있는 현상은?

> 알루미늄 용접에서는 사용 전류에 한계가 있어 용접 전류가 어느 정도 이상이 되면 청정작용이 일어나지 않아 산화가 심하게 생기며 아크 길이가 불안정하게 변동되어 비드 표면이 거칠게 주름이 생기는 현상

① 번 백(Burn Back)
② 퍼커링(Pickering)
③ 버터링(Buttering)
④ 멜트 백킹(Melt Backing)

11 CO_2 가스 아크 용접 결함에 있어서 다공성이란 무엇을 의미하는가?

① 질소, 수소, 일산화탄소 등에 의한 기공을 말한다.
② 와이어 선단부에 용적이 붙어 있는 것을 말한다.
③ 스패터가 발생하여 비드의 외관에 붙어 있는 것을 말한다.
④ 노즐과 모재 간 거리가 지나치게 적어서 와이어 송급 불량을 의미한다.

해설) 다공성이란 용착금속의 내부에 혼입된 가스(질소, 수소, 탄소 등)로 인한 기공이 생긴 것을 말한다.

12 아크 쏠림의 방지대책에 관한 설명으로 틀린 것은?

① 교류용접으로 하지 말고 직류용접으로 한다.
② 용접부가 긴 경우는 후퇴법으로 용접한다.
③ 아크 길이는 짧게 한다.
④ 접지부를 될 수 있는 대로 용접부에서 멀리한다.

해설) 교류용접기기 사용 시 아크쏠림을 방지할 수 있다.

13 박판의 스테인리스강의 좁은 홈의 용접에서 아크 교란 상태가 발생할 때 적합한 용접방법은?

① 고주파 펄스 티그 용접
② 고주파 펄스 미그 용접
③ 고주파 펄스 일렉트로 슬래그 용접
④ 고주파 펄스 이산화탄소 아크 용접

14 현미경 시험을 하기 위해 사용되는 부식제 중 철강용에 해당되는 것은?

① 왕수 ② 염화제2철용액
③ 피크린산 ④ 플루오르화수소액

15 용접 자동화의 장점을 설명한 것으로 틀린 것은?

① 생산성 증가 및 품질을 향상시킨다.
② 용접조건에 따른 공정을 늘릴 수 있다.
③ 일정한 전류 값을 유지할 수 있다.
④ 용접와이어의 손실을 줄일 수 있다.

16 용접부의 연성 결함을 조사하기 위하여 사용되는 시험법은?

① 브리넬 시험 ② 비커스 시험
③ 굽힘 시험 ④ 충격 시험

해설) 연성이란 무르거나 부드럽고 약한 성질을 의미하며 굽힘시험을 통해 연성 결함을 조사한다.

17 서브머지드 아크용접에 관한 설명으로 틀린 것은?

① 아크발생을 쉽게 하기 위하여 스틸 울(Steel Wool)을 사용한다.
② 용융속도와 용착속도가 빠르다.
③ 홈의 개선각을 크게 하여 용접효율을 높인다.
④ 유해 광선이나 퓸(Fume) 등이 적게 발생한다.

해설) 서브머지드 아크용접은 전류밀도가 높아 홈의 개선각이 큰 경우 용락이 발생할 우려가 있다.

정답) 09 ④ 10 ② 11 ① 12 ① 13 ① 14 ③ 15 ② 16 ③ 17 ③

18 가용접에 대한 설명으로 틀린 것은?
① 가용접 시에는 본용접보다도 지름이 큰 용접봉을 사용하는 것이 좋다.
② 가용접은 본용접과 비슷한 기량을 가진 용접사에 의해 실시되어야 한다.
③ 강도상 중요한 것과 용접의 시점 및 종점이 되는 끝 부분은 가용접을 피한다.
④ 가용접은 본 용접을 실시하기 전에 좌우의 홈 또는 이음부분을 고정하기 위한 짧은 용접이다.

19 용접이음의 종류가 아닌 것은?
① 겹치기 이음   ② 모서리 이음
③ 라운드 이음   ④ T형 필릿 이음

20 플라스마 아크 용접의 특징으로 틀린 것은?
① 용접부의 기계적 성질이 좋으며 변형도 적다.
② 용입이 깊고 비드 폭이 좁으며 용접속도가 빠르다.
③ 단층으로 용접할 수 있으므로 능률적이다.
④ 설비비가 적게 들고 무부하 전압이 낮다.

21 용접 자세를 나타내는 기호가 틀리게 짝지어진 것은?
① 위보기자세 : O
② 수직자세 : V
③ 아래보기자세 : U
④ 수평자세 : H

해설 아래보기자세 : F

22 이산화탄소 아크 용접의 보호가스 설비에서 저전류 영역의 가스유량은 약 몇 L/min 정도가 가장 적당한가?
① 1~5   ② 6~9
③ 10~15 ④ 20~25

23 가스 용접의 특징으로 틀린 것은?
① 응용 범위가 넓으며 운반이 편리하다.
② 전원 설비가 없는 곳에서도 쉽게 설치할 수 있다.
③ 아크 용접에 비해서 유해 광선의 발생이 적다.
④ 열집중성이 좋아 효율적인 용접이 가능하여 신뢰성이 높다.

해설 가스용접은 아크용접에 비해 열의 집중성이 떨어진다.

24 규격이 AW 300인 교류 아크 용접기의 정격 2차 전류 조정 범위는?
① 0~300A   ② 20~220A
③ 60~330A   ④ 120~430A

해설 정격2차전류의 조정범위는 20~110%이므로 60~330A이다.

25 아세틸렌 가스의 성질 중 15℃ 1기압에서의 아세틸렌 1리터의 무게는 약 몇 g인가?
① 0.151   ② 1.176
③ 3.143   ④ 5.117

26 가스 용접에서 모재의 두께가 6mm일 때 사용되는 용접봉의 직경은 얼마인가?
① 1mm   ② 4mm
③ 7mm   ④ 9mm

해설 가스용접봉의 직경$(D) = \dfrac{모재의\ 두께(T)}{2} + 1$이므로
$\dfrac{6}{2} + 1 = 4(\text{mm})$이다.

27 피복 아크 용접 시 아크열에 의하여 용접봉과 모재가 녹아서 용착금속이 만들어지는데 이때 모재가 녹은 깊이를 무엇이라 하는가?
① 용융지   ② 용입
③ 슬래그   ④ 용적

해설 아크열로 인해 모재가 녹은 깊이를 용입이라 한다.

정답 18 ① 19 ③ 20 ④ 21 ③ 22 ② 23 ④ 24 ③ 25 ② 26 ② 27 ②

28 직류아크용접기로 두께가 15mm이고, 길이가 5m인 고장력 강판을 용접하는 도중에 아크가 용접봉 방향에서 한쪽으로 쏠렸다. 다음 중 이러한 현상을 방지하는 방법이 아닌 것은?
① 이음의 처음과 끝에 엔드탭을 이용한다.
② 용량이 더 큰 직류용접기로 교체한다.
③ 용접부가 긴 경우에는 후퇴 용접법으로 한다.
④ 용접봉 끝을 아크쏠림 반대방향으로 기울인다.

해설 아크쏠림현상을 방지하는 방법 중 하나는 교류용접기를 사용하는 것이다.

29 강재 표면의 홈이나 개재물, 탈탄층 등을 제거하기 위해 얇고, 타원형 모양으로 표면으로 깎아내는 가공법은?
① 가스 가우징 ② 너깃
③ 스카핑 ④ 아크 에어 가우징

해설 강재 표면의 홈이나 개재물 등을 얇게 깎아내는 것은 스카핑이며, 깊은 홈을 파내는 방법은 가스가우징이다.

30 가스용기를 취급할 때의 주의사항으로 틀린 것은?
① 가스용기의 이동 시는 밸브를 잠근다.
② 가스용기에 진동이나 충격을 가하지 않는다.
③ 가스용기의 저장은 환기가 잘되는 장소에 한다.
④ 가연성 가스용기는 눕혀서 보관한다.

31 피복아크용접봉은 금속심선의 겉에 피복제를 발라서 말린 것으로 한쪽 끝은 홀더에 물려 전류를 통할 수 있도록 심선길이의 얼마만큼을 피복하지 않고 남겨두는가?
① 3mm ② 10mm
③ 15mm ④ 25mm

해설 피복아크용접봉은 끝단부가 25mm 정도 피복이 되지 않고 금속이 노출되어 있으며 이 부분에 홀더를 접속하게 된다.

32 다음 중 두꺼운 강판, 주철, 강괴 등의 절단에 이용되는 절단법은?
① 산소창 절단 ② 수중 절단
③ 분말 절단 ④ 포갬 절단

33 피복 배합제의 성분 중 탈산제로 사용되지 않는 것은?
① 규소철 ② 망간철
③ 알루미늄 ④ 유황

34 고셀룰로오스계 용접봉은 셀룰로오스를 몇 % 정도 포함하고 있는가?
① 0~5 ② 6~15
③ 20~30 ④ 30~40

35 용접법의 분류 중 압접에 해당하는 것은?
① 테르밋 용접 ② 전자 빔 용접
③ 유도가열 용접 ④ 탄산가스 아크 용접

36 피복 아크 용접에서 일반적으로 가장 많이 사용되는 차광유리의 차광도 번호는?
① 4~5 ② 7~8
③ 10~11 ④ 14~15

해설 일반적으로 10~11번의 차광유리가 사용되며 숫자가 낮을수록 차광도가 낮고 높을수록 차광도가 높아진다.

37 가스절단에 이용되는 프로판 가스와 아세틸렌 가스를 비교하였을 때 프로판 가스의 특징으로 틀린 것은?
① 절단면이 미세하며 깨끗하다.
② 포갬 절단 속도가 아세틸렌보다 느리다.
③ 절단 상부 기슭이 녹은 것이 적다.
④ 슬래그의 제거가 쉽다.

해설 프로판가스는 발열량이 높아 후판과 포갬절단(겹치기 절단)에 널리 사용된다.

38 교류아크용접기의 종류에 속하지 않는 것은?
① 가동코일형 ② 탭전환형
③ 정류기형 ④ 가포화 리액터형

해설 정류기형 용접기를 흔히 인버터형(교류 → 직류로 전환) 용접기라고 한다.

정답 28 ② 29 ③ 30 ④ 31 ④ 32 ① 33 ④ 34 ③ 35 ③ 36 ③ 37 ② 38 ③

39 Mg 및 Mg 합금의 성질에 대한 설명으로 옳은 것은?
① Mg의 열전도율은 Cu와 Al보다 높다.
② Mg의 전기전도율은 Cu와 Al보다 높다.
③ Mg합금보다 Al합금의 비강도가 우수하다.
④ Mg는 알칼리에 잘 견디나, 산이나 염수에는 침식된다.

40 금속 간 화합물의 특징을 설명한 것 중 옳은 것은?
① 어느 성분 금속보다 용융점이 낮다.
② 어느 성분 금속보다 경도가 낮다.
③ 일반 화합물에 비하여 결합력이 약하다.
④ Fe_3C는 금속 간 화합물에 해당되지 않는다.

41 니켈-크롬 합금 중 사용한도가 1,000℃까지 측정할 수 있는 합금은?
① 망가닌   ② 우드메탈
③ 배빗메탈   ④ 크로멜-알루멜

42 주철에 대한 설명으로 틀린 것은?
① 인장강도에 비해 압축강도가 높다.
② 회주철은 편상 흑연이 있어 감쇠능이 좋다.
③ 주철 절삭 시에는 절삭유를 사용하지 않는다.
④ 액상일 때 유동성이 나쁘며, 충격 저항이 크다.

> 해설 주철은 유동성이 커서 주조에 사용이 된다.

43 철에 Al, Ni, Co를 첨가한 합금으로 잔류자속밀도가 크고 보자력이 우수한 자성 재료는?
① 퍼멀로이   ② 센더스트
③ 알니코 자석 ④ 페라이트 자석

44 물과 얼음, 수증기가 평형을 이루는 3중점상태에서의 자유도는?
① 0   ② 1
③ 2   ④ 3

45 황동의 종류 중 순 Cu와 같이 연하고 코이닝하기 쉬우므로 동전이나 메달 등에 사용되는 합금은?
① 95%Cu-5%Zn 합금   ② 70%Cu-30%Zn 합금
③ 60%Cu-40%Zn 합금   ④ 50%Cu-50%Zn 합금

46 금속재료의 표면에 강이나 주철의 작은 입자(ϕ 0.5mm~1.0mm)를 고속으로 분사시켜, 표면의 경도를 높이는 방법은?
① 침탄법   ② 질화법
③ 폴리싱   ④ 쇼트피닝

47 탄소강은 200~300℃에서 연신율과 단면수축률이 상온보다 저하되어 단단하고 깨지기 쉬우며, 강의 표면이 산화되는 현상은?
① 적열메짐   ② 상온메짐
③ 청열메짐   ④ 저온메짐

48 강에 S, Pb 등의 특수 원소를 첨가하여 절삭할 때 칩을 잘게 하고 피삭성을 좋게 만든 강은 무엇인가?
① 불변강   ② 쾌삭강
③ 베어링강 ④ 스프링강

49 주위의 온도 변화에 따라 선팽창계수나 탄성률 등의 특정한 성질이 변하지 않는 불변강이 아닌 것은?
① 인바   ② 엘린바
③ 코엘린바 ④ 스텔라이트

> 해설 **불변강의 종류**
> 인바, 초인바, 엘린바, 코엘린바, 플래티나이트, 퍼멀로이, 이소엘라스틱

50 Al의 비중과 용융점(℃)은 약 얼마인가?
① 2.7, 660℃   ② 4.5, 390℃
③ 8.9, 220℃   ④ 10.5, 450℃

정답 39 ④ 40 ③ 41 ④ 42 ④ 43 ③ 44 ① 45 ① 46 ④ 47 ③ 48 ② 49 ④ 50 ①

51 기계제도에서 물체의 보이지 않는 부분의 형상을 나타내는 선은?
① 외형선 ② 가상선
③ 절단선 ④ 숨은선

해설 물체의 보이지 않는 부분은 숨은선으로 나타낸다.

52 그림과 같은 입체도의 화살표 방향을 정면도로 표현할 때 실제와 동일한 형상으로 표시되는 면을 모두 고른 것은?

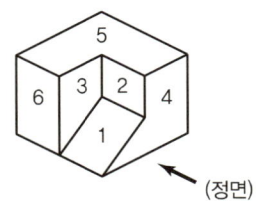

① 3과 4 ② 4와 6
③ 2와 6 ④ 1과 5

53 다음 중 한쪽 단면도를 올바르게 도시한 것은?

① 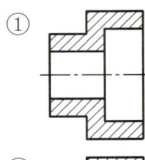 ②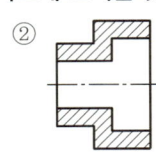
③  ④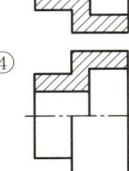

54 다음 재료 기호 중 용접구조용 압연 강재에 속하는 것은?
① SPPS 380 ② SPCC
③ SCW 450 ④ SM 400C

해설 SM 400C에서 400은 탄소의 함유량을 나타낸다.

55 그림의 도면에서 X의 거리는?

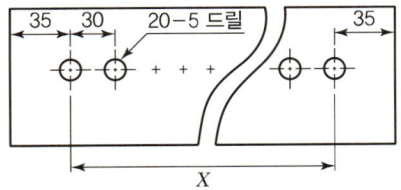

① 510mm ② 570mm
③ 600mm ④ 630mm

해설 20-5드릴의 의미는 지름이 5mm인 구멍이 20개 있다는 의미이며 구멍의 개수에서 1을 뺀 수에 피치(원 사이의 간격)를 곱해주면 X의 거리를 구할 수 있다. 즉 19×30=570mm이다.

56 다음 치수 중 참고 치수를 나타내는 것은?
① (50) ② □50
③ 50 ④ 50

57 주투상도를 나타내는 방법에 관한 설명으로 옳지 않은 것은?
① 조립도 등 주로 기능을 나타내는 도면에서는 대상물을 사용하는 상태로 표시한다.
② 주투상도를 보충하는 다른 투상도는 되도록 적게 표시한다.
③ 특별한 이유가 없을 경우 대상물을 세로 길이로 놓은 상태로 표시한다.
④ 부품도 등 가공하기 위한 도면에서는 가공에 있어서 도면을 가장 많이 이용하는 공정에서 대상물을 놓은 상태로 표시한다.

58 그림에서 나타난 용접기호의 의미는?

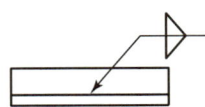

① 플래어 K형 용접 ② 양쪽 필릿 용접
③ 플러그 용접 ④ 프로젝션 용접

정답 51 ④ 52 ① 53 ④ 54 ④ 55 ② 56 ① 57 ③ 58 ②

59 그림과 같은 배관 도면에서 도시기호 S는 어떤 유체를 나타내는 것인가?

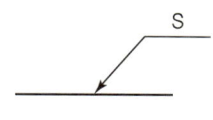

① 공기　　② 가스
③ 유류　　④ 증기

해설
- S(Steam : 증기)
- A(Air : 공기)
- G(Gas : 가스)
- O(Oil : 유류)

60 그림의 입체도에서 화살표 방향을 정면으로 하여 제3각법으로 그린 정투상도는?

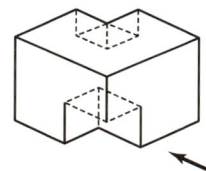

정답　59 ④　60 ①

2016년 1회 기출문제

01 용접이음 설계 시 충격하중을 받는 연강의 안전율은?
① 12   ② 8
③ 5   ④ 3

해설

재료의 종류	정하중	반복하중	교번하중	충격하중
강	3	5	8	12
주철	4	6	10	15
구리 등 연질금속	5	6	9	15

※ 강의 충격하중 정도만 숙지

02 다음 중 기본 용접 이음 형식에 속하지 않는 것은?
① 맞대기 이음   ② 모서리 이음
③ 마찰 이음   ④ T자 이음

03 화재의 분류는 소화 시 매우 중요한 역할을 한다. 서로 바르게 연결된 것은?
① A급 화재 – 유류 화재
② B급 화재 – 일반 화재
③ C급 화재 – 가스 화재
④ D급 화재 – 금속 화재

해설 A급화재
일반화재(고체), B급화재(유류화재), C급화재(전기화재)

04 불활성 가스가 아닌 것은?
① C_2H_2 ② Ar
③ Ne   ④ He

해설 C_2H_2(아세틸렌) : 가연성 가스

05 서브머지드 아크 용접장치 중 전극형상에 의한 분류에 속하지 않는 것은?
① 와이어(Wire) 전극
② 테이프(Tape) 전극
③ 대상(Hoop) 전극
④ 대차(Carriage) 전극

해설 대차는 용접기를 이동시키는 바퀴를 말한다.

06 용접 시공 계획에서 용접 이음 준비에 해당되지 않는 것은?
① 용접 홈의 가공   ② 부재의 조립
③ 변형 교정   ④ 모재의 가용접

07 다음 중 서브머지드 아크 용접(Submer Ged Arc Welding)에서 용제의 역할과 가장 거리가 먼 것은?
① 아크 안정   ② 용락 방지
③ 용접부의 보호   ④ 용착금속의 재질 개선

해설 용락을 방지하기 위해 사용하는 것이 뒷댐재이며 주로 동판이나 세라믹 재질이 사용된다.

08 다음 중 전기저항 용접의 종류가 아닌 것은?
① 점 용접   ② MIG 용접
③ 프로젝션 용접   ④ 플래시 용접

해설 MIG용접은 전기아크용접에 속한다.

09 다음 중 용접 금속에 기공을 형성하는 가스에 대한 설명으로 틀린 것은?
① 응고 온도에서의 액체와 고체의 용해도 차에 의한 가스 방출
② 용접금속 중에서의 화학반응에 의한 가스 방출
③ 아크 분위기에서의 기체의 물리적 혼입
④ 용접 중 가스 압력의 부적당

정답 01 ① 02 ③ 03 ④ 04 ① 05 ④ 06 ③ 07 ② 08 ② 09 ④

10 가스용접 시 안전조치로 적절하지 않은 것은?

① 가스의 누설검사는 필요할 때만 체크하고 점검은 수돗물로 한다.
② 가스용접장치는 화기로부터 5m 이상 떨어진 곳에 설치해야 한다.
③ 작업 종료 시 메인 밸브 및 콕 등을 완전히 잠가준다.
④ 인화성 액체 용기의 용접을 할 때는 증기 열탕물로 완전히 세척 후 통풍구멍을 개방하고 작업한다.

해설 가스 누출 점검은 비눗물 검사로 한다.

11 TIG 용접에서 가스이온이 모재에 충돌하여 모재 표면에 산화물을 제거하는 현상은?

① 제거효과　　② 청정효과
③ 용융효과　　④ 고주파효과

해설 직류역극성(DCRP)에서 청정효과가 나타나며 교류(AC)에서도 청정효과가 50% 정도 나타난다.

12 연강의 인장시험에서 인장시험편의 지름이 10mm이고, 최대하중이 5,500kgf일 때 인장 강도는 약 몇 kgf/mm^2인가?

① 60　　② 70
③ 80　　④ 90

해설 인장강도(극한강도) = 하중(P)/단면적(A)이므로
$5,500/(5 \times 5 \times 3.14)$ = 약 70

13 용접부의 표면에 사용되는 검사법으로 비교적 간단하고 비용이 싸며, 특히 자기탐상검사가 되지 않는 금속 재료에 주로 사용되는 검사법은?

① 방사선 비파괴검사　　② 누수 검사
③ 침투 비파괴검사　　④ 초음파 비파괴검사

해설 침투 비파괴검사(PT)는 표면의 균열을 검출하는 시험법이다.

14 용접에 의한 변형을 미리 예측하여 용접하기 전에 용접 반대방향으로 변형을 주고 용접하는 방법은?

① 억제법　　② 역변형법
③ 후퇴법　　④ 비석법

15 다음 중 플라스마 아크용접에 적합한 모재가 아닌 것은?

① 텅스텐, 백금　　② 티탄, 니켈 합금
③ 티탄, 구리　　④ 스테인리스강, 탄소강

16 용접 지그를 사용했을 때의 장점이 아닌 것은?

① 구속력을 크게 하여 잔류응력 발생을 방지한다.
② 동일 제품을 다량 생산할 수 있다.
③ 제품의 정밀도를 높인다.
④ 작업을 용이하게 하고 용접능률을 높인다.

17 일종의 피복아크 용접법으로 피더(Feeder)에 철분계 용접봉을 장착하여 수평 필릿용접을 전용으로 하는 일종의 반자동 용접장치로서 모재와 일정한 경사를 갖는 금속지주를 용접 홀더가 하강하면서 용접되는 용접법은?

① 그래비트 용접　　② 용사
③ 스터드 용접　　④ 테르밋 용접

해설 **그래비티 용접(Gravity Arc Welding)**
피복 아크 용접봉이 용융함에 따라서 막대 지지부가 중력에 의해 비스듬하게 서서히 하강하고 막대가 용접선을 따라서 이동하여 행하여지는 용접

18 피복아크용접에 의한 맞대기 용접에서 개선 홈과 판 두께에 관한 설명으로 틀린 것은?

① I형 : 판 두께 6mm 이하 양쪽 용접에 적용
② V형 : 판 두께 20mm 이하 한쪽 용접에 적용
③ U형 : 판 두께 40~60mm 양쪽 용접에 적용
④ X형 : 판 두께 15~40mm 양쪽 용접에 적용

19 이산화탄소 아크 용접 방법에서 전진법의 특징으로 옳은 것은?

① 스패터의 발생이 적다.
② 깊은 용입을 얻을 수 있다.
③ 비드 높이가 낮고 평탄한 비드가 형성된다.
④ 용접선이 잘 보이지 않아 운봉을 정확하게 하기 어렵다.

정답 10 ①　11 ②　12 ②　13 ③　14 ②　15 ①　16 ①　17 ①　18 ③　19 ③

20 일렉트로 슬래그 용접에서 주로 사용되는 전극 와이어의 지름은 보통 몇 mm인가?
① 1.2~1.5   ② 1.7~2.3
③ 2.5~3.2   ④ 3.5~4.0

21 볼트나 환봉을 피스톤형의 홀더에 끼우고 모재와 볼트 사이에 순간적으로 아크를 발생시켜 용접하는 방법은?
① 서브머지드 아크 용접
② 스터드 용접
③ 테르밋 용접
④ 불활성 가스 아크 용접

22 용접 결함과 그 원인에 대한 설명 중 잘못 짝지어진 것은?
① 언더컷 - 전류가 너무 높은 때
② 기공 - 용접봉이 흡습되었을 때
③ 오버랩 - 전류가 너무 낮을 때
④ 슬래그 섞임 - 전류가 과대되었을 때

23 피복아크용접에서 피복제의 성분에 포함되지 않는 것은?
① 피복 안정제   ② 가스 발생제
③ 피복 이탈제   ④ 슬래그 생성제

24 피복 아크 용접봉의 용융속도를 결정하는 식은?
① 용융속도＝아크전류×용접봉 쪽 전압강하
② 용융속도＝아크전류×모재 쪽 전압강하
③ 용융속도＝아크전압×용접봉 쪽 전압강하
④ 용융속도＝아크전압×모재 쪽 전압강하

해설 용융속도는 아크전류와 용접봉 쪽 전압강하의 곱으로 나타낸다.

25 용접법의 분류에서 아크용접에 해당되지 않는 것은?
① 유도가열용접   ② TIG용접
③ 스터드용접   ④ MIG용접

26 피복아크용접 시 용접선 상에서 용접봉을 이동시키는 조작을 말하며 아크의 발생, 중단, 재아크, 위빙 등이 포함된 작업을 무엇이라 하는가?
① 용입   ② 운봉
③ 키홀   ④ 용융지

27 다음 중 산소 및 아세틸렌 용기의 취급방법으로 틀린 것은?
① 산소용기의 밸브, 조정기, 도관, 취부구는 반드시 기름이 묻은 천으로 깨끗이 닦아야 한다.
② 산소용기의 운반 시에는 충돌, 충격을 주어서는 안 된다.
③ 사용이 끝난 용기는 실병과 구분하여 보관한다.
④ 아세틸렌 용기는 세워서 사용하며 용기에 충격을 주어서는 안 된다.

28 가스용접이나 절단에 사용되는 가연성 가스의 구비조건을 틀린 것은?
① 발열량이 클 것
② 연소속도가 느릴 것
③ 불꽃의 온도가 높을 것
④ 용융금속과 화학반응이 일어나지 않을 것

29 다음 중 가변저항의 변화를 이용하여 용접전류를 조정하는 교류 아크 용접기는?
① 탭 전환형   ② 가동 코일형
③ 가동 철심형   ④ 가포화 리액터형

30 AW-250, 무부하전압 80V, 아크전압 20V인 교류 용접기를 사용할 때 역률과 효율은 각각 얼마인가?(단, 내부손실은 4kW이다.)
① 역률 : 45%, 효율 : 56%
② 역률 : 48%, 효율 : 69%
③ 역률 : 54%, 효율 : 80%
④ 역률 : 69%, 효율 : 72%

정답 20 ③ 21 ② 22 ④ 23 ③ 24 ① 25 ① 26 ② 27 ① 28 ② 29 ④ 30 ①

31 혼합가스 연소에서 불꽃 온도가 가장 높은 것은?
① 산소-수소 불꽃 ② 산소-프로판 불꽃
③ 산소-아세틸렌 불꽃 ④ 산소-부탄 불꽃

해설 불꽃온도가 높은 것은 아세틸렌 불꽃이다.

32 연강용 피복아크용접봉의 종류와 피복제 계통으로 틀린 것은?
① E 4303 : 라임티타니아계
② E 4311 : 고산화티탄계
③ E 4316 : 저수소계
④ E 4327 : 철분산화철계

해설 E 4311(고셀룰로오스계) 용접봉은 가스실드계의 대표적인 용접봉이며 위 보기 용접에 탁월한 성능을 가진다.

33 산소-아세틸렌 가스 절단과 비교한 산소-프로판 가스 절단의 특징으로 옳은 것은?
① 절단면이 미세하며 깨끗하다.
② 절단 개시 시간이 빠르다.
③ 슬래그 제거가 어렵다.
④ 중성불꽃을 만들기가 쉽다.

34 피복 아크 용접에서 "모재의 일부가 녹은 쇳물 부분"을 의미하는 것은?
① 슬래그 ② 용융지
③ 피복부 ④ 용착부

35 가스 압력 조정지 취급사항으로 틀린 것은?
① 압력 용기의 설치구 방향에는 장애물이 없어야 한다.
② 압력 지시계가 잘 보이도록 설치하며 유리가 파손되지 않도록 주의한다.
③ 조정기를 견고하게 설치한 다음 조정 나사를 잠그고 밸브를 빠르게 열어야 한다.
④ 압력 조정기 설치구에 있는 먼지를 털어내고 연결부에 정확하게 연결한다.

36 연강용 가스 용접봉에서 "625±25℃에서 1시간 동안 응력을 제거한 것"을 뜻하는 영문자 표시에 해당되는 것은?
① NSR ② GB
③ SR ④ GA

해설
• SR(Stress Relief) : 응력 제거
• NSR(Non Stress Relief) : 응력 제거하지 않음

37 피복아크용접에서 위빙(Weaving) 폭은 심선 지름의 몇 배로 하는 것이 가장 적당한가?
① 1배 ② 2~3배
③ 5~6배 ④ 7~8배

해설 위빙 폭은 용접봉 심선지름의 2~3배 정도로 한다.

38 전격방지기는 아크를 끊음과 동시에 자동적으로 릴레이가 차단되어 용접기의 2차 무부하 전압을 몇 V 이하로 유지시키는가?
① 20~30 ② 35~45
③ 50~60 ④ 65~75

해설 전격방지기는 2차 무부하 전압을 약 20~30V로 낮춰 전격의 위험을 방지하는 기능을 한다.

39 30% Zn을 포함한 황동으로 연신율이 비교적 크고, 인장강도가 매우 높아 판, 막대, 관, 선 등으로 널리 사용되는 것은?
① 톰백(Tombac)
② 네이벌 황동(Naval Brass)
③ 6 : 4 황동(Muntz Metal)
④ 7 : 3 황동(Cartidge Brass)

해설 황동은 Cu-Zn의 합금이며 7 : 3황동은 30%의 Zn을 함유하고 있다.

40 Au의 순도를 나타내는 단위는?
① K(Carat) ② P(Pound)
③ %(Percent) ④ μm(Micron)

정답 31 ③ 32 ② 33 ① 34 ② 35 ③ 36 ③ 37 ② 38 ① 39 ④ 40 ①

41 다음 상태도에서 액상선을 나타내는 것은?

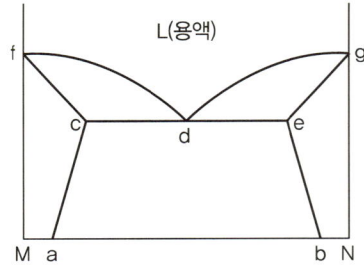

① acf ② cde
③ fdg ④ beg

해설 흔히 응고선이라고도 하는 액상선은 상태도에서 액체에만 존재하는 구역과 액체와 고체가 공존하는 구역과의 경계선을 말하며 액상에서 고상으로 응고되기 시작하는 온도선을 말한다. 자주 출제되는 문제 유형은 아니다.

42 금속 표면에 스텔라이트, 초경합금 등의 금속을 용착시켜 표면경화층을 만드는 것은?

① 금속 용사법 ② 하드 페이싱
③ 쇼트 피이닝 ④ 금속 침투법

43 다음 중 용접법의 분류에서 초음파 용접은 어디에 속하는가?

① 납땜 ② 압접
③ 융접 ④ 아크 용접

해설 초음파 용접은 얇은 두 모재에 진동과 압력을 가해 접합하는 용접이다.

44 주철의 조직은 C와 Si의 양과 냉각속도에 의해 좌우된다. 이들의 요소와 조직의 관계를 나타낸 것은?

① C.C.T 곡선 ② 탄소 당량도
③ 주철의 상태도 ④ 마우러 조직도

45 Al-Cu-Si 합금의 명칭으로 옳은 것은?

① 알민 ② 라우탈
③ 알드리 ④ 코오슨 합금

46 Al 표면에 방식성이 우수하고 치밀한 산화 피막이 만들어지도록 하는 방식 방법이 아닌 것은?

① 산화법 ② 수산법
③ 황산법 ④ 크롬산법

47 다음 중 재결정온도가 가장 낮은 것은?

① Sn ② Mg
③ Cu ④ Ni

48 다음 중 하드필드(Hadfield)강에 대한 설명으로 틀린 것은?

① 오스테나이트조직의 Mn강이다.
② 성분은 10~14Mn%, 0.9~1.3C% 정도이다.
③ 이 강은 고온에서 취성이 생기므로 600~800℃에서 공랭한다.
④ 내마멸성과 내충격성이 우수하고, 인성이 우수하기 때문에 파쇄장치, 임펠러 플레이트 등에 사용한다.

49 Fe-C 상태도에서 A_3와 A_4 변태점 사이에서의 결정구조는?

① 체심정방격자 ② 체심입방격자
③ 조밀육방격자 ④ 면심입방격자

해설 순철은 평형상태도에서 A_4~A_3(BCC ; 체심입방격자), A_3~A_2 (FCC ; 면심입방격자), A_2(이하(BCC ; 체심입방격자)로 결정의 구조가 변한다.

50 열팽창계수가 다른 두 종류의 판을 붙여서 하나의 판으로 만든 것으로 온도 변화에 따라 휘거나 그 변형을 구속하는 힘을 발생하며 온도감응소자 등에 이용되는 것은?

① 서멧 재료 ② 바이메탈 재료
③ 형상기억합금 ④ 수소저장합금

51 기계제도에서 가는 2점 쇄선을 사용하는 것은?

① 중심선 ② 지시선
③ 피치선 ④ 가상선

해설 가는 2점 쇄선은 가상선으로 사용된다.

정답 41 ③ 42 ② 43 ② 44 ④ 45 ② 46 ① 47 ① 48 ③ 49 ④ 50 ② 51 ④

52 나사의 종류에 따른 표시기호가 옳은 것은?
① M－미터 사다리꼴 나사
② UNC－미니추어 나사
③ Rc－관용 테이퍼 암나사
④ G－전구나사

53 배관용 탄소강관의 종류를 나타내는 기호가 아닌 것은?
① SPPS 380
② SPPH 380
③ SPCD 390
④ SPLT 390

54 기계제도에서 도형의 생략에 관한 설명으로 틀린 것은?
① 도형이 대칭 형식인 경우에는 대칭 중심선의 한쪽 도형만을 그리고, 그 대칭 중심선의 양 끝 부분에 대칭 그림기호를 그려서 대칭임을 나타낸다.
② 대칭 중심선의 한쪽 도형을 대칭 중심선을 조금 넘는 부분까지 그려서 나타낼 수도 있으며, 이 때 중심선 양끝에 대칭그림기호를 반드시 나타내야 한다.
③ 같은 종류, 같은 모양의 것이 다수 줄지어 있는 경우에는 실형 대신 그림기호를 피치선과 중심선과의 교점에 기입하여 나타낼 수 있다.
④ 축, 막대, 관과 같은 동일 단면형의 부분은 지면을 생략하기 위하여 중간 부분을 파단선으로 잘라내서 그 긴요한 부분만을 가까이 하여 도시할 수 있다.

55 모떼기의 치수가 2mm이고 각도가 45°일 때 올바른 치수 기입 방법은?
① C2
② 2C
③ 2－45°
④ 45°×2

56 도형의 도시방법에 관한 설명으로 틀린 것은?
① 소성가공 때문에 부품의 초기 윤곽선을 도시해야 할 필요가 있을 때는 가는 2점 쇄선으로 도시한다.
② 필릿이나 둥근 모퉁이와 같은 가상의 교차선은 윤곽선과 서로 만나지 않은 가는 실선으로 투상도에 도시할 수 있다.
③ 널링 부는 굵은 실선으로 전체 또는 부분적으로 도시한다.
④ 투명한 재료로 된 모든 물체는 기본적으로 투명한 것처럼 도시한다.

57 그림과 같은 제3각 정투상도에 가장 적합한 입체도는?

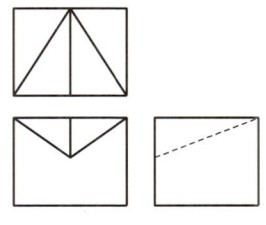

① 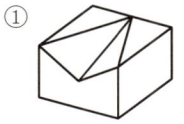 ②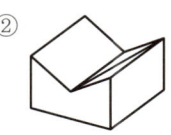

③ 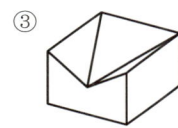 ④

58 제3각법으로 정투상한 그림에서 누락된 정면도로 가장 적합한 것은?

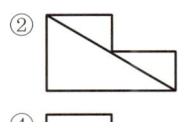

정면도

① 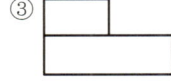 ②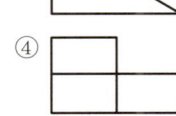

③ ④

정답 52 ③ 53 ③ 54 ② 55 ① 56 ④ 57 ① 58 ②

59 다음 중 게이트 밸브를 나타내는 기호는?

① ▷◁   ② ▷|
③ ▶◀   ④ ▷◁

60 그림과 같은 용접기호는 무슨 용접을 나타내는가?

① 심 용접   ② 비트 용접
③ 필릿 용접   ④ 점 용접

2016년 2회 기출문제

01 서브머지드 아크 용접에서 사용하는 용제 중 흡습성이 가장 적은 것은?
① 용융형
② 혼성형
③ 고온소결형
④ 저온소결형

해설 서브머지드 아크용접에 사용되는 용제의 종류로는 용융형, 소결형, 혼성형이 있으며 이 중 흡습성이 가장 적어 일반적으로 사용되는 용제는 용융형 용제이다.

02 고주파 교류 전원을 사용하여 TIG 용접을 할 때의 장점으로 틀린 것은?
① 긴 아크 유지가 용이하다.
② 전극봉의 수명이 길어진다.
③ 비접촉에 의해 용착 금속과 전극의 오염을 방지한다.
④ 동일한 전극봉 크기로 사용할 수 있는 전류 범위가 작다.

03 맞대기 용접이음에서 판두께가 9mm, 용접선 길이가 120mm, 하중이 7,560N일 때, 인장응력은 몇 N/mm^2인가?
① 5
② 6
③ 7
④ 8

해설 인장응력＝하중÷단면적이며,
단면적＝판두께×용접선의 길이이므로
$7,560÷(9×120)=7$

04 용접 설계상 주의사항으로 틀린 것은?
① 용접에 적합한 설계를 할 것
② 구조상의 노치부가 생성되게 할 것
③ 결함이 생기기 쉬운 용접방법은 피할 것
④ 용접이음이 한곳으로 집중되지 않도록 할 것

해설 노치라는 것은 응력 발생이 쉬운 부분, 즉 쉽게 말해 흠집을 말한다.

05 납땜에 사용되는 용제가 갖추어야 할 조건으로 틀린 것은?
① 청정한 금속면의 산화를 방지할 것
② 납땜 후 슬래그의 제거가 용이할 것
③ 모재나 땜납에 대한 부식작용이 최소한일 것
④ 전기 저항 납땜에 사용되는 것은 부도체일 것

해설 전기 저항 납땜에 사용되는 것은 도체이어야 한다.

06 용접이음부를 예열하는 목적을 설명한 것으로 틀린 것은?
① 수소의 방출을 용이하게 하여 저온균열을 방지한다.
② 모재의 열 영향부와 용착금속의 연화를 방지하고, 경화를 증가시킨다.
③ 용접부의 기계적 성질을 향상시키고, 경화조직의 석출을 방지시킨다.
④ 온도분포가 완만하게 되어 열응력의 감소로 변형과 잔류응력의 발생을 적게 한다.

해설 예열은 용접 전에 재료를 연화하여 경화를 방지하기 위해 실시한다.

07 전자 빔 용접의 특징으로 틀린 것은?
① 정밀 용접이 가능하다.
② 용접부의 열 영향부가 크고 설비비가 적게 든다.
③ 용입이 깊어 다층용접도 단층용접으로 완성할 수 있다.
④ 유해가스에 의한 오염이 적고 높은 순도의 용접이 가능하다.

해설 전자 빔 용접은 고용접 재료의 용접이 가능하나 설비비가 많이 소요된다는 단점이 있다.

08 샤르피식의 시험기를 사용하는 시험방법은?
① 경도시험
② 인장시험
③ 피로시험
④ 충격시험

해설 충격시험법의 종류에는 아이조드식과 샤르피식 시험이 있다.

정답 01 ① 02 ④ 03 ③ 04 ② 05 ④ 06 ② 07 ② 08 ④

09 다음 중 서브머지드 아크 용접의 다른 명칭이 아닌 것은?
① 잠호 용접
② 헬리 아크 용접
③ 유니언 멜트 용접
④ 불가시 아크 용접

해설 헬리 아크 용접법은 TIG 용접법의 하나이다.

10 용접제품을 조립하다가 V홈 맞대기 이음 홈의 간격이 5mm 정도 멀어졌을 때 홈의 보수 및 용접방법으로 가장 적합한 것은?
① 그대로 용접한다.
② 뒷댐판을 대고 용접한다.
③ 덧살올림 용접 후 가공하여 규정 간격을 맞춘다.
④ 치수에 맞는 재료로 교환하여 루트 간격을 맞춘다.

11 한 부분의 몇 층을 용접하다가 이것을 다음 부분의 층으로 연속시켜 전체 모양이 계단 형태를 이루는 용착법은?
① 스킵법
② 덧살 올림법
③ 전진 블록법
④ 캐스케이드법

해설 다층용접법에는 덧살올림법, 전진블록법, 캐스케이드법이 있으며, 전체의 층이 계단 형태를 이루는 다층용접법은 캐스케이드법이다.

12 산소와 아세틸렌 용기의 취급상 주의사항으로 옳은 것은?
① 직사광선이 잘 드는 곳에 보관한다.
② 아세틸렌 병은 안전상 눕혀서 사용한다.
③ 산소병은 40℃ 이하 온도에서 보관한다.
④ 산소병 내에 다른 가스를 혼합해도 상관없다.

13 피복 아크 용접의 필릿 용접에서 루트 간격이 45mm 이상일 때의 보수 요령은?
① 규정대로 각장으로 용접한다.
② 두께 6mm 정도의 뒤판을 대서 용접한다.
③ 라이너를 넣든지 부족한 판을 300mm 이상 잘라내서 대체하도록 한다.
④ 그대로 용접하여도 좋으나 넓혀진 만큼 각장을 증가시킬 필요가 있다.

14 다음 중 초음파 탐상법의 종류가 아닌 것은?
① 극간법
② 공진법
③ 투과법
④ 펄스 반사법

15 CO_2 가스 아크 편면용접에서 이면 비드의 형성은 물론 뒷면 가우징 및 뒷면 용접을 생략할 수 있고, 모재의 중량에 따른 뒤업기(Turn Over) 작업을 생략할 수 있도록 홈 용접부 이면에 부착하는 것은?
① 스캘럽
② 엔드탭
③ 뒷댐재
④ 포지셔너

16 탄산가스 아크 용접의 장점이 아닌 것은?
① 가시 아크이므로 시공이 편리하다.
② 적용되는 재질이 철계통으로 한정되어 있다.
③ 용착 금속의 기계적 성질 및 금속학적 성질이 우수하다.
④ 전류 밀도가 높아 용입이 깊고 용접 속도를 빠르게 할 수 있다.

해설 CO_2 용접은 철(연강)의 용접에 한정된다는 단점이 있다.

17 현상제(MgO, $BaCO_3$)를 사용하여 용접부의 표면 결함을 검사하는 방법은?
① 침투 탐상법
② 자분 탐상법
③ 초음파 탐상법
④ 방사선 투과법

해설 침투 탐상법(PT)은 금속 표면에 현상제를 이용하여 표면의 균열을 탐지한다.

18 미세한 알루미늄 분말과 산화철 분말을 혼합하여 과산화 바륨과 알루미늄 등의 혼합분말로 된 점화제를 넣고 연소시켜 그 반응열로 용접하는 방법은?
① MIG 용접
② 테르밋 용접
③ 전자 빔 용접
④ 원자 수소 용접

해설 테르밋 용접은 알루미늄과 산화철 분말의 혼합 시 발생되는 화학적인 열을 이용하는 용접법으로 기차 레일의 용접에 사용된다.

정답 09 ② 10 ③ 11 ④ 12 ③ 13 ③ 14 ① 15 ③ 16 ② 17 ① 18 ②

19 용접결함에서 언더컷이 발생하는 조건이 아닌 것은?
① 전류가 너무 낮을 때
② 아크 길이가 너무 길 때
③ 부적당한 용접봉을 사용할 때
④ 용접속도가 적당하지 않을 때

20 플라스마 아크 용접장치에서 아크 플라스마의 냉각가스로 쓰이는 것은?
① 아르곤과 수소의 혼합가스
② 아르곤과 산소의 혼합가스
③ 아르곤과 메탄의 혼합가스
④ 아르곤과 프로판의 혼합가스

21 피복아크용접 작업 시 감전으로 인한 재해의 원인으로 틀린 것은?
① 1차 측과 2차 측 케이블의 피복 손상부에 접촉되었을 경우
② 피용접물에 붙어 있는 용접봉을 떼려다 몸에 접촉되었을 경우
③ 용접기기의 보수 중에 입출력 단자가 절연된 곳에 접촉되었을 경우
④ 용접 작업 중 홀더에 용접봉을 물릴 때 및 홀더가 신체에 접촉되었을 경우

22 보기에서 설명하는 서브머지드 아크 용접에 사용되는 용제는?

- 화학적 균일성이 양호하다.
- 반복 사용성이 좋다.
- 비드 외관이 아름답다.
- 용접 전류에 따라 입자의 크기가 다른 용제를 사용해야 한다.

① 소결형　　② 혼성형
③ 혼합형　　④ 용융형

해설 용융형 용제는 흡습성이 적으며 화학적인 균일성이 양호해 일반적으로 많이 사용되고 있다.

23 기체를 수천 도의 높은 온도로 가열하면 그 속의 가스원자가 원자핵과 전자로 분리되어 양(+)과 음(-) 이온상태로 된 것을 무엇이라 하는가?
① 전자빔　　② 레이저
③ 테르밋　　④ 플라스마

24 정격 2차 전류 300A, 정격 사용률 40%인 아크 용접기로 실제 200A 용접 전류를 사용하여 용접하는 경우 전체 시간을 10분으로 하였을 때 다음 중 용접시간과 휴식시간을 올바르게 나타낸 것은?
① 10분 동안 계속 용접한다.
② 5분 용접 후 5분간 휴식한다.
③ 7분 용접 후 3분간 휴식한다.
④ 9분 용접 후 1분간 휴식한다.

25 용해 아세틸렌 취급 시 주의사항으로 틀린 것은?
① 저장 장소는 통풍이 잘 되어야 된다.
② 저장 장소에는 화기를 가까이 하지 말아야 한다.
③ 용기는 진동이나 충격을 가하지 말고 신중히 취급해야 한다.
④ 용기는 아세톤의 유출을 방지하기 위해 눕혀서 보관한다.

26 다음 중 아크 절단법이 아닌 것은?
① 스카핑　　② 금속 아크 절단
③ 아크 에어 가우징　　④ 플라스마 제트

해설 스카핑은 가스를 이용하여 금속 표면에 넓고 얇은 흠을 파내는 가공법이다.

27 피복아크 용접봉의 피복제 작용을 설명한 것 중 틀린 것은?
① 스패터를 많게 하고, 탈탄 정련작용을 한다.
② 용융금속의 용적을 미세화하고, 용착효율을 높인다.
③ 슬래그 제거를 쉽게 하며, 파형이 고운 비드를 만든다.
④ 공기로 인한 산화, 질화 등의 해를 방지하여 용착금속을 보호한다.

정답　19 ①　20 ①　21 ③　22 ④　23 ④　24 ④　25 ④　26 ①　27 ①

28 용접법의 분류 중에서 융접에 속하는 것은?
① 심 용접
② 테르밋 용접
③ 초음파 용접
④ 플래시 용접

해설 모재를 용융시켜 접합하는 것을 융접이라 하며 심 용접, 초음파 용접, 플래시 용접은 압접에 속한다.

29 산소 용기의 윗부분에 각인되어 있는 표시 중 최고 충전 압력의 표시는 무엇인가?
① TP
② FP
③ WP
④ LP

30 2개의 모재에 압력을 가해 접촉시킨 다음 상대운동을 시켜 접촉면에서 발생하는 열을 이용하는 용접법은?
① 가스압접
② 냉간압접
③ 마찰용접
④ 열간압접

31 사용률이 60%인 교류 아크 용접기를 사용하여 정격전류로 6분 동안 용접하였다면 휴식시간은 얼마인가?
① 2분
② 3분
③ 4분
④ 5분

해설 $\dfrac{\text{아크 발생시간}}{\text{아크 발생시간} + \text{휴식시간}} \times 100 = \text{정격사용률}$

32 모재의 절단부를 불활성 가스로 보호하고 금속전극에 대전류를 흐르게 하여 절단하는 방법으로 알루미늄과 같이 산화에 강한 금속에 이용되는 절단방법은?
① 산소 절단
② TIG 절단
③ MIG 절단
④ 플라스마 절단

33 용접기의 특성 중에서 부하전류가 증가하면 단자 전압이 저하하는 특성은?
① 수하 특성
② 상승 특성
③ 정전압 특성
④ 자기제어 특성

34 산소 – 아세틸렌 불꽃의 종류가 아닌 것은?
① 중성 불꽃
② 탄화 불꽃
③ 산화 불꽃
④ 질화 불꽃

해설 가스용접 시 발생하는 불꽃의 종류로는 중성/탄화/산화 불꽃이 있으며 이 중 산화 불꽃의 온도가 가장 높다.

35 리벳이음과 비교하여 용접이음의 특징을 열거한 중 틀린 것은?
① 구조가 복잡하다.
② 이음 효율이 높다.
③ 공정 수가 절감된다.
④ 유밀, 기밀, 수밀이 우수하다.

36 아크에어 가우징 작업에 사용되는 압축공기의 압력으로 적당한 것은?
① $1 \sim 3 \text{kgf/cm}^2$
② $5 \sim 7 \text{kgf/cm}^2$
③ $9 \sim 12 \text{kgf/cm}^2$
④ $14 \sim 156 \text{kgf/cm}^2$

37 탄소 전극봉 대신 절단 전용의 특수 피복을 입힌 전극봉을 사용하여 절단하는 방법은?
① 금속아크 절단
② 탄소아크 절단
③ 아크에어 가우징
④ 플라스마 제트 절단

38 산소 아크 절단에 대한 설명으로 가장 적합한 것은?
① 전원은 직류 역극성이 사용된다.
② 가스절단에 비하여 절단속도가 느리다.
③ 가스절단에 비하여 절단면이 매끄럽다.
④ 철강 구조물 해체나 수중 해체 작업에 이용된다.

39 다이캐스팅 주물품, 단조품 등의 재료로 사용되며 융점이 약 660℃이고, 비중이 약 2.7인 원소는?
① Sn
② Ag
③ Al
④ Mn

정답 28 ② 29 ② 30 ③ 31 ③ 32 ③ 33 ① 34 ④ 35 ① 36 ② 37 ① 38 ④ 39 ③

40 다음 중 주철에 관한 설명으로 틀린 것은?
① 비중은 C와 Si 등이 많을수록 작아진다.
② 용융점은 C와 Si 등이 많을수록 낮아진다.
③ 주철을 600℃ 이상의 온도에서 가열 및 냉각을 반복하면 부피가 감소한다.
④ 투자율을 크게 하기 위해서는 화합 탄소를 적게 하고 유리 탄소를 균일하게 분포시킨다.

해설 주철은 가열과 냉각이 반복되면 부피가 증가하는데 이를 주철의 성장이라고 한다.

41 금속의 소성변형을 일으키는 원인 중 원자 밀도가 가장 큰 격자면에서 잘 일어나는 것은?
① 슬립   ② 쌍정
③ 전위   ④ 편석

42 다음 중 Ni-Cu 합금이 아닌 것은?
① 어드밴스   ② 콘스탄탄
③ 모넬메탈   ④ 니칼로이

해설 니칼로이는 50% Ni, 50% Fe의 합금으로 전기 저항이 크므로 저출력 변성기의 자심 등으로 널리 사용된다.

43 침탄법에 대한 설명으로 옳은 것은?
① 표면을 용융하여 연화시키는 것이다.
② 망상 시멘타이트를 구상화시키는 방법이다.
③ 강재의 표면에 아연을 피복시키는 방법이다.
④ 흠강재의 표면에 탄소를 침투시켜 경화시키는 것이다.

44 그림과 같은 결정격자의 금속 원소는?

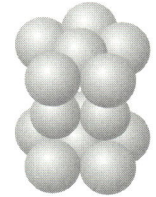 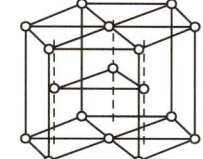

① Mi   ② Mg
③ Al   ④ Au

해설 금속의 결정 격자의 종류로는 면심입방정계(FCC), 체심입방정계(BCC), 조밀육방정계(HCP) 등이 있으며 그림의 결정격자는 조밀육방정계이다. 이에 속하는 금속으로는 Zn(아연), Mg(마그네슘) 등이 있다.

45 전해 인성 구리를 약 400℃ 이상의 온도에서 사용하지 않는 이유로 옳은 것은?
① 풀림취성을 발생시키기 때문이다.
② 수소취성을 발생시키기 때문이다.
③ 고온취성을 발생시키기 때문이다.
④ 상온취성을 발생시키기 때문이다.

46 구상흑연주철은 주조성, 가공성 및 내마멸성이 우수하다. 이러한 구상흑연주철 제조 시 구상화제로 첨가되는 원소로 옳은 것은?
① P, S   ② O, N
③ Pb, Zn   ④ Mg, Ca

47 형상 기억 효과를 나타내는 합금이 일으키는 변태는?
① 펄라이트 변태   ② 마텐자이트 변태
③ 오스테나이트 변태   ④ 레데뷰라이트 변태

48 Y합금의 일종으로 Ti과 Cu를 0.2% 정도씩 첨가한 것으로 피스톤에 사용되는 것은?
① 두랄루민   ② 코비탈륨
③ 로엑스합금   ④ 하이드로날륨

해설 Y합금은 Mg(마그네슘)-Ni(니켈)-Al(알루미늄)-Cu(구리)으로 구성되며, 여기에 Ti(티타늄)과 Cu(구리)를 첨가한 것이 코비탈륨이다.

49 시험편을 눌러 구부리는 시험방법으로 굽힘에 대한 저항력을 조사하는 시험방법은?
① 충격시험   ② 굽힘시험
③ 전단시험   ④ 인장시험

정답 40 ③ 41 ① 42 ④ 43 ④ 44 ② 45 ② 46 ④ 47 ② 48 ② 49 ②

50 Fe-C 평형상태도에서 공정점의 C%는?
① 0.02% ② 0.8%
③ 4.3%   ④ 6.67%

51 다음 용접 기호 중 표면 육성을 의미하는 것은?
①
②
③
④

52 배관의 간략 도시방법에서 파이프의 영구 결합부(용접 또는 다른 공법에 의한다.) 상태를 나타내는 것은?
① ―|―   ② ―o―
③  ④

53 제3각법의 투상도에서 도면의 배치 관계는?
① 평면도를 중심하여 정면도는 위에, 우측면도는 우측에 배치된다.
② 정면도를 중심하여 평면도는 밑에, 우측면도는 우측에 배치된다.
③ 정면도를 중심하여 평면도는 위에, 우측면도는 우측에 배치된다.
④ 정면도를 중심하여 평면도는 위에, 우측면도는 좌측에 배치된다.

54 그림과 같이 제3각법으로 정투상한 각뿔의 전개도 형상으로 적합한 것은?

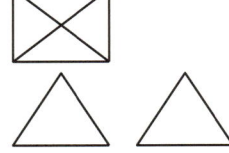

①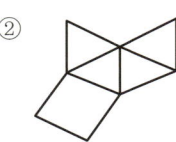
②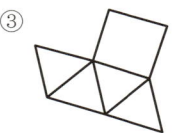
③ ④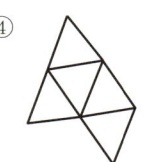

55 도면에 대한 호칭방법이 다음과 같이 나타날 때 이에 대한 설명으로 틀린 것은?

K2 B ISO 5457-A1t-TP 112.5-R-TBL

① 도면은 KS B ISO 5457을 따른다.
② A1 용지 크기이다.
③ 재단하지 않은 용지이다.
④ 112.5g/m² 사양의 트레이싱지이다.

56 그림과 같은 도면에 나타난 "□40" 치수에서 "□"가 뜻하는 것은?

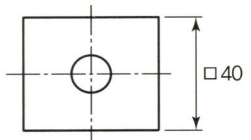

① 정사각형의 변   ② 이론적으로 정확한 치수
③ 판의 두께   ④ 참고치수

57 그림과 같이 원통을 경사지게 절단한 제품을 제작할 때, 다음 중 어떤 전개법이 가장 적합한가?

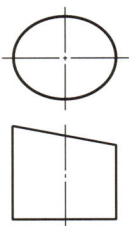

① 사각형법   ② 평행선법
③ 삼각형법   ④ 방사선법

해설 전개도법에서 그림과 같은 원기둥이나 각기둥의 전개에는 평행선 전개도법을 사용한다. 이 외에도 방사선 전개도법(원뿔,각뿔 전개), 삼각형 전개도법이 있다.

58 다음 중 가는 실선으로 나타내는 경우가 아닌 것은?
① 시작점과 끝점을 나타내는 치수선
② 소재의 굽은 부분이나 가공 공정의 표시선
③ 상세도를 그리기 위한 틀의 선
④ 금속 구조 공학 등의 구조를 나타내는 선

해설 구조를 나타내는 선은 굵은 실선으로 나타낸다.

59 그림과 같은 도면에서 괄호 안의 치수는 무엇을 나타내는가?

① 완성 치수   ② 참고 치수
③ 다듬질 치수   ④ 비례척이 아닌 치수

해설 참고 치수는 괄호 안에 숫자를 기입하거나 숫자 밑 언더바를 이용해 나타낸다.

60 다음 중 일반 구조용 탄소 강관의 KS 재료 기호는?
① SPP   ② SPS
③ SKH   ④ STK

해설 SPP(배관용 탄소강관), SKH(고속도 공구강재), STK(일반구조용 탄소강재)

정답 58 ④   59 ②   60 ④

2016년 2회 기출문제

01 가스 용접 시 안전사항으로 적당하지 않은 것은?
① 호스는 길지 않게 하며 용접이 끝났을 때는 용기밸브를 잠근다.
② 작업자 눈을 보호하기 위해 적당한 차광유리를 사용한다.
③ 산소병은 60℃ 이상의 온도에서 보관하고 직사광선을 피한다.
④ 호스 접속부는 호스밴드로 조이고 비눗물 등으로 누설 여부를 검사한다.

02 다음 중 일반적으로 모재의 용융선 근처의 열영향부에서 발생되는 균열이며 고탄소강이나 저합금강을 용접할 때 용접열에 의한 열영향부의 경화와 변태응력 및 용착금속 속의 확산성 수소에 의해 발생되는 균열은?
① 루트 균열
② 설퍼 균열
③ 비드 밑 균열
④ 크레이터 균열

해설 비드 밑 균열의 경우 모재의 용융선 근처의 부위에서 발생하며 수소에 의한 균열이다. 보기의 내용 중 설퍼(Sulfur) 균열은 황(S)에 의한 균열이다.

03 다음 중 지그나 고정구의 설계 시 유의사항으로 틀린 것은?
① 구조가 간단하고 효과적인 결과를 가져와야 한다.
② 부품의 고정과 이완은 신속히 이루어져야 한다.
③ 모든 부품의 조립은 어렵고 눈으로 볼 수 없어야 한다.
④ 한 번 부품을 고정시키면 차후 수정 없이 정확하게 고정되어 있어야 한다.

04 플라스마 아크 용접의 특징으로 틀린 것은?
① 비드 폭이 좁고 용접속도가 빠르다.
② 1층으로 용접할 수 있으므로 능률적이다.
③ 용접부의 기계적 성질이 좋으며 용접변형이 적다.
④ 핀치 효과에 의해 전류밀도가 작고 용입이 얕다.

해설 플라스마 아크용접은 핀치 효과에 의해 전류밀도가 커 용입이 깊다.

05 다음 용접 결함 중 구조상의 결함이 아닌 것은?
① 기공
② 변형
③ 용입 불량
④ 슬래그 섞임

해설 변형은 치수상 결함에 속한다.

06 다음 금속 중 냉각속도가 가장 빠른 금속은?
① 구리
② 연강
③ 알루미늄
④ 스테인리스강

해설 보기 중 열전도도가 가장 우수한 금속은 구리(Cu)이다.

07 다음 중 인장시험에서 알 수 없는 것은?
① 항복점
② 연신율
③ 비틀림 강도
④ 단면수축률

해설 인장시험이란 시험편을 일정한 하중으로 잡아당겨 금속의 항복점과 연신율, 단면수축률 등을 시험하는 방법이다.

08 서브머지드 아크 용접에서 와이어 돌출 길이는 보통 와이어 지름을 기준으로 정한다. 와이어 돌출길이는 와이어 지름의 몇 배가 가장 적합한가?
① 2배
② 4배
③ 6배
④ 8배

09 용접봉의 습기가 원인이 되어 발생하는 결함으로 가장 적절한 것은?
① 기공
② 변형
③ 용입 불량
④ 슬래그 섞임

해설 용접봉은 사용 전 반드시 건조해야 기공을 방지할 수 있다.

10 은납땜이나 황동납땜에 사용되는 용제(Flux)는?
① 붕사
② 송진
③ 염산
④ 염화암모늄

정답 01 ③ 02 ③ 03 ③ 04 ④ 05 ② 06 ① 07 ③ 08 ④ 09 ① 10 ①

11 다음 중 불활성 가스인 것은?
① 산소   ② 헬륨
③ 탄소   ④ 이산화탄소

해설 불활성 가스의 종류로는 아르곤(Ar), 헬륨(He), 네온(Ne) 등이 있다.

12 저항 용접의 특징으로 틀린 것은?
① 산화 및 변질 부분이 적다.
② 용접봉, 용제 등이 불필요하다.
③ 작업속도가 빠르고 대량생산에 적합하다.
④ 열손실이 많고, 용접부에 집중열을 가할 수 없다.

13 아크 용접기의 사용에 대한 설명으로 틀린 것은?
① 사용률을 초과하여 사용하지 않는다.
② 무부하 전압이 높은 용접기를 사용한다.
③ 전격방지기가 부착된 용접기를 사용한다.
④ 용접기 케이스는 접지(Earth)를 확실히 해둔다.

해설 무부하 전압이 높은 용접기는 전격의 위험이 높기 때문에 사용하지 않는 것이 좋다.

14 용접 순서에 관한 설명으로 틀린 것은?
① 중심선에 대하여 대칭으로 용접한다.
② 수축이 적은 이음을 먼저 하고 수축이 큰 이음은 후에 용접한다.
③ 용접선의 직각 단면 중심축에 대하여 용접의 수축력의 합이 0이 되도록 한다.
④ 동일 평면 내에 많은 이음이 있을 때는 수축은 가능한 자유단으로 보낸다.

15 다음 중 TIG 용접 시 주로 사용되는 가스는?
① CO_2 ② O_2
③ O_2 ④ Ar

해설 TIG 용접 시에는 불활성 가스인 Ar을 사용한다.

16 서브머지드 아크 용접법에서 두 전극 사이의 복사열에 의한 용접은?
① 텐덤식   ② 횡·직렬식
③ 횡·병렬식   ④ 종·병렬식

17 다음 중 유도방사에 의한 광의 증폭을 이용하여 용융하는 용접법은?
① 맥동 용접   ② 스터드 용접
③ 레이저 용접   ④ 피복 아크 용접

18 심용접의 종류가 아닌 것은?
① 횡심 용접(Circular Seam Welding)
② 매시 심 용접(Mash Seam Welding)
③ 포일 심 용접(Foil Seam Welding)
④ 맞대기 심 용접(Butt Seam Welding)

19 맞대기 용접이음에서 판 두께가 6mm, 용접선 길이가 120mm, 인장응력이 $9.5N/mm^2$일 때 모재가 받는 하중은 몇 N인가?
① 5,680   ② 5,860
③ 6,480   ④ 6,840

해설 인장응력＝하중÷단면적이며,
단면적＝판두께×용접선의 길이이므로
하중÷(6×120)＝9.5

20 제품을 용접한 후 일부분에 언더컷이 발생하였을 때 보수 방법으로 가장 적당한 것은?
① 홈을 만들어 용접한다.
② 결함부분을 절단하고 재용접한다.
③ 가는 용접봉을 사용하여 재용접한다.
④ 용접부 전체 부분을 가우징으로 따낸 후 재용접한다.

해설 언더컷은 용접전류가 강한 경우 발생하며, 비드의 양쪽 끝 부분이 파이는 현상으로 가는 용접봉으로 재용접해 주어야 한다.

정답 11 ② 12 ④ 13 ② 14 ④ 15 ④ 16 ② 17 ③ 18 ① 19 ④ 20 ③

21 다음 중 일렉트로 가스 아크 용접의 특징으로 옳은 것은?
① 용접속도는 자동으로 조절된다.
② 판 두께가 얇을수록 경제적이다.
③ 용접장치가 복잡하여, 취급이 어렵고 고도의 숙련을 요한다.
④ 스패터 및 가스의 발생이 적고, 용접 작업 시 바람의 영향을 받지 않는다.

22 다음 중 연소의 3요소에 해당하지 않는 것은?
① 가연물 ② 부촉매
③ 산소공급원 ④ 점화원

23 일미나이트계 용접봉을 비롯하여 대부분의 피복 아크 용접봉을 사용할 때 많이 볼 수 있으며, 미세한 용적이 날려서 옮겨가는 용접이행 방식은??
① 단락형 ② 누적형
③ 스프레이형 ④ 글로뷸러형

24 가스 절단작업에서 절단속도에 영향을 주는 요인과 가장 관계가 먼 것은?
① 모재의 온도 ② 산소의 압력
③ 산소의 순도 ④ 아세틸렌 압력

25 산소 – 아세틸렌 가스 용접기로 두께가 3.2mm인 연강판을 V형 맞대기 이음을 할 경우 이에 적합한 연강용 가스 용접봉의 지름(mm)을 계산식에 의해 구하면 얼마인가?
① 2.6 ② 3.2
③ 3.6 ④ 4.6

해설 모재의 두께를 2로 나누고 1을 더해주면 적합한 용접봉의 지름을 구할 수 있다.

26 산소 프로판 가스 절단에서 프로판 가스 1에 대하여 얼마의 비율로 산소를 필요로 하는가?
① 1.5 ② 2.5
③ 4.5 ④ 6

해설 산소 프로판 가스 절단 시 산소 아세틸렌 절단 시보다 약 4.5배의 산소가 더 소모된다.

27 산소 용기를 취급할 때의 주의사항으로 가장 적합한 것은?
① 산소밸브의 개폐는 빨리 해야 한다.
② 운반 중에 충격을 주지 말아야 한다.
③ 직사광선이 쬐이는 곳에 두어야 한다.
④ 산소 용기의 누설시험에는 순수한 물을 사용해야 한다.

28 용접용 2차 측 케이블의 유연성을 확보하기 위하여 주로 사용하는 캡 타이어 전선에 대한 설명으로 옳은 것은?
① 가는 구리선을 여러 개로 꼬아 얇은 종이로 싸고 그 위에 니켈 피복을 한 것
② 가는 구리선을 여러 개로 꼬아 튼튼한 종이로 싸고 그 위에 고무 피복을 한 것
③ 가는 알루미늄선을 여러 개로 꼬아 튼튼한 종이로 싸고 그 위에 니켈 피복을 한 것
④ 가는 알루미늄선을 여러 개로 꼬아 얇은 종이로 싸고 그 위에 고무 피복을 한 것

29 아크 용접기의 구비조건으로 틀린 것은?
① 효율이 좋아야 한다.
② 아크가 안정되어야 한다.
③ 용접 중 온도 상승이 커야 한다.
④ 구조 및 취급이 간단해야 한다.

30 아크가 발생될 때 모재에서 심선까지의 거리를 아크 길이라 한다. 아크 길이가 짧을 때 일어나는 현상은?
① 발열량이 작다.
② 스패터가 많아진다.
③ 기공 및 균열이 생긴다.
④ 아크가 불안정해 진다.

해설 모재와 용접봉 사이의 아크 길이는 용접봉 심선 지름의 약 1배 정도로 유지하는 것이 좋다.

정답 21 ① 22 ② 23 ③ 24 ④ 25 ① 26 ③ 27 ② 28 ② 29 ③ 30 ①

31 아크 용접에 속하지 않는 것은?
① 스터드 용접 ② 프로젝션 용접
③ 불활성 가스 아크 용접 ④ 서브머지드 아크 용접

32 아세틸렌(C_2H_2) 가스의 성질로 틀린 것은?
① 비중이 1.906으로 공기보다 무겁다.
② 순수한 것은 무색, 무취의 기체이다.
③ 구리, 은, 수은과 접촉하면 폭발성 화합물을 만든다.
④ 매우 불안전한 기체이므로 공기 중에서 폭발 위험성이 크다.

해설 아세틸렌은 공기보다 가벼우며 상당히 불안정한 기체이므로 폭발의 위험이 큰 기체이다.

33 피복 아크 용접에서 아크의 특성 중 정극성에 비교한 역극성의 특징으로 틀린 것은?
① 용입이 얕다.
② 비드 폭이 좁다.
③ 용접봉의 용융이 빠르다.
④ 박판, 주철 등 비철금속의 용접에 쓰인다.

34 피복 아크 용접 중 용접봉의 용융속도에 관한 설명으로 옳은 것은?
① 아크전압×용접봉 쪽 전압강하로 결정된다.
② 단위시간당 소비되는 전류 값으로 결정된다.
③ 동일 종류의 용접봉인 경우 전압에만 비례하여 결정된다.
④ 용접봉 지름이 달라도 동일 종류의 용접봉인 경우 용접봉 지름에는 관계가 없다.

35 프로판 가스의 성질에 대한 설명으로 틀린 것은?
① 기화가 어렵고 발열량이 낮다.
② 액화하기 쉽고 용기에 넣어 수송이 편리하다.
③ 온도 변화에 따른 팽창률이 크고 물에 잘 녹지 않는다.
④ 상온에서는 기체 상태이고 무색, 투명하며, 약간의 냄새가 난다.

36 가스용접에서 용제(Flux)를 사용하는 가장 큰 이유는?
① 모재의 용융온도를 낮게 하여 가스 소비량을 적게 하기 위해
② 산화작용 및 질화작용을 도와 용착금속의 조직을 미세화하기 위해
③ 용접봉의 용융속도를 느리게 하여 용접봉 소모를 적게 하기 위해
④ 용접 중에 생기는 금속의 산화물 또는 비금속 개재물을 용해하여 용착금속의 성질을 양호하게 하기 위해

37 피복 아크 용접봉에서 피복제의 역할로 틀린 것은?
① 용착금속의 급랭을 방지한다.
② 모재 표면의 산화물을 제거한다.
③ 용착금속의 탈산 정련작용을 방지한다.
④ 중성 또는 환원성 분위기로 용착금속을 보호한다.

해설 피복아크 용접봉의 피복제는 용착금속의 탈산 정련작용을 한다.

38 가스 용접봉의 선택조건으로 틀린 것은?
① 모재와 같은 재질일 것
② 용융 온도가 모재보다 낮을 것
③ 불순물이 포함되어 있지 않을 것
④ 기계적 성질에 나쁜 영향을 주지 않을 것

39 금속의 공통적 특성으로 틀린 것은?
① 열과 전기의 양도체이다.
② 금속 고유의 광택을 갖는다.
③ 이온화하면 음(−) 이온이 된다.
④ 소성 변형성이 있어 가공하기 쉽다.

40 다음 중 Fe−C 평형상태도에서 가장 낮은 온도에서 일어나는 반응은?
① 공석반응 ② 공정반응
③ 포석반응 ④ 포정반응

정답 31 ② 32 ① 33 ② 34 ④ 35 ① 36 ④ 37 ③ 38 ② 39 ③ 40 ①

41 담금질한 강을 뜨임 열처리하는 이유는?

① 강도를 증가시키기 위하여
② 경도를 증가시키기 위하여
③ 취성을 증가시키기 위하여
④ 인성을 증가시키기 위하여

해설 담금질한 강은 경도가 높아 외력에 견딜 인성을 부여하는 뜨임 처리가 필수이다.

42 다음과 같은 결정격자는?

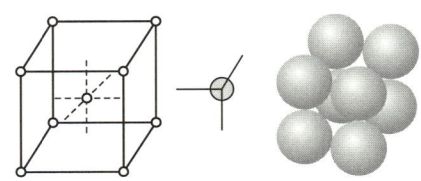

① 면심입방격자   ② 조밀육방격자
③ 저심면방격자   ④ 체심입방격자

해설 체심입방격자(BCC ; Body Centered Lattice)

43 인장시험편의 단면적이 $50mm^2$이고, 하중이 $500kgf$일 때 인장강도는 얼마인가?

① $10kgf/mm^2$ ② $50kgf/mm^2$
③ $100kgf/mm^2$ ④ $250kgf/mm^2$

44 미세한 결정립을 가지고 있으며, 응력하에서 파단에 이르기까지 수백 % 이상의 연신율을 나타내는 합금은?

① 제진합금   ② 초소성합금
③ 비정질합금   ④ 형상기억합금

45 합금공구강 중 게이지용 강이 갖추어야 할 조건으로 틀린 것은?

① 경도는 HRC 45 이하를 가져야 한다.
② 팽창계수가 보통강보다 작아야 한다.
③ 담금질에 의한 변형 및 균열이 없어야 한다.
④ 시간이 지남에 따라 치수의 변화가 없어야 한다.

해설 게이지용 강과 같이 정밀한 측정을 위한 강의 경도값은 타 금속보다 높을 필요가 있다.

46 상온에서 방치된 황동 가공재나, 저온 풀림 경화로 얻은 스프링재가 시간이 지남에 따라 경도 등 여러 가지 성질이 악화되는 현상은?

① 자연 균열   ② 경년 변화
③ 탈아연 부식   ④ 고온 탈아연

47 Mg의 비중과 용융점(℃)은 약 얼마인가?

① 0.8, 350℃   ② 1.2, 550℃
③ 1.74, 650℃   ④ 2.7, 780℃

48 Al-Si계 합금을 개량 처리하기 위해 사용되는 접종처리제가 아닌 것은?

① 금속나트륨   ② 염화나트륨
③ 불화알칼리   ④ 수산화나트륨

49 다음 중 소결 탄화물 공구강이 아닌 것은?

① 듀콜(Ducole)강   ② 미디아(Midia)
③ 카볼로이(Carboloy)   ④ 텅갈로이(Tungalloy)

해설 듀콜강은 선박, 교량 등의 구조에 사용되는 저탄소 망간강(C : 0.18~0.32%, Mn : 0.8~1.0%)으로 저망간강이라고도 한다.

50 4% Cu, T/O Ni, 1.5% Mg 등을 알루미늄에 첨가한 Al 합금으로 고온에서 기계적 성질이 매우 우수하고, 금형주물 및 단조용으로 이용될 뿐만 아니라 자동차 피스톤용에 많이 사용되는 합금은?

① Y 합금   ② 슈퍼인바
③ 코슨합금   ④ 두랄루민

해설 Y 합금은 내열용 알루미늄 합금으로 고온강도가 높아 내연기관의 피스톤 등의 재료로 사용된다.

정답 41 ④ 42 ④ 43 ① 44 ② 45 ① 46 ② 47 ③ 48 ② 49 ① 50 ①

51 판을 접어서 만든 물체를 펼친 모양으로 표시할 필요가 있는 경우 그리는 도면을 무엇이라 하는가?
① 투상도 ② 개략도
③ 입체도 ④ 전개도

52 재료 기호 중 SPHC의 명칭은?
① 배관용 탄소강
② 열간 압연 연강판 및 강대
③ 용접구조용 압연 강재
④ 냉간 압연 강판 및 강대

53 그림과 같이 기점 기호를 기준으로 하여 연속된 치수선으로 치수를 기입하는 방법은?

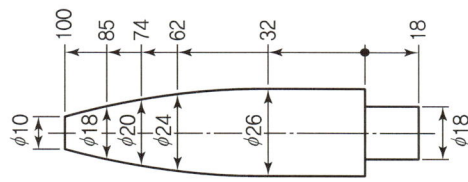

① 직렬 치수 기입법
② 병렬 치수 기입법
③ 좌표 치수 기입법
④ 누진 치수 기입법

해설 위 그림은 누진 치수를 기입하는 방법이다.

54 나사의 표시방법에 관한 설명으로 옳은 것은?
① 수나사의 골지름은 가는 실선으로 표시한다.
② 수나사의 바깥지름은 가는 실선으로 표시한다.
③ 암나사의 골지름은 아주 굵은 실선으로 표시한다.
④ 완전 나사부와 불완전 나사부의 경계선은 가는 실선으로 표시한다.

55 아주 굵은 실선의 용도로 가장 적합한 것은?
① 특수 가공하는 부분의 범위를 나타내는 데 사용
② 얇은 부분의 단면도시를 명시하는 데 사용
③ 도시된 단면의 앞쪽을 표현하는 데 사용
④ 이동한계의 위치를 표시하는 데 사용

해설 너무 얇은 부분의 단면은 해칭선으로 표현하기 어렵기 때문에 아주 굵은 선으로 표시한다.

56 기계제도에서 사용하는 척도에 대한 설명으로 틀린 것은?
① 척도의 표시방법에는 현척, 배척, 축척이 있다.
② 도면에 사용한 척도는 일반적으로 표제란에 기입한다.
③ 한 장의 도면에 서로 다른 척도를 사용할 필요가 있는 경우에는 해당되는 척도를 모두 표제란에 기입한다.
④ 척도는 대상물과 도면의 크기로 정해진다.

57 그림과 같은 입체도의 정면도로 적합한 것은?

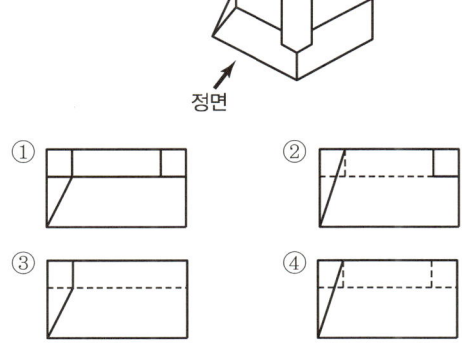

58 용접 보조기호 중 "제거 가능한 이면 판재 사용" 기호는?
① ⌐MR⌐ ② ———
③ ⌣⌣ ④ ⌐M⌐

정답 51 ④ 52 ② 53 ④ 54 ① 55 ② 56 ③ 57 ② 58 ①

59 배관도시기호에서 유량계를 나타내는 기호는?

①   ②
③ —F— ④ LG

해설 P(압력계), T(온도계), F(유량계)

60 다음 입체도의 화살표 방향을 정면으로 한다면 좌측면도로 적합한 투상도는?

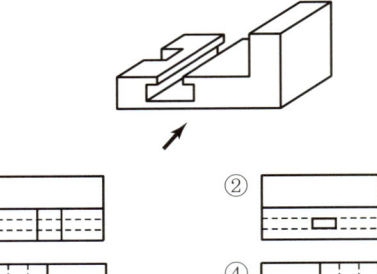

① ② ③ ④

2016년 4회 기출문제

01 다음 중 용접 시 수소의 영향으로 발생하는 결함과 가장 거리가 먼 것은?
① 기공　　② 균열
③ 은점　　④ 설퍼

[해설] 설퍼(Sulfur)는 유황(S)의 영문 표현이다.

02 가스 중에서 최소의 밀도로 가장 가볍고 확산속도가 빠르며, 열전도가 가장 큰 가스는?
① 수소　　② 메탄
③ 프로판　　④ 부탄

03 용착금속의 인장강도가 55N/m³, 안전율이 6이라면 이음의 허용응력은 약 몇 N/m²인가?
① 0.92　　② 9.2
③ 92　　④ 920

[해설] 안전율 = $\dfrac{\text{인장강도(극한 강도)}}{\text{허용응력}}$

04 팁 끝이 모재에 닿는 순간 팁 끝이 막혀 팁 속에서 폭발음이 나면서 불꽃이 꺼졌다가 다시 나타나는 현상은?
① 인화　　② 역화
③ 역류　　④ 선화

[해설] 가스 용접 시 역화, 역류, 인화 등의 현상이 나타난다.

05 다음 중 파괴시험 검사법에 속하는 것은?
① 부식시험　　② 침투시험
③ 음향시험　　④ 와류시험

06 TIG 용접 토치의 분류 중 형태에 따른 종류가 아닌 것은?
① T형 토치　　② Y형 토치
③ 직선형 토치　　④ 플랙시블형 토치

07 용접에 의한 수축 변형에 영향을 미치는 인자로 가장 거리가 먼 것은?
① 가접
② 용접 입열
③ 판의 예열 온도
④ 판 두께에 따른 이음 형상

08 전자동 MIG 용접과 반자동 용접을 비교했을 때 전자동 MIG 용접의 장점으로 틀린 것은?
① 용접 속도가 빠르다.
② 생산 단가를 최소화할 수 있다.
③ 우수한 품질의 용접이 얻어진다.
④ 용착 효율이 낮아 능률이 매우 좋다.

09 다음 중 탄산가스 아크 용접의 자기쏠림 현상을 방지하는 대책으로 틀린 것은?
① 엔드 탭을 부착한다.
② 가스 유량을 조절한다.
③ 어스의 위치를 변경한다.
④ 용접부의 틈을 적게 한다.

[해설] 자기쏠림 현상 또는 아크블로라고도 하며 이는 가스의 유량과는 관계가 없다.

10 다음 용접법 중 비소모식 아크 용접법은?
① 논 가스 아크 용접
② 피복 금속 아크 용접
③ 서브머지드 아크 용접
④ 불활성 가스 텅스텐 아크 용접

[해설] 전극이 소모되지 않는 비소모식 또는 비용극식 용접법에는 불활성 가스 텅스텐 아크 용접(TIG)이 있다.

정답 01 ④　02 ①　03 ②　04 ②　05 ①　06 ②　07 ①　08 ④　09 ②　10 ④

11 용접부를 끝이 구면인 해머로 가볍게 때려 용착금속부의 표면에 소성변형을 주어 인장응력을 완화시키는 잔류 응력 제거법은?
① 피닝법
② 노내 풀림법
③ 저온 응력 완화법
④ 기계적 응력 완화법

12 용접 변형의 교정법에서 점 수축법의 가열온도와 가열시간으로 가장 적당한 것은?
① 100~200℃, 20초
② 300~400℃, 20초
③ 500~600℃, 30초
④ 700~800℃, 30초

13 수직판 또는 수평면 내에서 선회하는 회전 영역이 넓고 팔이 기울어져 상하로 움직일 수 있어 주로 스폿 용접, 중량물 취급 등에 많이 이용되는 로봇은?
① 다관절 로봇
② 극좌표 로봇
③ 원통 좌표 로봇
④ 직각 좌표계 로봇

14 서브머지드 아크 용접 시 발생하는 기공의 원인이 아닌 것은?
① 직류 역극성 사용
② 용제의 건조 불량
③ 용제의 산포량 부족
④ 와이어 녹, 기름, 페인트

[해설] 서브머지드 아크 용접 시 발생되는 기공의 발생조건은 용제의 건조상태, 용제의 산포량, 모재의 청결상태 등에 따른다.

15 다음 중 전자 빔 용접에 관한 설명으로 틀린 것은?
① 용입이 낮아 후판 용접에는 적용이 어렵다.
② 성분 변화에 의하여 용접부의 기계적 성질이나 내식성의 저하를 가져올 수 있다.
③ 가공재나 열처리에 대하여 소재의 성질을 저하시키지 않고 용접할 수 있다.
④ $10^{-4} \sim 10^{-6}$mmHg 정도의 높은 진공실 속에서 음극으로부터 방출된 전자를 고전압으로 가속시켜 용접을 한다.

[해설] 전자빔 용접은 핀치 효과 작용으로 용입이 깊어 후판 등 고용접 재료의 용접이 가능하다.

16 안전·보건표지의 색채, 색도기준 및 용도에서 지시 용도 색채는?
① 검은색
② 노란색
③ 빨간색
④ 파란색

17 X선이나 γ선을 재료에 투과시켜 투과된 빛의 강도에 따라 사진 필름에 감광시켜 결함을 검사하는 비파괴 시험법은?
① 자분 탐상 검사
② 침투 탐상 검사
③ 초음파 탐상 검사
④ 방사선 투과 검사

[해설] 방사선 투과 검사법(RT)은 엑스선 또는 감마선을 이용하여 결함을 검사한다.

18 다음 중 용접봉의 용융속도를 나타낸 것은?
① 단위 시간당 용접 입열의 양
② 단위 시간당 소모되는 용접 전류
③ 단위 시간당 형성되는 비드의 길이
④ 단위 시간당 소비되는 용접봉의 길이

19 물체와의 가벼운 충돌 또는 부딪침으로 인하여 생기는 손상으로 충격 부위가 부어오르고 통증이 발생되며 일반적으로 피부 표면에 창상이 없는 상처를 뜻하는 것은?
① 출혈
② 화상
③ 찰과상
④ 타박상

20 일명 비석법이라고도 하며, 용접 길이를 짧게 나누어 간격을 두면서 용접하는 용착법은?
① 전진법
② 후진법
③ 대칭법
④ 스킵법

[해설] 비석법을 흔히 스킵(Skip)법 이라고도 한다.

정답 11 ① 12 ③ 13 ② 14 ① 15 ① 16 ④ 17 ④ 18 ④ 19 ④ 20 ④

21 금속 산화물이 알루미늄에 의하여 산소를 빼앗기는 반응에 의해 생성되는 열을 이용한 용접법은?
① 마찰 용접
② 테르밋 용접
③ 일렉트로 슬래그 용접
④ 서브머지드 아크 용접

22 저항 용접의 장점이 아닌 것은?
① 대량 생산에 적합하다.
② 후열 처리가 필요하다.
③ 산화 및 변질 부분이 적다.
④ 용접봉, 용제가 불필요하다.

23 정격 2차 전류 200A, 정격 사용률 40%인 아크용접기로 실제 아크 전압 30V, 아크 전류 130A로 용접을 수행한다고 가정할 때 허용 사용률은 약 얼마인가?
① 70%
② 75%
③ 80%
④ 95%

해설 허용 사용률 $= \dfrac{(정격 2차 전류)^2}{(실제 사용 전류)^2} \times 정격 사용률$

24 아크 전류가 일정할 때 아크 전압이 높아지면 용접봉의 용융속도가 늦어지고 아크 전압이 낮아지면 용융속도가 빨라지는 특성을 무엇이라 하는가?
① 부저항 특성
② 절연회복 특성
③ 전압회복 특성
④ 아크 길이 자기제어 특성

해설 전류와 전압의 변화가 있다 하더라도 아크 길이를 스스로 제어하여 일정한 용융이 이뤄지도록 하는 특성을 아크 길이 자기제어 특성이라 한다.

25 강재 표면의 흠이나 개재물, 탈탄층 등을 제거하기 위하여 될 수 있는 대로 얇게 그리고 타원형 모양으로 표면을 깎아내는 가공법은?
① 분말 절단
② 가스 가우징
③ 스카핑
④ 플라스마 절단

26 다음 중 야금적 접합법에 해당되지 않는 것은?
① 융접(Fusion Welding)
② 접어 잇기(Seam)
③ 압접(Pressure Welding)
④ 납땜(Brazing and Soldering)

27 다음 중 불꽃의 구성 요소가 아닌 것은?
① 불꽃심
② 속불꽃
③ 겉불꽃
④ 환원불꽃

해설 가스 불꽃의 구성요소로는 속불꽃, 겉불꽃, 백심(불꽃심)이 있다.

28 피복 아크 용접봉에서 피복제의 주된 역할이 아닌 것은?
① 용융금속의 용적을 미세화하여 용착효율을 높인다.
② 용착금속의 응고와 냉각속도를 빠르게 한다.
③ 스패터의 발생을 적게 하고 전기 절연작용을 한다.
④ 용착금속에 적당한 합금원소를 첨가한다.

29 교류 아크 용접기에서 안정한 아크를 얻기 위하여 상용주파의 아크 전류에 고전압의 고주파를 중첩시키는 방법으로 아크 발생과 용접작업을 쉽게 할 수 있도록 하는 부속 장치는?
① 전격 방지장치
② 고주파 발생장치
③ 원격제어장치
④ 핫 스타트 장치

30 피복 아크 용접봉의 피복제 중에서 아크를 안정시켜 주는 성분은?
① 붕사
② 페로망간
③ 니켈
④ 산화티탄

정답 21 ② 22 ② 23 ④ 24 ④ 25 ③ 26 ② 27 ④ 28 ② 29 ② 30 ④

31 산소 용기의 취급 시 주의사항으로 틀린 것은?
① 기름이 묻은 손이나 장갑을 착용하고는 취급하지 않아야 한다.
② 통풍이 잘되는 야외에서 직사광선에 노출시켜야 한다.
③ 용기의 밸브가 얼었을 경우에는 따뜻한 물로 녹여야 한다.
④ 사용 전에는 비눗물 등을 이용하여 누설 여부를 확인한다.

32 피복 아크 용접봉의 기호 중 고산화티탄계를 표시한 것은?
① E4301　　② E4303
③ E4311　　④ E4313

해설 E4301(일미나이트계), E4303(라임티타니아계), E4311(고셀룰로오스계)

33 가스 절단에서 프로판 가스와 비교한 아세틸렌 가스의 장점에 해당되는 것은?
① 후판 절단의 경우 절단속도가 빠르다.
② 박판 절단의 경우 절단속도가 빠르다.
③ 중첩 절단을 할 때에는 절단속도가 빠르다.
④ 절단면이 거칠지 않다.

34 용접기의 구비조건이 아닌 것은?
① 구조 및 취급이 간단해야 한다.
② 사용 중에 온도 상승이 적어야 한다.
③ 전류 조정이 용이하고 일정한 전류가 흘러야 한다.
④ 용접 효율과 상관없이 사용·유지비가 적게 들어야 한다.

35 다음 중 연강을 가스 용접할 때 사용하는 용제는?
① 붕사　　　　　② 염화나트륨
③ 사용하지 않는다.　④ 중탄산소다 + 탄산소다

해설 연강의 가스 용접 시에는 용제를 사용하지 않아도 된다.

36 프로판 가스의 특징으로 틀린 것은?
① 안전도가 높고 관리가 쉽다.
② 온도 변화에 따른 팽창률이 크다.
③ 액화하기 어렵고 폭발 한계가 넓다.
④ 상온에서는 기체 상태이고 무색, 투명하다.

해설 프로판 가스는 폭발한계가 좁아 안전도가 높은 가스 중 하나이다.

37 피복 아크 용접봉에서 아크 길이와 아크 전압의 설명으로 틀린 것은?
① 아크 길이가 너무 길면 불안정하다.
② 양호한 용접을 하려면 짧은 아크를 사용한다.
③ 아크 전압은 아크 길이에 반비례한다.
④ 아크 길이가 적당할 때 정상적인 작은 입자의 스패터가 생긴다.

38 다음 중 용융금속의 이행 형태가 아닌 것은?
① 단락형　　② 스프레이형
③ 연속형　　④ 글로블러형

39 강자성을 가지는 은백색의 금속으로 화학반응용 촉매, 공구 소결재로 널리 사용되고 바이탈륨의 주성분 금속은?
① Ti　　② Co
③ Al　　④ Pt

40 재료에 어떤 일정한 하중을 가하고 어떤 온도에서 긴 시간 동안 유지하면 시간이 경과함에 따라 스트레인이 증가하는 것을 측정하는 시험 방법은?
① 피로 시험　　② 충격 시험
③ 비틀림 시험　④ 크리프 시험

41 금속의 결정구조에서 조밀육방격자(HCP)의 배위수는?
① 6　　② 8
③ 10　　④ 12

정답　31 ②　32 ④　33 ②　34 ④　35 ③　36 ③　37 ③　38 ③　39 ②　40 ④　41 ④

42 주석청동의 용해 및 주조에서 1.5~1.7%의 아연을 첨가할 때의 효과로 옳은 것은?
① 수축률이 감소된다.
② 침탄이 촉진된다.
③ 취성이 향상된다.
④ 가스가 흡입된다.

43 금속의 결정구조에 대한 설명으로 틀린 것은?
① 결정입자의 경계를 결정입계라 한다.
② 결정체를 이루고 있는 각 결정을 결정입자라 한다.
③ 체심입방격자는 단위격자 속에 있는 원자 수가 3개이다.
④ 물질을 구성하고 있는 원자가 입체적으로 규칙적인 배열을 이루고 있는 것을 결정이라 한다.

44 Al의 표면을 적당한 전해액 중에서 양극 산화 처리하면 표면에 방식성이 우수한 산화 피막층이 만들어진다. 알루미늄의 방식방법에 많이 이용되는 것은?
① 규산법   ② 수산법
③ 탄화법   ④ 질화법

45 강의 표면 경화법이 아닌 것은?
① 풀림   ② 금속 용사법
③ 금속 침투법   ④ 하드 페이싱

46 비금속 개재물이 강에 미치는 영향이 아닌 것은?
① 고온 메짐의 원인이 된다.
② 인성은 향상시키나 경도를 떨어뜨린다.
③ 열처리 시 개재물로 인한 균열을 발생시킨다.
④ 단조나 압연 작업 중에 균열의 원인이 된다.

47 해드필드강(Hadfield Steel)에 대한 설명으로 옳은 것은?
① Ferrite계 고 Ni 강이다.
② Pearlite계 고 Co 강이다.
③ Cementite계 고 Cr 강이다.
④ Austenite계 Mn 강이다.

해설 해드필드강은 Mn(망간)이 고함유된 합금강으로 내마멸성이 우수하여 칠드롤러 광산기계, 기차레일의 교차점 등의 재료로 사용된다.

48 잠수함, 우주선 등 극한 상태에서 파이프의 이음쇠에 사용되는 기능성 합금은?
① 초전도 합금   ② 수소 저장 합금
③ 아모퍼스 합금 ④ 형상 기억 합금

49 탄소강에서 탄소의 함량이 높아지면 낮아지는 것은?
① 경도   ② 항복강도
③ 인장강도   ④ 단면 수축률

해설 금속은 탄소의 함량이 늘어날수록 경해지며(단단해짐), 이때 인장시켰을 경우 가운데 부분의 단면이 수축하게 되는데 이를 단면 수축률이라 하며 탄소의 함량이 높아지면 단면 수축률은 낮아지게 되어 쉽게 파단된다.

50 3~5% Ni, 1% Si을 첨가한 Cu 합금으로 C 합금이라고도 하며, 강력하고 전도율이 좋아 용접봉이나 전극재료로 사용되는 것은?
① 톰백   ② 문츠메탈
③ 길딩메탈   ④ 코슨합금

51 치수 기입법에서 지름, 반지름, 구의 지름 및 반지름, 모떼기, 두께 등을 표시할 때 사용하는 보조기호 표시가 잘못된 것은?
① 두께 : D6   ② 반지름 : R3
③ 모떼기 : C3 ④ 구의 반지름 : Sϕ6

해설 두께는 6T로 표시해 주어야 한다.

정답 42 ① 43 ③ 44 ② 45 ① 46 ② 47 ④ 48 ④ 49 ④ 50 ④ 51 ①

52 인접부분을 참고로 표시하는 데 사용하는 것은?
① 숨은선　② 가상선
③ 외형선　④ 피치선

53 보기와 같은 KS 용접 기호의 해독으로 틀린 것은?

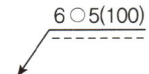

① 화살표 반대쪽 점용접
② 점 용접부의 지름 6mm
③ 용접부의 개수(용접 수) 5개
④ 점 용접한 간격은 100mm

해설　그리은 화살표 쪽 점용접의 용접기호이며 점용접 부위의 지름은 6mm이다. 점선이 나타난 부위(기선의 아래쪽)에 용접기호가 표기된다면 이는 화살표 반대쪽 용접의 표시가 된다.

54 좌우, 상하 대칭인 그림과 같은 형상을 도면화하려고 할 때 이에 관한 설명으로 틀린 것은?(단, 물체에 뚫린 구멍의 크기는 같고 간격은 6mm로 일정하다.)

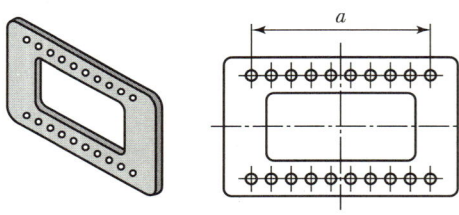

① 치수 a는 $9 \times 6 (=54)$으로 기입할 수 있다.
② 대칭기호를 사용하여 도형을 1/2로 나타낼 수 있다.
③ 동일 형상일 경우 대표 형상을 제외한 나머지 구멍은 생략할 수 있다.
④ 구멍은 크기가 동일하더라도 각각의 치수를 모두 나타내야 한다.

55 그림과 같은 제3각법 정투상도에 가장 적합한 입체도는?

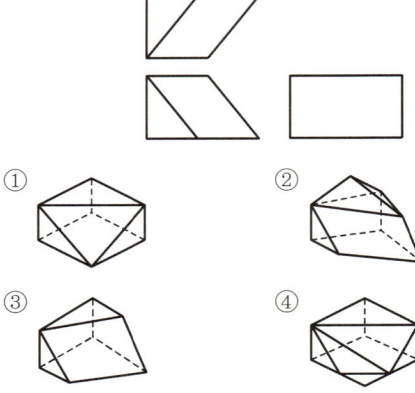

56 3각 기둥, 4각 기둥 등과 같은 각 기둥 및 원기둥을 평행하게 펼치는 전개방법의 종류는?
① 삼각형을 이용한 전개도법
② 평행선을 이용한 전개도법
③ 방사선을 이용한 전개도법
④ 사다리꼴을 이용한 전개도법

해설　각기둥, 원기둥의 전개 시 평행선을 이용한 전개도법을 사용한다. 전개가 힘든 도형의 경우 삼각형 전개법을 사용한다.

57 SF-340A는 탄소강 단강품이며, 340은 최저 인장강도를 나타낸다. 이때 최저 인장강도의 단위로 가장 옳은 것은?
① N/m^2　② kgf/m^2
③ N/mm^2　④ kgf/mm^2

58 배관 도면에서 그림과 같은 기호의 의미로 가장 적합한 것은?

① 체크 밸브　② 볼 밸브
③ 콕 일반　④ 안전 밸브

59 한쪽 단면도에 대한 설명으로 올바른 것은?
① 대칭형의 물체를 중심선을 경계로 하여 외형도의 절반과 단면도의 절반을 조합하여 표시한 것이다.
② 부품도의 중앙 부위의 전후를 절단하여 단면을 90° 회전시켜 표시한 것이다.
③ 도형 전체가 단면으로 표시된 것이다.
④ 물체의 필요한 부분만 단면으로 표시한 것이다.

60 판금 작업 시 강판재료를 절단하기 위하여 가장 필요한 도면은?
① 조립도   ② 전개도
③ 배관도   ④ 공정도

해설 판금 작업 시에는 전개도를 이용하여 절단 가공을 한다.

정답 59 ① 60 ②

2016년 4회 기출문제

01 다음 중 MIG 용접에서 사용하는 와이어 송급 방식이 아닌 것은?
① 풀(Pull) 방식
② 푸시(Push) 방식
③ 푸시 – 풀(Push – Pull) 방식
④ 푸시 – 언더(Push – Under) 방식

해설 와이어의 송급 방식에는 풀(Pull) 방식, 푸시(Push) 방식, 푸시 – 풀 방식이 있다.

02 용접결함과 그 원인의 연결이 틀린 것은?
① 언더컷 – 용접전류가 너무 낮을 경우
② 슬래그 섞임 – 운봉속도가 느릴 경우
③ 기공 – 용접부가 급속하게 응고될 경우
④ 오버랩 – 부적절한 운봉법을 사용했을 경우

03 일반적으로 용접순서를 결정할 때 유의해야 할 사항으로 틀린 것은?
① 용접물의 중심에 대하여 항상 대칭으로 용접한다.
② 수축이 작은 이음을 먼저 용접하고 수축이 큰 이음은 나중에 용접한다.
③ 용접 구조물이 조립되어감에 따라 용접작업이 불가능한 곳이나 곤란한 경우가 생기지 않도록 한다.
④ 용접 구조물의 중립축에 대하여 용접 수축력의 모멘트 합이 0이 되게 하면 용접선 방향에 대한 굽힘을 줄일 수 있다.

해설 용접의 순서를 정하는 경우 수축이 큰 맞대기 이음을 먼저 하고 수축이 작은 필릿 용접을 나중에 하도록 해야만 응력의 발생을 억제할 수 있다.

04 용접부에 생기는 결함 중 구조상의 결함이 아닌 것은?
① 기공
② 균열
③ 변형
④ 용입 불량

해설 변형은 치수상 결함에 속한다.

05 스터드 용접에서 내열성의 도기로 용융금속의 산화 및 유출을 막아주고 아크열을 집중시키는 역할을 하는 것은?
① 페룰
② 스터드
③ 용접토치
④ 제어장치

해설 페룰은 세라믹 재질로 제작되어 내열성이 높아 스터드 용접 시 용융금속의 유출 및 산화를 방지하며 아크 불빛으로부터 용접사를 보호해 주기도 한다.

06 다음 중 저항용접의 3요소가 아닌 것은?
① 가압력
② 통전시간
③ 용접 토치
④ 전류의 세기

해설 저항용접에는 가압력, 통전시간, 전류의 3요소가 반드시 필요하다.

07 다음 중 용접이음의 종류가 아닌 것은?
① 십자 이음
② 맞대기 이음
③ 변두리 이음
④ 모따기 이음

해설 모따기는 용접이음의 종류가 아닌 절단가공의 한 종류이다.

08 일렉트로 슬래그 용접의 장점으로 틀린 것은?
① 용접 능률과 용접 품질이 우수하다.
② 최소한의 변형과 최단시간의 용접법이다.
③ 후판을 단일층으로 한번에 용접할 수 있다.
④ 스패터가 많으며 80%에 가까운 용착 효율을 나타낸다.

해설 일렉트로 슬래그 용접은 전기저항열을 이용한 용접으로 아크로 인한 스패터가 발생하지 않는다.

09 선박, 보일러 등 두꺼운 판의 용접 시 용융 슬래그와 와이어의 저항 열을 이용하여 연속적으로 상진하는 용접법은?
① 테르밋 용접
② 넌실드 아크 용접
③ 일렉트로 슬래그 용접
④ 서브머지드 아크 용접

정답 01 ④ 02 ① 03 ② 04 ③ 05 ① 06 ③ 07 ④ 08 ④ 09 ③

10 다음 중 스터드 용접법의 종류가 아닌 것은?
① 아크 스터드 용접법 ② 저항 스터드 용접법
③ 충격 스터드 용접법 ④ 텅스텐 스터드 용접법

11 탄산가스 아크 용접에서 용착속도에 관한 내용으로 틀린 것은?
① 용접속도가 빠르면 모재의 입열이 감소한다.
② 용착률은 일반적으로 아크전압이 높은 쪽이 좋다.
③ 와이어 용융속도는 와이어의 지름과는 거의 관계가 없다.
④ 와이어 용융속도는 아크 전류에 거의 정비례하며 증가한다.

12 플래시 버트 용접 과정의 3단계는?
① 업셋, 예열, 후열 ② 예열, 검사, 플래시
③ 예열, 플래시, 업셋 ④ 업셋, 플래시, 후열

13 용접결함 중 은점의 원인이 되는 주된 원소는?
① 헬륨 ② 수소
③ 아르곤 ④ 이산화탄소

해설 은점은 용접 금속이 인장 또는 굽힘으로 파단될 경우 그 파면에 나타나는 원형의 결함으로 중심부에 작은 기공이나 슬래그가 혼입되어 물고기 눈과 같이 형성되며, 강괴의 백점의 생성원인과 비슷하다. 외력에 의한 소성 변형에 수반하여 확산성 수소가 기공이나 비금속 개재물의 주위에 집경되어 일어나는 일종의 수소취화이다. 용접 후 장시간 방치 또는 가열하여 수소를 추출하면 억제할 수 있다.

14 다음 중 제품별 노내 및 국부풀림의 유지온도와 시간이 올바르게 연결된 것은?
① 탄소강 주강품 : 625±25℃, 판두께 25mm에 대하여 1시간
② 기계구조용 연강재 : 725±25℃, 판두께 25mm에 대하여 1시간
③ 보일러용 압연강재 : 625±25℃, 판두께 25mm에 대하여 4시간
④ 용접구조용 연강재 : 725±25℃, 판두께 25mm에 대하여 2시간

15 용접 시공에서 다층 쌓기로 작업하는 용착법이 아닌 것은?
① 스킵법 ② 빌드업법
③ 전진 블록법 ④ 캐스케이드법

해설 용접 시공의 다층쌓기법으로는 빌드업법(덧살올림법), 전진 블록법, 캐스케이드법 등이 있다.

16 예열의 목적에 대한 설명으로 틀린 것은?
① 수소의 방출을 용이하게 하여 저온 균열을 방지한다.
② 열영향부와 용착 금속의 경화를 방지하고 연성을 증가시킨다.
③ 용접부의 기계적 성질을 향상시키고 경화조직의 석출을 촉진시킨다.
④ 온도 분포가 완만하게 되어 열응력의 감소로 변형과 잔류 응력의 발생을 적게 한다.

해설 예열을 통해 경화된 조직이 연화된다.

17 용접 작업에서 전격의 방지대책으로 틀린 것은?
① 땀, 물 등에 의해 젖은 작업복, 장갑 등은 착용하지 않는다.
② 텅스텐봉을 교체할 때 항상 전원 스위치를 차단하고 작업한다.
③ 절연홀더의 절연부분이 노출, 파손되면 즉시 보수하거나 교체한다.
④ 가죽 장갑, 앞치마, 발 덮개 등 보호구를 반드시 착용하지 않아도 된다.

18 서브머지드 아크용접에서 용제의 구비조건에 대한 설명으로 틀린 것은?
① 용접 후 슬래그(Slag)의 박리가 어려울 것
② 적당한 입도를 갖고 아크 보호성이 우수할 것
③ 아크 발생을 안정시켜 안정된 용접을 할 수 있을 것
④ 적당한 합금성분을 첨가하여 탈황, 탈산 등의 정련작용을 할 것

정답 10 ④ 11 ② 12 ③ 13 ② 14 ① 15 ① 16 ③ 17 ④ 18 ①

19 MIG 용접의 전류밀도는 TIG 용접의 약 몇 배 정도인가?
① 2　　② 4
③ 6　　④ 8

20 다음의 파괴시험에서 기계적 시험에 속하지 않는 것은?
① 경도시험　　② 굽힘시험
③ 부식시험　　④ 충격시험

해설 부식시험은 화학적 시험법에 속한다.

21 다음 중 초음파 탐상법에 속하지 않는 것은?
① 공진법　　② 투과법
③ 프로드법　　④ 펄스 반사법

22 화재 및 소화기에 관한 내용으로 틀린 것은?
① A급 화재란 일반화재를 뜻한다.
② C급 화재란 유류화재를 뜻한다.
③ A급 화재에는 포말소화기가 적합하다.
④ C급 화재에는 CO_2 소화기가 적합하다.

해설 C급 화재는 전기 화재를 뜻한다.

23 TIG 절단에 관한 설명으로 틀린 것은?
① 전원은 직류 역극성을 사용한다.
② 절단면이 매끈하고 열효율이 좋으며 능률이 대단히 높다.
③ 아크 냉각용 가스에는 아르곤과 수소의 혼합가스를 사용한다.
④ 알루미늄, 마그네슘, 구리와 구리합금, 스테인리스강 등 비철금속의 절단에 이용한다.

24 다음 중 기계적 접합법에 속하지 않는 것은?
① 리벳　　② 용접
③ 접어 잇기　　④ 볼트 이음

해설 기계적인 접합법은 외력을 가해 접합하는 방법을 말한다. 용접은 기계적인 접합법이 아닌 야금적인 접합법에 속한다.

25 다음 중 아크절단에 속하지 않는 것은?
① MIG 절단　　② 분말 절단
③ TIG 절단　　④ 플라스마 제트 절단

26 가스 절단 작업 시 표준 드래그 길이는 일반적으로 모재 두께의 몇 % 정도인가?
① 5　　② 10
③ 20　　④ 30

27 용접 중에 아크를 중단시키면 중단된 부분이 오목하거나 납작하게 파진 모습으로 남게 되는 것은?
① 피트　　② 언더컷
③ 오버랩　　④ 크레이터

해설 크레이터는 아크 종점에 생기는 화산 분화구(Crater)와 같은 모양의 결함이다.

28 10,000~30,000℃의 높은 열에너지를 가진 열원을 이용하여 금속을 절단하는 절단법은?
① TIG 절단법　　② 탄소 아크 절단법
③ 금속 아크 절단법　　④ 플라스마 제트 절단법

29 일반적인 용접의 특징으로 틀린 것은?
① 재료의 두께에 제한이 없다.
② 작업공정이 단축되며 경제적이다.
③ 보수와 수리가 어렵고 제작비가 많이 든다.
④ 제품의 성능과 수명이 향상되며 이종 재료도 용접이 가능하다.

30 일반적으로 두께가 3mm인 연강판을 가스 용접하기에 가장 적합한 용접봉의 직경은?
① 약 2.6mm　　② 약 4.0mm
③ 약 5.0mm　　④ 약 6.0mm

해설 $3 \div 2 + 1 ≒ 2.6$

정답 19 ①　20 ③　21 ③　22 ②　23 ①　24 ②　25 ②　26 ③　27 ④　28 ④　29 ③　30 ①

31 연강용 피복 아크 용접봉의 종류에 따른 피복제 계통이 틀린 것은?

① E 4340 : 특수계
② E 4316 : 저수소계
③ E 4327 : 철분산화철계
④ E 4313 : 철분산화티탄계

32 다음 중 아크 쏠림 방지대책으로 틀린 것은?

① 접지점 2개를 연결할 것
② 용접봉 끝은 아크 쏠림 반대 방향으로 기울일 것
③ 접지점을 될 수 있는 대로 용접부에서 가까이 할 것
④ 큰 가접부 또는 이미 용접이 끝난 용착부를 향하여 용접할 것

33 양호한 절단면을 얻기 위한 조건으로 틀린 것은?

① 드래그가 가능한 클 것
② 슬래그 이탈이 양호할 것
③ 절단면 표면의 각이 예리할 것
④ 절단면이 평활하다 드래그의 홈이 낮을 것

34 산소-아세틸렌 가스 절단과 비교한, 산소-프로판 가스절단의 특징으로 틀린 것은?

① 슬래그 제거가 쉽다.
② 절단면 위 모서리가 잘 녹지 않는다.
③ 후판 절단 시에는 아세틸렌보다 절단속도가 느리다.
④ 포갬 절단 시에는 아세틸렌보다 절단속도가 빠르다.

35 용접기의 사용률(Duty Cycle)을 구하는 공식으로 옳은 것은?

① 사용률(%) = $\dfrac{휴식시간}{(휴식시간 + 아크 발생시간)} \times 100$

② 사용률(%) = $\dfrac{아크 발생시간}{(아크 발생시간 + 휴식시간)} \times 100$

③ 사용률(%) = $\dfrac{아크 발생시간}{(아크 발생시간 - 휴식시간)} \times 100$

④ 사용률(%) = $\dfrac{휴식시간}{(아크 발생시간 - 휴식시간)} \times 100$

36 가스절단에서 예열불꽃의 역할에 대한 설명으로 틀린 것은?

① 절단산소 운동량 유지
② 절단산소 순도 저하 방지
③ 절단개시 발화점 온도 가열
④ 잘단재의 표면 스케일 등의 박리성 저하

37 가스 용접 작업에서 양호한 용접부를 얻기 위해 갖추어야 할 조건으로 틀린 것은?

① 용착 금속의 용접 상태가 균일해야 한다.
② 용접부에 첨가된 금속의 성질이 양호해야 한다.
③ 기름, 녹 등을 용접 전에 제거하여 결함을 방지한다.
④ 과열의 흔적이 있어야 하고 슬래그나 기공 등도 있어야 한다.

38 용접기 설치 시 1차 입력이 10kVA이고 전원전압이 200V이면 퓨즈 용량은?

① 50A ② 100A
③ 150A ④ 200A

해설 10kVA = 10,000VA이므로 10,000VA ÷ 200V = 50A

39 다음의 희토류 금속원소 중 비중이 약 16.6, 용융점이 약 2,996℃이고, 150℃ 이하에서 불활성 물질로서 내식성이 우수한 것은?

① Se ② Te
③ In ④ Ta

40 압입체의 대면각이 136°인 다이아몬드 피라미드에 하중 1~120kg을 사용하여 특히 얇은 물건이나 표면 경화된 재료의 경도를 측정하는 시험법은 무엇인가?

① 로크웰 경도 시험법 ② 비커스 경도 시험법
③ 쇼어 경도 시험법 ④ 브리넬 경도 시험법

정답 31 ④ 32 ③ 33 ① 34 ③ 35 ② 36 ④ 37 ④ 38 ① 39 ④ 40 ②

해설 금속의 경도시험법에는 브리넬 경도시험(강구입자로 압입)과 비커즈 경도시험법(다이아몬드로 압입), 그리고 쇼어 경도시험(추를 낙하시켜 경도측정)법, 로크웰 경도시험(B 스케일, C스케일을 이용한 측정)이 있다.

41 TTT 곡선에서 하부 임계냉각 속도란?
① 50% 마텐자이트를 생성하는 데 요하는 최대의 냉각속도
② 100% 오스테나이트를 생성하는 데 요하는 최소의 냉각속도
③ 최초의 소르바이트가 나타나는 냉각속도
④ 최초의 마텐자이트가 나타나는 냉각속도

42 1,000∼1,100℃에서 수중냉각함으로써 오스테나이트 조직으로 되고, 인성 및 내마멸성 등이 우수하여 광석 파쇄기, 기차 레일, 굴삭기 등의 재료로 사용되는 것은?
① 고Mn강
② Ni-Cr강
③ Cr-Mo강
④ Mo계 고속도강

해설 고망간강은 하드필드강이라고도 하며 내마멸성이 우수하여 광산기계, 기차레일의 교차점 등에 사용된다.

43 게이지용 강이 갖추어야 할 성질로 틀린 것은?
① 담금질에 의해 변형이나 균열이 없을 것
② 시간이 지남에 따라 치수변화가 없을 것
③ HRC55 이상의 경도를 가질 것
④ 팽창계수가 보통 강보다 클 것

44 알루미늄을 주성분으로 하는 합금이 아닌 것은?
① Y합금
② 라우탈
③ 인코넬
④ 두랄루민

해설 인코넬은 니켈을 주원소로 하여 크롬, 철, 티탄, 알루미늄, 망간, 규소를 첨가한 내열합금이다.

45 두 종류 이상의 금속 특성을 복합적으로 얻을 수 있고 바이메탈 재료 등에 사용되는 합금은?
① 제진 합금
② 비정질 합금
③ 클래드 합금
④ 형상 기억 합금

46 황동 중 60% Cu + 40% Zn 합금으로 조직이 $\alpha + \beta$ 이므로 상온에서 전연성이 낮으나 강도가 큰 합금은?
① 길딩 메탈(Gilding Metel)
② 문츠 메탈(Muntz Metel)
③ 듀라나 메탈(Durana Metel)
④ 애드미럴티 메탈(Admiralty Metel)

해설 6:4 황동을 문츠메탈이라 하며, 7:4황동을 카트리지 브라스라 한다.

47 가단주철의 일반적인 특징이 아닌 것은?
① 담금질 경화성이 있다.
② 주조성이 우수하다.
③ 내식성, 내충격성이 우수하다.
④ 경도는 Si 양이 적을수록 좋다.

48 금속에 대한 성질을 설명한 것으로 틀린 것은?
① 모든 금속은 상온에서 고체 상태로 존재한다.
② 텅스텐(W)의 용융점은 약 3,410℃이다.
③ 이리듐(Ir)의 비중은 약 22.5이다.
④ 열 및 전기의 양도체이다.

49 순철이 910℃에서 Ac_3 변태를 할 때 결정격자의 변화로 옳은 것은?
① BCT → FCC
② BCC → FCC
③ FCC → BCC
④ FCC → BCT

50 압력이 일정한 Fc-C 평형상태도에서 공정점의 자유도는?
① 0
② 1
③ 2
④ 3

정답 41 ④ 42 ① 43 ④ 44 ③ 45 ③ 46 ② 47 ④ 48 ① 49 ② 50 ①

51. 다음 중 도면의 일반적인 구비조건으로 관계가 가장 먼 것은?
   ① 대상물의 크기, 모양, 자세, 위치의 정보가 있어야 한다.
   ② 대상물을 명확하고 이해하기 쉬운 방법으로 표현해야 한다.
   ③ 도면의 보존, 검색, 이용이 확실히 되도록 내용과 양식을 구비해야 한다.
   ④ 무역과 기술의 국제 교류가 활발하므로 대상물의 특징을 알 수 없도록 보안성을 유지해야 한다.

52. 보기 입체도를 제3각법으로 올바르게 투상한 것은?

53. 배관도에서 유체의 종류와 문자 기호를 나타내는 것 중 틀린 것은?
   ① 공기 : A
   ② 연료 가스 : G
   ③ 증기 : W
   ④ 연료유 또는 냉동기유 : O

   해설 증기는 S(Steam)로 나타내며 W는 물(Water)의 기호이다.

54. 리벳의 호칭 표기법을 순서대로 나열한 것은?
   ① 규격번호, 종류, 호칭지름×길이, 재료
   ② 종류, 호칭지름×길이, 규격번호, 재료
   ③ 규격번호, 종류, 재료, 호칭지름×길이
   ④ 규격번호, 호칭지름×길이, 종료, 재료

55. 다음 중 일반적으로 긴 쪽 방향으로 절단하여 도시할 수 있는 것은?
   ① 리브   ② 기어의 이
   ③ 바퀴의 암   ④ 하우징

56. 단면의 무게 중심을 연결한 선을 표시하는 데 사용하는 선의 종류는?
   ① 가는 1점 쇄선   ② 가는 2점 쇄선
   ③ 가는 실선   ④ 굵은 파선

57. 다음 용접 보조기호에 현장 용접기호는?

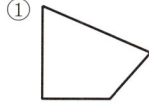 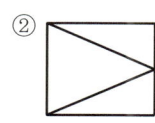

 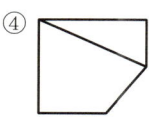

58. 보기 입체도의 화살표 방향 투상 도면으로 가장 적합한 것은?

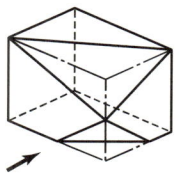

정답 51 ④ 52 ④ 53 ③ 54 ① 55 ④ 56 ② 57 ② 58 ③

59 탄소강 단강품의 재료 표시기호 "SF 490A"에서 "490"이 나타내는 것은?
① 최저 인장강도　② 강재 종류 번호
③ 최대 항복강도　④ 강재 분류 번호

60 다음 중 호의 길이 치수를 나타내는 것은?

① 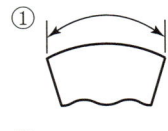　②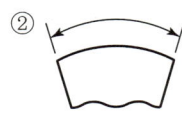

③ 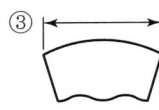　④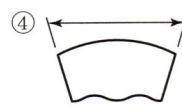

해설 ② 각도, ③ 현의 길이

MEMO

… Do! mino

용접(특수용접)기능사 필기
CRAFTSMAN WELDING

부록 02

CBT 실전모의고사

01회 실전점검! CBT 실전모의고사

01 전기적인 열원을 사용하지 않고 화학반응에 의한 발열작용을 이용한 용접법은?

① 일렉트로 슬래그 용접
② 테르밋 용접
③ 불활성 가스 금속 아크 용접
④ 스폿 용접

02 다음 중 맞대기 용접 시 변형 방지에 유리한 홈의 형상은?

① I형
② X형
③ U형
④ K형

03 TIG 용접에서 Al(알루미늄) 용접에 가장 효과적인 용접전원은?

① DCRP
② DCSP
③ ACSP
④ 극성에 관계없음

04 서브머지드 아크 용접에서 발생하는 기공의 원인과 거리가 가장 먼 것은?

① 용제(Flux)의 건조 불량
② 용접속도가 너무 빠를 때
③ 용접부의 구속이 심할 때
④ 용제 중에 불순물이 들어가는 경우

05 산업현장에서 사용되는 안전모가 구비해야 하는 필수적인 구조에 대한 설명으로 틀린 것은?

① 안전모는 모체, 착장체 및 턱끈을 가질 것
② 착장체의 구조는 착용자의 머리 부위에 균등한 힘이 분배되도록 할 것
③ 안전모의 내부수직거리는 25mm 이상 50mm 미만일 것
④ 착장체의 머리 고정대는 착용자의 머리 부위에 고정하도록 조절할 수 없을 것

06 정전압 특성에 관한 내용이 맞는 것은?
① 전류가 증가할 때 전압이 높아지는 것
② 전압이 증가할 때 전류가 높아지는 것
③ 전류가 증가하여도 전압이 일정하게 되는 것
④ 전압이 증가하여도 전류가 일정하게 되는 것

07 일반적으로 피복 아크 용접 시 모재와 용접봉 사이의 아크길이는 심선 지름의 몇 배인가?
① 1~2배
② 2~3배
③ 5~6배
④ 7~8배

08 다음 주조용 알루미늄 합금 중 라우탈 합금은?
① Sn-Sb-Cu계 합금
② Cu-Zn-Ni계 합금
③ Al-Cu-Si계 합금
④ Mg-Al-Zn계 합금

09 산소와 아세틸렌 용기 및 가스 용접장치 등의 사용방법으로 잘못된 것은?
① 아세틸렌 병은 세워서 사용하며 병에 충격을 주어서는 안 된다.
② 산소병과 아세틸렌 가스병 등을 혼합하여 보관해서는 안 된다.
③ 가스 용접장치는 화기로부터 5m 이상 떨어진 곳에 설치해야 한다.
④ 산소병 밸브, 조정기, 도관 등은 기름 묻은 천으로 깨끗이 닦는다.

10 냉간가공을 실시한 금속의 재결정에 대한 설명으로 틀린 것은?
① 가공도가 낮을수록 재결정 온도는 낮아진다.
② 가공시간이 길수록 재결정 온도는 낮아진다.
③ 철의 재결정 온도는 330~450℃ 정도이다.
④ 재결정 입자의 크기는 가공도가 낮을수록 커진다.

11. 황동 표면에 불순물이 녹아 있는 수용액의 작용에 의해서 발생되는 현상은?
   ① 고온 탈아연
   ② 경년변화
   ③ 탈 아연부식
   ④ 자연균열

12. 다음의 금속 조직 중 스테인리스(불수강)에 해당되지 않는 것은?
   ① 페라이트계
   ② 마텐자이트계
   ③ 오스테나이트계
   ④ 시멘타이트계

13. 다음 보기 중 주강제품의 제강 작업 시 기포나 기공 등의 발생을 방지하기 위해 사용되는 탈산제는?
   ① P.S
   ② Fe−Mn
   ③ SO_2
   ④ Fe_2O_3

14. 탄소강의 상태도에서 나타나는 반응은?
   ① 인장반응, 공정반응, 압축반응
   ② 전단반응, 굽힘반응, 공석반응
   ③ 포정반응, 공정반응, 공석반응
   ④ 흑연반응, 공정반응, 전단반응

15. 다음 중 고온취성(적열취성)을 일으키는 원소는?
   ① 인(P)
   ② 황(S)
   ③ 망간(Mn)
   ④ 니켈(Ni)

16. 다음의 보기 중 피복 아크 용접회로의 구성요소로 맞지 않는 것은?
   ① 용접기
   ② 전극 케이블
   ③ 용접봉 홀더
   ④ 콘덴싱 유닛

17. 발전(모터, 앤진)형 직류 아크 용접기와 비교하여 정류기형 직류 아크 용접기를 설명한 것 중 틀린 것은?
   ① 고장이 적고 유지보수가 용이하다.
   ② 취급이 간단하고 가격이 싸다.
   ③ 초소형 경량화 및 안정된 아크를 얻을 수 있다.
   ④ 완전한 직류를 얻을 수 있다.

18. 직류 피복아크 용접의 극성효과 중 용입이 가장 깊게 나타나는 것은?
   ① 교류(AC)
   ② 직류 역극성(DCRP)
   ③ 직류 정극성(DCSP)
   ④ 고주파 교류(ACHF)

19. 탄소강의 주성분으로 맞는 것은?
   ① Fe+C
   ② Fe+Si
   ③ Fe+Mn
   ④ Fe+P

20. 일반적으로 모재의 두께가 1mm 이상일 때 용접봉의 지름을 결정하는 방법으로 사용되는 식은?(단, D : 용접봉의 지름(mm), T : 판두께(mm))
   ① D=1/2+T
   ② D=2/1+T
   ③ D=2/T+1
   ④ D=T/2+1

21. 오스테나이트계 스테인리스강을 용접하여 사용 중에 용접부에서 녹이 발생하였다. 이를 방지하기 위한 방법이 아닌 것은?
   ① Ti, V, Nb 등이 첨가된 재료를 사용한다.
   ② 저탄소의 재료를 선택한다.
   ③ 용체화 처리 후 사용한다.
   ④ 크롬탄화물을 형성토록 시효처리한다.

22. Al(알루미늄)의 용융점은 약 몇 ℃인가?
   ① 1,538℃   ② 2,610℃
   ③ 3,410℃   ④ 660℃

23. 다음 중 주조, 단조, 압연 및 용접 후에 생긴 잔류 응력을 제거할 목적으로 보통 500~600℃ 정도에서 가열하여 서랭시키는 열처리는?
   ① 담금질   ② 질화 불림
   ③ 저온뜨임   ④ 응력제거풀림

24. 현미경 조직시험을 위한 금속의 부식제 중 알루미늄 및 그 합금용에 사용되는 것은?
   ① 초산 알코올 용액   ② 피크린산 용액
   ③ 왕수   ④ 수산화나트륨 용액

25. 용접 작업 중 전기에 감전되었을 경우 체내에 통전된 전류가 몇 mA일 때 가장 위험한 상태가 되는가?
   ① 5mA   ② 20mA
   ③ 50mA   ④ 100mA

26. 전기 피복 아크용접에서 피복제의 역할로서 옳지 않은 것은?
   ① 용착금속의 급랭 방지
   ② 용착금속의 탈산정련작용
   ③ 전기 절연작용
   ④ 스패터의 다량 생성작용

27. 아연을 약 40% 첨가한 황동으로 고온가공하여 상온에서 완성하며, 열교환기, 열간 단조품, 탄피 등에 사용되고 탈 아연 부식을 일으키기 쉬운 것은?
   ① 알브락
   ② 니켈황동
   ③ 문츠메탈
   ④ 애드미럴티황동

28. 탄소 전극봉 대신 절단 전용의 특수 피복을 입힌 피복봉을 사용하여 절단하는 방법은?
   ① 금속분말 절단
   ② 금속아크 절단
   ③ 전자빔 절단
   ④ 플라스마 절단

29. 용접시험편에서 P = 최대하중, D = 재료의 지름, A = 재료의 최초 단면적일 때, 인장강도를 구하는 식으로 옳은 것은?
   ① $P/\pi D$
   ② P/A
   ③ P/A^2
   ④ A/P

30. 가스 절단작업에서 절단속도에 영향을 주는 요인과 가장 관계가 먼 것은?
   ① 모재의 온도
   ② 산소의 압력
   ③ 아세틸렌 압력
   ④ 산소의 순도

31 연강용 전기 피복 아크 용접봉 중 아래보기와 수평 필릿 자세에 한정되는 용접봉의 종류는?

① E4324　　　　② E4316
③ E4303　　　　④ E4301

32 가스절단 작업을 할 때 양호한 절단면을 얻기 위하여 예열 후 절단을 실시하는데 예열불꽃이 강할 경우 미치는 영향 중 잘못 표현된 것은?

① 절단면이 거칠어진다.
② 절단면이 매우 양호하다.
③ 모서리가 용융되어 둥글게 된다.
④ 슬래그 중의 철 성분의 박리가 어려워진다.

33 교류 아크 용접기는 무부하 전압이 높아 전격의 위험이 있으므로 안전을 위하여 전격 방지기를 설치한다. 이때 전격 방지기의 2차 무부하 전압은 몇 V 범위로 유지하는 것이 적당한가?

① 80~90V 이하　　　　② 60~70V 이하
③ 40~50V 이하　　　　④ 20~30V 이하

34 가스용접에서 후진법의 설명으로 맞는 것은?

① 열 이용률이 나쁘다.　　　　② 용접속도가 느리다.
③ 용접변형이 크다.　　　　④ 두꺼운 판의 용접에 적합하다.

35 가스용접에서 산화 방지가 필요한 금속의 용접, 즉 스테인리스, 스텔라이트 등의 용접에 사용되며 금속 표면에 침탄 작용을 일으키기 쉬운 불꽃의 종류로 적당한 것은?

① 산화불꽃　　　　② 중성불꽃
③ 탄화불꽃　　　　④ 역화불꽃

36. 열의 접촉부위가 상당히 작으며, 비접촉식 방식으로 모재에 손상을 주지 않고 용접이 진행되는 것은?
① 레이저 용접
② 테르밋 용접
③ 스터드 용접
④ 플라스마 제트 아크 용접

37. 납땜법에 관한 설명으로 틀린 것은?
① 비철 금속의 접합도 가능하다.
② 재료에 수축 현상이 없다.
③ 땜납에는 연납과 경납이 없다.
④ 모재를 녹여서 용접한다.

38. 용접부 시험법 중 비파괴 시험방법이 아닌 것은?
① 초음파 시험
② 크리프 시험
③ 침투 시험
④ 맴돌이 전류 시험

39. 일반적으로 안전을 표시하는 색채 중 특정 행위의 지시 및 사실의 고지 등을 나타내는 색은?
① 노란색
② 녹색
③ 파란색
④ 흰색

40. 용접 전 준비사항이 아닌 것은?
① 용접재료 확인
② 용접사 선정
③ 용접봉의 선택
④ 후열과 풀림

41. MIG 용접 제어장치의 기능으로 크레이터 처리 기능에 의해 낮아진 전류가 서서히 줄어들면서 아크가 끊어지며 이면 용접부가 녹아내리는 것을 방지하는 것을 의미하는 것은?
① 예비 가스 유출시간
② 스타트 시간
③ 크레이터 충전시간
④ 번 백 시간

42 이산화탄소 아크 용접의 솔리드와이어 용접봉에 대한 설명으로 YGA-50W-1.2-20에서 "50"이 뜻하는 것은?
① 용접봉의 무게
② 용착금속의 최소 인장강도
③ 용접와이어
④ 가스실드 아크 용접

43 서브머지드 아크 용접법에 관한 사항 중 틀린 것은?
① 잠호용접, 불가시용접법이라고도 한다.
② 용접기를 전류 용량으로 분류하면 1,000A, 800A, 600A, 500A 등의 종류가 있다.
③ 와이어의 지름은 2.4~12.7mm까지 있으며 일반적으로 2.4~7.9mm까지의 것이 많이 쓰인다.
④ 용제는 제조 방법에 따라 용융형 용제, 소결형 용제로 분류되며 용융형 용제는 조성이 균일하고 흡습성이 작고 소결형 용제는 페로실리콘 등을 함유하여 탈산작용을 가능하게 하였다.

44 MIG 용접과 CO_2 용접 시 와이어 송급 방식의 종류가 아닌 것은?
① 풀 방식
② 푸시 방식
③ 푸시 풀 방식
④ 푸시 언더 방식

45 용접법을 융접, 압접, 납땜으로 분류할 때 압접에 해당하는 것은?
① 피복아크 용접
② 전자 빔 용접
③ 테르밋 용접
④ 심 용접

46 용접부의 검사법 중 기계적 시험이 아닌 것은?
① 인장시험
② 부식시험
③ 굽힘시험
④ 피로시험

47 서브머지드 아크 용접기에서 다전극 방식에 의한 분류에 속하지 않는 것은?

① 푸시 풀식
② 텐덤식
③ 횡병렬식
④ 횡직렬식

48 용접 후 인장 또는 굴곡시험으로 파단시켰을 때 은점을 발견할 수 있는데 이 은점을 없애는 방법은?

① 수소 함유량이 많은 용접봉을 사용한다.
② 용접 후 실온에서 수 개월 간 방치한다.
③ 용접부를 염산으로 세척한다.
④ 용접부를 망치로 두드린다.

49 용접 변형에 대한 교정 방법이 아닌 것은?

① 가열법
② 절단에 의한 변형과 재용접
③ 가압법
④ 역변형법

50 CO_2 가스 아크 용접에서 용접 전류를 높게 할 때의 사항을 열거한 것 중 옳은 것은?

① 용착률과 용입이 감소한다.
② 와이어의 녹아내림이 빨라진다.
③ 용접 입열이 작아진다.
④ 와이어 송급 속도가 늦어진다.

51 그림과 같이 구조물의 부재 등에서 절단할 곳의 전후를 끊어서 90° 회전하여 그 사이에 단면 형상을 표시하는 단면도는?

① 부분 단면도
② 한쪽 단면도
③ 회전 도시 단면도
④ 조합 단면도

31	①	②	③	④
32	①	②	③	④
33	①	②	③	④
34	①	②	③	④
35	①	②	③	④
36	①	②	③	④
37	①	②	③	④
38	①	②	③	④
39	①	②	③	④
40	①	②	③	④
41	①	②	③	④
42	①	②	③	④
43	①	②	③	④
44	①	②	③	④
45	①	②	③	④
46	①	②	③	④
47	①	②	③	④
48	①	②	③	④
49	①	②	③	④
50	①	②	③	④
51	①	②	③	④
52	①	②	③	④
53	①	②	③	④
54	①	②	③	④
55	①	②	③	④
56	①	②	③	④
57	①	②	③	④
58	①	②	③	④
59	①	②	③	④
60	①	②	③	④

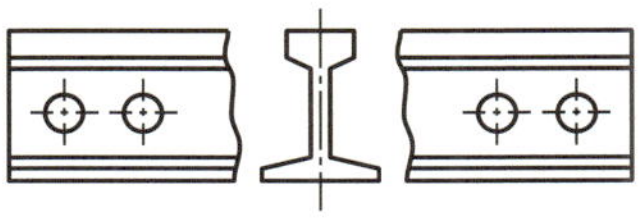

52. 치수선, 치수보조선, 지시선, 회전 단면도선으로 사용되는 선의 종류는?
   ① 가는 파선
   ② 가는 1점 쇄선
   ③ 가는 실선
   ④ 가는 2점 쇄선

53. 연강용 가스 용접봉의 시험편 처리 표시 기호 중 NSR의 의미는?
   ① 625±25℃로써 용착금속의 응력을 제거한 것
   ② 용착금속의 인장강도를 나타낸 것
   ③ 용착금속의 응력을 제거하지 않은 것
   ④ 연신율을 나타낸 것

54. 다음 중 배관용 탄소 강관의 재질기호는?
   ① SPA
   ② STK
   ③ SPP
   ④ STS

55. 도면에서 반드시 표제란에 기입해야 하는 항목으로 틀린 것은?
   ① 재질
   ② 척도
   ③ 투상법
   ④ 도명

56. 제1각법과 제3각법에 대한 설명 중 틀린 것은?
   ① 제3각법은 평면도를 정면도의 위에 그린다.
   ② 제1각법은 저면도를 정면도의 아래에 그린다.
   ③ 제3각법의 원리는 눈 → 투상면 → 물체의 순서가 된다.
   ④ 제1각법에서 우측면도는 정면도를 기준으로 본 위치와는 반대쪽인 좌측에 그린다.

수험번호 :
수험자명 :

제한 시간 : 60분
남은 시간 :

글자 크기 100% 150% 200% 화면 배치 전체 문제 수 : 안 푼 문제 수 :

57 그림과 같은 용접기호의 설명으로 옳은 것은?

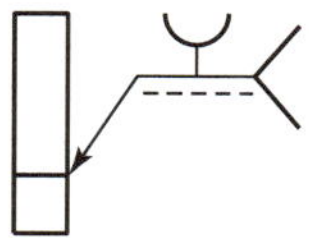

① U형 맞대기 용접, 화살표 쪽 용접
② V형 맞대기 용접, 화살표 쪽 용접
③ U형 맞대기 용접, 화살표 반대쪽 용접
④ V형 맞대기 용접, 화살표 반대쪽 용접

58 일반적인 판금 전개도법의 3가지 종류가 아닌 것은?

① 삼각형법
② 평행선법
③ 방사선법
④ 상관선법

59 도면에서 척도가 "NS"로 표시된 것은 무엇을 의미하는가?

① 배척
② 나사의 척도
③ 축척
④ 비례척이 아닌 것

60 보기와 같은 용접 기호의 해독으로 가장 적합한 것은?

① 필릿 단속 공장용접
② 필릿 연속 현장용접
③ 필릿 단속 현장용접
④ 필릿 연속 공장용접

답안 표기란

31	①	②	③	④
32	①	②	③	④
33	①	②	③	④
34	①	②	③	④
35	①	②	③	④
36	①	②	③	④
37	①	②	③	④
38	①	②	③	④
39	①	②	③	④
40	①	②	③	④
41	①	②	③	④
42	①	②	③	④
43	①	②	③	④
44	①	②	③	④
45	①	②	③	④
46	①	②	③	④
47	①	②	③	④
48	①	②	③	④
49	①	②	③	④
50	①	②	③	④
51	①	②	③	④
52	①	②	③	④
53	①	②	③	④
54	①	②	③	④
55	①	②	③	④
56	①	②	③	④
57	①	②	③	④
58	①	②	③	④
59	①	②	③	④
60	①	②	③	④

계산기 다음 ▶ 안 푼 문제 답안 제출

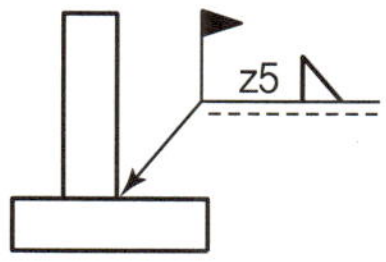

CBT 정답 및 해설

모의고사 1회

01 정답 | ②
풀이 | 테르밋 용접은 금속산화철 분말과 알루미늄 분말을 3 : 1의 비율로 혼합하여 이때 발생하는 화학적인 열로 용접을 실시하며 주로 기차 레일의 용접에 사용된다.

02 정답 | ②
풀이 | X형 맞대기 용접은 상하부에 일정한 변형량이 가해지기 때문에 여러 홈의 형상 중 가장 변형을 최소화할 수 있는 홈의 형태이다.

03 정답 | ①
풀이 | DCRP(직류 역극성)에서는 청정작용(금속산화막 제거)이 나타나 알루미늄의 용접에 효과적이다.

04 정답 | ③
풀이 | 용접부위는 열을 받으면 어느정도의 변형이 일어나는데 너무 단단하게 고정(구속)되어 있는 경우 내부응력이 발생할 우려가 있다.

05 정답 | ④
풀이 | 안전모는 공용으로 사용되어서는 안 되며 작업자의 머리 부위에 단단히 고정될 수 있는 구조이어야 한다.

06 정답 | ③
풀이 | 정전압(전압이 정지 : 변하지 않고 일정하다.)

07 정답 | ①
풀이 | 용접봉과 모재 사이의 거리(아크 길이) → 1~2배, 운봉폭(2~3배)

08 정답 | ③
풀이 | 라우탈(알구실 Al-Cu-Si) - 알루미늄, 구리, 규소(실리콘)

09 정답 | ④
풀이 | 산소 및 각종 가스 용기는 주유하거나 기름천으로 닦을 시 화재 등 안전사고의 위험이 있다.

10 정답 | ①
풀이 | 가공도가 크면 결정핵이 새롭게 만들어지기 쉬워 낮은 온도에서 재결정이 생기며, 가공도가 작은 것은 결정핵이 발생하기 어렵기 때문에 높은 온도로 가열해야 재결정이 생긴다.

11 정답 | ③
풀이 | 탈아연부식 : 약 20% 이상의 아연을 포함한 황동이 바닷물에 침식될 경우 아연만이 용해되고 동은 남아 있어 재료에 구멍이 나기도 하고, 얇게 되기도 하는 현상이다.

12 정답 | ④
풀이 | 스테인리스강의 조직 : 오스테나이트계, 페라이트계, 마텐자이트계, 석출경화형

13 정답 | ②
풀이 | Fe-Mn(페로망간), Fe-Si(페로실리콘) 등은 제강 작업 시 탈산제로 사용된다.

14 정답 | ③
풀이 |
- 공정반응 : Fe_3C 상태도에서 공정반응은 Liquid가 γ-Austenite와 Cement로 바뀌는 반응
- 포정반응 : Liquid + δ Ferrite가 γ-Austenite로 변태하는 것
- 공석반응 : γ-Austenite가 α-Ferrite와 Cementite로 변화하는 것

15 정답 | ②
풀이 | 황(S)은 강의 고온 메짐(취성)의 주된 원인이며 Mn(망간)을 첨가하여 이를 방지할 수 있다.

16 정답 | ④
풀이 | 콘덴싱 유닛은 보일러의 구성요소이다.

17 정답 | ④
풀이 | 정류기형 용접기는 교류를 직류로 전환하는 방식이기 때문에 완전한 직류를 얻을 수 없다. 반면 발전형은 발전기에서 바로 직류전기가 만들어져 안정적인 전류를 사용할 수 있다.

18 정답 | ③
풀이 | 용입이 깊은 순서 : 직류정극성 > 교류 > 직류역극성

19 정답 | ①
풀이 | 강은 탄소(C)의 함량에 따라 종류가 구분된다.

20 정답 | ④
풀이 | 상당히 자주 출제되는 문제로, 가스용접에서 용접봉의 지름을 구하는 방법은 모재의 두께를 2로 나누고 1을 더해주는 것이다.

21 정답 | ④
풀이 | 크롬탄화물이 형성된다는 것은 이미 녹이 발생했다는 의미와 같다.

22 정답 | ④
풀이 | 철(Fe) 1,538℃, 텅스텐(W) 3,410℃

23 정답 | ④
풀이 | 풀림(어닐링) 열처리는 금속 중의 잔류 응력을 제거해 준다.

24 정답 | ④
풀이 | 알루미늄 및 그 합금(수산화나트륨 용액)

25 정답 | ④
풀이 | 5mA(상당한 고통), 10mA(견디기 힘든 심한 고통), 20mA(근육수축), 50mA(사망위험), 100mA(치명적인 영향)

26 정답 | ④
풀이 | 스패터란 용접 중 튀는 불똥을 말하며, 아크 길이를 짧게 유지하면 방지가 가능하다.

27 정답 | ③
풀이 | 황동은 구리(Cu)와 아연(Zn)의 합금금속이며 구리 60%, 아연 40%가 합금된 것을 문츠메탈이라고 한다.

CBT 정답 및 해설

28 정답 | ②
풀이 | 금속아크절단법은 스테인리스 절단에 탁월한 용접방법이다.

29 정답 | ②
풀이 | 금속의 인장강도는 하중(P)을 단면적(A)으로 나누어 계산한다.

30 정답 | ③
풀이 | 아세틸렌의 압력과 순도는 절단속도에 영향을 주지 않는다.

31 정답 | ①
풀이 | 뒤에서 두 번째 자리의 숫자는 용접 가능 자세를 나타내며 0, 1의 숫자는 전 자세 용접을, 2번은 아래보기와 수평필릿 자세용접이 가능함을 나타낸다.

32 정답 | ②
풀이 | 예열불꽃이 강할 경우 절단면이 거칠어지고 모서리가 용융되어 둥글게 된다.

33 정답 | ④
풀이 | 교류아크용접기의 무부하 전압은 80~90V로 전격의 위험이 있어 전격방지기를 이용해 20~30V로 낮춰 사용한다.

34 정답 | ④
풀이 | 후진법은 열이용률이 좋으며 속도가 빠르고 변형이 잘 생기지 않으며 후판용접도 가능하나 비드의 모양이 좋지 못한 단점이 있다.

35 정답 | ③
풀이 | 탄화불꽃은 아세틸렌 깃이라는 제3의 불꽃이 발생하며 금속 표면에 침탄작용을 일으킨다.

36 정답 | ①
풀이 | 레이저 용접은 비접촉식 용접법이다.

37 정답 | ④
풀이 | 납땜의 가장 큰 특징은 모재를 녹이지 않고 융점이 낮은 삽입금속을 모재 사이에 흡인시켜 접합한다는 것이다.

38 정답 | ②
풀이 | 크리프 시험 : 시험편을 일정한 온도로 유지하고 여기에 일정한 하중을 가하여 시간과 더불어 변화하는 변형을 측정하는 시험이며 그 결과로부터 크리프 곡선 및 크리프 강도를 구한다. 응력의 종류에 따라 인장 크리프시험, 압축 크리프시험 등으로 분류된다.

39 정답 | ③
풀이 | • 흰색 : 통로표시, 방향지시 및 안내표시
• 노란색 : 조심 · 주의
• 녹색 : 안전 · 피난 · 위생 · 구급

40 정답 | ④
풀이 | 후열은 용접 전의 준비사항이 아닌 용접 후에 실시하는 열처리이다.

41 정답 | ④
풀이 | 크레이터란 용접 종점부에 생기는 오목하게 파인 부분을 말하며 이 부분에서 결함이 발생된다.

42 정답 | ②
풀이 | Y : 용접와이어, G : 가스실드 아크 용접, A : 내후성 강용, 50 : 용착금속의 최소 인장강도, W : 와이어의 화학성분, 1.2 : 와이어의 지름, 20 : 무게(kg)

43 정답 | ②
풀이 | 서브머지드 아크 용접기의 종류별 전류 용량 : 4,000A, 2,000A, 1,200A, 900A

44 정답 | ④
풀이 | MIG, CO_2 아크용접기의 와이어가 송급되는 방식은 푸시(Push) 방식, 풀(Pull) 방식, 푸시 – 풀 방식이 있다.

45 정답 | ④
풀이 | 심용접은 전기저항용접으로 압접에 해당한다.

46 정답 | ②
풀이 | 부식시험은 화학적 시험법에 속한다.

47 정답 | ①
풀이 | 푸시 풀(Push Pull)식 : 와이어 송급방식의 한 종류

48 정답 | ②
풀이 | 용접금속의 파단면에 나타나는 은백색을 띤 물고기 눈 모양의 결함이며 이는 수소가 관여하여 나타난다고 알려져 있다. 실온에서 수 개월간 방치하면 제거가 가능하다.

49 정답 | ④
풀이 | 역변형법은 변형이 생기는 것을 감안하여 용접전 변형이 생기는 방향의 반대방향으로 접어 가접을 실시하는 것으로 변형의 교정법과는 거리가 멀다.

50 정답 | ②
풀이 | 용접 전류를 높게 하면 와이어의 녹아내림이 빨라지며, 용접 전압을 높게 하면 비드의 폭이 넓어진다.

51 정답 | ③
풀이 | 가운데 부분을 90° 회전시킨 단면도이다.

52 정답 | ③
풀이 | • 외형선 → 굵은 실선
• 치수선, 치수보조선, 지시선 → 가는 실선
• 숨은선 → 가는 파선
• 중심선 → 가는 1점 쇄선
• 가상선 → 가는 2점 쇄선

53 정답 | ③
풀이 | NSR(Non Stress Relief : 응력을 제거하지 않음), SR(Stress Relief : 응력 제거)

CBT 정답 및 해설

모의고사 1회

54 정답 | ③
풀이 | SPA(배관용 합금강 강관), STK(일반구조용 강관), STS(배관용 스테인리스 강관)

55 정답 | ①
풀이 | 재질은 부품표에 기입한다.

56 정답 | ②
풀이 | 저면도는 물체의 아래에서 본 도면으로 정면도의 위쪽에 그린다. (3각도의 반대)

57 정답 | ①
풀이 | 점선이 표시된 부위(화살표아래쪽)에 아무런 표시가 없고 그 위 실선에 U자 모양이 있는 것은 화살표 방향의 용접을 의미한다. 반대로 점선 부위에 U자 모양이 표시되었다면 화살표 반대방향의 용접을 의미한다.

58 정답 | ④
풀이 | 전개도법에는 평행선법, 방사선법, 삼각형법이 있다.

59 정답 | ④
풀이 | NS(Non Scale : 비례척이 아님)

60 정답 | ②
풀이 | 깃발(현장용접), z5(목길이, 다리길이, 각장), 직각삼각형(필릿용접)

실전점검! CBT 실전모의고사 02회

01 용접법을 융접, 압접, 납땜의 세 가지로 분류할 때, 압접에 해당되는 것은?
① 전자빔 용접
② 초음파 용접
③ 원자수소 용접
④ 일렉트로 슬래그 용접

02 서브머지드 아크 용접의 특징으로 틀린 것은?
① 개선각을 작게 하여 용접 패스 수를 줄일 수 있다.
② 용접 중 아크가 보이지 않으므로 용접부의 확인이 곤란하다.
③ 용접선이 구부러지거나 짧아도 능률적이다.
④ 용접설비비가 고가이다.

03 야금적 접합법의 종류가 아닌 것은?
① 납땜 이음
② 볼트 이음
③ 코터 이음
④ 리벳 이음

04 금속 비파괴 검사 방법이 아닌 것은?
① 방사선 투과 시험
② 초음파 시험
③ 로크웰 경도 시험
④ 음향 시험

05 내균열성이 가장 좋은 용접봉은?
① 셀룰로오스계
② 티탄계
③ 일미나이트계
④ 저수소계

06 에너지를 집중시킬 수 있고, 고융점 재료의 용접이 가능한 용접법은?
① 레이저 용접
② 피복아크 용접
③ 전자빔 용접
④ 초음파 용접

07 아크 전류가 일정할 때 아크 전압이 높아지면 용접봉의 용융속도가 늦어지고 아크 전압이 낮아지면 용융속도가 빨라지는 특성을 무엇이라 하는가?
① 부저항 특성
② 절연회복 특성
③ 전압회복 특성
④ 아크 길이 자기제어 특성

08 용접 홈 종류 중 두꺼운 판을 한쪽 방향에서 충분한 용입을 얻으려고 할 때 사용되는 것은?
① U형 홈
② X형 홈
③ H형 홈
④ I형 홈

09 비소모성 전극봉을 사용하는 용접법은?
① MIG 용접
② TIG 용접
③ 피복아크 용접
④ 서브머지드 아크용접

10 용융 슬래그와 용융금속이 용접부로부터 유출되지 않게 모재의 양측에 수랭식 동판을 대어 용융 슬래그 속에서 전극 와이어를 연속적으로 공급하여 주로 용융 슬래그의 저항열로 와이어와 모재 용접부를 용융시키는 것으로 연속 주조형식의 단층용접법은?
① 일렉트로 슬래그 용접
② 논 가스 아크용접
③ 그래비트 용접
④ 테르밋 용접

11 용접기와 멀리 떨어진 곳에서 용접전류 또는 전압을 조절할 수 있는 장치는?
① 원격제어장치
② 핫 스타트 장치
③ 고주파 발생장치
④ 수동전류조정장치

12. 가변압식의 팁 번호가 200일 때 10시간 동안 표준 불꽃으로 용접할 경우 아세틸렌 가스의 소비량은 몇 리터인가?
   ① 20
   ② 200
   ③ 2,000
   ④ 20,000

13. 보기와 같이 연강용 피복아크 용접봉을 표시하였다. 설명으로 틀린 것은?

   E 4 3 1 6

   ① E : 전기 용접봉
   ② 43 : 용착 금속의 최저 인장강도
   ③ 16 : 피복제의 계통 표시
   ④ E4316 : 일미나이트계

14. 용접부의 연성 결함을 조사하기 위하여 사용되는 시험은?
   ① 인장시험
   ② 경도시험
   ③ 피로시험
   ④ 굽힘시험

15. 용접부의 결함은 치수상 결함, 구조상 결함, 성질상 결함으로 구분된다. 구조상 결함들로만 구성된 것은?
   ① 기공, 변형, 치수 불량
   ② 기공, 용입 불량, 용접균열
   ③ 언더컷, 연성 부족, 표면결함
   ④ 표면결함, 내식성 불량, 융합 불량

16. CO_2 용접작업 중 가스의 유량은 낮은 전류에서 얼마가 적당한가?
   ① 10~15l/min
   ② 20~25l/min
   ③ 30~35l/min
   ④ 40~45l/min

17 다음 TIG 용접에 대한 설명 중 틀린 것은?
① 박판 용접에 적합한 용접법이다.
② 교류나 직류가 사용된다.
③ 비소모식 불활성 가스 아크 용접법이다.
④ 전극봉은 연강봉이다.

18 다음 중 용접 결함에서 구조상 결함에 속하는 것은?
① 기공
② 인장강도의 부족
③ 변형
④ 화학적 성질 부족

19 가스용접의 특징에 대한 설명으로 틀린 것은?
① 가열 시 열량 조절이 비교적 자유롭다.
② 피복금속 아크 용접에 비해 후판 용접에 적당하다.
③ 전원 설비가 없는 곳에서도 쉽게 설치할 수 있다.
④ 피복금속 아크 용접에 비해 유해광선의 발생이 적다.

20 가스용접에 사용되는 용접용 가스 중 불꽃 온도가 가장 높은 가연성 가스는?
① 아세틸렌
② 메탄
③ 부탄
④ 천연가스

21 다음 중 금속에 의한 화재의 급수에 해당하는 것은?
① A급
② B급
③ C급
④ D급

22. 탄소 아크 절단에 압축공기를 병용하여 전극 홀더의 구멍에서 탄소 전극봉에 나란히 분출하는 고속의 공기를 분출시켜 용융금속을 불어내어 홈을 파는 방법은?
   ① 금속 아크 절단
   ② 아크 에어 가우징
   ③ 플라스마 아크 절단
   ④ 불활성 가스 아크 절단

23. 피복 아크 용접봉의 심선의 재질로서 적당한 것은?
   ① 고탄소 림드강
   ② 고속도강
   ③ 저탄소 림드강
   ④ 빈 연강

24. 가스 절단 시 절단면에 일정한 간격의 곡선이 진행방향으로 나타나는데 이것을 무엇이라 하는가?
   ① 슬래그(Slag)
   ② 태핑(Tapping)
   ③ 드래그(Drag)
   ④ 가우징(Gouging)

25. 피복금속 아크 용접봉의 피복제가 연소한 후 생성된 물질이 용접부를 보호하는 방식이 아닌 것은?
   ① 가스 발생식
   ② 슬래그 생성식
   ③ 스프레이 발생식
   ④ 반가스 발생식

26. AW300, 정격 사용률이 40%인 교류아크 용접기를 사용하여 실제 150A의 전류 용접을 한다면 허용 사용률은?
   ① 80%
   ② 120%
   ③ 140%
   ④ 160%

27 직류 아크 용접의 설명 중 옳은 것은?

① 용접봉을 양극, 모재를 음극에 연결하는 경우를 정극성이라고 한다.
② 역극성은 용입이 깊다.
③ 역극성은 두꺼운 판의 용접에 적합하다.
④ 정극성은 용접 비드의 폭이 좁다.

28 강재 표면의 홈이나 개제물, 탈탄층 등을 제거하기 위하여 얇고 타원형 모양으로 표면을 깎아내는 가공법은?

① 산소창 절단　　　　　② 스카핑
③ 탄소아크 절단　　　　④ 가우징

29 가스 절단에서 예열 불꽃이 약할 때 나타나는 현상은?

① 드래그가 증가한다.
② 절단면이 거칠어진다.
③ 변두리가 용융되어 둥글게 된다.
④ 슬래그 중 철 성분의 박리가 어려워진다.

30 용접균열에서 저온균열은 일반적으로 몇 ℃ 이하에서 발생하는 균열을 말하는가?

① 200~300℃ 이하　　　② 301~400℃ 이하
③ 401~500℃ 이하　　　④ 501~600℃ 이하

02회 실전점검!
CBT 실전모의고사

수험번호 :
수험자명 :

제한 시간 : 60분
남은 시간 :

글자 크기 100% 150% 200% 화면 배치

전체 문제 수 :
안 푼 문제 수 :

31 그림과 같이 용접선의 방향과 하중의 방향이 직교한 필릿 용접은?

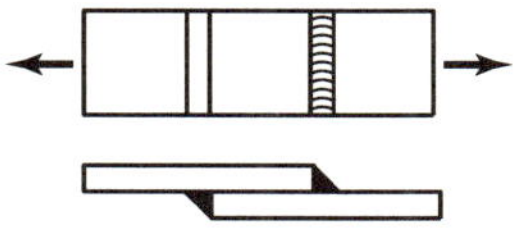

① 측면 필릿 용접 ② 경사 필릿 용접
③ 전면 필릿 용접 ④ T형 필릿 용접

32 가스 용접에서 후진법에 대한 설명으로 틀린 것은?

① 전진법에 비해 용접변형이 작고 용접속도가 빠르다.
② 전진법에 비해 두꺼운 판의 용접에 적합하다.
③ 전진법에 비해 열 이용률이 좋다.
④ 전진법에 비해 산화의 정도가 심하고 용착금속 조직이 거칠다.

33 아크 발생 시간이 3분, 아크 발생 정지 시간이 7분일 경우 사용률(%)은?

① 100% ② 70%
③ 50% ④ 30%

34 용접봉에서 모재로 용융금속이 옮겨가는 이행형식이 아닌 것은?

① 단락형 ② 글로뷸러형
③ 스프레이형 ④ 철심형

35 용접 후 잔류응력이 있는 제품에 하중을 주어 용접부에 약간의 소성 변형을 일으키게 한 다음 하중을 제거하는 잔류응력 경감 방법은?

① 노내 풀림법 ② 국부 풀림법
③ 기계적 응력 완화법 ④ 저온 응력 완화법

답안 표기란

31	①	②	③	④
32	①	②	③	④
33	①	②	③	④
34	①	②	③	④
35	①	②	③	④
36	①	②	③	④
37	①	②	③	④
38	①	②	③	④
39	①	②	③	④
40	①	②	③	④
41	①	②	③	④
42	①	②	③	④
43	①	②	③	④
44	①	②	③	④
45	①	②	③	④
46	①	②	③	④
47	①	②	③	④
48	①	②	③	④
49	①	②	③	④
50	①	②	③	④
51	①	②	③	④
52	①	②	③	④
53	①	②	③	④
54	①	②	③	④
55	①	②	③	④
56	①	②	③	④
57	①	②	③	④
58	①	②	③	④
59	①	②	③	④
60	①	②	③	④

계산기 다음 ▶ 안 푼 문제 답안 제출

36. 아세틸렌 가스의 성질로 틀린 것은?
① 순수한 아세틸렌 가스는 무색·무취이다.
② 금, 백금, 수은 등을 포함한 모든 원소와 화합 시 산화물을 만든다.
③ 각종 액체에 잘 용해되며, 물에는 1배, 알코올에는 6배 용해된다.
④ 산소와 적당히 혼합하여 연소시키면 높은 열이 발생한다.

37. 아크 용접기에서 부하전류가 증가하여도 단자전압이 거의 일정하게 되는 특성은?
① 절연특성
② 수하특성
③ 정전압특성
④ 보존특성

38. 피복제 중에 산화티탄올을 약 35% 정도 포함하였고 슬래그의 박리성이 좋아 비드의 표면이 고우며 작업성이 우수한 특징을 지닌 연강용 피복 아크 용접봉은?
① E4301
② E4311
③ E4313
④ E4316

39. 구리에 40~50% Ni을 첨가한 합금으로서 전기저항이 크고 온도계수가 일정하므로 통신기자재, 저항선, 전열선 등에 사용하는 니켈합금은?
① 인바
② 엘린바
③ 모넬메탈
④ 콘스탄탄

40. 알루미늄 합금 중 대표적인 단련용 Al 합금으로 주요 성분이 Al−Cu−Mg−Mn인 것은?
① 알민
② 알드레리
③ 두랄루민
④ 하이드로날륨

41 다음 중 완전 탈산시켜 제조한 강은?
① 킬드강
② 림드강
③ 고망간강
④ 세미킬드강

42 다음 중 탄소강의 표준 조직이 아닌 것은?
① 페라이트
② 펄라이트
③ 시멘타이트
④ 마텐자이트

43 주요성분이 Ni-Fe 합금인 불변강의 종류가 아닌 것은?
① 인바
② 모넬메탈
③ 엘린바
④ 플래티나이트

44 다음 중 칼로라이징(Calorizing) 금속침투법은 철강 표면에 어떠한 금속을 침투시키는가?
① 규소
② 알루미늄
③ 크롬
④ 아연

45 다음 중 담금질에 의해 나타난 조직 중에서 경도와 강도가 가장 높은 것은?
① 오스테나이트
② 소르바이트
③ 마텐자이트
④ 트루스타이트

46 다음 중 용접성이 가장 좋은 스테인리스강은?
① 펄라이트계 스테인리스강
② 페라이트계 스테인리스강
③ 마르텐사이트계 스테인리스강
④ 오스테나이트계 스테인리스강

47 금속에 대한 설명으로 틀린 것은?

① 리튬(Li)은 물보다 가볍다.
② 고체 상태에서 결정구조를 가진다.
③ 텅스텐(W)은 이리듐(Ir)보다 비중이 크다.
④ 일반적으로 용융점이 높은 금속은 비중도 큰 편이다.

48 오스테나이트계 스테인리스강은 용접 시 냉각되면서 고온균열이 발생되는데 주원인이 아닌 것은?

① 아크 길이가 짧을 때
② 모재가 오염되어 있을 때
③ 크레이터 처리를 하지 않을 때
④ 구속력이 가해진 상태에서 용접할 때

49 다음 중 황동과 청동의 주성분으로 옳은 것은?

① 황동 : Cu+Pb, 청동 : Cu+Sb
② 황동 : Cu+Sn, 청동 : Cu+Zn
③ 황동 : Cu+Sb, 청동 : Cu+Pb
④ 황동 : Cu+Zn, 청동 : Cu+Sn

50 구리에 5~20% Zn을 첨가한 황동으로, 강도는 낮으나 전연성이 좋고 색깔이 금색에 가까워, 모조금이나 판 및 선 등에 사용되는 것은?

① 톰백　　　　　　　② 켈밋
③ 포금　　　　　　　④ 문츠메탈

51. 그림과 같은 입체를 제3각법으로 나타낼 때 가장 적합한 투상도는?(단, 화살표 방향을 정면으로 한다.)

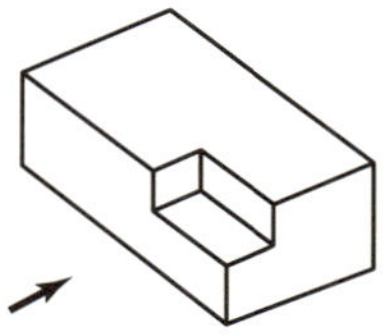

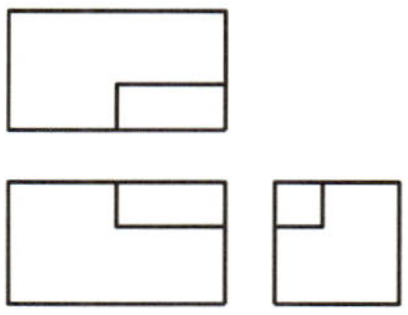

52. KS 재료기호 "SM10C"에서 10C는 무엇을 뜻하는가?
    ① 일련번호
    ② 항복점
    ③ 탄소함유량
    ④ 최저인장강도

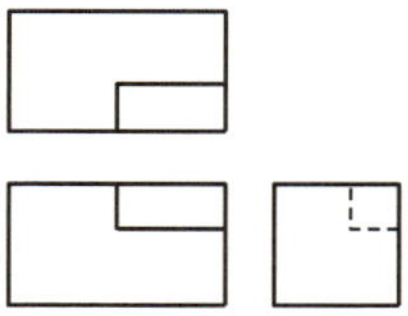

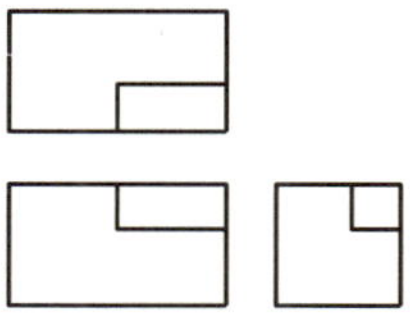

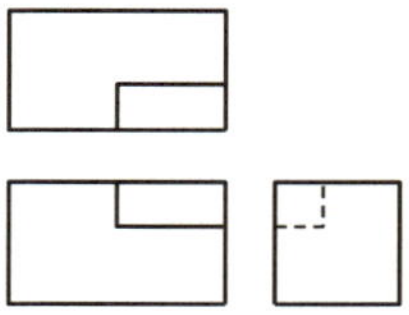

53. 그림과 같은 KS 용접 보조기호의 설명으로 옳은 것은? 
    ① 필릿 용접부 토를 매끄럽게 함
    ② 필릿 용접 끝단부를 볼록하게 다듬질
    ③ 필릿 용접 끝단부에 영구적인 덮개 판을 사용
    ④ 필릿 용접 중앙부에 제거 가능한 덮개 판을 사용

54. 그림에서 '6.3' 선이 나타내는 선의 명칭으로 옳은 것은?

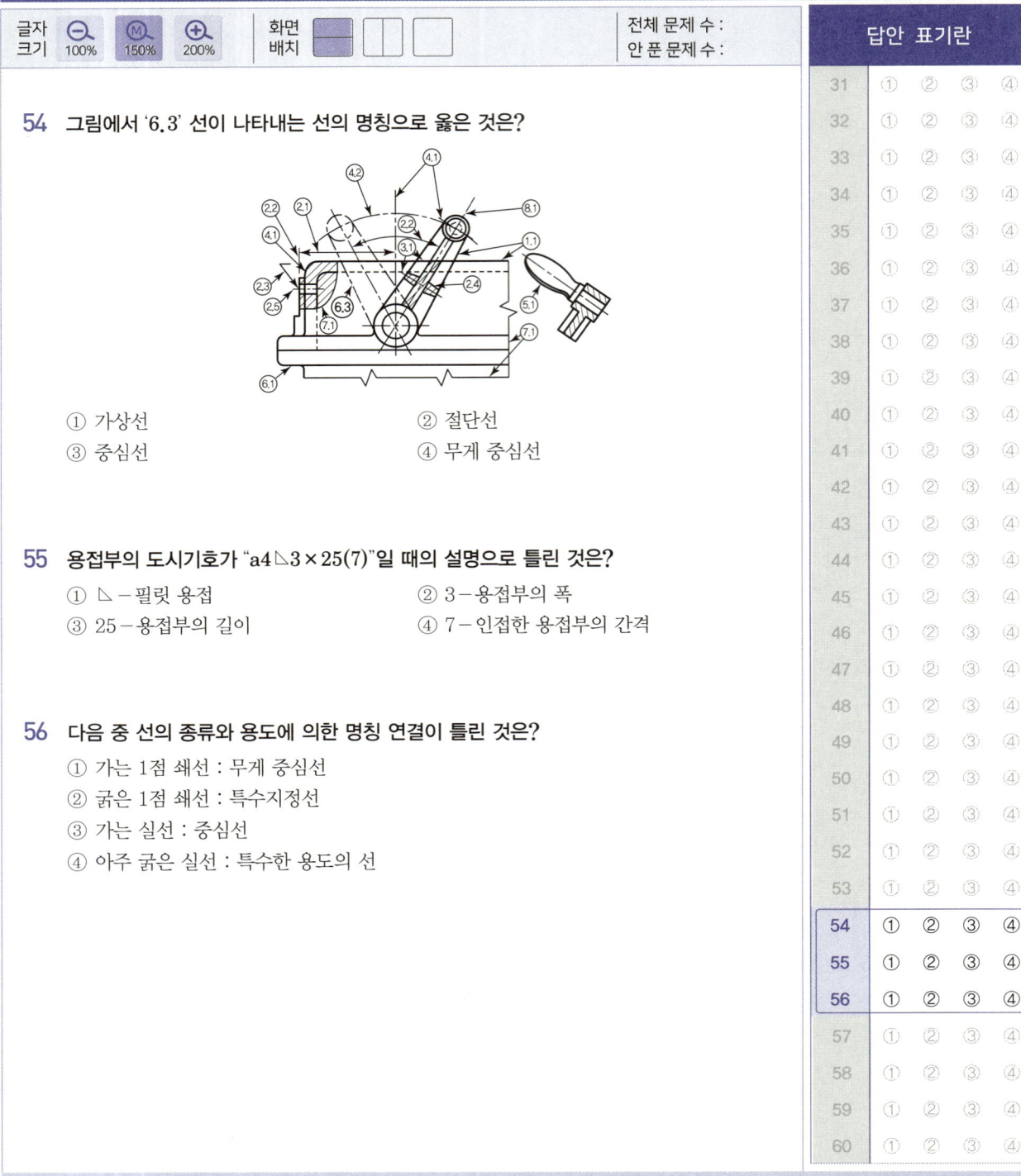

① 가상선
② 절단선
③ 중심선
④ 무게 중심선

55. 용접부의 도시기호가 "a4△3×25(7)"일 때의 설명으로 틀린 것은?
① △ – 필릿 용접
② 3 – 용접부의 폭
③ 25 – 용접부의 길이
④ 7 – 인접한 용접부의 간격

56. 다음 중 선의 종류와 용도에 의한 명칭 연결이 틀린 것은?
① 가는 1점 쇄선 : 무게 중심선
② 굵은 1점 쇄선 : 특수지정선
③ 가는 실선 : 중심선
④ 아주 굵은 실선 : 특수한 용도의 선

57 그림과 같은 입체도에서 화살표 방향을 정면으로 할 때 평면도로 가장 적합한 것은?

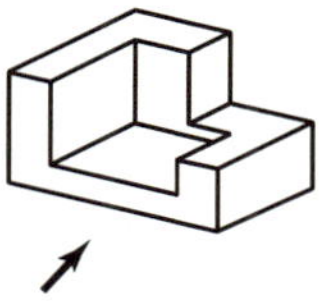

①

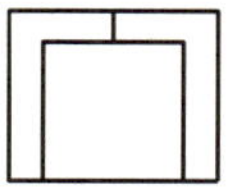

②

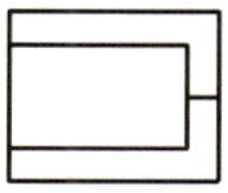

③

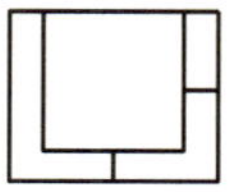

④

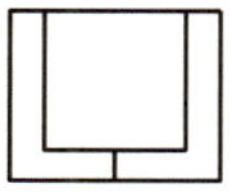

58 그림과 같은 양면 필릿 용접기호를 가장 올바르게 해석한 것은?

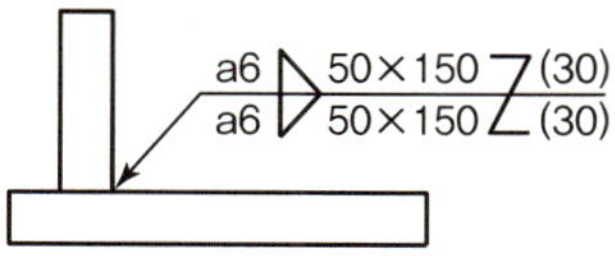

① 목길이 6mm, 용접길이 150mm, 인접한 용접부 간격 50mm
② 목길이 6mm, 용접길이 50mm, 인접한 용접부 간격 30mm
③ 목길이 6mm, 용접길이 150mm, 인접한 용접부 간격 30mm
④ 목길이 6mm, 용접길이 50mm, 인접한 용접부 간격 50mm

59 배관에서 유체의 종류 중 공기를 나타내는 기호는?

① A ② C
③ S ④ W

60 대상물의 일부를 떼어낸 경계를 표시하는 데 사용하는 선의 굵기는?

① 굵은 실선 ② 가는 실선
③ 아주 굵은 실선 ④ 아주 가는 실선

답안 표기란

31	①	②	③	④
32	①	②	③	④
33	①	②	③	④
34	①	②	③	④
35	①	②	③	④
36	①	②	③	④
37	①	②	③	④
38	①	②	③	④
39	①	②	③	④
40	①	②	③	④
41	①	②	③	④
42	①	②	③	④
43	①	②	③	④
44	①	②	③	④
45	①	②	③	④
46	①	②	③	④
47	①	②	③	④
48	①	②	③	④
49	①	②	③	④
50	①	②	③	④
51	①	②	③	④
52	①	②	③	④
53	①	②	③	④
54	①	②	③	④
55	①	②	③	④
56	①	②	③	④
57	①	②	③	④
58	①	②	③	④
59	①	②	③	④
60	①	②	③	④

계산기 다음 ▶ 안 푼 문제 답안 제출

CBT 정답 및 해설

모의고사 2회

01 정답 | ②
풀이 | 초음파 용접은 두 개의 모재를 진동시켜 발생되는 마찰열을 이용해 가압하는 방식의 용접(가압 용접)이다.

02 정답 | ③
풀이 | 서브머지드 아크 용접은 자동용접으로 아래보기, 수평필릿자세 용접만 가능하며 용접선이 너무 짧거나 구불어진 것은 사용하지 않는다.

03 정답 | ①
풀이 | 용접이음을 말하며 용접에는 크게 융접, 압접, 납땜으로 나누어진다.

04 정답 | ③
풀이 | 로크웰 경도 시험은 B스케일과 C스케일이라는 압입자로 시험편을 찍어 경도를 시험하는 파괴시험이다.

05 정답 | ④
풀이 | 저수소계(E4316) 용접봉은 염기도가 높아 내균열성이 가장 좋은 용접봉이다.

06 정답 | ③
풀이 | 전자빔 용접은 진공 중에서 용접하므로 불순물에 의한 오염이 적으며 용융점이 높은 텅스텐, 몰리브덴 등의 용접이 가능하나 시설비가 많이 들고 진공작업실에 금속을 넣고 용접을 해야 하는 특성상 제품의 크기에 제한을 받는다.

07 정답 | ④
풀이 | 아크 길이 자기제어 특성은 아크 길이 변동에도 전압을 일정하게 유지해 주는 것으로 정전압 특성과 비슷하다.

08 정답 | ①
풀이 | 한쪽 방향에서만 용접을 하며 충분한 용입을 기대할 수 있는 홈의 종류는 U형 홈이다.

09 정답 | ②
풀이 | TIG 용접은 텅스텐봉을 전극봉으로 사용하는 비소모식(비용극식) 용접법이다.

10 정답 | ①
풀이 | 일렉트로 슬래그 용접은 가장 두꺼운 판(약 1m)의 용접이 가능하며 아크열이 아닌 전기의 저항열을 이용한 용접법이다.

11 정답 | ①
풀이 | 원격제어장치는 원격으로 전류를 조정하며 교류용접기 중 가포화 리액터형 용접기에 해당한다.

12 정답 | ③
풀이 | 가변압식(프랑스식) 팁의 번호는 1시간당 소비되는 아세틸렌 가스의 양으로 표시하므로 200리터(1시간소비량) × 10(시간) = 2,000리터

13 정답 | ④
풀이 | E4316은 저수소계 용접봉으로 내균열성이 좋으나 용접성이 떨어지는 특징이 있다. 사용 전 300~350℃로 약 1~2시간 건조를 시켜주어야 한다.

14 정답 | ④
풀이 | 연성이란 물체가 탄성 한도에 의해 파괴되지 않고 길게 늘어나 소성적으로 변형하는 성질을 말한다.

15 정답 | ②
풀이 | 구조상 결함 : 기공, 슬래그 섞임, 융합 불량, 용입 불량, 언더컷 균열 등(치수 불량, 치수상 결함, 내식성 불량, 연성부족은 성질상 결함에 속한다.)

16 정답 | ①
풀이 | CO_2 가스 아크 용접 작업 중 저전류 영역에의 가스 유량은 약 10~15l/min 정도이다.

17 정답 | ④
풀이 | TIG 용접에서 전극봉은 텅스텐봉이 사용된다.(비소모식 또는 비용극식 용접)

18 정답 | ①
풀이 | 15번 문제 해설 참고

19 정답 | ②
풀이 | 가스용접은 열의 집중성이 피복아크용접에 비해 낮아 주로 박판용접에 사용된다.

20 정답 | ①
풀이 | 아세틸렌은 불꽃 온도가 가장 높은 가연성 가스에 속하며, 프로판 가스는 발열량이 가장 높다.

21 정답 | ④
풀이 | A급(일반화재), B급(유류화재), C급(전기화재), D급(금속화재)

22 정답 | ②
풀이 | 아크 에어 가우징은 탄소아크 절단에 약 5~7기압의 압축공기를 병용한 가공법이다.

23 정답 | ③
풀이 | 탄소의 함량이 적을수록 균열의 정도가 양호하기 때문에 저탄소 림드강이 사용된다.

24 정답 | ③
풀이 | 표준 드래그 길이 : 모재 두께의 약 1/5(20%)

25 정답 | ③
풀이 | 피복금속 아크 용접봉 피복제의 용접부 보호방식 : 가스 발생식, 반가스 발생식, 슬래그 생성식

26 정답 | ④
풀이 | 허용 사용률 = (정격 2차 전류)²/(실제 사용전류)² × 정격 사용률
= (300)²/(150)² × 40 = 160

27 정답 | ④
풀이 | 극성을 묻는 문제는 매 회차 출제가 되고 있으며 이 문제는 상대적으로 열의 발생이 많은 +극이 어느 쪽(용접봉 또는 모재)에 접속되는지 파악하면 된다. 직류 역극성(DCRP)은 용접봉 쪽에 +가 접속되기 때문에 용접봉의 녹음이 빠르고 −극이 접속된 모재 쪽은 열전달이 +극에 비해 적어 용입이 얕고 넓어져 주로 박판용접에 사용된다.

28 정답 | ②
풀이 | 얇게 깎아내는 가공법은 스카핑이라 하며 두꺼운 홈을 깎는 가공을 가스 가우징 이라고 한다.

29 정답 | ①
풀이 | 가스절단 시 예열 불꽃이 약한 경우 드래그가 증가한다.

30 정답 | ①
풀이 | 온도를 암기해도 되지만 보기에서 가장 낮은 온도(저온)를 선택하면 된다.

31 정답 | ③
풀이 | 용접선의 방향과 하중의 방향에 따른 필릿용접의 종류
전면필릿용접(용접선과 하중이 직각), 측면필릿용접(용접선과 하중이 수평), 경사필릿용접

32 정답 | ④
풀이 | 후진법은 용접비드의 모양이 나쁜 것만 제외하고 장점만 가지고 있다.(전진법에 비해 산화의 정도가 심하지 않음)

33 정답 | ④
풀이 | 출제비중이 높은 문제이다. 정격사용률의 기준시간은 10분이므로 아크발생을 3분 했다는 것은 7분의 휴식시간을 가졌다는 의미이므로 정격사용률은 30%가 된다.

34 정답 | ④
풀이 | 용적의 이행형식 : 스프레이형, 단락형, 글로뷸러형

35 정답 | ③
풀이 | 기계적이란 의미는 외력만을 가한다는 의미이다.

36 정답 | ②
풀이 | 아세틸렌은 구리 또는 구리합금(62% 이상), 은, 수은 등에 접촉하면 폭발성 화합물을 생성한다.

37 정답 | ③
풀이 | 정전압특성(전압이 정지하는, 변하지 않는 특성)

38 정답 | ③
풀이 | E4313(고산화티탄계), E4301(일미나이트계), E4311(고셀룰로오스계), E4316(저수소계) → 반드시 암기하도록 하자.

39 정답 | ④
풀이 | 콘스탄탄은 Ni이 약 45% 함유되어 주로 전기 저항선으로 사용이 된다.

40 정답 | ③
풀이 | 두랄루민은 대표적인 단련용(가공용)알루미늄 합금이며 시험에서 자주 출제되므로 그 조성을 암기하는 것이 좋겠다.

41 정답 | ①
풀이 | 강의 종류 : 림드강(불완전 탈산 : 기공, 편석 생김), 킬드강(완전 탈산 : 기공 없으나 헤어크랙, 수축공 생김), 세미킬드강(림드강과 킬드강의 중간)

42 정답 | ④
풀이 | 탄소강의 표준조직 : 페라이트, 시멘타이트, 펄라이트

43 정답 | ②
풀이 | 불변강의 종류(인바, 초인바, 엘린바, 코엘린바, 플래티나이트, 퍼멀로이, 이소엘라스틱)

44 정답 | ②
풀이 | 칼로라이징(Al), 세라다이징(Zn), 크로마이징(Cr) 실리코나이징(Si)

45 정답 | ③
풀이 | 담금질 조직(경도가 높은 순서로 나열) : 마텐자이트>트루스타이트>소루바이트>오스테나이트

46 정답 | ④
풀이 | 오스테나이트계 스테인리스강 관련 문제는 시험출제가 상당히 잘 되는 편이다.
절대 예열을 하면 안되며(입계부식발생), 18-8강(Cr-Ni)이라고도 하며 비자성체에 용접성이 가장 좋은 스테인리스강이다.

47 정답 | ③
풀이 | 이리듐은 금속 중 가장 비중이 큰 것으로 22.50이다.(텅스텐 19.3)

48 정답 | ①
풀이 | 아크 길이를 짧게 했다는 것은 정상적으로 용접을 했다는 의미이므로 균열이 발생하지 않는다는 것으로 간주하자.

49 정답 | ④
풀이 | 황동(아연구리 황동), 청동(구리주석 청동)

50 정답 | ①
풀이 | 구리합금에는 황동(Cu-Zn)과 청동(Cu-Sn)이 있으며 구리에 아연이 20% 함유된 황동을 톰백이라고 한다. 이는 메달 등 금 대용 장식품으로 사용된다.

51 정답 | ④

CBT 정답 및 해설

52 정답 | ③
풀이 | 탄소 함유량을 말하며 10C는 탄소가 0.1% 함유되어 있다는 의미이다. (SM10C 탄소함유량 0.08~0.13%)
예 SM20C 탄소함유량 0.18~0.23%, SM45C 탄소함유량 0.42~0.48%

53 정답 | ①
풀이 | ◿ : 필릿용접을 의미
⌣ : 매끄럽게 가공하라는 의미

54 정답 | ①
풀이 | 가는 2점 쇄선은 가상선으로 사용된다.

55 정답 | ②
풀이 | 3이라는 숫자는 단속필릿용접의 개수를 의미한다.

56 정답 | ①
풀이 | 가는 1점 쇄선은 중심선(피치선)으로 사용된다. (가는 실선도 중심선으로 사용)

57 정답 | ①
풀이 | 평면도는 사물을 위에서 내려다본 구조를 나타낸 도면이다.

58 정답 | ③
풀이 | 도면에서 a는 목두께를 나타내며 ◿은 필릿용접을, 50은 단속용접의 개수, 150은 용접선의 길이, (30)은 용접부 중심과 중심 사이의 길이를 나타냄

59 정답 | ①
풀이 | 공기(A), 증기(S), 물(W), 가스(G)

60 정답 | ②
풀이 | 대상물의 떼어낸 경계는 파단선(가는 실선)으로 표시한다.

 **MEMO**

 **MEMO**